U0172352

住房和城乡建设部"十四五"规划教材
高等学校土木工程专业系列教材

混凝土结构设计（第五版）

梁兴文　史庆轩　主编
童岳生　主审

中国建筑工业出版社

图书在版编目（CIP）数据

混凝土结构设计 / 梁兴文，史庆轩主编. — 5 版
. — 北京：中国建筑工业出版社，2022.7（2024.11 重印）
住房和城乡建设部"十四五"规划教材　高等学校土
木工程专业系列教材
ISBN 978-7-112-27290-7

Ⅰ. ①混… Ⅱ. ①梁… ②史… Ⅲ. ①混凝土结构—
结构设计—高等学校—教材 Ⅳ. ①TU370.4

中国版本图书馆 CIP 数据核字（2022）第 058046 号

本书是住房和城乡建设部"十四五"规划教材，是在第四版基础上修订而成。内容包括
概论、混凝土梁板结构、单层厂房结构、混凝土框架结构等，是根据新颁布的国家标准《工
程结构通用规范》GB 55001、《混凝土结构通用规范》GB 55008 等修订的。

本书着重阐明各种混凝土结构整体设计的基本概念和方法，对结构方案设计、结构分析
方法和确定结构计算简图等内容有比较充分的论述，有利于培养读者的创新能力；对各主要
结构给出了比较完整的设计实例，有利于初学者掌握基本概念和设计方法；每章附有小结、
思考题和习题等。书中还给出了部分专业术语的英文表述。本书文字通俗易懂，论述由浅入
深，循序渐进，便于自学理解。

本书可作为高等学校土木工程专业的教材，也可供相关专业的设计、施工和科研人员
参考。

为更好地支持本课程教学，我社向选用本教材的任课教师提供课件，有需要者可与出版
社联系，索取方式如下：建工书院 http://edu.cabplink.com，邮箱 jckj@cabp.com.cn，电话
（010）58337285。

责任编辑：吉万旺　王　跃
责任校对：张　颖

住房和城乡建设部"十四五"规划教材
高等学校土木工程专业系列教材

混凝土结构设计　（第五版）
梁兴文　史庆轩　主编
童岳生　主审
*
中国建筑工业出版社出版、发行（北京海淀三里河路 9 号）
各地新华书店、建筑书店经销
北京红光制版公司制版
北京圣夫亚美印刷有限公司印刷
*
开本：787 毫米×1092 毫米　1/16　印张：20½　字数：497 千字
2022 年 8 月第五版　　2024 年 11 月第五次印刷
定价：**58.00** 元（赠教师课件）
ISBN 978-7-112-27290-7
（39480）

出 版 说 明

党和国家高度重视教材建设。2016 年,中办国办印发了《关于加强和改进新形势下大中小学教材建设的意见》,提出要健全国家教材制度。2019 年 12 月,教育部牵头制定了《普通高等学校教材管理办法》和《职业院校教材管理办法》,旨在全面加强党的领导,切实提高教材建设的科学化水平,打造精品教材。住房和城乡建设部历来重视土建类学科专业教材建设,从"九五"开始组织部级规划教材立项工作,经过近 30 年的不断建设,规划教材提升了住房和城乡建设行业教材质量和认可度,出版了一系列精品教材,有效促进了行业部门引导专业教育,推动了行业高质量发展。

为进一步加强高等教育、职业教育住房和城乡建设领域学科专业教材建设工作,提高住房和城乡建设行业人才培养质量,2020 年 12 月,住房和城乡建设部办公厅印发《关于申报高等教育职业教育住房和城乡建设领域学科专业"十四五"规划教材的通知》(建办人函〔2020〕656 号),开展了住房和城乡建设部"十四五"规划教材选题的申报工作。经过专家评审和部人事司审核,512 项选题列入住房和城乡建设领域学科专业"十四五"规划教材(简称规划教材)。2021 年 9 月,住房和城乡建设部印发了《高等教育职业教育住房和城乡建设领域学科专业"十四五"规划教材选题的通知》(建人函〔2021〕36 号)。为做好"十四五"规划教材的编写、审核、出版等工作,《通知》要求:(1)规划教材的编著者应依据《住房和城乡建设领域学科专业"十四五"规划教材申请书》(简称《申请书》)中的立项目标、申报依据、工作安排及进度,按时编写出高质量的教材;(2)规划教材编著者所在单位应履行《申请书》中的学校保证计划实施的主要条件,支持编著者按计划完成书稿编写工作;(3)高等学校土建类专业课程教材与教学资源专家委员会、全国住房和城乡建设职业教育教学指导委员会、住房和城乡建设部中等职业教育专业指导委员会应做好规划教材的指导、协调和审稿等工作,保证编写质量;(4)规划教材出版单位应积极配合,做好编辑、出版、发行等工作;(5)规划教材封面和书脊应标注"住房和城乡建设部'十四五'规划教材"字样和统一标识;(6)规划教材应在"十四五"期间完成出版,逾期不能完成的,不再作为《住房和城乡建设领域学科专业"十四五"规划教材》。

住房和城乡建设领域学科专业"十四五"规划教材的特点:一是重点以修订教育部、住房和城乡建设部"十二五""十三五"规划教材为主;二是严格按照专业标准规范要求编写,体现新发展理念;三是系列教材具有明显特点,满足不同层次和类型的学校专业教学要求;四是配备了数字资源,适应现代化教学的要求。规划教材的出版凝聚了作者、主审及编辑的心血,得到了有关院校、出版单位的大力支持,教材建设管理过程有严格保障。希望广大院校及各专业师生在选用、使用过程中,对规划教材的编写、出版质量进行反馈,以促进规划教材建设质量不断提高。

住房和城乡建设部"十四五"规划教材办公室
2021 年 11 月

第五版前言

与本书内容相关的《工程结构通用规范》GB 55001—2021 和《混凝土结构通用规范》GB 55008—2021 已分别于 2022 年 1 月 1 日和 4 月 1 日起实施。为使读者及时了解新的国家标准内容，并便于设计应用，需对本书进行必要的修订。

这次再版修订，除了对第四版的不妥之处进行修改、补充和完善外，主要做了以下修订：

（1）根据《工程结构通用规范》GB 55001—2021 的相关规定，永久作用和预应力作用的分项系数，当作用效应对结构不利时，不应小于 1.3，当对结构有利时，不应大于 1.0。可变作用的分项系数，对于一般的可变作用（包括楼面活荷载、风荷载、雪荷载等），当作用效应对结构不利时，不应小于 1.5，当对结构有利时，应取 0；对于可变荷载标准值大于 $4kN/m^2$ 的工业建筑楼面活荷载，当作用效应对结构不利时，不应小于 1.4，当对结构有利时，应取 0。据此对第 2~4 章的相关内容进行了修订。

（2）根据《工程结构通用规范》GB 55001—2021 的相关规定，将"设计使用年限"改为"设计工作年限"，据此对第 2~4 章的有关部分进行了修订。

（3）根据《混凝土结构通用规范》GB 55008—2021 的相关规定，取消了 HRB335 级钢筋和 C15 混凝土；补充了 HRB400E、HRB500E 级钢筋以及冷轧带肋钢筋的有关规定，据此对第 2~4 章的相关内容进行了修订。

（4）根据《混凝土结构通用规范》GB 55008—2021 的相关规定，"素混凝土结构构件的混凝土强度等级不应低于 C20；钢筋混凝土结构构件的混凝土强度等级不应低于 C25；预应力混凝土楼板结构的混凝土强度等级不应低于 C30，其他预应力混凝土结构构件的混凝土强度等级不应低于 C40；钢-混凝土组合结构构件的混凝土强度等级不应低于 C30。采用 500MPa 及以上等级钢筋的钢筋混凝土结构构件，混凝土强度等级不应低于 C30"，据此对第 2~4 章的相关内容进行了修订。

（5）根据有关规范的相关规定，现浇钢筋混凝土板最小厚度限值予以提高，据此对第 2 章的相关内容进行了修订。

参加本书修订工作的有：梁兴文（第 2、4 章）；史庆轩、王秋维（第 1、3 章）。

本书由资深教授童岳生主审，并提出了许多宝贵的修改意见。

本修订版可能会存在新的不足或错误，欢迎读者批评指正。

编者
2022 年 4 月

第四版前言

与本书内容相关的《建筑结构可靠性设计统一标准》GB 50068—2018 已于 2019 年 4 月 1 日起实施。为使读者及时了解新修订的国家标准的内容，并便于设计应用，需对本书进行必要的修订。

这次再版修订，除了对第三版的不妥之处进行修改、补充和完善外，主要做了以下修订：

（1）补充了"结构整体稳固性（鲁棒性）设计"的概念和内容（第 4 章）。

（2）补充了"筏形基础"的设计内容（第 4 章）。

（3）根据 GB 50068—2018 的相关规定，删除了当永久荷载效应为主时起控制的组合式，并修改了相关的例题（第 2～4 章）。

（4）根据 GB 50068—2018 的相关规定，将永久作用分项系数改为 1.3（当作用效应对承载力不利时）或≤1.0（当作用效应对承载力有利时），可变作用分项系数改为 1.5，并修改了相关的例题（第 2～4 章）。

参加本书修订工作的有：梁兴文（第 2、4 章）；史庆轩、王秋维（第 1、3 章）。全书最后由梁兴文、史庆轩修改定稿。

资深教授童岳生主审本书，并提出了许多宝贵的修改意见。研究生王英俊、邢朋涛、陆婷婷、胡翱翔、黄超、常亚峰、史纪从、汪萍、戎狮等绘制了部分补充和修改的插图，修改了部分例题。

本修订版可能会存在新的不足或错误，欢迎读者批评指正。

编者
2019 年 5 月

第三版前言

本书第二版于 2011 年 12 月出版，当时《建筑结构荷载规范》GB 50009—2012 尚未正式颁布，《建筑地基基础设计规范》GB 50007—2011 未正式出版；《混凝土结构设计规范》GB 50010—2010 局部修订也于近期完成。为此，需要对第二版进行修订。第三版除对第二版的不妥之处进行修改外，主要做了以下修订：

（1）根据《混凝土结构设计规范》GB 50010—2010 局部修订的有关内容，主要包括"取消 HRBF335、限制使用 HRB335 和 HPB300 钢筋"，"HRB500 钢筋抗压强度设计值由原来的 410N/mm² 改为 435N/mm²"，"对轴心受压构件，当钢筋的抗压强度设计值大于 400N/mm² 时应取 400N/mm²"，以及对吊环钢筋的使用规定等，对本书的相关内容进行了修订。

（2）根据《建筑结构荷载规范》GB 50009—2012，对有关荷载和作用效应组合以及相关算例等内容进行了修订。

（3）对多、高层建筑结构的侧移二阶效应进行了补充完善。

参加本书修订工作的除了原作者梁兴文、史庆轩外，还有李方圆、王秋维、邓明科、门进杰、于婧和陶毅。

本书由资深教授童岳生先生主审，他提出了许多宝贵意见。研究生党争、王英俊、邢朋涛、陆婷婷、刘贞珍、胡翱翔、张正等为本书做了部分计算及绘制图工作。在此对他们表示衷心的感谢！

本书第三版可能会存在新的不足和错误，欢迎读者批评指正。

编者

2015 年 11 月

第二版前言

与本书内容相关的国家标准《混凝土结构设计规范》GB 50010—2010 已颁布，并已于 2011 年 7 月 1 日起实施；国家标准《工程结构可靠性设计统一标准》GB 50153—2008 也于 2009 年 7 月 1 日起实施；国家标准《建筑结构荷载规范》GB 50009 正在报批。为使读者及时了解新修订的国家标准的内容，并便于设计应用，编写了本书的第二版。本书与《混凝土结构设计原理（第二版）》（中国建筑工业出版社，2011 年 8 月）一书配套使用。

第二版除了对第一版中的不妥之处进行修订外，主要做了以下工作：

（1）修改、补充了结构方案设计、结构分析方法、结构缝、结构设计的要求等内容；

（2）按照《建筑结构荷载规范》规定的荷载组合新规则，以及《混凝土结构设计规范》关于钢筋级别、混凝土保护层厚度、构造要求等新规定，修改了书中的设计实例；

（3）按照新颁布的《厂房建筑模数协调标准》GB/T 50006—2010，对单层厂房结构布置相关的内容进行了修改；

（4）增加了混凝土框架结构重力二阶效应的计算方法、混凝土结构防连续倒塌设计方法等内容。

参加本书修订工作的有：梁兴文（第 2、4 章）、史庆轩（第 1、3 章），王秋维编写了第 3 章和第 4 章的例题。全书最后由梁兴文、史庆轩修改定稿。

本书由资深教授童岳生先生主审，他提出了许多宝贵意见。研究生车佳玲、孙宏哲、尧智平、党争等为本书绘制了部分插图。特在此对他们表示深切的感谢。

本书第二版会存在新的不足和谬误，欢迎读者批评指正。

编者

2011 年 12 月

第一版前言

结构设计就是充分利用先进技术，科学地解决结构的可靠性与经济性这对矛盾。结构设计结果的优劣取决于结构工程师的能力与素质。因此，本书在编写时，除注意系统地介绍结构设计的基本知识外，在内容组织和论述上更加注重学生能力和素质的培养。

本书介绍了房屋建筑工程中混凝土结构的设计方法，包括概论、混凝土梁板结构、单层工业厂房混凝土结构、混凝土框架结构等，内容侧重于混凝土结构的整体设计，与《混凝土结构设计原理》（中国建筑工业出版社，2008 年 2 月）一书配套使用。本书是高等学校土木工程专业本科生的主干课程教材，亦可作为相关专业学生的教学用书，并可供从事实际工作的建筑结构设计人员参考使用。

结构整体设计主要包括下列内容：选择结构方案和结构体系，进行结构布置；建立结构计算简图，选用合适的结构分析方法；计算作用（荷载）、作用（荷载）效应，并进行作用（荷载）效应组合；构件截面设计及构件间的连接构造等。其中结构方案设计是关键，其合理与否对结构的可靠性和经济性影响很大。为此，书中用较多的篇幅介绍了结构方案设计的主要内容。建立结构计算简图和选用结构分析方法是结构设计的一个重要内容，本书除在各章对不同结构分别论述其计算简图和分析方法外，还在第 1 章集中论述了这个问题，以引起读者对此问题的重视。鉴于读者已在"结构力学"课程中学习了结构分析的一般方法，所以本书仅介绍结构分析的近似方法。结构近似分析方法除可用于手算外，其解决问题的思路对培养学生分析问题和解决问题的能力以及创新能力均有帮助，因此本书对各种近似方法作了较详细的论述。

本书着重于理论与实践相结合，力求对基本概念论述清楚，使读者通过对有关内容的学习，熟练地掌握结构分析方法；书中有明确的计算方法和实用设计步骤，力求做到能具体应用；特别是对各主要结构附有完整的工程设计实例，有利于初学者对基本概念的理解和设计方法的掌握。为了便于学习，每章有小结、思考题和习题等内容，这对教学要求、自学理解、巩固深入、熟练掌握都是有益的，能提高教学效果。为适应双语教学的需要，书中同时给出了部分专业术语的英文表述。

本书由西安建筑科技大学土木工程学院梁兴文（第 2、4 章）和史庆轩（第 1、3 章）编写，邓明科编写了第 2、4 章的例题，门进杰编写了第 3 章的例题。由资深教授童岳生先生主审，李晓文教授审阅了部分内容，他们均提出了许多宝贵意见。研究生杨鹏辉、陶荣杰、杨坤为本书绘制了部分插图。特在此对他们表示深切的感谢。

本书在编写过程中参考了大量国内外文献，引用了一些学者的资料，这在本书末的参考文献中已予列出。

希望本书能为读者的学习和工作提供帮助。鉴于作者水平有限，书中难免有错误及不妥之处，敬请读者批评指正。

编者
2008 年 11 月

目　　录

第1章 概 论

1.1 概 述

1.1.1 建筑结构

建筑物是人类利用物质技术手段，在科学规律和美学法则的支配下，通过对空间的限定、组织而创造的供人们生活居住、工作学习、娱乐和从事生产的建筑，如住宅、饭店、体育馆、发电厂等。建筑结构（building structure）可简单定义为将建筑物自身及其在使用中所产生的荷载或作用传递给地基的一种设施，也可进一步延伸定义为，在一个空间中，由各种材料（砖、石、混凝土、钢材和木材等）建造的结构构件（梁、板、柱、墙、杆、壳等）通过正确的连接，能承受并传递自然界和人为的各种作用，并能形成使用空间的受力承重骨架。

建筑结构的作用，首先表现为能形成人们活动所需要的、功能良好和舒适美观的空间；其次表现为能够抵御自然的和人为的各种作用，使建筑物安全、适用、耐久，并在突发偶然事件时能保持整体稳定；最后表现为能充分发挥所使用材料的效能。因此，对要建造的建筑结构，首先需要选择合理的结构形式和受力体系，其次是选择结构材料并充分发挥其作用，使结构具有抵御自然的和人为的各种作用的能力，如自重、使用荷载、风荷载和地震作用等。一个优秀的建筑结构，在使用上，应满足空间要求和适用性要求；在安全上，应满足承载力和耐久性要求；在技术上，应体现科学技术和工程的新发展；在造型上，应与建筑艺术融为一体；在建造上，能合理使用材料并与施工实际相结合。

建筑结构按其用途可分为工业建筑结构和民用建筑结构；按其体型和高度可划分为单层结构（多用于单层工业厂房、单层空旷房屋等）、多层结构（2～9层）、高层结构（一般10层以上）和大跨结构（跨度在40～50m以上）等；按其材料可分为混凝土结构、钢结构、砌体结构、木结构、混合结构等；按其主要结构形式可划分为排架结构、框架结构、墙体结构、筒体结构、拱结构、网架结构、壳体结构、索结构、膜结构等。

建筑结构由竖向承重结构体系、水平承重结构体系和下部结构三部分组成。竖向承重结构由墙和柱等构件组成，承受竖向荷载和水平荷载的作用，主要有墙体结构、框架结构、框架-剪力墙结构和筒体结构等。水平承重结构由楼盖、屋盖、楼梯等组成，它将竖向荷载传递至竖向承重结构上，主要有梁板结构、平板结构、密肋结构等。下部结构包括地基和基础，基础主要采用钢筋混凝土，当荷载较小时也可采用砌体。

1.1.2 混凝土结构

混凝土结构（concrete structure）是以混凝土为主要材料制成的结构，包括素混凝土结构、钢筋混凝土结构、预应力混凝土结构及掺加各种纤维的纤维混凝土结构等。

波特兰水泥是英国人阿斯普丁（J. Aspdin）于1824年发明的，距今仅约200年。从

1849 年法国人朗波（Lambot）制造了第一只钢筋混凝土小船，到 19 世纪中叶钢筋混凝土结构开始应用于建筑工程中，混凝土结构的历史距今也仅 170 多年。在我国，水泥工业始于 1889 年，19 世纪末 20 世纪初在上海等沿海城市的个别建筑中采用了钢筋混凝土楼板，1908 年建造的上海电话公司大楼是我国最早的钢筋混凝土框架结构。与砌体结构、木结构和钢结构相比，混凝土结构的历史虽不长，但却发展迅速，是目前土木工程中应用十分广泛的一种结构类型。

素混凝土用于主要承受压力的结构，如基础、重力式挡土墙、支墩、地坪等。钢筋混凝土适用于承受压力、拉力、弯矩、剪力和扭矩等各种受力形式的结构或构件，如各种桁架（truss）、梁（beam）、板（slab）、柱（column）、墙（wall）、拱（arch）、壳（shell）、地面（pavement）等。预应力混凝土结构的应用范围与钢筋混凝土结构相似，由于它具有抗裂性好、刚度大和强度高的特点，特别适用于制作跨度大、荷载重以及有抗裂抗渗要求的结构。

单层混凝土建筑结构主要用于单层工业厂房、仓库、影剧院、食堂等单层空旷房屋；单层混凝土结构一般由屋盖和钢筋混凝土柱组成，根据房屋的功能不同和跨度大小，屋盖可采用钢筋混凝土梁板结构、拱或薄壳、折板以及钢筋混凝土屋架或钢屋架等。

多层建筑混凝土结构是指 2～9 层或房屋高度不大于 28m 的住宅和房屋高度不大于 24m 的其他民用建筑。高层建筑混凝土结构是指 10 层及 10 层以上或房屋高度大于 28m 的住宅和房屋高度大于 24m 的其他民用建筑（《高层建筑混凝土结构技术规程》JGJ 3—2010 的规定）。多高层建筑混凝土结构可采用框架（frame）、板柱（slab-column）、剪力墙（shear wall）、框架-剪力墙（frame-shear wall）、板柱-剪力墙（slab-column shear wall）和筒体（tube）等结构体系。其中，混凝土框架结构是多层建筑中常见的结构形式。

多层建筑中还常采用由砌体内、外墙和钢筋混凝土楼（屋）盖组成的混合结构；混合结构还包括由钢筋混凝土内柱（与楼盖中的肋梁形成框架）和砌体外墙组成的内框架结构，以及由底部钢筋混凝土框架-剪力墙和上部砌体结构组成的底部框架砌体结构。这些钢筋混凝土-砌体混合结构也是多层建筑中常见的结构形式。

钢-混凝土组合结构可认为是广义上的混凝土结构，是由型钢和混凝土或钢筋混凝土相组合而共同工作的一种结构形式，兼有钢结构和钢筋混凝土结构的一些特性。钢管混凝土结构（concrete filled steel tubular structure）、型钢混凝土组合结构（steel reinforced concrete composite structure）、钢-混凝土组合梁等是典型和应用广泛的组合结构形式。混凝土结构构件和钢结构或钢-混凝土组合结构构件可以组成钢-混凝土混合结构（steel-concrete mixed structure），以发挥不同材料结构构件的性能优势和利用效率，目前已成为高层特别是超高层建筑结构的主要结构形式，如上海金茂大厦（地上 88 层，地下 3 层，高 421m）和上海环球金融中心（地上 101 层，地下 3 层，高 492m）等均是由钢筋混凝土核心筒、外框架型钢混凝土组合柱及钢柱组成。

在各类多高层建筑结构中，楼盖或屋盖基本上都是钢筋混凝土结构，按施工方法可分为现浇式、装配式和装配整体式三种；现浇式混凝土楼盖的结构形式有单向板肋梁楼盖、双向板肋梁楼盖、无梁楼盖、密肋楼盖、井式楼盖等；装配式混凝土楼盖主要由预制混凝土多孔板或槽形板等铺板组成；装配整体式混凝土楼盖是在装配式混凝土铺板上再浇筑混凝土现浇层，以加强其整体性。此外，压型钢板-混凝土组合楼板、钢梁-混凝土组合楼盖等组合式楼盖近年来也在工程中有较多应用。

混凝土结构的基础均采用钢筋混凝土基础，根据场地的工程地质和水文地质条件、上部结构的层数和荷载大小等，可选用柱下独立基础、条形基础、十字交叉基础、筏形基础、箱形基础以及桩基础等。

大跨结构广泛应用于体育训练馆、展览馆、会堂等公共建筑，其屋盖一般采用网架、网壳、斜拉、悬索等钢结构形式，以便形成较大的空间，而其竖向承重结构和下部基础一般均采用钢筋混凝土构件。

1.2 结构设计的过程和内容

1.2.1 工程项目的建设程序

工程项目（engineering project）建设程序是指工程项目从策划、评估、决策、勘察、设计、施工到竣工验收、投入生产或交付使用的整个建设过程中，各项工作必须遵循的先后工作次序，如图 1-1 所示。由图可知，其主导线分工程勘察、设计和施工三个环节，对主导线起保证作用的有两条辅线，其一为对投资的控制，其二为对质量和进度的监控。工程项目建设程序是工程建设过程客观规律的反映，是工程项目科学决策和顺利进行的重要保证，不能任意颠倒，但可以合理交叉。

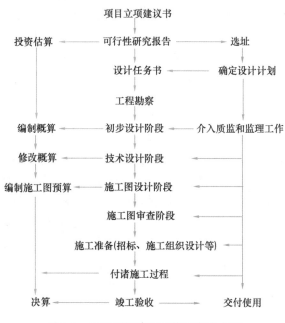

图 1-1　工程项目建设工作程序和内容

工程项目的策划、评估和决策，又称为建设前期工作阶段，主要包括编报项目建议书、可行性研究报告和项目申请报告三项内容；对于政府投资的工程项目，项目建议书是从宏观上论述项目的必要性和可能性，供项目审批机关作出初步决策；可行性研究是在项目建议书被批准后，对项目在技术上和经济上是否可行所进行的科学分析和论证；对于企业不使用政府资金投资建设的项目，不再实行审批制，区别不同情况实行核准制和登记备案制。

工程勘察是进行工程设计的前提，掌握建设场地的地质、水文、气象等详细情况和有关数据，为设计提供可靠的依据，如场地土层分布及其性质、成因、构造、承载力、地下水的深度及其对建筑材料有无侵蚀性影响、地下冰冻线深度、常年气温变化、雨量、积雪深度、风向及风力、是否是地震区及抗震设防烈度等。

建筑工程设计的过程及内容，见下述有关的小节。

工程项目开工前，需要准备施工图纸、组织施工招投标、择优选定施工单位、委托工程监理、组织材料及设备订货、办理工程质量监督和开工手续等，并以工程正式破土开槽或不需开槽的以正式打桩作为开工时间。

工程竣工验收是全面考核建设成果、检验设计和施工质量的重要步骤，也是建设项目转入生产和使用的标志。验收合格后，建设单位编制竣工决算，项目正式投入使用。

1.2.2　建筑工程的设计阶段

设计是指应用设计工具、依据设计规范和标准、考虑限制条件，将所提供的设计数据合成一个对象（如建筑）的过程。建筑结构设计是建筑工程设计中一个重要内容，既是一项创造性工作，又是一项全面、具体、细致的综合性工作。建筑工程的设计需要建筑师、结构工程师和设备工程师的通力合作，特别是建筑师和结构工程师的相互沟通与密切配合，一个优秀的建筑工程应该是"功能、结构、美观、建造"的统一，是建筑师和结构工程师共同合作完成的创造性作品。其中，结构工程师的基本任务是在结构的可靠与经济之间选择一种合理的平衡，力求以最低的代价，使所建造的结构在规定的条件下和规定的使用期限内，能满足预定的安全性、适用性和耐久性等功能要求。

大型建筑工程设计可分为三个阶段进行，即初步设计阶段、技术设计阶段和施工图设计阶段。对一般的建筑工程，可按初步设计和施工图设计两阶段进行。

1. 初步设计阶段（preliminary design phase）

主要是确定工程的基本规模、重要工艺和设备以及概算总投资等原则问题，提出工程项目的方案设计，该阶段需完成的设计文件有设计说明书、必要的设计图纸、主要设备和材料清单、投资估算及效果透视图等，应在调查研究和设计基础资料的基础上分专业编制。结构设计负责编制结构设计说明、结构体系、结构平面布置等内容；结构设计说明包括设计依据、设计要点和需要说明的问题等，提出具体的地基处理方案，选定主要结构材料和构件标准图等；设计依据应阐述建筑所在地域、地界、有关自然条件、抗震设防烈度、工程地质概况等；结构设计要点应包括上部结构选型、基础选型、人防结构及抗震设计初步方案等；需要说明的其他问题是指对工艺的特殊要求、与相邻建筑物的关系、基坑特征及防护等；结构平面布置应标出柱网、剪力墙、结构缝等。

2. 技术设计阶段（technical design phase）

技术设计是针对技术上复杂或有特殊要求而又缺乏设计经验的建设项目而增设的一个设计阶段，其目的是用以进一步解决初步设计阶段一时无法解决的一些重大问题，是在初步设计基础上方案设计的具体化，对初步设计方案所做的调整和深化。设计依据为已批准的初步设计文件，主要解决工艺技术标准、主要设备类型、结构形式和控制尺寸以及工程概算修正等主要技术关键问题，协调解决各专业之间存在的矛盾。

3. 施工图设计阶段（working drawing design phase）

施工图设计是项目施工前最重要的一个设计阶段，要求以图纸和文字的形式解决工程建设中预期的全部技术问题，并编制相应的对施工过程起指导作用的施工预算。施工图按专业内容可分为建筑、结构、水、暖、电等部分。

对一般单项建筑工程项目，首先由建筑专业提出较成熟的初步建筑设计方案，结构专业根据建筑方案进行结构选型和结构布置，并确定有关结构尺寸，对建筑方案提出必要的修正；其次，建筑专业根据修改后的建筑方案进行建筑施工图设计，结构专业根据修改后的建筑方案和结构方案进行结构内力分析、荷载效应组合和构件截面设计，并绘制结构施工图。

施工图交付施工，并不意味着设计已经完成。在施工过程中，根据新的情况，还需对设计做必要的修改；建筑物交付使用后，做出工程总结，设计工作才算最后完成。

1.2.3 结构设计的基本内容

结构设计的基本内容，主要包括结构方案设计、结构分析、作用或荷载效应组合、构件及其连接构造的设计和绘制施工图等。

1. 结构方案设计

结构方案（structural scheme）设计主要是配合建筑设计的功能和造型要求，结合所选结构材料的特性，从结构受力、安全、经济以及地基基础和抗震等条件出发，综合确定合理的结构形式。结构方案应在满足适用性的条件下，符合受力合理、技术可行和尽可能经济的原则。无论是初步设计阶段，还是技术设计阶段，结构方案都是结构设计中的一项重要工作，也是结构设计成败的关键。初步设计阶段和技术设计阶段的结构方案，所考虑的问题是相同的，只不过是随着设计阶段的深入，结构方案的深度不同而已。

结构方案对建筑物的安全有重要影响，其设计主要包括结构选型、结构布置和主要构件的截面尺寸估算等内容。

（1）结构选型。就是根据建筑的用途及功能、建筑高度、荷载情况和所具备的物质与施工技术条件等因素选用合理的结构体系，主要包括确定结构体系（上部主要承重结构、楼盖结构、基础的形式）和施工方案。在初步设计阶段，一般须提出两种以上不同的结构方案，然后进行方案比较，综合考虑，选择较优的方案。

（2）结构布置。就是在结构选型的基础上，选用构件形式和布置，确定各结构构件之间的相互关系和传力路径，主要包括定位轴线、构件布置和结构缝的设置等。结构的平、立面布置宜规则，各部分的质量和刚度宜均匀、连续；结构的传力途径应简捷、明确，竖向构件宜连贯、对齐；宜采用超静定结构，重要构件和关键传力部位应增加冗余约束或有多条传力途径。结构设计时应通过设置结构缝将结构分割为若干相对独立的单元，结构缝包括伸缩缝、沉降缝、防震缝、构造缝、防连续倒塌的分割缝等，应根据结构受力特点及建筑尺度、形状、使用功能等要求，合理确定结构缝的位置和构造形式；宜控制结构缝的数量，应采取有效措施减少设缝对建筑功能、结构传力、构造做法和施工可行性等造成的影响，遵循"一缝多能"的设计原则，采取有效的构造措施；除永久性的结构缝以外，还应考虑设置施工接槎、后浇带、控制缝等临时性的缝以消除某些暂时性的不利影响。

（3）构件截面尺寸的估算。水平构件的截面尺寸一般根据刚度和构造等条件，凭经验确定；竖向构件的截面尺寸一般根据侧移（或侧移刚度）和轴压比的限值来估算。

2. 结构分析

确定结构上的作用（包括直接作用和间接作用）是进行结构分析的前提。根据目前结构理论发展水平以及工程实际，一般只需要计算直接作用在结构上的荷载和地震作用，其他的间接作用，在一般结构分析中很少涉及。我国现行《建筑结构荷载规范》将结构上的荷载分为永久荷载、可变荷载和偶然荷载三类；永久荷载主要是指结构自重、土压力、预应力等，可变荷载主要有楼面活荷载、屋面活荷载和积灰荷载、吊车荷载、风荷载、雪荷载等，偶然荷载主要指爆炸力、撞击力等。荷载计算就是根据建筑结构的实际受力情况计算上述各种荷载的大小、方向、作用类型、作用时间等，作为结构分析的重要依据。

结构分析是指结构在各种作用（荷载）下的内力和变形等作用效应计算，其核心问题是确定结构计算模型，包括确定结构力学模型、计算简图和采用的计算方法。计算简图是进行结构分析时用以代表实际结构的经过简化的模型，是结构受力分析的基础，计算简图的选择应分清主次，抓住本质和主流，略去不重要的细节，使得所选取的计算简图既能反映结构的实际工作性能，又便于计算。计算简图确定后，应采取适当的构造措施使实际结构尽量符合计算简图的特点。计算简图的选取受较多因素的影响，一般来说，结构越重要，选取的计算简图应越精确；施工图设计阶段的计算简图应比初步设计阶段精确；静力计算可选择较复杂的计算简图，动力和稳定计算可选用较简略的计算简图。

3. 荷载效应组合

荷载效应组合（load effect combination）是指按照结构可靠度理论把各种荷载效应按一定规律加以组合，以求得在各种可能同时出现的荷载作用下结构构件控制截面的最不利内力。通常，在各种单项荷载作用下分别进行结构分析，得到结构构件控制截面的内力和变形后，根据在使用过程中结构上各种荷载同时出现的可能性，按承载能力极限状态和正常使用极限状态用分项系数与组合值系数加以组合，并选取各自的最不利组合值作为结构构件和基础设计的依据。

4. 结构构件及其连接构造的设计

根据结构荷载效应组合结果，选取对配筋起控制作用的截面不利组合内力设计值，按承载能力极限状态和正常使用极限状态分别进行截面的配筋计算和裂缝宽度、变形验算，计算结果尚应满足相应的构造要求。构件之间的连接构造设计就是保证连接节点处被连接构件之间的传力性能符合设计要求，保证不同材料结构构件之间的良好结合，选择可靠的连接方式以及保证可靠传力所采取可靠的措施等。

5. 施工图绘制

施工图是全部设计工作的最后成果，是进行施工的主要依据，是设计意图最准确、最完整的体现，是保证工程质量的重要环节。结构施工图编号前一般冠以"结施"字样，其绘制应遵守一般的制图规定和要求，并应注意以下事项：

（1）图纸应按以下内容和顺序编号：结构设计总说明、基础平面图及剖面图、楼盖平面图、屋盖平面图、梁和柱等构件详图、楼梯平剖面图等。

（2）结构设计总说明一般包括工程概况、设计标准、设计依据、图纸说明、建筑分类等级、荷载取值、设计计算程序、主要结构材料、基础及地下室工程、上部结构说明、检测（观测）要求、施工需要特别注意的问题等。

（3）楼盖、屋盖结构平面图应分层绘制，应准确标明各构件关系及定位轴线或柱网尺寸、孔洞及预埋件的位置及尺寸；应准确标注梁、柱、剪力墙、楼梯等和纵横定位轴线的位置关系以及板的规格、数量和布置方法，同时应表示出墙厚及圈梁的位置和构造做法；构件代号一般应以构件名称的汉语拼音的第一个大写字母作为标志；如选用标准构件，其构件代号应与标准图一致，并注明标准图集的编号和页码。

（4）基础平面图的内容和要求基本同楼盖平面图，尚应绘制基础剖面大样及注明基底标高，钢筋混凝土基础应画出模板图及配筋图。

（5）梁、板、柱、剪力墙等构件施工详图应分类集中绘制，应将各构件的钢筋牌号、形状、位置、数量表示清楚，钢筋编号不能重复，用料规格应用文字说明，对标高尺寸应逐个构件标明，对预制构件应标明数量、所选用标准图集的编号；复杂外形的构件应绘出模板图，并标注预埋件、预留洞等；大样图可索引标准图集。

（6）绘图的依据是计算结果和构造规定，同时，应充分发挥设计者的创造性，力求简明清楚，图纸数量少，但不能与计算结果和构造规定相抵触。

1.2.4　对结构设计人员的要求

结构设计是一个系统和全面的工作，要求设计人员具有扎实的理论基础、丰富的专业知识、灵活的创新思维和认真负责的工作态度，密切配合其他专业，善于反思和总结。结构设计时应注意以下问题。

（1）现行标准和规范既是已有成熟理论和经验的总结，又是当前经济技术的体现。由于工程建设在国民经济中占有十分重要的地位，一般情况下，工程结构设计应遵照现行有关的标准和规范进行。同时，由于现行规范只是对一般和大量的工程设计提出的平均或最低要求，考虑科学技术的进步和社会经济的发展以及人们对建筑使用功能需求的不断提高，有时一些重要或重大工程，仅仅按满足规范的要求进行设计是不够的，应视不同工程情况区别对待。

（2）掌握各种结构体系的受力特点、传力途径、适用范围、计算方法、经济特性等，特别是结构的力学计算分析是结构设计的关键，满足力的平衡条件、几何变形条件和本构关系是确保结构分析计算正确的前提。设计计算一般包括建立力学模型、确定荷载、力学计算、结果分析和构件设计等部分，计算机的发展和普及极大地提高了设计效率和计算精度，但不能忽略由此而带来的负面影响，为此要理解设计软件的编制原理和使用范围，正确地输入结构布置、构件尺寸、材料指标、设计荷载及其他设计参数，确定合理的连接和约束条件以符合结构实际工作状况的计算简图，认真分析计算结果，经过合理的判断后再进行设计，不能盲目采用。

（3）结构设计时，考虑到各种作用、材料性能和施工的变异性以及其他不可预测的因素，设计计算结果可能与实际相差较大，甚至有些作用效应至今尚无法定量计算。因此，虽然设计计算是必需的，也是结构设计的重要依据，但仅仅依靠设计计算尚无法达到预期的设计目标，还必须重视结构概念设计和构造要求，从某种意义上讲，结构概念设计和构造要求有时甚至比设计计算更为重要。

（4）图纸是工程师的语言，结构设计成果一般通过结构施工图表达。设计图纸应能以最简洁的图纸充分表达设计意图，并能易于使施工人员理解和接受。

1.3 混凝土结构分析

结构分析（structural analysis）是指根据已确定的结构方案和结构布置以及构件截面尺寸和材料性能等，确定合理的结构计算简图和分析方法，进行荷载（或作用）计算，通过科学的计算分析准确地求出结构的内力和变形，以便根据计算结果进行构件设计并采取可靠的构造措施。

混凝土结构是由钢筋和混凝土组成的结构，两种材料性能差别很大。一般钢筋的拉、压屈服强度相等，而混凝土的拉、压强度相差悬殊，在应力不大时应力-应变关系即为非线性变化，且出现裂缝后为各向异性体。因此，钢筋混凝土结构在荷载作用下的受力性能十分复杂，是一个不断变化的非线性过程。对混凝土结构，合理地确定其力学模型和选择分析方法是提高设计质量、确保结构安全可靠的重要环节。为此，我国《混凝土结构设计规范》对混凝土结构分析的基本原则和各种分析方法的应用条件做出了明确规定，其内容反映了我国混凝土结构的设计现状、工程经验和试验研究等方面所取得的进展。

1.3.1 基本原则

进行混凝土结构分析时，应遵守以下基本原则：

（1）混凝土结构按承载能力极限状态计算和按正常使用极限状态验算时，应进行整体作用（荷载）效应分析，必要时还应对结构中的重要部位、形状突变部位以及内力和变形有异常变化的部位（例如较大孔洞周围、节点及其附近、支座和集中荷载附近等）受力状况，进行更详细的分析。

（2）结构在施工和使用期的不同阶段（如结构的施工期、检修期和使用期，预制构件的制作、运输和安装阶段等）有多种受力状况时，应分别进行结构分析，并确定其最不利的作用效应组合。当结构可能遭遇火灾、飓风、爆炸、撞击等偶然作用时，尚应按国家现行有关标准的要求进行相应的结构分析。

（3）结构分析时，所采用的计算简图、几何尺寸、计算参数、边界条件、结构材料性能指标、构造措施等应符合实际工作状况。结构上可能的作用（荷载）及其组合、初始应力和变形状况等也应符合结构的实际工作状况。所采用的各种近似假定和简化，应有理论、试验依据或经工程实践验证；计算结果的精度应符合工程设计的要求。计算结果应有相应的构造措施加以保证，如固定端和刚节点的承受弯矩能力和对变形的限制、塑性铰充分转动的能力、适筋截面的配筋率或受压区相对高度的限值等。

（4）结构分析方法的建立都是基于三类基本方程，即力学平衡方程、变形协调（几何）条件和本构（物理）关系。其中，结构整体或其中任何一部分的力学平衡条件都必须满足；结构的变形协调条件，包括节点和边界的约束条件等，若难以严格地满足，但应在不同的程度上予以满足；材料或构件单元的力-变形关系，应合理地选取，尽可能符合或接近钢筋混凝土的实际性能。

（5）混凝土结构分析时，应根据结构类型、材料性能和受力特点等选择合理的分析方法。目前，按力学原理和受力阶段不同，混凝土结构常用的计算方法主要有：

——线弹性分析方法；

——塑性内力重分布分析方法；

——弹塑性分析方法；

——塑性极限分析方法；

——试验分析方法。

上述分析方法中，又各有多种具体的计算方法，如解析法或数值解法、精确解法或近似解法。结构设计时，应根据结构的重要性和使用要求、结构体系的特点、荷载（作用）状况、要求的计算精度等加以选择；计算方法的选取还取决于已有的分析手段，如计算程序、手册、图表等。

（6）目前，结构设计中一般采用计算机进行结构分析。为了确保计算结果的正确性，结构分析所采用的计算软件应经考核和验证，其技术条件应符合现行国家规范和有关标准的要求；计算分析结果应经判断和校核，在确认其合理、有效后，方可用于工程设计。

1.3.2 分析模型

混凝土结构宜按空间体系进行结构整体分析，并宜考虑结构构件的弯曲、轴向、剪切和扭转变形对结构内力的影响。应结合工程的实际情况和采用的力学模型，对承重结构进行适当简化，使其既能较正确反映结构的真实受力状态，又能够适应所选用分析软件的力学模型与运算能力，从根本上保证分析结果的可靠性。如对体型规则的空间结构，可沿柱列或墙轴线分解为不同方向的平面结构，考虑平面结构的空间协同工作进行计算；当构件的轴向、剪切和扭转变形对结构内力分析影响不大时，可不予考虑。

结构计算简图应根据结构的实际形状、构件的受力和变形状况、构件间的连接和支承条件以及各种构造措施等，进行合理的简化后确定。梁、柱、杆等一维构件的轴线取为截面几何中心的连线，墙、板等二维构件的中轴面取为截面中心线组成的平面或曲面。现浇结构和装配整体式结构的梁柱节点、柱与基础连接处等，当有相应的构造和配筋作保证时，可作为刚接；非整体浇筑的次梁两端及板跨两端可近似作为铰接；有地下室的建筑底层柱，其固定端的位置还取决于底板（梁）的刚度；节点连接构造的整体性程度决定连接处是按刚接还是按铰接考虑。梁、柱等杆件的计算跨度或计算高度可按其两端支承长度的中心距或净距确定，并根据支承节点的连接刚度或支承反力的位置加以修正。当钢筋混凝土梁柱构件截面尺寸相对较大时，梁柱等杆件间连接部分的刚度远大于杆件中间截面的刚度，梁柱交汇点会形成相对的刚性节点区域，在计算模型中可按刚域处理，刚域尺寸的合理确定，会在一定程度上影响结构整体分析的精度。

结构整体分析时，为减少结构分析的自由度，提高分析效率，对于现浇钢筋混凝土楼盖或有现浇面层的装配整体式楼盖，可近似假定楼板在其自身平面内为无限刚性。当楼盖开有较大洞口或其局部会产生明显的平面内变形时，结构分析应考虑楼盖平面内变形的影响，根据楼盖的具体情况，楼盖平面内弹性变形可按全部楼盖、部分楼盖或部分区域考虑。对于现浇钢筋混凝土楼盖和有现浇面层的装配整体式楼盖，可近似采用增加梁翼缘计算宽度的方式来考虑楼板作为翼缘对梁刚度和承载力的贡献。对带地下室的结构，应适当考虑回填土对结构水平位移的约束作用，当地下室结构的楼层侧向刚度不小于相邻上部结构楼层侧向刚度的 2 倍时，可将地下室顶板作为上部结构水平位移的嵌固部位。当地基与结构的相互作用对结构的内力和变形有显著影响时，结构分析中应考虑地基与结构相互作用的影响。

1.3.3 分析方法

1. 弹性分析方法（elastic analysis method）

线弹性分析方法假定结构材料为理想的弹性体，是最基本和最成熟的结构分析方法，也是其他分析方法的基础和特例，可用于混凝土结构的承载能力极限状态及正常使用极限状态作用效应的分析。

混凝土结构弹性分析可采用结构力学或弹性力学等分析方法。杆系结构（指由长度大于3倍截面高度的构件所组成的连续梁、框架等结构）通常采用结构力学方法进行内力和变形计算。非杆系的二维或三维结构，通常假定结构为完全匀质材料，不考虑钢筋的存在和混凝土开裂及塑性变形的影响，利用最简单的材料各向同性本构关系，即只需要弹性模量和泊松比两个物理常数，采用弹性力学方法进行作用效应计算。对体型规则的结构，可根据作用的种类和特性，采用适当的简化分析方法。结构内力的弹性分析和构件截面承载力的极限状态设计相结合，实用上简易可行，按此设计的结构，其承载力一般偏于安全。

计算结构构件的刚度时，混凝土的弹性模量按《混凝土结构设计规范》的规定采用，截面惯性矩按匀质的混凝土全截面计算，一般不计钢筋的换算面积，也不扣除预应力筋孔道等的面积。对端部加腋的构件，应考虑其截面变化对结构分析的影响。对不同受力状态下的构件，考虑混凝土开裂、徐变等因素的影响，其截面刚度可予以折减。

结构中二阶效应是指作用在结构上的重力或构件的轴压力在变形后的结构或构件中引起的附加内力和附加变形，包括重力侧移二阶效应（P-Δ 效应）和受压构件的挠曲二阶效应（P-δ 效应）两部分。当结构的二阶效应可能使作用效应显著增大时，在结构分析时应考虑二阶效应的不利影响。重力侧移二阶效应计算属于结构整体层面的问题，可考虑混凝土构件开裂对构件刚度的影响采用结构力学等方法分析，也可采用《混凝土结构设计规范》给出的简化分析方法。受压构件的挠曲二阶效应计算属于构件层面的问题，一般在构件设计时考虑。

对钢筋混凝土双向板，当边界支承位移对其内力和变形有较大影响时，在分析中需要考虑边界支承竖向变形及扭转等的影响。

2. 塑性内力重分布分析方法（internal forces plastic redistribution analysis method）

超静定混凝土结构在出现塑性铰的情况下，结构中的内力分布规律（弯矩图等）不同于按弹性分析方法计算所得的结果，在结构中引起内力重分布。可利用这一特点进行构件截面之间的内力调整，充分发挥混凝土结构的潜力，以达到简化设计、节约配筋和方便施工的目的。

塑性内力重分布分析方法主要有极限平衡法、塑性铰法、变刚度法、弯矩调幅法以及弹塑性分析方法等。其中，弯矩调幅法是指在弹性弯矩的基础上，根据需要适当调整某些截面（通常是弯矩绝对值最大的截面）的弯矩，其他截面的弯矩根据平衡条件也进行调整，按调整后的内力进行截面设计。该方法计算简单，为多数国家的设计规范所采用。

钢筋混凝土连续梁、连续单向板以及双向板，可采用塑性内力重分布方法进行分析。重力荷载作用下的框架、框架-剪力墙结构中的现浇梁等，经弹性分析求得内力后，可对支座或节点弯矩进行适度调幅，并确定相应的跨中弯矩。对协调扭转问题，由于相交构件的弯曲转动受到支承梁的约束，在支承梁内引起扭转，其扭矩会由于支承梁的开裂产生内力重分布而减小，支承梁的扭矩宜考虑内力重分布的影响。

按考虑塑性内力重分布分析方法设计的结构和构件，由于塑性铰的出现，构件的变形和抗弯能力较小部位的裂缝宽度均较大，应进行构件变形和裂缝宽度验算，以满足正常使用极限状态的要求或采取有效的构造措施。同时，由于裂缝宽度较大等原因，对于直接承受动力荷载的结构，以及要求不出现裂缝或处于严重侵蚀环境等情况下的结构，不应采用考虑塑性内力重分布的分析方法。

3. 弹塑性分析方法（elasto-plastic analysis method）

弹塑性分析方法是指考虑混凝土结构的受力特点，通过建立结构构件的平衡条件、变形协调条件和弹塑性本构关系，借助于计算分析软件，可较准确计算或详尽地分析结构从开始受力直至破坏全过程的内力、变形和塑性发展等。该方法可分为静力弹塑性分析和动力弹塑性分析两大类，是目前一种较为先进的结构分析方法，适用于任意形式和受力复杂的结构分析，特别是能较好地解决各种体型和受力复杂结构的分析问题，已在国内外一些重要结构的设计中采用。但由于这种分析方法比较复杂，计算工作量大，各种非线性本构关系尚不够完善和统一，且要有成熟、稳定的软件提供使用，至今其应用范围仍然有限，主要用于重要、复杂结构工程和罕遇地震作用下的结构分析。

弹塑性分析方法主要用于重要或受力复杂结构的整体或局部分析，可根据结构类型和复杂性、要求的计算精度等选择相应的计算模型。结构弹塑性分析时，应预先设定结构的形状、尺寸、边界条件、材料性能和配筋等，根据实际情况采用不同的离散尺度，确定相应的本构关系，如材料的应力-应变关系、构件截面的弯矩-曲率关系、构件或结构的内力-变形关系等；钢筋和混凝土的材料特征值及本构关系宜根据试验分析确定，也可采用规范规定的材料强度平均值、本构模型或多轴强度准则；必要时还应考虑结构几何非线性的不利影响；当分析结果用于承载力设计时，宜考虑抗力模型不定性系数对结构的抗力进行适当调整。对某些变形较大的构件或节点区域等，钢筋与混凝土界面的黏结滑移对其分析结果有较大的影响，在对其进行局部精细分析时，宜考虑钢筋与混凝土间的黏结应力-滑移本构关系。

混凝土结构的弹塑性分析，可根据实际情况采用静力或动力弹塑性分析方法。结构构件的计算模型、离散尺度应根据实际情况和计算精度的要求确定。梁、柱、杆等杆系构件，其一个方向的正应力明显大于另外两个正交方向的应力，则可简化为一维单元，且宜采用纤维束模型或塑性铰模型，采用杆系有限元方法求解。墙、板等构件，其两个方向的正应力均显著大于另一个方向的应力，则可简化为二维单元，且宜采用膜单元、板单元或壳元，采用平面问题有限元方法求解。复杂的混凝土结构、大体积混凝土结构、结构的节点或局部区域等，其三个方向的正应力无显著差异，当对其需作精细分析时，应按三维块体单元考虑，采用空间问题有限元方法求解。结构的弹塑性分析均须编制计算程序，利用计算机来完成大量繁琐的数值运算和求解。

4. 塑性极限分析方法（plastic limit analysis method）

对于超静定结构，结构中的某一个截面（或某几个截面）达到屈服，整个结构可能并没有达到其最大承载能力，外荷载还可以继续增加，先达到屈服截面的塑性变形会随之不断增大，并且不断有其他截面陆续达到屈服，直至有足够数量的截面达到屈服，使结构体系即将形成几何可变机构，结构才达到最大承载能力。结构的塑性极限分析又称为塑性分析或极限分析，是指结构在承载能力极限状态下，找出其内力分布规律和满足塑性变形的规律，得到其满足塑性变形规律和结构机动条件的破坏机构，进而求出结构的塑性极限荷载。因此，利用超静定结构的这一受力特征，采用塑性极限分析方法来计算结构的最大承载力，并以达到最大承载力时的状态，作为整个结构的承载能力极限状态，由于不考虑弹塑性发展过程而使计算分析大为简化，既可以使超静定结构的内力分析更接近实际内力状态，也可以充分发挥超静定结构的承载潜力，使结构设计更经济合理。

由于整个结构达到承载能力极限状态时，结构中较早达到屈服的截面已处于塑性变形阶段，即已形成塑性铰，这些截面实际上已具有一定程度的损伤，这种损伤对于一次加载情况的最大承载力影响不大。因此，对于不承受多次重复荷载作用的混凝土结构，当其具有足够的塑性变形能力时，可采用塑性极限分析方法进行结构的承载力计算，但仍应满足正常使用极限状态的要求。

结构极限分析一般应同时满足内力的平衡条件、形成足够数目塑性铰的机构条件和截面弯矩等于或小于塑性弯矩的屈服条件。当上述三个条件同时满足时，可得到其精确解。通常，结构能满足平衡条件，其他两个条件可能不能同时满足，根据满足的条件不同，可得到不同的近似解。当结构满足平衡条件和机构条件时，一般是选取一种可能的破坏机构，根据虚功方程或平衡方程求解结构的极限荷载；由于可能的破坏机构有多种，理论上应分别计算，并选取其中最小者作为极限荷载，这种解法称为上限解。当结构满足平衡条件和屈服条件时，一般是选取一种可能的内力分布，使其既满足平衡条件和力的边界条件，同时又满足屈服条件，根据内外力的平衡可求解结构的极限荷载；由于结构可能的内力分布有多种，理论上应分别计算，并选其中最大者作为极限荷载，这种解法称为下限解。

对可预测结构破坏机制的情况，结构的极限承载力可根据预定的结构塑性屈服机制，采用塑性极限分析的上限解法（如机动法、极限平衡法等）进行分析。对难以预测结构破坏机制的情况，结构的极限承载力可采用静力或动力弹塑性分析方法确定。对直接承受偶然作用的结构构件或部位，应根据偶然作用的动力特征考虑其动力效应的影响。对承受均布荷载的周边支承的双向矩形板，可采用塑性铰线法（上限解法）或条带法（下限解法）等塑性极限分析方法进行设计，实践经验证明，按此类方法进行计算和构造设计，简便易行，可保证安全。

5. 试验分析方法（experimental analysis method）

当结构或其部位的体型不规则和受力状况复杂，如剪力墙及其孔洞周围、框架和桁架的主要节点、构件的疲劳、受力状态复杂的水坝、不规则的空间壳体等，或采用了新型的材料及构造，又无恰当的简化分析方法或对现有结构分析方法的计算结果没有充分把握时，可采用试验分析方法对结构的正常使用极限状态和承载能力极限状态进行分析或复核。

混凝土结构的试验应经专门的设计。对试件的模型比例、形状、尺寸和数量、材料的品种和性能指标、支承和边界条件、加载的方式和过程、量测的项目和测点布置等应做出周密的考虑，以确保试验结果的有效和准确。在试验过程中，应及时地观察试件的宏观作用效应，如混凝土开裂、裂缝的发展、钢筋的屈服、黏结破坏和滑移等，量测和记录的各种数据应及时整理。试验结束后，对试件的各项性能指标和所需的设计常数应进行分析和计算，并对试验的准确度作出估计，引出合理的结论。

1.3.4 间接作用分析

对大体积混凝土结构、超长混凝土结构等，混凝土的收缩、徐变以及温度变化等间接作用在结构中产生的作用效应，特别是裂缝问题比较突出，可能危及结构的安全性或正常使用时，宜进行间接作用效应的分析，并采取相应的构造措施和施工措施。对于允许出现裂缝的钢筋混凝土结构构件，应考虑裂缝的开展对构件刚度的影响，以减少作用效应计算的失真。

混凝土结构进行间接作用效应的分析，可采用弹塑性分析方法；也可考虑混凝土的徐变及混凝土的开裂引起的应力松弛和重分布，对构件刚度进行折减，按弹性方法进行近似分析。

1.4 本课程的主要内容及特点

1.4.1 主要内容

本课程是"混凝土结构设计原理"的后续课程，为土木工程专业主修建筑工程方向学生的主干专业课程。前一课程的内容为各类混凝土构件的基本理论和设计方法。由各类基本构件可组成不同的建筑结构体系，本课程的内容是针对不同的建筑结构体系，阐述混凝土结构设计的基本理论和设计方法，具体内容为：

（1）混凝土梁板结构是由梁和板所组成，在房屋建筑中作为水平承重结构体系，主要介绍钢筋混凝土整体式单向板肋梁楼盖、整体式双向板肋梁楼盖、整体式柱支承双向板楼盖、无黏结预应力混凝土楼盖和楼梯等结构布置的原则和设计计算方法，给出了整体式肋梁楼盖的设计实例。

（2）结合装配式单层厂房排架结构的设计，介绍了一般建筑结构设计的基本方法和步骤，主要包括单层厂房结构的组成及其布置，主要构件的选型，排架结构内力分析方法，内力组合以及排架柱、牛腿和柱下独立基础的受力性能及其设计方法等，并给出了一个装配式单层厂房排架结构的设计实例。

（3）混凝土框架结构是多高层建筑中广泛采用的一种结构形式，介绍了混凝土框架结构的承重方案、结构布置、梁柱截面尺寸估算、计算简图确定、荷载计算和结构内力分析方法、内力组合、梁柱构件的配筋计算和构造要求以及柱下条形基础、柱下十字交叉条形基础和筏形基础的设计等内容，并给出了一个钢筋混凝土框架结构的设计实例。

1.4.2 本课程的特点

本课程具有以下特点，在学习中应特别予以注意：

（1）本课程有较强的实践性，有利于学生工程实践能力的培养。一方面应通过课堂学习、习题和作业来掌握混凝土结构设计的基本理论和方法，通过课程设计和毕业设计等实践性教学环节，学习工程结构计算、设计说明书的整理和编写、施工图纸的绘制等基本技能，逐步熟悉和正确运用这些知识来进行结构设计和解决工程中的技术问题；另一方面，应通过到现场参观，了解实际工程的结构布置、配筋构造、施工技术等，积累感性认识，增加工程设计经验，加强对基础理论知识的理解，培养学生综合运用理论知识解决实际工程问题的能力。

（2）结构设计是一项综合性很强的工作，有利于学生设计工作能力的培养。在形成结构方案、构件选型、材料选用、确定结构计算简图和分析方法以及配筋构造和施工方案等过程中，除应遵循安全适用和经济合理的设计原则外，尚应综合考虑各方面的因素。同一工程设计有多种方案和设计数据，不同的设计人员会有不同的选择，因此设计的结构不是唯一的。设计时应综合考虑使用功能、材料供应、施工条件、造价等各项指标的可行性，通过对各种方案的分析比较，选择最佳的设计方案。

（3）结构设计是一项创造性的工作，有利于学生创新精神的培养。结构设计时，须按照我国现行《混凝土结构设计规范》以及其他相关规范和标准进行设计；由于混凝土结构是一门发展很快的学科，其设计理论及方法在不断地更新，结构设计工作者可在有足够的理论根据及实践经验等基础上，充分发挥主动性和创造性，采取先进的结构设计理论和技术。

（4）结构方案和构造措施在结构设计中应给予足够的重视。结构设计由结构方案、结构计算、构造措施三部分组成。其中，结构方案的确定是结构设计是否合理的关键；混凝土结构设计固然离不开计算，但现行的实用计算方法一般只考虑了结构的荷载效应，其他因素影响，如混凝土收缩、徐变、温度影响及地基不均匀沉降等，难以用计算来考虑。《混凝土结构设计规范》根据长期的工程实践经验，总结出了一些考虑这些影响的构造措施，同时计算中的某些条件须有相应的构造措施来保证，所以在设计时应检查各项构造措施是否得到满足。

作为一名土木工程专业的大学生，应在熟练、扎实掌握建筑结构的基本概念和基本理论的基础上，通过反复的设计训练和实践，不断培养分析问题、解决问题的能力和创新意识，未来成为一名优秀的结构工程师。

小　结

1.1　建筑结构是房屋建筑的空间受力骨架体系，它由竖向承重结构、水平承重结构和下部结构三部分组成，除应满足使用和美观的需求外，还应能抵御自然界的各种作用。混凝土结构是指以普通混凝土为主制作的结构，包括素混凝土结构、钢筋混凝土结构和预应力混凝土结构等，是土木建筑工程中应用最多的一种结构类型，在单层、多层、高层和混合结构中有着极为广泛的应用。

1.2　建筑结构设计是在结构的可靠与经济之间选择一种合理的平衡，力求以最低的代价，使所建造的结构能够满足预定的功能要求。房屋建筑的设计一般分为三个设计阶段，即初步设计阶段、技术设计阶段和施工图设计阶段。

1.3　合理地确定力学模型和选择分析方法是提高设计质量、确保结构安全可靠的重要环节。目前混凝土结构分析方法主要有线弹性分析方法、塑性内力重分布分析方法、弹塑性分析方法、塑性极限分析方法、试验分析方法等。结构设计时，应根据结构的重要性和使用要求、结构体系的特点、荷载（作用）状况、要求的计算精度等选择合理的分析方法。

思　考　题

1.1　建筑结构的功能有哪些？

1.2　钢筋混凝土结构的形式主要有哪些？各种形式的结构主要由哪几个部分组成？

1.3 建筑工程的设计一般分为哪几个阶段？在每个设计阶段中，结构设计的内容主要有哪些？

1.4 钢筋混凝土结构分析时应遵循哪些基本原则？

1.5 目前工程设计中，混凝土结构的分析方法主要有哪些？各有何优缺点？

第2章 混凝土梁板结构

2.1 概　述

梁板结构是由梁和板组成的水平承重结构体系，其支承体系一般由柱或墙等竖向构件组成。梁板结构在工程中应用广泛，如房屋建筑中的楼盖、楼梯、雨篷、筏板基础等，桥梁工程中的桥面结构等。

楼盖（floor systems）是房屋建筑中的水平承重结构体系，它将楼面荷载传递给竖向承重结构，并最终传递给地基。同时，楼盖将各竖向承重结构连接成一个整体，成为竖向承重结构的水平支撑，从而增强了竖向承重结构的整体性和稳定性，使房屋结构的刚度增大，变形减小，可更好地发挥其承载作用。

本章主要阐述房屋建筑中楼盖结构的设计方法，同时对楼梯和雨篷等构件的设计方法也作简要介绍。

2.1.1 楼盖结构选型

在房屋建筑中，混凝土楼盖约占土建总造价的 20%～30%；在钢筋混凝土高层建筑中，混凝土楼盖自重约占总自重的 50%～60%。楼盖对于建筑效果和建筑隔声、隔热有直接影响。因此，选择合适的楼盖结构形式，对于整个建筑物的使用功能和技术经济指标至关重要。

房屋建筑中常见的现浇混凝土楼盖结构形式有单向板肋梁楼盖、双向板肋梁楼盖、无梁楼盖、密肋楼盖、井式楼盖等（图 2-1）。其中单向板和双向板肋梁楼盖应用最为普遍。

无梁楼盖由板、柱等构件组成，楼面荷载直接由板传给柱及柱下基础。因此，这种结构缩短了传力路径，增大了楼层净空，且节约施工模板。但楼板较厚，楼盖材料用量较多；楼盖的抗弯刚度较小，柱子周边的剪应力集中，可能会引起板的冲切破坏。无梁（柱支承双向板）楼盖多用于书库、冷藏库、商店等要求空间较大的房屋。无梁楼盖可分为无柱帽平板（flat plates）、有柱帽平板（flat slabs）和双向密肋板（two-way joists）楼盖。无梁楼盖四周可设悬臂板或不设。设悬臂板可减小边跨跨中弯矩和柱的不平衡弯矩，且可减少柱帽类型，在冷库建筑中应用较多。

近年来，压型钢板-混凝土组合楼盖、钢梁-混凝土组合楼盖和网架-混凝土组合楼盖等组合式楼盖（图 2-2）也在工程中有较多应用。

按施工方法，可将混凝土楼盖分为现浇、装配式和装配整体式三种。现浇混凝土楼盖（cast-in-situ concrete floor）整体刚度大，抗震性能好，对不规则平面和开洞的适应性强，在地震区应用较多。其缺点是需要大量模板，工期也长。装配式混凝土楼盖（prefabricated concrete floor）主要由多孔板及槽形板等铺板组成，其施工进度快，但整体刚度差，在非地震区砌体墙承重的混合结构房屋中应用较多。装配整体式混凝土楼盖（assembled monolithic concrete floor）是在铺板上再加钢筋混凝土现浇层，它兼有现浇楼盖和装配式

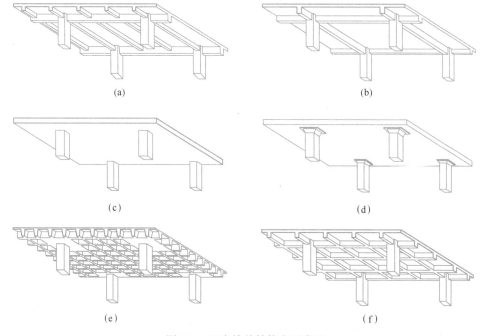

图 2-1 现浇楼盖结构主要类型

(a) 单向板肋梁楼盖；(b) 双向板肋梁楼盖；(c) 无梁楼盖；
(d) 有柱帽无梁楼盖；(e) 密肋楼盖；(f) 井式楼盖

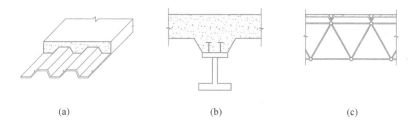

图 2-2 组合式楼盖

(a) 压型钢板-混凝土组合楼盖；(b) 型钢梁-混凝土组合楼盖；(c) 网架-混凝土组合楼盖

楼盖的优点。

按是否对楼盖施加预应力，可将混凝土楼盖分为钢筋混凝土楼盖和预应力混凝土楼盖。钢筋混凝土楼盖施工简便，但刚度和抗裂性能不如预应力混凝土楼盖好。近 30 多年来，无黏结预应力混凝土楼盖在工程中有较多应用。

设计中一般根据房屋的性质、用途、平面尺寸、荷载大小、抗震设防烈度以及技术经济指标等因素综合考虑，选择合适的楼盖结构形式。

本章内容主要为现浇混凝土楼盖结构的设计。

2.1.2 梁、板截面尺寸

楼盖结构由梁、板组成，其梁、板截面尺寸应满足承载力、刚度及舒适度等要求。初步设计阶段可根据工程经验所确定的高跨比拟定：梁的高跨比（梁截面高度 h 与其计算跨度 l 之比 h/l），对多跨连续次梁宜取 $1/18 \sim 1/12$，对多跨连续主梁宜取 $1/14 \sim 1/8$。板的截面高度与跨度之比，对钢筋混凝土单向板不小于 $1/30$，双向板不小于 $1/40$，无梁支承的有柱帽板不小于 1/35，无梁支承的无柱帽板不小于 1/30。预应力混凝土板可适当减小；当板的荷载、跨度较大时宜适当增大。现浇钢筋混凝土板的厚度不应小于表 2-1 规定的数值。

现浇钢筋混凝土板的最小厚度（mm） 表 2-1

板的类别		最小厚度
实心板、屋面板		80
密肋板	上、下面板	50
	肋高	250
悬臂板（固定端）	悬臂长度不大于 500mm	80
	悬臂长度 1200mm	100
无梁楼板		150
现浇空心楼盖		200

对跨度较大的楼盖及业主有要求时，应根据使用功能要求进行竖向自振频率验算。其竖向自振频率，对住宅和公寓建筑不宜低于 5Hz，对办公楼和旅馆建筑不宜低于 4Hz，对大跨公共建筑不宜低于 3Hz。竖向自振频率可根据结构动力学计算，也可采用有关设计手册所给出的简化方法计算。

若开始拟定的截面尺寸偏小，则可能出现超筋梁或挠度、竖向自振频率不满足要求，此时应重新估算截面尺寸，直到满足要求；若截面尺寸偏大，则可能出现构造配筋或挠度很小或自振频率过大，宜减小梁、板截面尺寸并重新计算，直至截面尺寸较合适为止。当初步拟定的截面偏大不很多时，一般不再重新计算。

2.1.3　混凝土现浇整体式楼盖结构内力分析方法

1. 单向板与双向板（one-way slab and two-way slab）

在竖向荷载作用下，四边支承板的板截面内将产生弯矩、剪力和扭矩。为简化计算，略去扭矩不计，设想板由两个方向的板条所组成，并认为各相邻板条之间没有相互影响。在两方向板条的交点处，板的挠度相等（图 2-3a）。对于板中间部分两个相互垂直的单位宽度板条（图 2-3b），根据板中点处两方向板条挠度相等及竖向荷载平衡条件，可得

$$\left.\begin{array}{l} \alpha_1 \dfrac{q_1 l_1^4}{EI_1} = \alpha_2 \dfrac{q_2 l_2^4}{EI_2} \\ q = q_1 + q_2 \end{array}\right\} \tag{2-1}$$

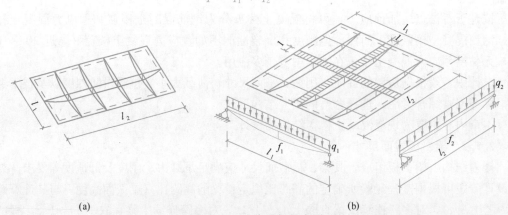

(a)　　　　　　　　　　　　　　　(b)

图 2-3　四边支承板的变形

（a）双向板的变形示意；（b）两方向跨中单位板条的荷载及变形示意

式中，q、q_1、q_2 分别为板单位面积上的竖向均布荷载 q 及均布荷载 q 在两个方向的分配值；l_1、l_2、I_1、I_2 分别为两个方向板条的跨度和截面惯性矩；α_1、α_2 为挠度系数，根据板条两端的支承情况而定，两端简支时，$\alpha_1 = \alpha_2 = 5/384$。

忽略钢筋在两个方向的位置高低及数量不同等影响，取 $I_1 = I_2$，则由式（2-1）可得

$$q_1 = \frac{\alpha_2 l_2^4}{\alpha_1 l_1^4 + \alpha_2 l_2^4}q = k_1 q \qquad q_2 = \frac{\alpha_1 l_1^4}{\alpha_1 l_1^4 + \alpha_2 l_2^4}q = k_2 q \qquad (2\text{-}2)$$

下面以两个方向板条端部支承情况相同为例予以分析，这时 $\alpha_1 = \alpha_2$，则由式（2-2）可得

$$k_1 = \frac{(l_2/l_1)^4}{1 + (l_2/l_1)^4} \qquad k_2 = \frac{1}{1 + (l_2/l_1)^4} \qquad (2\text{-}3)$$

以 $l_2/l_1 = 2$ 代入式（2-3），可得 $k_1 = 0.941$，$k_2 = 0.059$。可见，当板的长、短跨度之比值大于 2 时，则沿长跨方向所分配的荷载小于 6%，对板的计算结果影响不大，可以略去不计。这样的四边支承板，荷载大部分是沿板的短跨方向（l_1 方向）传递，其受力情况基本上为单向板。以 $l_2/l_1 = 0.5$ 代入式（2-3），则得 $k_1 = 0.059$，$k_2 = 0.941$，荷载绝大部分沿着 l_2 方向传递（此时 l_2 为短跨）。当介于上述两种情况之间时，板面上的荷载将沿两个方向传递，其中任一方向的受力均不应忽略，此种板双向受力而为双向板。因此，对于四边支承板，实用上取

$$0.5 \leqslant l_1/l_2 \leqslant 2 \qquad (2\text{-}4)$$

作为双向板的条件，其中 l_1 和 l_2 为板平面两个方向的计算跨度。

应当注意，式（2-4）是按四边支承板的分析结果得出的。如果板仅是两个对边支承，而另两个对边为自由边，则这样的板无论平面两个方向的长度如何，均属于单向板，板的荷载全部单向传递到两对边的支座上。

我国的《混凝土结构设计规范》规定：两对边支承的板应按单向板计算。对于四边支承的板，当长边与短边长度之比不大于 2.0 时，应按双向板计算；当长边与短边长度之比大于 2.0，但小于 3.0 时，宜按双向板计算，这时如按沿短边方向受力的单向板计算，应沿长边方向布置足够数量的构造钢筋；当长边与短边长度之比不小于 3.0 时，宜按沿短边方向受力的单向板计算，并应沿长边方向布置构造钢筋。

单向板单向受力，单向弯曲（及剪切），受力钢筋单向配置。双向板双向受力，双向弯曲（及剪切），受力钢筋双向配置。

2. 边支承板与柱支承板

边支承板（edge-supported slabs）是指板边支座的刚度足够大，支座不产生变形或可忽略支座变形对板内力的影响，包括四边支承在结构墙（承重墙）或钢梁上的板，或者支承在刚度较大的整浇梁上的板。柱支承板（column-supported slabs）是指双向板支承在截面高度相对较小、较柔性的柱间梁上的楼盖，或柱轴线上没有梁而直接支承在柱上的楼盖（如无柱帽平板、有柱帽平板及双向密肋板）。

3. 现浇整体式楼盖结构内力分析方法

现浇整体式楼盖通常为由梁、板所组成的超静定结构，其内力可按弹性理论及塑性理论进行分析。按塑性理论分析内力，使结构内力分析与构件截面承载力计算相协调，结果比较符合实际且比较经济，但一般情况下结构的裂缝较宽，变形较大。

楼盖结构按弹性理论及塑性理论进行分析时，可根据计算精度要求，采用精细分析方法或简化分析方法。精细分析方法包括弹性理论方法、塑性理论方法以及线性和非线性有限元分析方法。简化分析方法是在一定假定基础上建立的近似方法，可分为以下两种：

（1）假定支承梁的竖向变形很小，可以忽略不计，将梁、板分开计算。此法根据作用于板上的荷载，按单向板或双向板计算板的内力；然后按照假定的荷载传递方式，将板上的荷载传到支承梁上，计算支承梁的内力。包括基于弹性理论的连续梁、板法（用于计算单向板肋梁楼盖）、查表法和多跨连续双向板法（用于计算双向板肋梁楼盖），以及基于弹性分析的弯矩调幅法和基于板破坏模式（假定支承梁未破坏）的塑性极限分析方法。

这种分析方法不考虑梁、板的相互作用，当支承梁的刚度比板的刚度大较多时，其计算结果满足工程设计的精度要求。本章第 2.2 节、第 2.3 节将介绍这种设计方法，此法适用于边支承板楼盖结构的设计。

（2）考虑梁、板相互作用，按楼盖结构进行分析。此法根据作用于楼盖上的荷载，将楼盖作为整体计算梁和板的内力。包括基于弹性理论的直接设计法、等效框架法和拟梁法等，以及基于塑性理论和梁-板组合破坏模式（支承梁可能破坏）的塑性极限分析方法。

这种分析方法考虑了梁、板的相互作用，是一种合理的楼盖结构分析方法，适用于一般楼盖结构分析，通常用于计算柱支承双向板无梁楼盖以及支承梁刚度相对较小的柱支承双向板肋梁楼盖结构的内力。本章第 2.4 节介绍这种设计方法。

2.2 单向板肋梁楼盖设计

2.2.1 单向板肋梁楼盖结构布置

1. 主梁及次梁

单向板肋梁楼盖（one-way slab-and-beam floor system）由板、次梁、主梁以及竖向承重的柱或墙等构成。房屋平面两个方向一般都布置梁，一个方向的梁支承在柱上，将楼盖上的荷载最终传给柱子，这类梁称为主梁（girder）。房屋平面另一方向的梁与主梁相交，将楼盖上的荷载传给主梁，这类梁称为次梁（beam）。在单向板肋梁楼盖中，板区格平面的长边与短边尺寸之比至少大于 2，板上荷载主要沿板区格短向传递给次梁。次梁的间距即为板的跨度，主梁的间距即为次梁的跨度。

当楼面上有较大设备荷载或者需要砌筑墙体时，应在其相应位置布置承重梁。当楼面开有较大洞口时，也需在洞口四周布置边梁。

2. 结构平面布置方案

单向板肋梁楼盖中常见的结构平面布置方案有以下三种：

（1）主梁沿房屋横向布置。主梁横向布置，次梁纵向布置，板的四边支承于次梁、主梁或砌体墙上，如图 2-4（a）所示。根据设计经验及经济效果，板的跨度一般以 1.7～2.7m 为宜，次梁跨度常取 4～6m，主梁跨度取 5～8m。这种房屋主梁与柱构成横向框架体系，增强了房屋的横向侧移刚度。由于主梁与外纵墙垂直，不妨碍外纵墙开设较大的窗洞，有利于解决室内采光。

（2）主梁沿房屋纵向布置。主梁纵向布置，次梁横向布置，如图 2-4（b）所示。这种布置方案适用于横向柱距大于纵向柱距较多的情况，此时为了减少主梁的截面高度，取主梁沿纵向布置。与前一种布置方案相比，房屋的横向侧移刚度较差。

（3）只布置次梁。只布置次梁，不设主梁，如图 2-4（c）所示。这种布置方案适用于房屋中间有走廊、纵墙间距较小的情况。

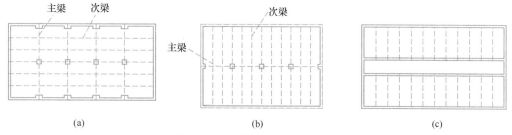

(a) (b) (c)

图 2-4 单向板肋梁楼盖布置方案

（a）主梁横向布置；（b）主梁纵向布置；（c）仅布置次梁

2.2.2 单向板肋梁楼盖按弹性理论方法计算结构内力

1. 计算简图

（1）板

板可取 1m 宽的板带作为其计算单元（图 2-5），故板截面宽度 $b=1000$mm。板为支承在次梁或砌体墙上的多跨板，为简化计算，将次梁或砌体墙作为板的不动铰支座，故多跨板就属于一般结构力学中的连续梁（梁宽 $b=1000$mm）。

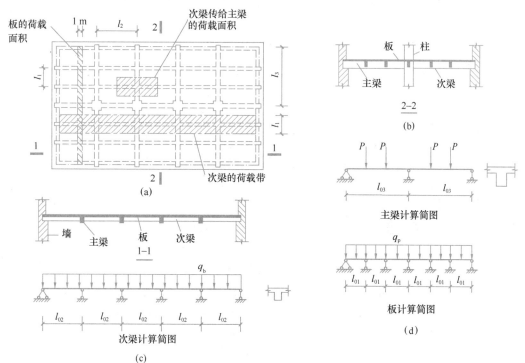

图 2-5 单向板肋梁楼盖计算简图

（a）楼盖结构平面；（b）2-2 剖面；（c）1-1 剖面及次梁计算简图；（d）主梁、板计算简图

在一般楼盖设计中，楼面荷载按均布考虑，其值可根据房屋的使用情况由《建筑结构荷载规范》确定。因此，连续板所承受的荷载为均布荷载，其中包括板自重。内力分析

中，将恒载与活载分开考虑。

按弹性理论分析时，连续板的跨度取相邻支座中心间的距离（图 2-6）。对于边跨，当边支座为砌体墙时，原则上取至砌体墙支承反力合力处，实用上取至距砌体墙内边缘一定距离处。故板的计算跨度 l_0 按下式确定：

中间跨 $\qquad\qquad\qquad\qquad\qquad l_0 = l_c$

边跨（边支座为砌体墙） $\qquad l_0 = l_n + h/2 + b/2 \leqslant l_n + a/2 + b/2$ $\qquad$ (2-5)

式中，l_c 为板支座（次梁）轴线间的距离；l_n 为板边跨的净跨；h 为板厚；b 为次梁截面宽度；a 为板在砌体墙上的支承长度，通常为 120mm。边跨的 l_0 取两个计算值中的较小值。

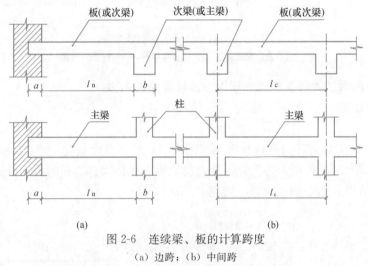

图 2-6 连续梁、板的计算跨度

(a) 边跨；(b) 中间跨

（2）次梁

次梁支承在主梁上，当主梁线刚度 i_g 与次梁线刚度 i_b 之比 $i_g/i_b \geqslant 8$ 时，可认为主梁是次梁的不动铰支座[20]，次梁可按连续梁分析内力；当不满足这个条件时，应取交叉梁系进行分析。如次梁端部支承在砌体墙上，则端部一般按简支考虑。

作用在次梁上的荷载，为次梁左右两侧各半跨板上的板自重以及活荷载（图 2-5a），此外还有次梁的自重，故次梁承受的为均布荷载，如图 2-5（c）所示。内力分析时，恒载与活载分开考虑。

多跨梁（次梁或主梁）的计算跨度（图 2-6），按下述规定取值：

中间跨： $\qquad\qquad\qquad\qquad\qquad l_0 = l_c$

边跨（边支座为砌体墙）： $\qquad l_0 = 1.025 l_n + b/2 \leqslant l_n + a/2 + b/2$ $\qquad$ (2-6)

式中，l_c 为支座轴线间的距离，次梁的支座为主梁，主梁的支座为柱子；l_n 为梁边跨的净跨；b 为主梁或柱子截面宽度；a 为梁在砌体墙上的支承长度，对于次梁通常为 240mm，对于主梁则为 370mm。边跨的 l_0 取两个计算值中的较小值。

（3）主梁

主梁的计算简图应根据梁与柱的线刚度比值而定。当梁柱节点两侧梁的线刚度之和与节点上下柱的线刚度之和的比值大于 5 时，柱的线刚度相对较小，柱对主梁的转动约束不大，可将柱子作为主梁的不动铰支座，这种主梁可按支承在柱子或砌体墙上的连续梁分析。当梁、柱的线刚度之和的比值小于 3 时，则应考虑柱对主梁的转动约束作用，这时应按框架结构进行内力分析。

主梁上作用着由次梁传来的集中荷载和主梁自重均布荷载。相对而言，后者与前者相比影响较小。为简化分析，将主梁自重也作为集中荷载处理。作用在主梁上的主梁自重集中荷载的个数及作用点位置与次梁传来的集中荷载的个数及作用位置相同，每个主梁自重集中荷载值等于长度为次梁间距的一段主梁自重。计算次梁对主梁作用的集中荷载值时，可不考虑次梁的连续性，每个集中荷载所考虑的范围如图 2-5（a）所示。内力分析中，将恒载与活载分开考虑。

主梁的计算跨度按式（2-6）确定。

2. 板和次梁的折算荷载

以上对板和次梁所取计算简图是连续梁（包括连续板，以下同此），即假定梁或板支承在不动的铰支座上。实际上在现浇钢筋混凝土肋梁楼盖中，次梁对板的转动变形、主梁对次梁的转动变形都有一定的约束作用。约束作用来自支座（次梁或主梁）的抗扭刚度，考虑这种支座抗扭刚度影响而进行连续梁的内力分析，计算时比较复杂。为了简化分析，仍按一般连续梁分析计算，但采用折算荷载以考虑支座的转动约束作用。

对于多跨连续梁，在各跨恒载作用下，支座处连续梁的转角很小，特别是等跨及各跨恒载相同时，$\theta \approx 0$（图 2-7b），在这种情况下支座抗扭刚度并不影响结构内力。但某跨有活荷载作用时，支座处结构转角较大（图 2-7c、d），在这种情况下支座的抗扭刚度将部分地阻碍结构的转动，使结构在支座处的转角 θ' 小于按铰支时的转角 θ（图 2-7c、d），其效果是减小了跨中正弯矩而增大了支座负弯矩（绝对值）。

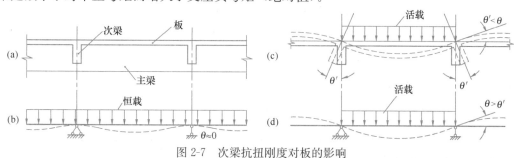

图 2-7　次梁抗扭刚度对板的影响

（a）梁板结构；（b）各跨均作用恒载；（c）考虑支座的抗扭作用；（d）不动铰支座

根据理论分析及实践经验，为了在连续梁计算时考虑支座约束的影响，采用增大恒载值及相应地减小活载值的办法，这样的荷载称为折算荷载。由于次梁对板的约束作用较主梁对次梁的约束作用大，故对板和次梁的折算荷载按下述规定取值：

对于板：

$$\left.\begin{array}{ll}\text{折算恒载} & g' = g + \dfrac{1}{2}q \\[2mm] \text{折算活载} & q' = \dfrac{1}{2}q\end{array}\right\} \tag{2-7}$$

对于次梁：

$$\left.\begin{array}{ll}\text{折算恒载} & g' = g + \dfrac{1}{4}q \\[2mm] \text{折算活载} & q' = \dfrac{3}{4}q\end{array}\right\} \tag{2-8}$$

式中，g、q 为实际恒载和活载。

采用折算荷载后，对于作用活荷载的跨，荷载总值不变，因 $g'+q'=g+q$；而邻跨的折算恒载大于实际恒载 g，如此则减小了有活荷载跨的跨中正弯矩而增大了支座负弯矩（绝对值），其效果相当于考虑支座的约束影响。

3. 活荷载不利布置

对于连续梁，某跨的作用荷载（恒载和活载），对本跨所产生的内力较大，对邻近跨所产生的内力较小，对于更远的跨则影响甚小，如图 2-8 所示。因此在楼盖设计中，当连续梁的实际跨数超过五跨时均按五跨计算，实际跨数不足五跨时则按实际跨数考虑。对于超过五跨的等跨或跨度相差不超过 10％且各跨受荷情况相同的连续梁，所取五跨为实际连续梁两端部分的各两跨，即图 2-8 中的 1、2 跨；其余各跨均为中间跨，即图 2-8 中的 3 跨。因此，实际等跨连续梁中端部各两跨的内力按 1、2 跨取值，而其余各跨的内力均按 3 跨取值。

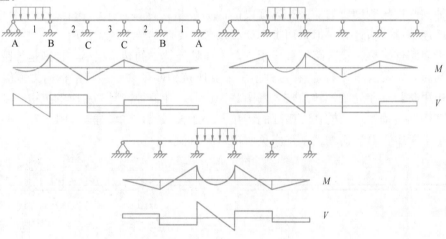

图 2-8　活荷载在不同跨间时的弯矩图和剪力图

连续梁上恒载每跨都有，活荷载则按不利情况布置。根据图 2-8 所示内力图的特点和不同组合的效果，可知活荷载的不利布置规律如下：

（1）求某跨跨中最大正弯矩时，除了必须在该跨布置活荷载外，每隔一跨也应布置活荷载。

（2）求某跨跨中最小正弯矩（或负弯矩）时，该跨不布置活荷载，而在左、右两相邻跨布置活荷载，然后隔跨布置。

（3）求某支座截面最大负弯矩（绝对值）时，应在该支座左、右两跨布置活荷载，然后隔跨布置。求该截面相反方向弯矩的最大绝对值时，活荷载不利布置方式与之相反。

（4）求某支座左、右边截面的最大剪力（绝对值）时，活荷载的布置方式与求该支座截面最大负弯矩（绝对值）时的布置方式相同。对于简支的端支座处，求梁端向上剪力最大值的活荷载不利布置方式同（1），求梁端向下剪力最大值的活荷载不利布置方式同（2）。

根据上述规律，对于图 2-8 所示的五跨连续梁，当求第 1、3、5 跨（自左往右计数）跨中最大正弯矩或第 2、4 跨跨中最小正弯矩（或负弯矩）时，应将活荷载布置在第 1、

3、5 跨；而求 B 支座截面最大负弯矩（绝对值）时，应将活荷载布置在第 1、2、4 跨，等等。

4. 内力计算

连续梁在各种荷载作用下，可按一般结构力学方法计算内力。当连续梁的各跨跨度相等或相差不超过 10% 时，则根据计算结果，已列出均布荷载和几种集中荷载作用下的内力系数表（见附表 1），计算时可直接查用。

5. 内力包络图

将恒载在各截面所产生的内力与各相应截面最不利活荷载布置时所产生的内力相叠加，便可得出各截面可能出现的最不利内力。竖向荷载作用下，对于跨中截面，正、负弯矩均可能发生；对于支座截面，一般不会产生不利内力正弯矩。承受均布荷载的五跨连续梁，根据活荷载的不同布置情况，每一跨都可画出四个弯矩图形，分别对应于跨中最大正弯矩、跨中最小正弯矩（或负弯矩）和该跨两个支座截面的最大负弯矩。把这些弯矩图绘于同一坐标图上，称为弯矩叠合图（图 2-9a），这些图的外包线所形成的图形称为弯矩包络图（bending moment envelope diagram）（图 2-9a 中的粗实线），它完整地给出了各截面可能出现的弯矩设计值的上、下限。同样，可画出剪力叠合图和剪力包络图（shear envelope diagram），如图 2-9（b）所示。

6. 控制截面及其内力

所谓控制截面是指对受力钢筋计算起控制作用的截面。对于梁跨以内，则分别取包络图中正弯矩最大值及负弯矩最大值（绝对值）进行配筋计算，弯矩最大值所在截面即为控制截面。在现浇钢筋混凝土肋梁楼盖中，支座处通常是包络图中梁内力最大处，但一般并不是控制截面。因为按弹性理论计算连续梁、板内力时，计算跨度取支座中心线间的距离，故计算所得的支座弯矩及剪力是指支座中心处的，但该处梁与其支座现浇在一起，截面颇大，对配筋不起控制作用。在支座处起控制作用的是支座边缘处的梁截面，虽然支座边缘处梁的内力稍小于支座中心线处的，但此处仅是梁截面高度部分，需要的钢筋数量较多，因此应按支座边缘处包络图中的内力进行配筋计算，如图 2-10 所示。

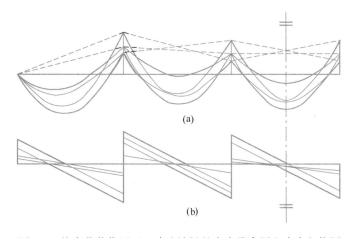

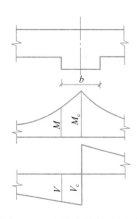

图 2-9　均布荷载作用下五跨连续梁的内力叠合图和内力包络图
(a) 弯矩图；(b) 剪力图

图 2-10　支座边缘的内力值

支座边缘处的弯矩值 M，可按下式计算：

$$M = M_c - V_c \frac{b}{2} \tag{2-9}$$

式中，M_c 为支座中心处的弯矩；V_c 可取按单跨简支梁计算的支座中心处剪力；b 为支座宽度。

支座边缘处的剪力值 V，可按下式计算：

$$\left. \begin{array}{ll} \text{当为均布荷载时} & V = V_c - (g+q)\dfrac{b}{2} \\ \text{当为集中荷载时} & V = V_c \end{array} \right\} \tag{2-10}$$

式中，V_c 为支座中心处的剪力值；g、q 为作用在梁上的均布恒载、活载值。

2.2.3 受弯构件塑性铰和结构内力重分布

混凝土超静定结构按塑性理论计算结构内力，是基于结构的内力重分布，而明显的内力重分布主要是由塑性铰转动引起的。因此，在介绍塑性理论方法之前，本小节先介绍受弯构件的塑性铰和结构内力重分布。

1. 受弯构件的塑性铰

（1）塑性铰的形成

现以跨中作用集中荷载的简支梁（图 2-11a）为例，说明塑性铰的形成。梁内受拉纵筋为热轧钢筋，且配筋率合适而为适筋梁。当加载到受拉钢筋屈服（图 2-11c 中的 A 点），弯矩为 M_y，相应的曲率为 ϕ_y。此后如荷载少许增加，则受拉钢筋屈服伸长，裂缝继续向上开展，截面受压区高度减小，内力臂增加，从而截面弯矩略有增加，但截面曲率增加颇大，梁跨中塑性变形较集中的区域犹如一个能够转动的"铰"，称之为塑性铰（plastic hinge）。可以认为，这是受弯构件的受弯屈服现象。

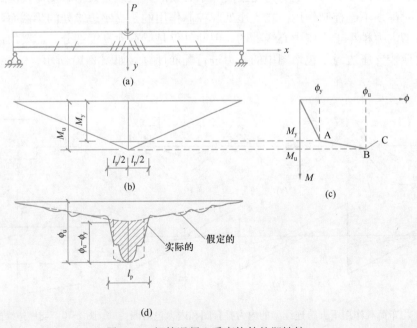

图 2-11　钢筋混凝土受弯构件的塑性铰
（a）构件；（b）弯矩图；（c）M-ϕ 曲线；（d）曲率分布

（2）塑性转角及塑性铰的转动能力

理论上可以认为梁弯矩图上相应于 $M>M_y$ 的部分为塑性铰的范围，相应的长度 l_p 称为塑性铰长度（图 2-11b）。图 2-11（d）中实线为曲率的实际分布，虚线为计算时假定的曲率分布，将曲率分为弹性部分和塑性部分（图中的阴影部分）。塑性转角 θ_p（plastic hinge rotation）理论上可由塑性曲率的积分来计算，实用上可将塑性曲率用等效矩形来代替，矩形的宽度为塑性铰的等效长度。

设塑性铰截面屈服时的曲率为 ϕ_y，屈服后某一阶段（相应的 $M<M_u$）的曲率为 ϕ_p，这时相应的塑性铰等效长度为 $\bar{l}'_p$，则塑性铰转角 θ_p 为

$$\theta_p = (\phi_p - \phi_y)\bar{l}'_p \tag{2-11}$$

塑性铰转动后，截面受压区混凝土压应变不断增大，最后使混凝土受压而破坏。到达这种程度，认为塑性铰已破坏。从受拉纵筋屈服开始，直至受压区混凝土压坏为止，这一过程的塑性转动为塑性铰的转动能力（plastic rotation capacity），亦即极限转角（ultimate rotation）。将破坏时塑性铰截面的曲率用 ϕ_u 表示（图 2-11c），这时塑性铰区等效长度用 $\bar{l}_p$ 表示，则塑性铰的极限转角 θ_{pmax} 为

$$\theta_{pmax} = (\phi_u - \phi_y)\bar{l}_p \tag{2-12}$$

影响塑性铰转动能力的因素，主要为钢筋种类、受拉纵筋配筋率以及混凝土的极限压缩变形。当受拉纵筋为热轧钢筋（HPB300、HRB400、HRBF400、RRB400、HRB500、HRBF500 级钢筋）时，塑性铰转动能力较大；受拉纵筋配筋率较低时，塑性铰的转动能力较大。混凝土的极限压缩变形除与混凝土的强度等级有关外，箍筋用量多或受压区纵筋较多时，都能增加混凝土的极限压缩变形。一般情况受拉纵筋采用上述钢筋，在常用混凝土强度等级以及通常配箍率等条件下，受拉纵筋配筋率对塑性铰转动能力具有决定性的作用。

受拉纵筋配筋率 ρ 的大小，直接影响受压区高度 x。对于单筋矩形截面受弯构件，截面相对受压区高度为

$$\xi = \frac{x}{h_0} = \frac{A_s f_y}{\alpha_1 f_c b h_0} = \rho \frac{f_y}{\alpha_1 f_c}$$

因此，ξ 值直接与塑性铰转动能力有关。$\xi>\xi_b$，为超筋梁，受压区混凝土先压坏，不会形成塑性铰。$\xi<\xi_b$，为适筋梁，可以形成塑性铰。ξ 值越小，塑性铰的转动能力越大。一般要求 $\xi \leqslant 0.35$，且不宜小于 0.10。

（3）塑性铰的特点

与理想铰相比，钢筋混凝土塑性铰的主要特点如下：1）塑性铰实际上不是集中于一个截面，而是具有一定长度的塑性变形区域，为了简化分析，可认为塑性铰是一个截面；2）塑性铰能承受弯矩，为简化考虑，认为塑性铰所承受的弯矩为定值，且取其等于截面屈服弯矩，即作为理想弹塑性考虑；3）对于单筋受弯构件，塑性铰只能沿弯矩作用方向，绕不断上升的中和轴发生单向转动，相反方向则不可能转动；4）塑性铰的转动能力受到配筋率等的限制，与理想铰相比，可转动的转角值较小。

2. 超静定结构的塑性内力重分布

（1）塑性内力重分布的过程

在混凝土超静定结构中，当某截面出现塑性铰后，则结构中引起内力重分布，使结构

中的内力分布规律（弯矩图等）不同于按弹性理论亦即一般力学方法计算所得的结果。此外，在混凝土超静定结构（statically indeterminate structure）中，当构件受拉区出现裂缝、混凝土徐变以及结构支座的沉降等均会引起结构的内力重分布，但这些因素所引起内力重分布一般颇小，对结构设计影响不大。明显的内力重分布主要为塑性铰的影响，特称之为塑性内力重分布（internal force plastic redistribution）。

现以图 2-12（a）所示矩形等截面两跨连续梁为例，说明内力重分布的过程。根据梁截面尺寸及所配受拉钢筋数量等，梁中间支座及跨中截面所能承受的弯矩值分别以 M_{By}、M_{ABy}、M_{BCy} 表示，且设 $M_{ABy} = M_{BCy} = M_{By}$；梁内受拉纵筋数量适当而为适筋梁，截面出现塑性铰后具有较大的转动能力。另外，梁中配有足够的抗剪箍筋，保证梁截面达极限弯矩之前不发生斜截面剪切破坏。

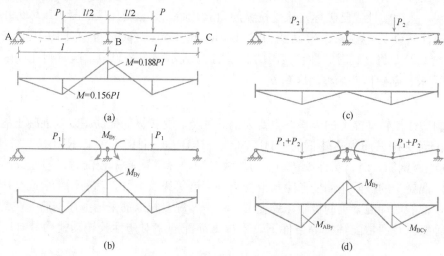

图 2-12　两跨连续梁内力变化过程
（a）弹性阶段；（b）支座截面出现塑性铰；（c）静定结构；（d）极限状态

加载初期，混凝土出现裂缝之前，结构基本上为弹性体系，梁的内力符合弹性理论的计算结果，弯矩图如图 2-12（a）所示，支座及跨中截面的 $M-P$ 关系分别按图 2-13 中直线 1、直线 2 变化。

加载至中间支座处梁截面受拉区混凝土开裂，而跨中截面尚未出现裂缝。由于中间支座处梁截面刚度有所降低，使该处梁截面弯矩的增长率低于弹性分析结果（即 $M-P$ 关系不再沿直线 1 变化），而跨中截面弯矩的增长率则大于弹性分析结果（即 $M-P$ 关系在直线 2 之上）。这时梁中已发生了内力重分布。随着荷载继续增大，梁跨中也出现裂缝，结构又一次发生内力重分布。此阶段始于支座截面出现裂缝，结束于支座截面即将出现塑性铰，其 $M-P$ 关系见图 2-13 中的"弹塑性阶段"。

继续加载至中间支座处梁截面受拉纵筋屈服，该截面首先出现塑性铰，这时相应的外荷载值为 P_1，弯矩图见图 2-12（b）。两跨连续梁原为一次超静定结构，由于中间支座处梁截面出现了塑性铰，则梁由超静定结构变为静定结构，如图 2-12（c）所示。此后再继续加载，直到梁跨中截面刚刚出现塑性铰，设其荷载增值为 P_2，这过程中中间支座处梁截面弯矩保持不变而为 M_{By}（图 2-13 中的水平线），由各跨荷载增值 P_2 所引起的弯矩，则由 AB 和 BC 两个简支梁各自分别负担，中间支座处塑性铰发生转动，跨中截面弯矩分别

达到 M_{ABy} 和 M_{BCy}。在这最后阶段，结构已成为机动体系，如图 2-12（d）所示。梁的最终承载能力为 $P_1 + P_2$，其最后弯矩图见图 2-12（d）。

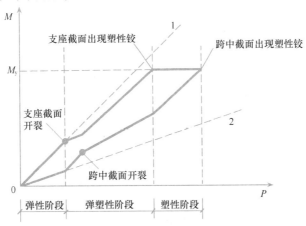

图 2-13　两跨连续梁内力变化图

1、2—支座、跨中截面弯矩按弹性规律变化

上述内力重分布现象可概括为两个过程：第一过程发生于裂缝出现至塑性铰形成以前的阶段，主要是由于裂缝形成和开展，使构件刚度变化而引起的内力重分布；第二过程则发生于塑性铰形成以后，由于塑性铰的转动而引起。一般第二过程的内力重分布较第一过程显著。

（2）塑性内力重分布的幅度

塑性内力重分布的幅度是指截面弹性弯矩与该截面塑性铰所能负担弯矩的差值，通常简称为调整（adjustment）。如仍以图 2-12 所示的两跨连续梁为例，则该结构的塑性内力重分布幅度为

$$\Delta M_y = 0.188(P_1 + P_2)l - M_{By}$$

通常以相对值表达，即 $\Delta M_y / [0.188(P_1 + P_2)l]$。一般可表示为

$$\frac{\Delta M_y}{M_e} = \frac{M_e - M_y}{M_e} = 1 - \frac{M_y}{M_e} \tag{2-13}$$

式中，M_y 表示塑性铰所能负担的弯矩；M_e 为该截面弹性弯矩。

调整值 ΔM_y 越大，则塑性铰的转角值 θ_p 越大。如果 θ_p 值超过了塑性铰的转动能力 θ_{pmax}，则在跨中截面尚未出现塑性铰以前，中间支座处梁截面混凝土已压坏，如此结构发生局部破坏而不能发生充分的内力重分布。如果塑性铰转动能力足够大，不致因塑性铰过分转动而破坏，则结构中可引起充分的内力重分布，最终使结构成为机动体系而整体破坏。

（3）塑性内力重分布的设计考虑

在超静定次数较高的结构中，塑性铰陆续出现而转动，直至结构形成机动体系而破坏，是一个比较长的过程。如果设计得当，塑性内力重分布可以充分发生。因此对超静定结构而言，一个截面的屈服并不意味着结构破坏，只是减少了一次超静定，结构还能继续承受荷载，只有当结构出现若干个截面屈服（出现塑性铰），使结构局部或整体成为几何可变体系时，结构才达到承载力极限状态。所以，塑性理论分析方法把极限状态的概念从弹性理论的某一个截面的承载力极限状态扩展到整个结构的承载力极限状态，这就可充分挖掘和利用结构实际潜在的承载能力，因而可以使结构设计更加经济、合理。考虑塑性内

力重分布的计算方法，能更正确地估计结构的承载力，使结构在破坏时有较多的截面达到极限承载力，从而充分发挥结构的潜力，取得经济效果。

超静定结构考虑塑性内力重分布的计算，对于塑性铰截面不必考虑须满足变形连续条件，因塑性铰截面的两侧构件在该处已发生相对转角。但计算时必须满足平衡条件。如仍以图 2-12 所示的两跨连续梁为例，则整个结构承载能力极限状态时的平衡条件为

$$\frac{1}{2}M_{By} + M_{ABy} = \frac{1}{4}(P_1 + P_2)l \qquad \frac{1}{2}M_{By} + M_{BCy} = \frac{1}{4}(P_1 + P_2)l = M_0$$

式中，M_0 表示相应的简支梁跨中截面弯矩。对于每跨跨中各作用一个集中荷载的连续梁，每一跨梁的平衡条件的普遍形式则为

$$\frac{1}{2}(M_A + M_B) + M_{AB} = \frac{1}{4}Pl \qquad (2\text{-}14)$$

式中，M_A、M_B、M_{AB}分别为 A 支座、B 支座及跨中截面弯矩值，此处均取绝对值；P 为外荷载设计值。

在结构实际设计中，必须考虑正常使用阶段结构的裂缝宽度和变形大小。以上分析的是到达机动体系的整个结构承载能力极限状态。如果这时的内力重分布幅度过大，则结构在使用阶段的裂缝及变形会较大而不符合使用要求。因此，内力重分布的幅度应有所限制，一般调整幅度不宜超过 25%。钢筋混凝土板的负弯矩调整幅度不宜大于 20%。

2.2.4 单向板肋梁楼盖按塑性理论方法计算结构内力

板和次梁承受的荷载为均布荷载，主梁上作用的荷载为集中荷载，荷载值的计算同前面弹性理论方法中所述。梁、板按塑性理论分析的一般方法，不再赘述。这里仅介绍弯矩调幅法以及在此基础上所建立的实用计算法。

1. 弯矩调幅法

目前，钢筋混凝土超静定结构考虑塑性内力重分布的计算方法，有极限平衡法、塑性铰法、变刚度法、强迫转动法、弯矩调幅法以及非线性全过程分析方法等。但只有弯矩调幅法计算简单，为多数国家的设计规范所采用。中国工程建设标准化协会标准《钢筋混凝土连续梁和框架考虑内力重分布设计规程》CECS 51：93 也主要推荐用弯矩调幅法计算钢筋混凝土连续梁、板和框架的内力。

所谓弯矩调幅法，就是对结构按弹性方法所算得的弯矩值和剪力值进行适当的调整，用以考虑结构因非弹性变形所引起的内力重分布。截面弯矩调整的幅度用下式表示：

$$\beta = 1 - M_a/M_e \qquad (2\text{-}15)$$

式中，β 表示弯矩调幅系数；M_a 为调整后的弯矩设计值；M_e 为按弹性方法计算所得的弯矩设计值。

根据试验研究以及实践经验，应用弯矩调幅法进行结构承载能力极限状态计算时，须遵循下述一些规定：

（1）受力钢筋宜采用 HPB 300、HRB 400、HRBF400、HRB 500 及 HRBF 500 级热轧钢筋；混凝土强度等级宜在 C25～C45 范围内选用。由于热轧钢筋具有明显的屈服平台，普通混凝土比高强混凝土有较好的塑性，所以选用具有较好塑性的材料，是保证塑性铰具有预期转动能力的基本条件。

（2）梁截面的弯矩调幅系数 β 一般不宜超过 0.25，对于板不宜超过 0.20。由于钢筋混凝土结构的截面塑性转动能力是有限的，因此弯矩调幅系数 β 应与截面的塑性转动能力相适

应，即调整弯矩所需要的截面塑性转角 θ_p 不得超过该截面的允许塑性转角 $[\theta_p]$。如果弯矩调整幅度过大，结构在达到设计所要求的内力重分布前，将因塑性铰的转动能力不足而发生破坏，从而导致结构承载力降低。另外，将 β 控制在 0.25（对于梁）或 0.20（对于板）以内，一般可以避免结构在正常使用阶段出现塑性铰。

（3）弯矩调整后的梁端截面受压区相对高度 ξ 不应超过 0.35，也不宜小于 0.10；如果截面按计算配有受压钢筋，在计算 ξ 时，可考虑受压钢筋的作用。

如前所述，ξ 是影响截面塑性转动能力的主要因素，ξ 值越小，塑性铰的转动能力越大，故要求 $\xi \leqslant 0.35$；但考虑到截面配筋率较小时，调整弯矩有可能增加结构在使用阶段的裂缝宽度，而要求 ξ 不小于 0.10 就能在多数情况下使结构满足使用阶段的裂缝宽度要求。此外，配置受压钢筋可以提高截面的塑性转动能力，因此在计算截面的 ξ 值时，可考虑受压钢筋的作用。

（4）调整后的结构内力必须满足静力平衡条件，即连续梁、板各跨两支座弯矩的平均值与跨中弯矩值 M_l 之和不得小于简支梁弯矩值 M_0 的 1.02 倍（图 2-14），即

$$(M_A + M_B)/2 + M_l \geqslant 1.02M_0 \tag{2-16}$$

另外，连续梁、板各控制截面的弯矩值不宜小于简支梁最大弯矩值的 1/3，如对承受均布荷载的梁，则可表示为 $M \geqslant \dfrac{1}{24}(g+q)l^2$。

由于连续梁某跨内两端支座负弯矩一般不相等，在均布荷载作用下，其跨内最大正弯矩不在跨中，故若用跨中正弯矩值进行控制，应将跨中正弯矩值予以增大。此处用将总静力弯矩乘以增大系数 1.02 的方法予以考虑。

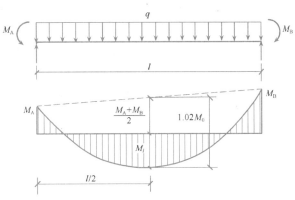

图 2-14　连续梁任意跨内外力的极限平衡

（5）为了防止结构在实现弯矩调整所要求的内力重分布前发生剪切破坏，应在可能产生塑性铰的区段适当增加箍筋数量。即将按《混凝土结构设计规范》斜截面受剪承载力计算所需要的箍筋数量增大 20%。增大的区段为：当为集中荷载时，取支座边至最近一个集中荷载之间的区段；当为均布荷载时，取距支座边为 $1.05h_0$ 的区段，此处 h_0 为梁截面的有效高度。

此外，为了减少构件发生斜拉破坏的可能性，配置的受剪箍筋配筋率的下限值应满足下列要求：

$$\rho_{sv} = \frac{A_{sv}}{bs} \geqslant 0.36 \frac{f_t}{f_{yv}} \tag{2-17}$$

（6）按弯矩调幅法设计的结构，必须满足正常使用阶段变形及裂缝宽度的要求，在使用阶段不应出现塑性铰。

2. 用弯矩调幅法计算等跨连续梁、板内力

以承受均布荷载的五跨等跨连续板（图 2-8）为例，说明用弯矩调幅法计算各控制截面内力的方法。

当活荷载与恒荷载之比 $q/g = 3$ 时，则 $g+q = \dfrac{q}{3}+q = \dfrac{4}{3}q$，或 $g+q = g+3g = 4g$，由此可得

$$q = \frac{3}{4}(g+q), \quad g = \frac{1}{4}(g+q)$$

由式（2-7）可得板的折算荷载：

$$g' = g+\frac{q}{2} = \left(\frac{1}{4}+\frac{3}{8}\right)(g+q) = 0.625(g+q), \quad q' = \frac{1}{2}q = 0.375(g+q)$$

（1）支座 B 弯矩

欲使该支座产生最大负弯矩，由 2.2.2 小节所述可知，其活荷载应布置在 1、2、4 跨。按弹性理论计算时，由附表 1-4 可得

$$
\begin{aligned}
M_{B,max} &= -(0.105g'l^2+0.119q'l^2) = -(0.105\times0.625+0.119\times0.375)(g+q)l^2 \\
&= -0.11025(g+q)l^2
\end{aligned}
$$

考虑调幅 20%，则

$$M_B = 0.8M_{B,max} = -0.8\times0.11025(g+q)l^2 = -0.08820(g+q)l^2$$
$$= -\frac{1}{11.338}(g+q)l^2$$

为实用方便，实际计算时可取 $M_B = -\dfrac{1}{11}(g+q)l^2$。

（2）边跨跨中弯矩

这时的边跨跨中弯矩应取与 M_B 相应的跨中弯矩和按活荷载不利布置所得跨中弯矩之中的较大者。

当 $M_B = -\dfrac{1}{11}(g+q)l^2$ 时，由边跨梁的静力平衡条件可得边支座的反力为 $\dfrac{9}{22}(g+q)l$，最大弯矩截面距边支座的距离 $x = \dfrac{9}{22}l$，则相应的跨中弯矩为

$$M_1 = \frac{9}{22}(g+q)l\times\frac{9}{22}l-\frac{1}{2}(g+q)\times\left(\frac{9}{22}l\right)^2 = \frac{1}{11.951}(g+q)l^2$$

欲使边跨跨中产生最大正弯矩，由 2.2.2 小节所述可知，其活荷载应布置在 1、3、5 跨。按弹性理论计算时，由附表 1-4 可得支座 B 的弯矩为

$$
\begin{aligned}
M_B &= -(0.105g'l^2+0.053q'l^2) = -(0.105\times0.625+0.053\times0.375)(g+q)l^2 \\
&= -0.0855(g+q)l^2
\end{aligned}
$$

支座 A 的剪力为 $V_A = 0.414(g+q)l$，最大弯矩截面距边支座的距离 $V_A = 0.414l$，则相应的跨中弯矩为

$$M_{1,max} = 0.414(g+q)l\times0.414l-\frac{1}{2}(g+q)\times(0.414l)^2 = \frac{1}{11.69}(g+q)l^2$$

由上述计算结果可见，按活荷载不利布置所得跨中弯矩略大一些。实际计算时取

$$M_1 = \frac{1}{11}(g+q)l^2$$

（3）边支座的剪力

与上述弯矩相应的荷载布置，分别符合支座剪力的不利荷载布置情况。

与 M_B 相应的支座剪力：$V_A = \dfrac{9}{22}(g+q)l = 0.409(g+q)l$，$V_B = 0.591(g+q)l$

与 M_1 相应的支座剪力：$V_A = 0.414(g+q)l$，$V_B = 0.586(g+q)l$。

为实用方便且偏于安全考虑，实际计算时可取 $V_A = 0.45(g+q)l$，$V_B = 0.6(g+q)l$。

同理，对于其他跨的支座和跨中的弯矩和剪力，可用类似方法计算，不再赘述。

3. 等跨连续梁、板控制截面内力的实用计算方法

由上述计算过程可见，用弯矩调幅法计算连续梁、板各控制截面的内力比较烦琐。基于上述计算结果并考虑到设计方便，对承受均布荷载和间距相同、大小相等的集中荷载的连续梁、板，控制截面内力可直接按下列公式计算。

（1）等跨连续梁各跨跨中及支座截面的弯矩设计值

承受均布荷载时

$$M = \alpha_{mb}(g+q)l_0^2 \tag{2-18}$$

承受间距相同、大小相等的集中荷载时

$$M = \eta\alpha_{mb}(G+Q)l_0 \tag{2-19}$$

式中　g、q——沿梁单位长度上的永久荷载设计值、可变荷载设计值；

　　　G、Q——一个集中永久荷载设计值、可变荷载设计值；

　　　α_{mb}——连续梁考虑塑性内力重分布的弯矩系数，按表 2-2 采用；

　　　η——集中荷载修正系数，根据一跨内集中荷载的不同情况按表 2-3 采用；

　　　l_0——计算跨度，根据支承条件按表 2-4 采用。

连续梁考虑塑性内力重分布的弯矩系数 α_{mb}　　　　表 2-2

端支座 支承情况	截　面					
	端支座	边跨跨中	离端第二支座	离端第二跨跨中	中间支座	中间跨跨中
	A	Ⅰ	B	Ⅱ	C	Ⅲ
搁支在墙上	0	$\frac{1}{11}$	$-\frac{1}{10}$ （用于两跨连续梁） $-\frac{1}{11}$ （用于多跨连续梁）	$\frac{1}{16}$	$-\frac{1}{14}$	$\frac{1}{16}$
与梁整体连接	$-\frac{1}{24}$	$\frac{1}{14}$				
与柱整体连接	$-\frac{1}{16}$	$\frac{1}{14}$				

注：表中 A、B、C 和 Ⅰ、Ⅱ、Ⅲ 分别为从两端支座截面和边跨跨中截面算起的截面代号。

集中荷载修正系数 η　　　　表 2-3

荷　载　情　况	截　面					
	A	Ⅰ	B	Ⅱ	C	Ⅲ
跨间中点作用一个集中荷载	1.5	2.2	1.5	2.7	1.6	2.7
跨间三分点作用两个集中荷载	2.7	3.0	2.7	3.0	2.9	3.0
跨间四分点作用三个集中荷载	3.8	4.1	3.8	4.5	4.0	4.8

梁、板计算跨度 l_0　　　　表 2-4

支　承　情　况	计　算　跨　度	
	梁	板
两端与梁（柱）整体连接	净跨长 l_n	净跨长 l_n
两端支承在砌体墙上	$1.05l_n \leqslant l_n + a$	$l_n + h \leqslant l_n + a$
一端与梁（柱）整体连接，另一端支承在砌体墙上	$1.025l_n \leqslant l_n + a/2$	$l_n + h/2 \leqslant l_n + a/2$

注：表中 h 为板的厚度；a 为梁或板在砌体墙上的支承长度。

（2）等跨连续梁的剪力设计值

承受均布荷载时

$$V = \alpha_{vb}(g + q)l_n \tag{2-20}$$

承受间距相同、大小相等的集中荷载时

$$V = \alpha_{vb}n(G + Q) \tag{2-21}$$

式中，l_n 为净跨，各跨取各自的净跨；n 为一跨内集中荷载的个数；α_{vb} 为考虑塑性内力重分布的剪力系数，按表 2-5 采用。

连续梁考虑塑性内力重分布的剪力系数 α_{vb}　　　　表 2-5

荷载情况	端支座支承情况	截面				
		A 支座内侧	B 支座外侧	B 支座内侧	C 支座外侧	C 支座内侧
		A_{in}	B_{ex}	B_{in}	C_{ex}	C_{in}
均布荷载	搁支在墙上	0.45	0.60	0.55	0.55	0.55
	梁与梁或梁与柱整体连接	0.50	0.55			
集中荷载	搁支在墙上	0.42	0.65	0.60	0.55	0.55
	梁与梁或梁与柱整体连接	0.50	0.60			

注：表中 A_{in}、B_{ex}、B_{in}、C_{ex}、C_{in} 分别为支座内、外侧截面的代号。

（3）承受均布荷载的等跨连续单向板，各跨跨中及支座截面的弯矩设计值按下式计算：

$$M = \alpha_{mp}(g + q)l_0^2 \tag{2-22}$$

式中　g、q——沿板单位长度上的永久荷载设计值、可变荷载设计值；

　　　l_0——板的计算跨度，按表 2-4 采用；

　　　α_{mp}——单向连续板考虑塑性内力重力分布的弯矩系数，按表 2-6 采用。

连续板考虑塑性内力重分布的弯矩系数 α_{mp}　　　　表 2-6

端支座支承情况	截面					
	端支座	边跨跨中	离端第二支座	离端第二跨跨中	中间支座	中间跨跨中
	A	Ⅰ	B	Ⅱ	C	Ⅲ
搁支在墙上	0	$\frac{1}{11}$	$-\frac{1}{10}$ （用于两跨连续板）	$\frac{1}{16}$	$-\frac{1}{14}$	$\frac{1}{16}$
与梁整体连接	$-\frac{1}{16}$	$\frac{1}{14}$	$-\frac{1}{11}$ （用于多跨连续板）			

板内剪力较小，一般不需要进行受剪承载力计算。为了可靠，也可进行受剪承载力计算，这时的剪力系数可参考表 2-5 取用。

应当指出，表 2-2 和表 2-6 中的弯矩系数以及表 2-5 中的剪力系数，适用于均布活荷载与均布恒载的比值为 $q/g > 0.3$ 的等跨连续梁、板；也适用于相邻两跨跨度相差小于 10% 的不等跨连续梁、板。但在计算跨中弯矩和支座剪力时，应取本跨的跨度值；计算支座弯矩时，应取相邻两跨的较大跨度值。

4. 按塑性理论计算内力中几个问题的说明

（1）计算跨度

按弹性理论计算连续梁、板内力时，计算跨度一般取支座中心线之间的距离，如 2.2.2 小节所述。按塑性理论计算时，由于连续梁、板的支座边缘截面形成塑性铰，故计算跨度应取两支座塑性铰之间的距离。因此，对两端与梁或柱整体连接的梁、板，其计算跨度应取净跨长；对一端与梁或柱整体连接，另一端支承在砌体墙上的梁、板，其计算跨度原则上应取此端的塑性铰截面（支座边缘）至另一端支座中心线之间的距离，如表 2-4 所示。

在塑性铰截面处，结构不再满足变形连续条件，因此可以采用净跨，如此各跨并不连续。采用净跨后，由式（2-18）～ 式（2-22）所得支座处的截面内力，就是支座边缘处的内力，可由此直接计算所需钢筋数量。

（2）荷载及内力

次梁对板、主梁对次梁的转动约束作用，以及活荷载的不利布置等因素，在按弯矩调幅法分析结构时均已考虑。式（2-18）、式（2-19）以及式（2-22）所给出的为跨中最大正弯矩和支座边缘最大负弯矩（绝对值），这时对所计算的本跨而言，均布置有活荷载，如此 $g' + q' = g + q$。因此计算时不需再考虑折算荷载，直接取用全部实际荷载。

因为内力系数是按均布荷载或间距相同、大小相等的集中荷载作用下考虑塑性内力重分布以后的内力包络图给出的，所以对承受上述荷载的等跨或跨度相差不大于 10% 的连续梁、板，不需再进行荷载的最不利组合，一般也不需再绘出内力包络图。

（3）适用范围

按塑性理论方法计算结构内力，使内力分析与截面配筋计算相协调，结果比较经济，但一般情况下结构的裂缝较宽、变形较大。因此，下列情况下的超静定结构不应采用塑性理论进行结构内力分析：直接承受动力荷载作用的结构，以及要求不出现裂缝或处于三 a、三 b 类环境情况下的结构。

在现浇钢筋混凝土肋梁楼盖中，板和次梁通常按塑性理论分析内力，而主梁则按弹性理论分析内力。这是因为主梁为楼盖中的主要构件，为保证使用中有较好的性能，主梁需要有较大的安全储备，正常使用阶段对挠度及裂缝控制较严。

2.2.5 单向板肋梁楼盖配筋计算及构造要求

梁、板内力求得后，即可按受弯构件进行配筋计算。如构件截面尺寸按 2.1.2 小节所规定的要求确定，则一般不需进行构件挠度及裂缝宽度验算。上述问题可参见教材《混凝土结构设计原理》，此处仅对整体式肋梁楼盖中梁、板设计的一些特点加以说明。

1. 板的配筋计算及构造要求

（1）板的配筋计算

在荷载作用下，板在支座处由于负弯矩而使板的上部开裂，跨中则由于正弯矩而使板的下部开裂，这样板内的压力轴线形成拱形（图 2-15），从而对支座（次梁）产生水平推力。如果板的四周与梁整体连接，且梁具有足够的刚度，则板的支座难以自由转动，将对板产生反作用水平推力。因此，板的工作性能具有一定的拱作用效应，板内各截面的弯矩有所降低。根据有关规范规定，四周与梁整体连接的板区格，计算所得的弯矩值，可根据下列情况予以减少：

1）中间跨的跨中截面及中间支座上——20%。

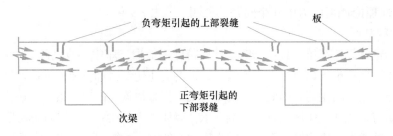

图 2-15　连续板的拱作用

2）边跨的跨中截面及从楼板边缘算起的第二支座上：

当 $l_b/l<1.5$ 时——20%；

当 $1.5\leqslant l_b/l\leqslant 2$ 时——10%。

式中，l 为垂直于楼板边缘方向的计算跨度；l_b 为沿楼板边缘方向的计算跨度（图 2-16）。

3）角区格不应减少。

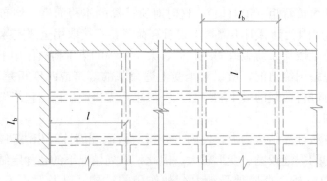

图 2-16　整体肋梁楼盖计算跨度示意图

从上述 2）款的条件可知，对于单向板肋梁楼盖，因 $l_b/l>2$，故边跨的跨中截面及从楼盖边缘算起的第二支座截面，其弯矩是不能折减的。

上述规定适用于单向板肋梁楼盖以及双向板肋梁楼盖中的板，同时也适用于按弹性理论及按塑性理论计算所得的弯矩。因此，将前面内力分析所得板的控制截面正弯矩或负弯矩，按上述规定乘以折减系数，然后据此进行配筋计算。

板通常不配置箍筋，楼盖结构中的板一般也不配置用于抗剪的弯起钢筋。所以，板可以按不配置箍筋的一般板类受弯构件进行斜截面受剪承载力验算。

（2）板中配筋构造

1）板中受力钢筋

板的受力钢筋一般采用 HPB300、HRB400 和 HRBF400 级钢筋，常用直径为 6mm、8mm、10mm、12mm、14mm、16mm 等。对于支座负钢筋，为便于施工架立，宜采用较大直径的钢筋。

板中受力钢筋的间距，一般不小于 70mm；当板厚 $h\leqslant150mm$ 时，不宜大于 200mm；当板厚 $h>150mm$ 时，不宜大于 $1.5h$，且不宜大于 250mm。

连续板中受力钢筋的配置，可采用弯起式（钢筋一端弯起或两端同时弯起，见图 2-17a)或分离式（图 2-17b)。弯起式配筋可先按跨中正弯矩确定其钢筋直径和间距，然后在支座附近将一部分跨中钢筋弯起，并伸过支座后作负弯矩钢筋使用，如果不满足要求可另外配直钢筋。其余伸入支座的跨中正弯矩钢筋，间距不得大于 400mm，截面面积不应小于该方向跨中正弯矩钢筋截面面积的 1/3。弯起钢筋弯起的角度一般采用 30°，当板厚 $h>120mm$ 时，可采用 45°。采用弯起式钢筋配筋，应注意相邻两跨跨中及中间支座钢筋直径和间距相互配合，间距变化应有规律，钢筋直径的种类不宜过多，以利施工。弯起式配筋锚固好和整体性好，且节约钢筋，但施工复杂。

分离式配筋时，跨中正弯矩钢筋宜全部伸入支座，支座负弯矩钢筋另行设置。支座负弯矩钢筋向跨内的延伸长度应满足覆盖负弯矩图和钢筋锚固的要求。分离式配筋的锚固较差，且用钢量稍高，但施工方便。当板厚 $h<120mm$，且所受动荷载不大时，通常采用。

为了保证锚固可靠，板的钢筋一般采用半圆弯钩。但对于上部负弯矩钢筋，为保证施工时不致改变有效高度和位置，宜做成直钩以便支撑在模板上，直钩部分的钢筋长度为板厚减去保护层厚度。

连续板受力钢筋的弯起和截断，一般可不按弯矩包络图确定而按图 2-17 所示要求处理。图中的 a 值，当 $q/g\leqslant3$ 时，$a=l_n/4$；当 $q/g>3$ 时，$a=l_n/3$。如果板相邻跨度相差超过 20% 或各跨荷载相差较大时，应按弯矩包络图确定钢筋的弯起点和截断点。

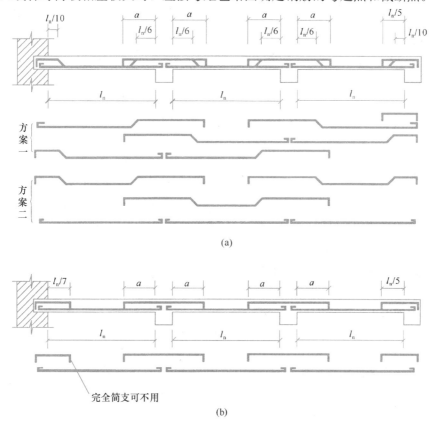

图 2-17 连续板受力钢筋两种配置方式
(a) 弯起式；(b) 分离式

2）板中构造钢筋

分布钢筋：分布钢筋是与受力钢筋垂直布置的钢筋，其作用是浇筑混凝土时固定受力钢筋的位置；抵抗收缩和温度变化产生的内力；承担并分布板上局部荷载产生的内力。单向板中单位长度上的分布钢筋，其截面面积不宜小于单位宽度上受力钢筋截面面积的15%，且不宜小于该方向板截面面积的0.15%；分布钢筋的间距不宜大于250mm，直径不宜小于6mm。对于集中荷载较大的情况，分布钢筋的截面面积应适当增加，其间距不宜大于200mm。分布钢筋应均匀布置于受力钢筋的内侧，且在受力钢筋的弯折处须布置分布钢筋。

嵌固在承重砌体墙内的现浇板的上部构造钢筋：在这种板的受力方向，由于砌体墙的嵌固作用而使板内产生负弯矩，引起板面受拉开裂。在垂直于板跨方向的嵌固边，部分荷载将就近传至砌体墙上，引起板顶平行墙面的裂缝。在板角部分，除因传递荷载使板两向受力引起负弯矩外，由于温度收缩影响而产生的角部拉应力也可能在板角处引起斜向裂缝，如图2-18（a）所示。

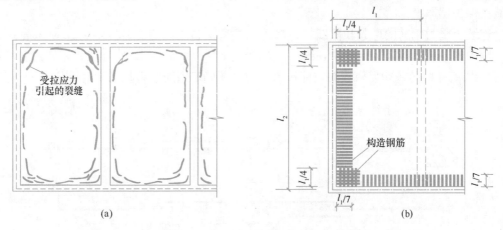

图2-18 板嵌固在承重砌体墙内时的板面裂缝分布及上部构造钢筋

（a）板面裂缝分布；（b）板边上部构造钢筋

为了防止上述裂缝，在板的上部应配置构造钢筋（图2-18b），并应符合下列规定：

①钢筋间距离不宜大于200mm，直径不宜小于8mm（包括弯起钢筋在内），其伸入板内的长度从墙边算起不宜小于$l_1/7$（l_1为单向板的跨度或双向板的短跨跨度）；

②对两边均嵌固于墙内的板角部分，应双向配置上部构造钢筋，其伸入板内的长度从墙边算起不宜小于$l_1/4$；

③沿板的受力方向配置的板边上部构造钢筋，其截面面积不宜小于该方向跨中受力钢筋截面面积的1/3；沿非受力方向配置的上部构造钢筋，可根据实践经验适当减少。

现浇楼盖周边与混凝土梁或混凝土墙整体浇筑板的上部构造钢筋：在这种板的板边上部应设置垂直于板边的构造钢筋，其直径不宜小于8mm，间距不宜大于200mm，截面面积不宜小于板跨中相应方向纵向钢筋截面面积的1/3；该钢筋自梁边或墙边伸入板内的长度，在单向板中不宜小于受力方向板计算跨度的1/5，在双向板中不宜小于板短跨方向计算跨度的1/4；在板角处该钢筋应沿两个垂直方向布置或按放射状布置；当柱角或墙的阳角突出到板内且尺寸较大时，亦应沿柱边或墙的阳角边布置构造钢筋，该构造钢筋伸入板内的长度应从柱边或墙边算起。上述构造钢筋应按受拉钢筋锚固在梁内、墙内或柱内。

与梁肋垂直的板的上部构造钢筋：在现浇单向板肋梁楼盖中，板的受力钢筋与主梁之肋平行，在靠近主梁附近，部分荷载将由板直接传递给主梁，因而产生一定的负弯矩，并使板与主梁相接处产生板面裂缝。为此，应沿梁肋方向配置间距不大于200mm且与梁肋垂直的上部构造钢筋，其直径不宜小于8mm，且单位长度内的总截面面积不宜小于板中单位宽度内受力钢筋截面面积的1/3，伸入板内的长度从梁边算起每边不宜小于板计算跨度 l_0 的1/4，如图2-19所示。

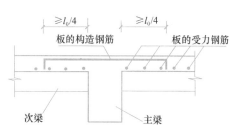

图2-19 与梁肋垂直的板的上部构造钢筋

防裂构造钢筋：混凝土收缩和温度变化会在现浇楼板内引起约束拉应力，可能使现浇板产生温度收缩裂缝。为了减少这种裂缝，在温度、收缩应力较大的现浇板区域内，应在板的表面双向配置防裂构造钢筋。配筋率不宜小于0.10%，钢筋间距不宜大于200mm。防裂构造钢筋可利用原有钢筋贯通布置，也可另行设置构造钢筋并与原有钢筋按受拉钢筋的要求搭接或在周边构件中锚固。

2. 次梁的配筋计算与构造要求

在现浇整体肋梁楼盖中，板与次梁整体相连，在次梁的受力方向，板与次梁共同工作。在正弯矩作用下的次梁跨中截面，板位于受压区，次梁应按 T 形截面计算受力钢筋的面积。在支座附近的负弯矩区域，板位于受拉区，次梁应按矩形截面计算受力钢筋的面积。

次梁应按受弯构件斜截面受剪承载力确定其箍筋和弯起钢筋数量，当荷载、跨度较小时，一般可只配置箍筋；否则，宜在支座附近设置弯起钢筋，以减少箍筋用量。

次梁中受力钢筋的弯起和截断，原则上应按弯矩包络图确定。但对于相邻跨跨度相差不超过20%、承受均布荷载且活载与恒载之比 $q/g \leqslant 3$ 的次梁，可参照已有设计经验布置钢筋，如图2-20所示。图中 l_n 为净跨；l_l 为纵筋的搭接长度，当与架立筋搭接时，取150~200mm，当与受力钢筋搭接时，取 $1.2l_a$（l_a 为受拉钢筋的锚固长度）；l_{as} 为纵筋在支座内的锚固长度；d 为纵筋直径；h 为梁截面高度。

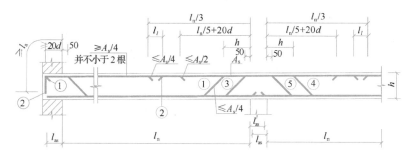

图2-20 次梁的配筋构造

3. 主梁的配筋计算与构造要求

计算主梁受力钢筋时，用跨中截面正弯矩按 T 形截面计算其受力钢筋面积，用支座截面负弯矩按矩形截面计算相应的受力钢筋面积。当跨中出现负弯矩时，抵抗跨中负弯矩的钢筋面积也应按矩形截面计算。

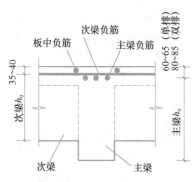

图 2-21 主梁支座处的截面有效高度

因为主梁一般是按弹性理论计算内力，故计算主梁支座处的受力钢筋时，应注意取用支座边缘处的主梁弯矩。在主梁的支座处截面，板、次梁以及主梁的负弯矩钢筋互相交叉，板和次梁的负筋在上，主梁的负筋在下（图 2-21），致使主梁在支座处附近的截面有效高度 h_0 有所降低。所以，当主梁的负钢筋为单排时，取 $h_0 = h - (60 \sim 65)$mm；当为双排时，取 $h_0 = h - (80 \sim 85)$mm。

主梁主要承受集中荷载，剪力图呈矩形。如在斜截面受剪承载力计算中，拟利用弯起钢筋抵抗部分剪力，则应使跨中有足够的纵筋可供弯起，以使抗剪承载力图完全覆盖剪力包络图。若跨中可供弯起的纵筋根数不够，则应在支座处设置专门抗剪的鸭筋。

主梁内受力纵筋的弯起和截断应根据弯矩包络图进行布置，并通过绘制抵抗弯矩图来检查受力钢筋布置是否合适。

在次梁与主梁相交处，次梁顶面在支座负弯矩作用下将产生裂缝（图 2-22a），致使次梁主要通过其支座截面剪压区将集中荷载传给主梁梁腹。试验表明，作用在梁截面高度范围内的集中荷载，将产生垂直于梁轴线的局部应力，荷载作用点以上的主梁腹内为拉应力，以下为压应力。这种效应约在集中荷载作用处两侧各（0.5~0.65）倍梁高范围内逐渐消失。由该局部应力等所产生的主拉应力在梁腹部可能引起斜裂缝。为防止这种局部破坏的发生，应在主、次梁相交处的主梁内设置附加横向钢筋（图 2-22b），且宜优先采用附加箍筋。

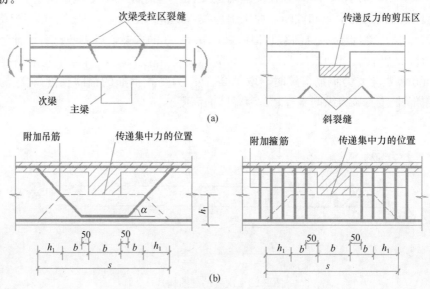

图 2-22 附加横向钢筋布置

（a）主、次梁相交处受力状态；（b）附加横向钢筋布置

附加横向钢筋应布置在长度为 $s(s = 2h_1 + 3b)$ 的范围内（图 2-22b），所需的附加横向钢筋总截面面积应按下列公式计算：

$$A_{sv} \geq \frac{F}{f_{yv}\sin\alpha} \qquad\qquad (2\text{-}23)$$

式中，A_{sv} 为承受集中荷载所需的附加横向钢筋总截面面积；当采用附加吊筋时，A_{sv} 应为左、右弯起段截面面积之和；F 为作用在梁的下部或梁截面高度范围内的集中荷载设计值；α 为附加横向钢筋与梁轴线间的夹角。

2.2.6 单向板肋梁楼盖设计实例

某多层工业建筑楼盖平面如图 2-23 所示，采用钢筋混凝土现浇整体楼盖。四周支承在砖砌体墙上。楼面活荷载标准值为 $7kN/m^2$。结构安全等级为二级。环境类别为一类。要求设计此楼盖。

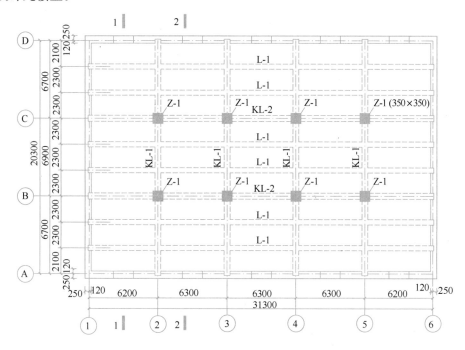

图 2-23 楼盖结构平面布置图

楼盖结构平面布置见图 2-23（楼梯在此平面之外）。材料选用：混凝土 C25（$f_c = 11.9N/mm^2$；$f_t = 1.27N/mm^2$）；梁中纵向受力钢筋采用 HRB400 级钢筋（$f_y = f'_y = 360N/mm^2$），其他钢筋均采用 HPB300 级钢筋（$f_y = f'_y = 270N/mm^2$）。

楼面面层为水磨石（底层 20mm 厚水泥砂浆），自重重力荷载标准值 $0.65kN/m^2$，梁、板底面及侧面用石灰砂浆抹灰 15mm。

因楼面活荷载标准值为 $7kN/m^2 > 4kN/m^2$，故活荷载分项系数按 1.4 采用。

1. 板的设计

由图 2-23 可见，板区格长边与短边之比 $6.3/2.3 = 2.74 > 2.0$ 但 < 3.0，按规范[3]，宜按双向板计算，当按沿短边方向受力的单向板计算时，应沿长边方向布置足够数量的构造钢筋。本例题按单向板计算，并采取必要的构造措施。

按照 2.1.2 小节的要求，板厚 $h \geq l/30 = 2300/30 = 76.7mm < 80mm$，故取 80mm。取 1m 宽板带为计算单元，按考虑塑性内力重分布方法计算内力。

(1) 荷载计算

水磨石地面	$0.65kN/m^2$
80mm 厚钢筋混凝土板	$25 \times 0.08 = 2.00kN/m^2$
15mm 厚石灰砂浆抹灰	$17 \times 0.015 = 0.26kN/m^2$

恒荷载标准值	$2.91kN/m^2$
活荷载标准值	$7kN/m^2$
总荷载设计值	

$$g + q = (1.3 \times 2.91 + 1.4 \times 7) \times 1.0 = 13.583kN/m$$

(2) 计算简图

次梁截面高度 $h = (1/18 \sim 1/12) \times 6300 = (350 \sim 525)mm$，可取 $h = 450mm$，$b = (1/3 \sim 1/2) \times 450 = (150 \sim 225)mm$，取 $b = 200mm$。根据结构平面布置，板的实际支承情况如图2-24(a)所示。

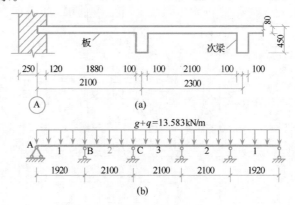

图 2-24 板的计算简图

(a) 板的实际支承情况；(b) 板计算简图

由表 2-4 的规定，板的计算跨度为

中间跨　$l_0 = l_n = 2300 - 200 = 2100mm$

边　跨　$l_0 = l_n + h/2 = (2100 - 100 - 120) + 80/2 = 1920mm$

　　　　$\leqslant l_n + a/2 = 1880 + 120/2 = 1940mm$

故边跨取 $l_0 = 1920mm$。边跨与中间跨的跨度差 $(2100 - 1920)/2100 = 8.6\% < 10\%$，且板的实际跨数为 9 跨，大于 5 跨，故可按 5 跨等跨连续板计算内力。板的计算简图如图 2-24 (b) 所示。

(3) 弯矩设计值计算

对于图 2-23 中的 1-1 板带，板各控制截面的弯矩设计值按式（2-22）计算，即

$$M_1 = \frac{1}{11}(g+q)l_0^2 = \frac{1}{11} \times 13.583 \times 1.92^2 = 4.552kN \cdot m$$

$$M_B = -\frac{1}{11}(g+q)l_0^2 = -\frac{1}{11} \times 13.583 \times 2.1^2 = -5.446kN \cdot m$$

$$M_C = -\frac{1}{14}(g+q)l_0^2 = -\frac{1}{14} \times 13.583 \times 2.1^2 = -4.279kN \cdot m$$

$$M_2 = M_3 = \frac{1}{16}(g+q)l_0^2 = \frac{1}{16} \times 13.583 \times 2.1^2 = 3.744kN \cdot m$$

（4）截面配筋计算

板截面有效高度 $h_0=80-20=60\text{mm}$。因中间板带（图 2-23 中的 2-2 板带）的内区格四周与梁整体连接，故 M_2、M_3 和 M_c 值可降低 20%。板截面配筋计算过程见表 2-7，其中板的计算宽度 $b=1000\text{mm}$。板的配筋平面图见图 2-25。

板截面配筋计算　　　　　　　　　　　　　表 2-7

截　面	1	B	2、3	C
$M(\text{kN}\cdot\text{m})$	4.552	−5.446	3.744 (2.995)	−4.279 (−3.423)
$\alpha_s=\dfrac{\lvert M\rvert}{\alpha_1 f_c b h_0^2}$	0.106	0.127	0.087 (0.070)	0.100 (0.080)
$\xi=1-\sqrt{1-2\alpha_s}$	0.112	0.136	0.091 (0.073)	0.106 (0.083<0.1，取 0.1)
$A_s=\dfrac{\alpha_1 f_c b h_0\xi}{f_y}(\text{mm}^2)$	296	360	241 (193)	280 (264)
实配钢筋 （mm^2）　边板带	Φ8@160 $A_s=314$	Φ8@140 $A_s=359$	Φ6/8@140 $A_s=281$	Φ8@160 $A_s=314$
实配钢筋 （mm^2）　中间板带	Φ8@160 $A_s=314$	Φ8@140 $A_s=359$	Φ6@140 $A_s=202$	Φ8@160 $A_s=314$

注：表中括号内的数据为中间板带的相应值；支座截面 $\xi<0.1$ 时，取 $\xi=0.1$ 计算。

由表 2-7 可见，对于支座 C 截面，中间板带的相对受压区高度 ξ 小于 0.1，故在计算配筋时取 0.1。

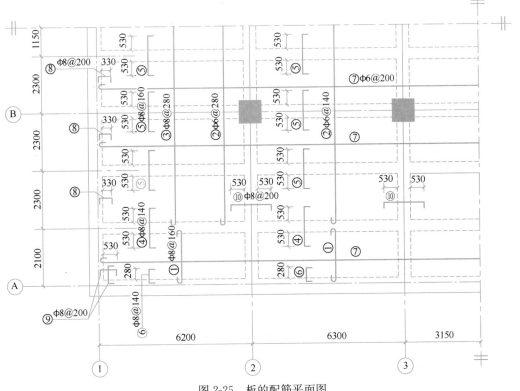

图 2-25　板的配筋平面图

（5）板截面受剪承载力验算

板截面剪力设计值可按式（2-20）计算，最大剪力设计值发生在内支座，其值为

$$V = 0.60 \times 13.583 \times 2.1 = 17.115 \text{kN}$$

对于不配箍筋和弯起钢筋的一般板类受弯构件，其斜截面受剪承载力应符合下列规定：

$$V \leqslant 0.7 \beta_h f_t b h_0$$

在本例中，$h_0 = 60\text{mm} < 800\text{mm}$，故 $\beta_h = 1.0$；$b = 1000\text{mm}$，$f_t = 1.27 \text{N/mm}^2$，代入上式可得

$$0.7 \beta_h f_t b h_0 = 0.7 \times 1.0 \times 1.27 \times 1000 \times 60 = 53.340 \text{kN} > V = 15.688 \text{kN}$$

故板的斜截面受剪承载力满足要求。

2. 次梁设计

主梁截面高度 $h = (1/14 \sim 1/8) \times 6900 = (493 \sim 863)\text{mm}$，取 $h = 700\text{mm}$，主梁宽度取 $b = 250\text{mm}$。次梁的几何尺寸及支承情况见图 2-26（a）。

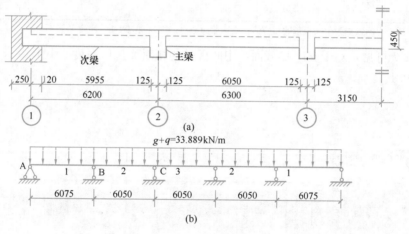

图 2-26　次梁的计算简图

（a）次梁实际支承情况；（b）次梁计算简图

（1）荷载计算

板传来的恒荷载	$2.91 \times 2.3 = 6.69 \text{kN/m}$
次梁自重	$25 \times 0.2 \times (0.45 - 0.08) = 1.85 \text{kN/m}$
次梁粉刷	$17 \times 0.015 \times (0.45 - 0.08) \times 2 = 0.19 \text{kN/m}$

恒荷载标准值	8.73kN/m
活荷载标准值	$7 \times 2.3 = 16.10 \text{kN/m}$
总荷载设计值	

$$g + q = 1.3 \times 8.73 + 1.4 \times 16.10 = 33.889 \text{kN/m}$$

（2）计算简图

次梁按考虑塑性内重分布方法计算内力，故由表 2-4 可得次梁的计算跨度，即

中间跨　$l_0 = l_n = 6300 - 250 = 6050\text{mm}$

边　　跨　$l_0 = 1.025 l_n = 1.025 \times (6200 - 250/2 - 120) = 6104\text{mm} > l_0 + a/2 = 5955$

$+ 240/2 = 6075\text{mm}$，故边跨取 $l_0 = 6075\text{mm}$。

边跨与中间跨的计算跨度相差 $(6075 - 6050)/6050 = 0.4\% < 10\%$，且次梁的实际跨数为 5 跨，故可按 5 跨等跨连续梁计算内力。计算简图见图 2-26（b）。

（3）内力计算

次梁各控制截面的弯矩设计值和剪力设计值分别按式（2-18）和式（2-20）计算，即

弯矩设计值：$M_1 = -M_B = \dfrac{1}{11}(g+q)l_0^2 = \dfrac{1}{11} \times 33.889 \times 6.075^2 = 113.700\text{kN} \cdot \text{m}$

$$M_c = -\dfrac{1}{14}(g+q)l_0^2 = -\dfrac{1}{14} \times 33.889 \times 6.05^2 = -88.602\text{kN} \cdot \text{m}$$

$$M_2 = M_3 = \dfrac{1}{16}(g+q)l_0^2 = \dfrac{1}{16} \times 33.889 \times 6.05^2 = 77.526\text{kN} \cdot \text{m}$$

剪力设计值：$V_{Ain} = 0.45(g+q)l_n = 0.45 \times 33.889 \times 5.955 = 90.814\text{kN}$

$$V_{Bex} = 0.6(g+q)l_n = 0.6 \times 33.889 \times 5.955 = 121.085\text{kN}$$

$$V_{Bin} = V_{Cex} = V_{Cin} = 0.55(g+q)l_n = 0.55 \times 33.889 \times 6.05$$
$$= 112.766\text{kN}$$

（4）截面配筋计算

次梁跨中截面按 T 形截面进行正截面受弯承载力计算。翼缘计算宽度，边跨及中间跨均按下面的较小值采用。

$b_f' = l_0/3 = 6050/3 = 2017\text{mm}$，$b_f' = b + S_0 = 200 + 2100 = 2300\text{mm}$，故取 $b_f' = 2017\text{mm}$。

跨中及支座截面均按一排钢筋考虑，故取 $h_0 = 410\text{mm}$，翼缘厚度 $h_f' = 80\text{mm}$。

$\alpha_1 f_c b_f' h_f' (h_0 - h_f'/2) = 1.0 \times 11.9 \times 2017 \times 80 \times (410 - 80/2) = 710.47\text{kN} \cdot \text{m}$，此值大于跨中弯矩设计值 M_1、M_2、M_3，故各跨跨中截面均属于第一类 T 形截面。支座按矩形截面计算。次梁正截面受弯承载力计算结果见表 2-8。

次梁正截面受弯承载力计算 表 2-8

截　　面	1	B	2, 3	C
$M(\text{kN} \cdot \text{m})$	113.700	−113.700	77.526	−88.602
b 或 b_f' (mm)	2017	200	2017	200
$\alpha_s = \dfrac{\lvert M \rvert}{\alpha_1 f_c b h_0^2}$	0.028	0.284	0.019	0.221
$\xi = 1 - \sqrt{1 - 2\alpha_s}$	0.028	0.343<0.35 >0.1	0.019	0.253<0.35 >0.1
$A_s = \dfrac{\alpha_1 f_c b h_0 \xi}{f_y}$ (mm²)	765	930	519	686
实配钢筋 A_s(mm²)	2⏀18(直) 1⏀20(弯) (823)	2⏀20(直) 1⏀20(弯) (942)	2⏀16(直) 1⏀16(弯) (603)	2⏀18(直) 1⏀16(弯) (710)

次梁斜截面受剪承载力计算见表 2-9。按规定，考虑塑性内力重分布时，箍筋数量应增大 20%，故计算时将 A_{sv}/s 乘以 1.2；配箍率 ρ_{sv} 应大于或等于 $0.36f_t/f_{yv}=0.17\%$，各截面均满足要求。

次梁斜截面受剪承载力计算

表 2-9

截　面	A_{in}	B_{ex}	B_{in}、C_{ex}、C_{in}
V(kN)	90.814	121.085	112.766
$0.25\beta_c f_c b h_0$(kN)	243.950>V	243.950>V	243.950>V
$0.7f_t b h_0$(kN)	72.898<V	72.898<V	72.898<V
$\dfrac{A_{sv}}{s}=1.2\left(\dfrac{V-0.7f_t b h_0}{f_{yv}h_0}\right)$	$\dfrac{1.2(90814-72898)}{270\times410}$ $=0.194$	$\dfrac{1.2(121085-72898)}{270\times410}$ $=0.522$	$\dfrac{1.2(112766-72898)}{270\times410}$ $=0.432$
实配箍筋 $\left(\dfrac{A_{sv}}{s}\right)$	双肢Φ8@150(0.673)	双肢Φ8@150(0.673)	双肢Φ8@150(0.673)
配箍率 $\rho_{sv}=\dfrac{A_{sv}}{bs}$	0.34%>0.17%	0.34%>0.17%	0.34%>0.17%

由于次梁的 $q/g=16.1/8.73=1.84<3$，且跨度相差小于 20%，故可按图 2-20 所示的构造要求确定纵向受力钢筋的弯起和截断。次梁配筋图见图 2-27。

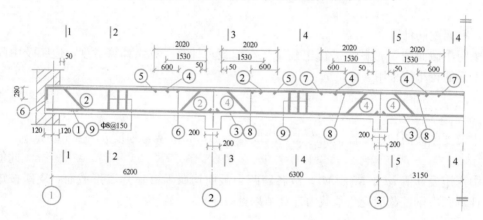

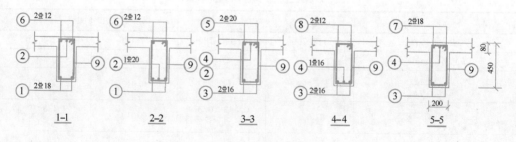

图 2-27　CL-1 次梁配筋图

3. 主梁设计

主梁按弹性理论计算内力。设柱截面尺寸为 350mm×350mm，主梁几何尺寸及支承情况如图 2-28(a)所示。

46

（1）荷载计算

为简化计算，主梁自重按集中荷载考虑。

次梁传来的恒载	$8.73 \times 6.3 = 55.00$kN
主梁自重	$25 \times 0.25 \times (0.7 - 0.08) \times 2.3 = 8.91$kN
主梁粉刷	$17 \times 0.015 \times (0.7 - 0.08) \times 2 \times 2.3 = 0.73$kN
恒荷载标准值	64.64kN
活荷载标准值	$7.0 \times 6.3 \times 2.3 = 101.43$kN

恒荷载设计值 $G = 1.3 \times 64.64 = 84.032$kN

活荷载设计值 $Q = 1.4 \times 101.43 = 142.002$kN

（2）计算简图

由于主梁线刚度较柱线刚度大很多，故中间支座按铰支座考虑。主梁的支承长度为370mm。计算跨度为

中间跨 $l_0 = 6900$mm

边   跨 $l_0 = 1.025 l_n + b/2 = 1.025 \times (6700 - 120 - 350/2) + 350/2 = 6740$mm

             $l_0 = l_n + a/2 + b/2 = (6700 - 120 - 350/2) + 370/2 + 350/2 = 6765$mm

故边跨的计算跨度取 $l_0 = 6740$mm。

边跨与中间跨的平均跨度为 $l_0 = (6740 + 6900)/2 = 6820$mm。

边跨与中间跨的计算跨度相差 $(6900 - 6740)/6900 = 2.3\% < 10\%$，故计算时可采用等跨连续梁的弯矩和剪力系数。计算简图如图 2-28(b)所示。

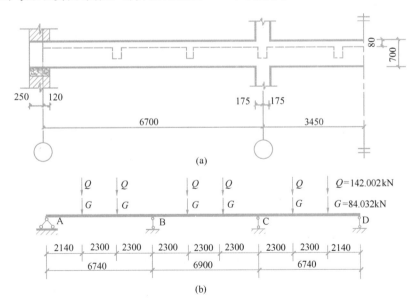

图 2-28 主梁的计算简图

（a）主梁实际支承情况；（b）主梁计算简图

（3）内力计算

对图 2-28(b)所示的三跨连续梁，可采用附表 1-2 所示内力系数计算各控制截面内力，即

弯矩　　　$M=k_1 Gl_0 + k_2 Ql_0$　　　剪力 $V=k_3 G + k_4 Q$

其中 k_1、k_2、k_3、k_4 为内力计算系数，由附表 1-2 查取。

Gl_0 和 Ql_0 计算如下：

边　　跨　$Gl_0 = 84.032 \times 6.74 = 566.376 \text{kN} \cdot \text{m}$　　$Ql_0 = 142.002 \times 6.74 = 957.093 \text{kN} \cdot \text{m}$

中间跨　$Gl_0 = 84.032 \times 6.90 = 579.821 \text{kN} \cdot \text{m}$　　$Ql_0 = 142.002 \times 6.90 = 979.814 \text{kN} \cdot \text{m}$

支座 B　$Gl_0 = 84.032 \times 6.82 = 573.098 \text{kN} \cdot \text{m}$　　$Ql_0 = 142.002 \times 6.82 = 968.454 \text{kN} \cdot \text{m}$

主梁弯矩、剪力计算分别见表 2-10 和表 2-11。比较这两表可见，表 2-10 考虑了全部组合（4 种组合），而表 2-11 没有考虑①＋③组合，这是因为该组合所得剪力不起控制作用。

主梁弯矩计算　　　　　　　　　　　　　　　　　　表 2-10

项次	荷　载　简　图	$\dfrac{k}{M_1}$	$\dfrac{k}{M_B}$	$\dfrac{k}{M_2}$	$\dfrac{k}{M_C}$
①		$\dfrac{0.244}{138.196}$	$\dfrac{-0.267}{-153.017}$	$\dfrac{0.067}{38.848}$	$\dfrac{-0.267}{-153.017}$
②		$\dfrac{0.289}{276.600}$	$\dfrac{-0.133}{-128.804}$	$\dfrac{-0.133}{-130.315}$	
③		$\dfrac{-0.044}{-42.112}$	$\dfrac{-0.133}{-128.804}$	$\dfrac{0.200}{195.963}$	
④		$\dfrac{0.229}{219.174}$	$\dfrac{-0.311}{-301.189}$	$\dfrac{0.170}{166.568}$	$\dfrac{-0.089}{-86.192}$
⑤		$\dfrac{-86.192}{3}=-28.731$	$\dfrac{-0.089}{-86.192}$	$\dfrac{0.170}{166.568}$	$\dfrac{-0.311}{-301.189}$
①＋②	$+M_{1max}$、$+M_{3max}$、$-M_{2max}$	414.796	-281.821	-91.467	
①＋③	$+M_{2max}$、$-M_{1max}$、$-M_{3max}$	96.084	-281.821	234.811	
①＋④	$-M_{Bmax}$	357.370	-454.206	205.416	-239.209
①＋⑤	$-M_{Cmax}$	109.465	-239.209	205.416	-454.206

48

项次	荷载简图	$\dfrac{k}{V_A}$	$\dfrac{k}{V_{B左}}$	$\dfrac{k}{V_{D右}}$
①	 A　1　B　2　C　3　D （G G G G G G）	$\dfrac{0.733}{61.595}$	$\dfrac{-1.267}{-106.469}$	$\dfrac{1.00}{84.032}$
②	（Q Q ... Q Q）	$\dfrac{0.866}{122.974}$	$\dfrac{-1.134}{-161.030}$	$\dfrac{0}{0}$
④	（Q Q Q Q）	$\dfrac{0.689}{97.839}$	$\dfrac{-1.311}{-186.165}$	$\dfrac{1.222}{173.526}$
⑤	（Q Q Q Q）	$\dfrac{-0.089}{-12.638}$	$\dfrac{-0.089}{-12.638}$	$\dfrac{0.778}{110.478}$
①+② V_{Amax}，V_{Dmax}		184.569	-267.499	84.032
①+④ V_{Bmax}		159.434	-292.634	257.558
①+⑤ V_{Cmax}		48.957	-119.107	194.510

（4）内力包络图

将各控制截面的组合弯矩值和组合剪力值，分别绘于同一坐标图上，即得内力叠合图，其外包线即是内力包络图，如图 2-29 所示。

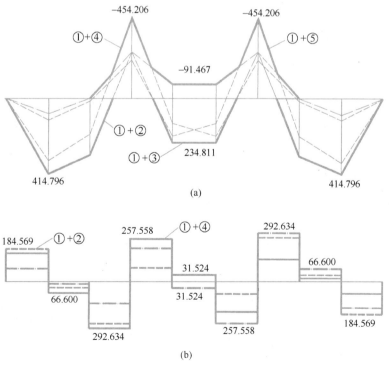

图 2-29　主梁弯矩包络图和剪力包络图

（a）弯矩包络图；（b）剪力包络图

（5）配筋计算

在正弯矩作用下主梁跨中截面按 T 形截面计算配筋，边跨及中间跨的翼缘宽度均按下列两者中的较小值采用，即

$$b'_{\text{f}} = l_0/3 = 6740/3 = 2247\text{mm}; \quad b'_{\text{f}} = b + S_{\text{n}} = 250 + 6050 = 6300\text{mm}$$

故取 $b'_{\text{f}} = 2247\text{mm}$，并取 $h_0 = 700 - 40 = 660\text{mm}$。

因为 $\alpha_1 f_c b'_{\text{f}} h'_{\text{f}} (h_0 - h'_{\text{f}}/2) = 1.0 \times 11.9 \times 2247 \times 80 \times (660 - 80/2) = 1326.27\text{kN} \cdot \text{m}$，此值大于 M_1 和 M_2，故属第一类 T 形截面。

主梁支座截面及负弯矩作用下的跨中截面按矩形截面计算，取 $h_0 = 700 - 80 = 620\text{mm}$。支座 B 边缘截面弯矩 M_B 按式（2-9）计算，其中支座剪力 $V_0 = G + Q = 84.032 + 142.002 = 226.034\text{kN}$，则

$$M_B = 454.206 - 226.034 \times 0.35/2 = 414.650\text{kN} \cdot \text{m}$$

主梁正截面及斜截面承载力计算结果分别见表 2-12 和表 2-13。

主梁正截面受弯承载力计算　　　　　　　　　　　　表 2-12

截　面	边跨跨中 M_1	B 支座 M_B	中间跨跨中 M_2	
$M(\text{kN} \cdot \text{m})$	414.796	−414.650	234.811	−91.467
b 或 $b'_{\text{f}}(\text{mm})$	2247	250	2247	250
$\alpha_{\text{s}} = \dfrac{\|M\|}{\alpha_1 f_c b h_0^2}$	0.036	0.363	0.020	0.080
$\xi = 1 - \sqrt{1 - 2\alpha_{\text{s}}}$	0.037	0.477<0.518	0.020	0.083
$A_{\text{s}} = \dfrac{\alpha_1 f_c b h_0 \xi}{f_{\text{y}}}(\text{mm}^2)$	1814	2444	980	425
实配钢筋 $A_{\text{s}}(\text{mm}^2)$	2 ⊈ 25（直） 2 ⊈ 25（弯） $A_{\text{s}} = 1964$	3 ⊈ 22（直） 3 ⊈ 25（弯） $A_{\text{s}} = 2613$	2 ⊈ 20（直） 1 ⊈ 25（弯） $A_{\text{s}} = 1119$	2 ⊈ 22 $A_{\text{s}} = 760$

主梁斜截面受剪承载力计算　　　　　　　　　　　　表 2-13

截　面	边支座 A	B 支座（左）	B 支座（右）
$V(\text{kN})$	184.569	292.634	257.558
$0.25\beta_c f_c b h_0 (\text{kN})$	490.88>V	461.13>V	461.13>V
$0.7 f_t b h_0 (\text{kN})$	146.69<V	137.80<V	137.80<V
选用箍筋	双肢 Φ 8@200	双肢 Φ 8@200	双肢 Φ 8@150
$V_{\text{cs}} = 0.7 f_t b h_0 + f_{\text{yv}} \dfrac{A_{\text{sv}}}{s} h_0 (\text{kN})$	236.68	222.33	250.51
$A_{\text{sb}} \geqslant \dfrac{V - V_{\text{cs}}}{0.8 f_y \sin 45°}(\text{mm}^2)$	—	345	—
实配弯起钢筋	—	鸭筋 2 ⊈ 16（$A_{\text{s}} = 402\text{mm}^2$） 双排各为 1 ⊈ 22（$A_{\text{s}} = 380\text{mm}^2$）	鸭筋 2 ⊈ 16（$A_{\text{s}} = 402\text{mm}^2$） 一排 1 ⊈ 22（$A_{\text{s}} = 380\text{mm}^2$）

注：实配弯起钢筋中 1 ⊈ 22 为由跨中弯起的钢筋。

（6）附加横向钢筋

由次梁传递给主梁的全部集中荷载设计值为

$$F = 1.3 \times (8.73 \times 6.3) + 1.4 \times (16.10 \times 6.3) = 213.501\text{kN}$$

由式(2-23)得主梁内支承次梁处附加横向钢筋面积为

$$A_{sv} = \frac{F}{f_{yv}\sin\alpha} = \frac{213501}{360\times\sin45°} = 839 \text{ mm}^2$$

则一侧所需附加吊筋的截面面积为839/2＝420mm²，选2Φ16(A_{sv}＝402mm²)吊筋，见图2-30中的⑩号钢筋。

(7) 主梁纵筋的弯起和截断

按相同比例在同一坐标图上绘出弯矩包络图和抵抗弯矩图(图2-30)。绘制抵抗弯矩图时，应注意弯起钢筋的位置：纵筋弯起点离该筋受弯承载力充分利用点的距离应不小于$h_0/2$；相邻弯起钢筋上、下弯点之间的距离不应超过箍筋的最大允许间距S_{max}。由于边跨跨中只允许弯起2Φ25的钢筋(分两次弯起)，为满足受剪承载力和上述构造要求，在B

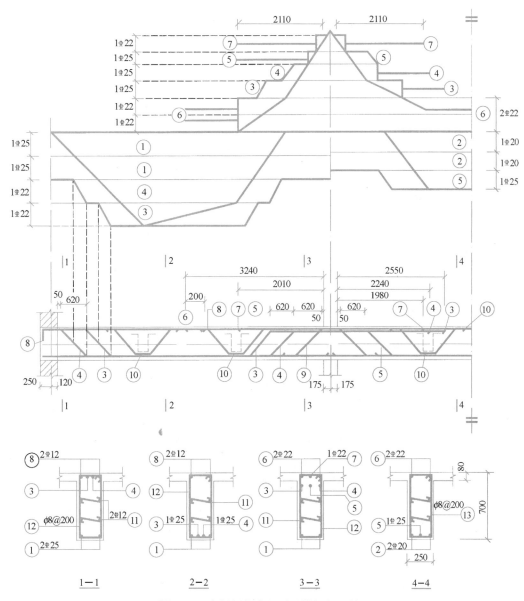

图 2-30　主梁抵抗弯矩图及模板与配筋图

51

支座处设置了专用于受剪的鸭筋（2 ⌀ 16），其上弯折点距支座边缘的距离为 50mm，见图 2-30 中的⑨号钢筋。

根据每根钢筋的受弯承载力水平直线和弯矩包络图的交点，确定支座上部受力钢筋（抵抗支座负弯矩）的理论截断点。钢筋实际截断点至理论截断点的距离应大于 $20d$，且至充分利用点的距离应大于 $1.2l_a + h_0$（因 $V > 0.7f_t bh_0$），本例中大部分纵筋由后者控制钢筋的实际截断点，其中 l_a 按 $l_a = l_{ab} = \alpha \dfrac{f_y}{f_t} d$ 确定，取 $40d$（d 为纵筋的直径）。但对⑦号纵筋，由 $1.2l_a + h_0$ 所确定的截断点仍位于负弯矩受拉区内，故从其充分利用截面伸出的长度应按 $1.2l_a + 1.7h_0$ 确定，即 $1.2 \times 40 \times 22 + 1.7 \times 620 = 2110$mm。

2.3 双向板肋梁楼盖设计

本章 2.1 节中已论述了双向板的判别方法。从理论上讲，凡两个方向上的受力都不能忽略的板称为双向板。双向板的支承方式可以是四边支承、三边支承或两邻边支承。板面上的荷载可以是均布荷载、局部荷载或线性分布荷载。板的平面形状可以是矩形、圆形、三角形或其他形状。在双向板肋梁楼盖（two-way slab-and-beam floor system）中，常见的是均布荷载作用下四边支承双向矩形板。因此，本节主要阐述四边支承双向矩形板肋梁楼盖的设计方法。

2.3.1 双向板肋梁楼盖按弹性理论计算结构内力

1. 单块矩形双向板（单区格双向板）

双向板的板厚与其跨度相比一般较小，同时假定板为各向同性弹性板，则双向板可按弹性薄板小挠度理论计算。根据弹性理论，双向板沿两个主轴方向的弯矩可写成如下形式：

$$m_x = D\left(\frac{\partial^2 w}{\partial x^2} + \nu_c \frac{\partial^2 w}{\partial y^2}\right), \ m_y = D\left(\frac{\partial^2 w}{\partial y^2} + \nu_c \frac{\partial^2 w}{\partial x^2}\right) \tag{2-24}$$

如果忽略泊松比 ν_c 的影响，取 $\nu_c = 0$，则上式变换为

$$m_x = D\frac{\partial^2 w}{\partial x^2}, \ m_y = D\frac{\partial^2 w}{\partial y^2} \tag{2-25}$$

式中，D 为板的弯曲刚度；w 为板的挠度函数，与支承条件和荷载形式等有关。

由上述可见，单块矩形双向板按弹性薄板小挠度理论计算是相当繁杂的。为了实用方便，根据板四周的支承情况和板两个方向跨度的比值，将按弹性理论的计算结果制成数字表格，供设计时查用。附表 2 给出了均布荷载作用下，六种不同支承条件单块矩形双向板按式(2-25)计算的最大弯矩系数和最大挠度系数。按附表 2 计算板的弯矩时，采用下述公式：

$$m = 表中弯矩系数 \times pl^2 \tag{2-26}$$

式中，m 为跨中或支座处板截面单位宽度内的弯矩值；p 为作用在板上的单位面积荷载值（kN/m²）；l 为板的较小跨度。

附表 2 中的系数是按泊松比 $\nu_c = 0$ 得来的。当 $\nu_c \neq 0$ 时，挠度系数不变，支座处负弯矩仍可按式(2-26)计算，而跨内正弯矩应按式(2-24)计算，或写成下列形式：

$$
\left.\begin{array}{l}
m_{\mathrm{x}}^{(\nu_{\mathrm{c}})} = m_{\mathrm{x}} + \nu_{\mathrm{c}}\, m_{\mathrm{y}} \\[2mm]
m_{\mathrm{y}}^{(\nu_{\mathrm{c}})} = m_{\mathrm{y}} + \nu_{\mathrm{c}}\, m_{\mathrm{x}}
\end{array}\right\} \tag{2-27}
$$

式中，m_{x}、m_{y} 为 $\nu_{\mathrm{c}}=0$ 时的弯矩值。对于混凝土材料，可取 $\nu_{\mathrm{c}}=0.2$。

2. 多跨连续双向板（多区格双向板）

多跨连续双向板的精确计算相当复杂，在实际工程中多采用实用计算方法。实用计算方法的基本思路是设法将多跨连续板中的每区格板等效为单区格板，如此可利用上述表格计算。此法假定支承梁不产生竖向位移且不受扭，同时还规定双向板肋梁楼盖各区格沿同一方向的最小跨度与最大跨度之比不小于 0.75，以免产生较大误差。

（1）区格板跨中最大正弯矩计算

与连续梁活荷载不利布置规律相似，计算连续双向板中某区格板的跨中最大正弯矩时，应在本区格内以及在其左右前后每隔一区格布置活荷载，形成棋盘式的活荷载布置，如图 2-31（a）所示。有活载作用区格的均布荷载为 $g+q$，无活载作用区格的均布荷载仅为 g。此时活载作用的各区格板内，均分别产生跨中最大正弯矩。如果将棋盘式活载错位布置，则另外一些区格内均分别产生跨中最大正弯矩。所以任一区格板的计算均相同，不必每区格板分别考虑不利布置。

为了利用单区格板的计算表格，须将多区格连续板等效为单区格双向板。为此须将棋盘式荷载分成两种情况：第一种是各区格均为同样荷载，其值均为 $g+q/2$，如图 2-31

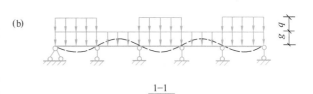

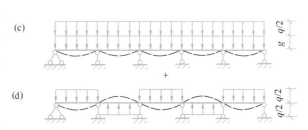

图 2-31 棋盘式荷载布置

(a) 棋盘式活荷载布置；(b) 1-1 剖面板受力图；(c) 各跨均作用活荷载（$q/2$）；(d) 各相邻区格分别作用反向活荷载（$q/2$）

（c）所示；第二种是各相邻区格分别作用反向荷载，其值均为 $q/2$，如图 2-31（d）所示。第一种荷载情况下的所有中间部位区格板，其四周支承均可近似地作为固定，按四边固定板查表计算；对边区格及角区格板，其内部支承作为固定，外部支承根据具体情况作为简支（支承在砌体墙上）或固定（支承在梁上），按相应支承情况的单区格板查表计算。第二种荷载情况下的所有中间部位区格板，其四周支承均可近似地作为简支，按四边简支板查表；对边区格及角区格，其内部支承作为简支，外部支承根据具体情况确定。

将上述两种荷载作用下板的内力相加，即为最后的计算结果。例如，对于所有内部区格板，取荷载为 $g+q/2$，按四边固定板计算跨中弯矩；再取荷载为 $q/2$，按四边简支板计算跨中弯矩；两者相加即得板的跨中最大正弯矩。

（2）区格板支座处板最大负弯矩计算

这时理论上活荷载的不利布置比较复杂，计算也繁琐。为了简化计算，近似地将恒载及活荷载作用在所有区格板上，则各内部区格板均按四边固定板计算支座弯矩；对于边区格和角区格板，内部支承按固定考虑，外部边界支承按实际情况考虑，然后按单区格双向板计算各支座的负弯矩。

3. 双向板楼盖支承梁内力计算

作用在双向板支承梁上的荷载，理论上应为板的支座反力，按此法求作用在支承梁上的荷载比较复杂。通常根据荷载就近向板支承边传递的原则按下述方法近似确定：即从板区格的四角作 $45°$ 分角线与平行于长边的中线相交，将每一区格板分为四块，每块小板上的荷载就近传递至其支承梁上。因此，除梁自重（均布荷载）和直接作用在梁上的荷载（均布或集中荷载）外，沿板区格长边方向的支承梁，板传来的荷载为梯形分布，短边方向支承梁上为三角形分布，如图 2-32 所示。如果双向板楼盖有主梁和次梁，则次梁传给主梁的为集中荷载。

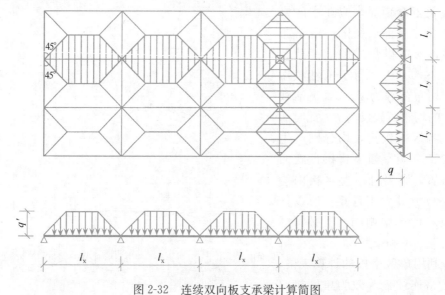

图 2-32　连续双向板支承梁计算简图

对于等跨或跨度相差不超过 10% 的连续支承梁，当整个一跨内作用三角形分布荷载时，内力系数可由有关设计手册中查得。当跨内为梯形荷载或其他形式荷载时，可根据固端弯矩相等的原则求得等效均布荷载，按等效均布荷载查表求得支座处截面弯矩，然后按跨内实际作用荷载用平衡条件计算梁的剪力以及跨内截面弯矩。

2.3.2　钢筋混凝土双向板极限承载力分析

1. 试验研究的主要结果

四边简支双向板在均布荷载作用下的试验研究表明：

（1）在裂缝出现之前，双向板基本处于弹性工作阶段。矩形双向板沿长跨的最大正弯矩并不发生在跨中截面，因为沿长跨的挠度曲线弯曲最大处不在跨中而在离板边约 $1/2$ 短跨跨长处。四边简支的正方形或矩形双向板，当荷载作用时，板的四角有翘起的趋势。因此，板传给四边支座的压力沿边长不是均匀分布的，而是中部大、两端小。

（2）两个方向配筋相同的四边简支矩形板，在均布荷载作用下，板底的第一批裂缝出现在板中部，裂缝走向平行于长边，这是由于短跨跨中正弯矩大于长跨跨中正弯矩；随着荷载增加，裂缝逐渐延伸，并向四角扩展，与板边大体呈45°夹角，如图 2-33（a）所示。当短跨跨中截面受力钢筋屈服后，裂缝明显扩展，形成塑性铰，所负担的弯矩不再增加。荷载继续增加，板内产生内力重分布，其他处与裂缝相交的钢筋陆续达到屈服，板底主裂缝明显地将整块板划分为四个板块。即将破坏时，板顶面近四角处出现了大致垂直板对角线走向的裂缝，大体呈环状，如图 2-33（b）所示。

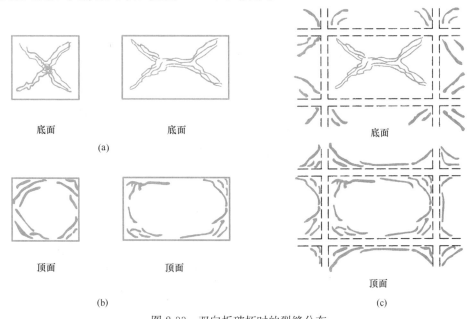

底面　　　　底面

(a)

顶面　　　　顶面

(b)

底面

顶面

(c)

图 2-33　双向板破坏时的裂缝分布

(a) 板底裂缝分布；(b) 板顶裂缝分布；(c) 周边与支承梁整浇板裂缝分布

对于周边与支承梁整浇的双向板，由于支承处负弯矩的作用，在板顶将出现沿支承边走向的裂缝（图 2-33c），有时这种裂缝的出现早于跨中。随着荷载的不断增加，沿支承边的板截面也陆续出现塑性铰。

2. 塑性铰线及其确定

板中连续的一些截面均出现塑性铰，连成一起则称为塑性铰线，其基本性能与塑性铰相同。塑性铰线通常亦称为屈服线（yield line）。由正弯矩引起的可称为正屈服线（positive yield line），由负弯矩引起的则称为负屈服线（negative yield line）。当板中出现足够数量的塑性铰线后，板成为机动体系，达到其承载能力极限状态而破坏，这时板所承受的荷载为板的极限荷载。对于承受均布荷载的矩形板，板区格成为机动体系时塑性铰线的分布形式如图 2-33 所示。

板中塑性铰线的分布形式与诸多因素有关，如板的平面形状、周边支承条件、纵横两个方向跨中及支座截面的配筋数量、荷载类型等。具体确定塑性铰线的位置时，通常根据下述规律判别：

（1）板即将破坏时，塑性铰线发生在弯矩最大处。例如，对于双向板的较短跨，根据弹性理论得出的跨中最大正弯矩的位置，可作为塑性铰线的起点。

（2）分布荷载作用下，塑性铰线是直线，整块板被塑性铰线划分为若干个板块。板块内的变形小于沿塑性铰线处的变形，故可将板块视为刚性板，整个板的变形都集中在塑性铰线上。破坏时，各板块均绕塑性铰线转动。

（3）固定支座边一定发生负塑性铰线。

（4）各板块围绕相应的支座旋转轴转动，如果板支承在柱上，则其旋转轴一定通过该柱。两相邻板块之间的塑性铰线必通过它们之间旋转轴的交点。

（5）塑性铰线上的扭矩和剪力均极小，可认为等于零。因此，外荷载仅由塑性铰线上的受弯承载力来承受，并假定在旋转过程中此受弯承载力保持不变。

（6）整块板达到极限状态时，理论上存在很多破坏机构，但最危险的是相应于极限荷载为最小的，这种情况下的塑性铰线位置是最危险的。

根据上述规律，可确定双向板塑性铰线的大致位置。一些常见双向板的塑性铰线分布见图 2-34。

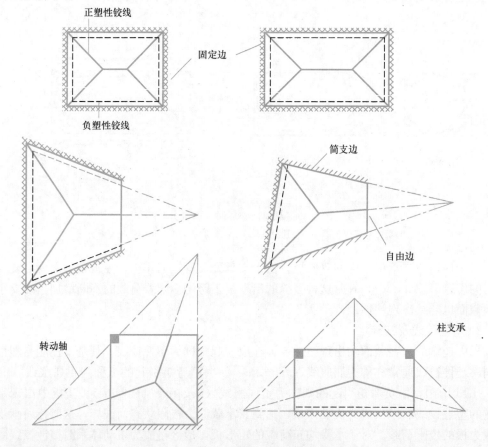

图 2-34　均匀受荷双向板破坏机构示例

3. 结构极限承载力分析的基本原理

在荷载作用下，逐渐加载直至整个结构变成几何可变体系，变形无限制地增长，从而丧失承载能力而达到破坏，这种状态称为结构承载能力极限状态。结构极限分析所取的阶段，就是这种极限状态。

（1）结构极限分析须满足的三个条件

极限条件，即当结构达到极限状态时，结构任一截面的内力都不能超过该截面的承载能力。对于理想弹塑性材料，极限条件也称屈服条件（yield condition）。

机动条件（mechanism condition），即在极限荷载作用下结构丧失承载能力时的运动形式，此时整个结构应是几何可变体系。

平衡条件（equilibrium condition），即外力（包括支座反力）和内力处于平衡状态。平衡条件既可用力的平衡方程表达，也可假设虚位移用虚功方程表示，后者在形式上是能量方程，本质上仍是平衡方程。

（2）结构极限分析的具体解法

在结构极限分析时，如果上述三个条件同时满足，则得到的解答就是结构的真实极限荷载。对于复杂结构，同时满足三个条件的真实解答一般难以直接求得，故工程中常采用近似方法求解，即上限解法和下限解法。

1）上限解法（upper bound theorem）。此法仅满足机动条件及平衡条件。上限解法通常也称为塑性铰线理论或屈服线理论，利用功能方程求解时称为机动法或功能法，直接建立平衡方程求解时称为极限平衡法。

用上限解法求钢筋混凝土板的极限荷载时，一般是在板面布置一定形式的塑性铰线（其具体位置用若干待定参数表示），使板成为机动体系；然后建立功能方程或平衡方程，据此可得到含有若干待定参数的极限荷载表达式或板块平衡方程组；根据变分原理，求出待定参数，并代入极限荷载表达式或任一板块的平衡方程式，即可求得极限荷载值。如此求得的塑性铰线位置对应于最危险的破坏机构，相应的极限荷载为上限解中的最小值。

在一般情况下，上限解法求得的荷载值大于真实的极限荷载值。这是由于结构并不满足极限条件，有的截面内力值可能超过该截面所能负担的内力。对于双向板，由于整块板存在着穹顶与薄膜作用的有利影响，按塑性铰线法求得的值并不是真正的上限值。试验结果表明，板的实际破坏荷载都大于按塑性铰线法算得的值。

2）下限解法（lower bound theorem）。此法仅满足极限条件及平衡条件。一般是选取内力分布场，这种内力分布场满足平衡条件及力的边界条件，同时又满足结构的极限条件，即所选取的内力场中任何一处都不超过该截面所能负担的内力。对于钢筋混凝土板，实用上的下限解法有两种：一种是直接选取弯矩分布方程，内力与外力相平衡，由此可计算板的极限荷载；另一种是板带法，此法形式上是对板面荷载选取某种方式的分配，然后分别列出板带在相应荷载下的平衡方程，本质上仍是属于选取板的弯矩方程。

在一般情况下，下限解法求得的荷载值也不是真实的极限荷载值，而是小于真实解。这是由于结构并不满足机动条件，并未达到破坏阶段。因为结构的可能内力分布场有很多个，因此理论上应选取多个内力分布场，分别计算得出结果，选取其中最大的一个荷载值作为极限荷载的近似值。

（3）结构的极限分析与极限设计

当结构构件的截面尺寸、材料强度等已定，则截面所能负担的内力已知，经过分析求出结构所能负担的极限荷载值，这称之为结构极限分析（limit analysis）。当结构上所作用的荷载值已知，根据荷载作用下的结构内力值，去确定结构构件的截面尺寸及材料强度等，则称极限设计（limit design）。

以上所述的结构极限承载力分析的三个条件以及各种解法，都是从极限分析的角度去论述的，即如何去求已知结构的极限荷载值。实际上，对于钢筋混凝土结构，以上所述同样适用于结构的极限设计。

4. 机动解法

用机动法求解板的极限荷载，首先应给定一次几何可变的破坏机构图形，并给破坏机构以虚位移，然后根据机动位移场分别计算内功和外功。按内功与外功相等的条件，可确定在给定破坏机构下的极限荷载。

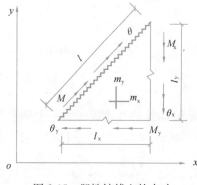

图 2-35　塑性铰线上的内功

（1）内功计算原理

破坏机构在虚位移下，只有塑性铰线截面的内力才做功，而各板块已被假定为刚体不产生变形，故板块内部的内力不做功。由于塑性铰线两边的板块作相对转动，不发生错动和扭转，所以塑性铰线上的内力只有弯矩才做功，扭矩和剪力不做功，故在机动法中不必计算板的扭转和剪力。

设图 2-35 所表示的相邻板块间的塑性铰线长度为 l，该板块沿 x 轴和 y 轴产生转动，其转角分别用 $\vec{\theta}_x$ 和 $\vec{\theta}_y$ 表示，则塑性铰线上所产生的相对转角为

$$\vec{\theta} = \vec{\theta}_x + \vec{\theta}_y$$

设板正交配筋，沿 x、y 方向单位长度上的极限弯矩分别为 m_y 和 m_x，总弯矩分别为 $M_x = m_x l_y$，$M_y = m_y l_x$，则塑性铰线上的总弯矩为

$$\vec{M} = \vec{M}_x + \vec{M}_y$$

一条正塑性铰线所做内功（internal work）为

$$W'_I = \vec{M} \cdot \vec{\theta} = (\vec{M}_x + \vec{M}_y) \cdot (\vec{\theta}_x + \vec{\theta}_y) = m_x l_y \theta_x + m_y l_x \theta_y$$

类似地，一条负塑性铰线所做内功为

$$W''_I = m'_x l_y \theta_x + m'_y l_x \theta_y$$

则板中全部塑性铰线所做总内功为

$$W_I = \Sigma(m_x l_y \theta_x + m_y l_x \theta_y) + \Sigma(m'_x l_y \theta_x + m'_y l_x \theta_y) \tag{2-28}$$

式中，m'_x、m'_y 分别为 y、x 方向上单位长度内板所担的负极限弯矩值，取用绝对值（下同）；l_x、l_y 分别为塑性铰线在 x、y 方向的投影长度。

由式（2-28）可得一般结论，即对于正交配筋的双向板，斜塑性铰线所做内功等于两投影方向内功之和。

（2）矩形板在均布荷载作用下的一般公式

图 2-36 所示为四边固定矩形板，板沿两个方向正交配筋。短跨方向的单位板宽跨中截面的极限弯矩为 m_y，长跨方向为 m_x，两个方向的支座截面极限弯矩分别为 m'_x、m''_x、m'_y、m''_y。求该板所能负担的极限荷载 p。

支座截面负塑性铰线用虚线表示。因板各控制截面的极限弯矩不同，故跨中正塑性铰线的确切位置未知，须用三个待定几何参数 x_1、x_2、y 来表示塑性铰线位置，如图 2-36

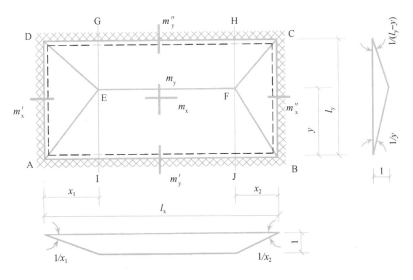

图 2-36　四边固定矩形板的破坏机构

所示。设板 E、F 两点产生向下的单位虚位移 1，于是整个板产生向下的位移，板面荷载 p 随之做外功（external work）；与此同时，各刚性板块绕支座塑性铰线及跨内塑性铰线产生转角，沿塑性铰线的弯矩随之做内功。根据外功与内功相等可列出功能方程（work equation）。

为了便于分析，设

$$\alpha = \frac{m_y}{m_x},\ \beta'_x = \frac{m'_x}{m_x},\ \beta''_x = \frac{m''_x}{m_x},\ \beta'_y = \frac{m'_y}{m_y},\ \beta''_y = \frac{m''_y}{m_y} \tag{2-29}$$

板面荷载 p 做的外功，等于各板块上外荷载的合力乘以合力作用点处的虚位移，并对各板块求和。对于承受均布荷载的板，也可用荷载 p 乘以板下垂位置与原平面之间形成的体积来计算。下面按第一种方法计算外功，即

$$W_E = \underbrace{p(l_x - x_1 - x_2)y \cdot \frac{1}{2}}_{\text{板块EFIJ}} + \underbrace{p(l_x - x_1 - x_2)(l_y - y) \cdot \frac{1}{2}}_{\text{板块GHEF}}$$

$$+ \underbrace{p\frac{x_1 y}{2} \cdot \frac{1}{3}}_{\text{板块AEI}} + \underbrace{p\frac{x_2 y}{2} \cdot \frac{1}{3}}_{\text{板块BFJ}} + \underbrace{p\frac{x_1(l_y - y)}{2} \cdot \frac{1}{3}}_{\text{板块DEG}} + \underbrace{p\frac{x_2(l_y - y)}{2} \cdot \frac{1}{3}}_{\text{板块CFH}}$$

$$+ \underbrace{p\frac{x_1 l_y}{2} \cdot \frac{1}{3}}_{\text{板块AED}} + \underbrace{p\frac{x_2 l_y}{2} \cdot \frac{1}{3}}_{\text{板块BFC}}$$

$$= \frac{p}{6}\left[3l_x - (x_1 + x_2)\right]l_y$$

内功等于沿塑性铰线上的弯矩乘以相邻板块的相对转角，对于整个板上的全部塑性铰线，可得

$$W_I = \underbrace{\alpha m_x l_x \frac{1}{y}}_{\text{正铰线 AEFB}} + \underbrace{\alpha m_x l_x \frac{1}{l_y - y}}_{\text{正铰线 DEFC}} + \underbrace{m_x l_y \frac{1}{x_1}}_{\text{正铰线 AED}} + \underbrace{m_x l_y \frac{1}{x_2}}_{\text{正铰线 BFC}}$$

$$+ \underbrace{\alpha \beta_y' m_x l_x \frac{1}{y}}_{\text{负铰线 AB}} + \underbrace{\alpha \beta_y'' m_x l_x \frac{1}{l_y - y}}_{\text{负铰线 CD}} + \underbrace{\beta_x' m_x l_y \frac{1}{x_1}}_{\text{负铰线 AD}} + \underbrace{\beta_x'' m_x l_y \frac{1}{x_2}}_{\text{负铰线 BC}}$$

$$= \alpha m_x l_x \left(\frac{1}{l_y - y} + \frac{1}{y} \right) + m_x l_y \left(\frac{1}{x_1} + \frac{1}{x_2} \right) + \alpha m_x l_x \left(\frac{\beta_y'}{y} + \frac{\beta_y''}{l_y - y} \right) + m_x l_y \left(\frac{\beta_x'}{x_1} + \frac{\beta_x''}{x_2} \right)$$

令 $W_E = W_I$，则得

$$p = \frac{6\alpha m_x}{3l_x - (x_1 + x_2)} \left(\frac{l_x}{l_y} \right) \left[\frac{1 + \beta_y'}{y} + \frac{1 + \beta_y''}{l_y - y} + \frac{l_y}{l_x} \left(\frac{1 + \beta_x'}{x_1} + \frac{1 + \beta_x''}{x_2} \right) \frac{1}{\alpha} \right] \quad (2\text{-}30)$$

在上式中，x_1、x_2、y 取不同的值，可得不同的破坏机构及相应的极限荷载值。为了求得最危险的破坏机构及最小的极限荷载值，可令

$$\frac{\partial p}{\partial x_1} = \frac{1 + \beta_y'}{y} + \frac{1 + \beta_y''}{l_y - y} + \left(\frac{l_y}{l_x} \right) \left[\frac{1 + \beta_x'}{x_1} + \frac{1 + \beta_x''}{x_2} - \frac{1 + \beta_x'}{x_1^2} (3l_x - x_1 - x_2) \right] \frac{1}{\alpha} = 0 \left. \right\}$$

$$\frac{\partial p}{\partial x_2} = \frac{1 + \beta_y'}{y} + \frac{1 + \beta_y''}{l_y - y} + \left(\frac{l_y}{l_x} \right) \left[\frac{1 + \beta_x'}{x_1} + \frac{1 + \beta_x''}{x_2} - \frac{1 + \beta_x'}{x_2^2} (3l_x - x_1 - x_2) \right] \frac{1}{\alpha} = 0$$

$$\frac{\partial p}{\partial y} = \frac{1 + \beta_y'}{y^2} + \frac{1 + \beta_y''}{(l_y - y)^2} = 0$$

由上式可解得

$$x_1 = \frac{Y^2}{2\alpha X} \sqrt{1 + \beta_x'} \left[\sqrt{\alpha} \left(\frac{X}{Y} \right) \sqrt{\frac{1}{\alpha} \left(\frac{Y}{X} \right)^2 + 3} - 1 \right] \left. \right\}$$

$$x_2 = \frac{Y^2}{2\alpha X} \sqrt{1 + \beta_x''} \left[\sqrt{\alpha} \left(\frac{X}{Y} \right) \sqrt{\frac{1}{\alpha} \left(\frac{Y}{X} \right)^2 + 3} - 1 \right] \quad (2\text{-}31)$$

$$y = \frac{1}{2} Y \sqrt{1 + \beta_y'}, \quad l_y - y = \frac{1}{2} Y \sqrt{1 + \beta_y''}$$

式中

$$X = \frac{2l_x}{\sqrt{1 + \beta_x'} + \sqrt{1 + \beta_x''}}, \quad Y = \frac{2l_y}{\sqrt{1 + \beta_y'} + \sqrt{1 + \beta_y''}} \quad (2\text{-}32)$$

将上述待定参数 x_1、x_2、y 代入式（2-30），则得

$$p = \frac{24\alpha m_x}{Y^2} \frac{1}{\left[\sqrt{3 + \frac{1}{\alpha} \left(\frac{Y}{X} \right)^2} - \frac{1}{\sqrt{\alpha}} \left(\frac{Y}{X} \right) \right]^2} \quad (2\text{-}33)$$

上式是矩形板在均布荷载作用下极限荷载的一般公式，由此式可导得具有不同边界条件（不包括自由边及柱支承的情况）矩形板的极限荷载表达式。例如，对于四边简支板，因

60

$\beta'_x = \beta''_x = \beta'_y = \beta''_y = 0$, $X = l_x$, $Y = l_y$, 则由式 (2-33) 可得

$$p = \frac{2A\alpha \, m_x}{l_y^2} \cdot \frac{1}{\left[\sqrt{3 + \frac{1}{\alpha}\left(\frac{l_y}{l_x}\right)^2} - \frac{1}{\sqrt{\alpha}}\left(\frac{l_y}{l_x}\right)\right]^2} \tag{2-34}$$

（3）矩形板在均布荷载作用下的近似计算

在实际工程设计中，对于承受均布荷载的矩形板，板的正塑性铰线可采用一种固定的分布形式，即板角部的斜向塑性铰线与板边夹角取 $45°$，如图 2-37 所示。这样可简化计算，且满足工程设计的精度要求。为了使最后的计算公式简洁，将沿塑性铰线内力弯矩用总弯矩表达：

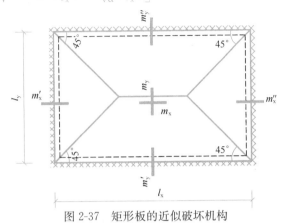

图 2-37　矩形板的近似破坏机构

正塑性铰线　$M_x = m_x l_y$，$M_y = m_y l_x$

负塑性铰线　$M'_x = m'_x l_y$，$M''_x = m''_x l_y$，$M'_y = m'_y l_x$，$M''_y = m''_y l_x$ $\tag{2-35}$

根据虚功原理，可得

$$M_x + M_y + \frac{1}{2}(M'_x + M''_x + M'_y + M''_y) = \frac{1}{24}pl_y^2(3l_x - l_y) \tag{2-36}$$

对于承受均布荷载的四边简支板，在上式中令 $M'_x = M''_x = M'_y = M''_y = 0$，则可得相应公式。

对于极限分析问题，板配筋已知，则全部弯矩已知，由上式可求得极限荷载 p。对于极限设计问题，p 已知，但式 (2-36) 中有 6 个弯矩值待定，因此须选取其中 5 个值而计算另外 1 个值。通常按式 (2-29) 选取 5 个比值。选取 α、β 值，实际上是设定板的弯矩分布，使板产生内力重分布。理论上 β 可任意取值，实际上应考虑板在使用阶段的裂缝宽度及变形值满足要求。根据工程经验，通常选用 $\alpha = m_y/m_x = (l_x/l_y)^2$，其中 l_y 为板的短边长度；各种 β 值宜在 1～2.5 之间选取，常取 2。

利用式 (2-29) 及式 (2-35)，可求得各 M 之间的关系。如各 M 均用 M_x 表达，则有

$$M_y = \frac{l_x}{l_y}\alpha M_x，\ M'_x = \beta'_x M_x，\ M''_x = \beta''_x M_x$$

$$M'_y = \frac{l_x}{l_y}\beta'_y \alpha M_x，\ M''_y = \frac{l_x}{l_y}\beta''_y \alpha M_x \tag{2-37}$$

将上列弯矩值代入式 (2-36)，可求得 M_x，再利用式 (2-37) 求出其余弯矩 M。

5. 极限平衡法（limit equilibrium method）

与机动法相似，用极限平衡法求板的极限荷载时，首先须选取板的破坏机构图形，然后对每个板块建立平衡方程，求解联立方程组可得极限荷载。

（1）最危险的破坏机构已知

当板的最危险破坏机构已知（如用机动法已求得破坏机构）时，由其中任一板块的平衡

可求得极限荷载。仍以图 2-36 所示四边固定矩形板为例，如取板块 ADE，且选取直角坐标系与板的支承边重合，如图 2-38 所示。由 $\Sigma M_x = 0$，则得

$$(1 + \beta'_x) m_x l_y = \frac{1}{2} x_1 l_y p \cdot \frac{1}{3} x_1$$

将式(2-31)中的 x_1 代入上式，经整理后得到的极限荷载表达式与式(2-33)完全相同。因此，通常用极限平衡法对机动法的计算结果进行校核。

（2）最危险的破坏机构未知时

当板的最危险破坏机构图形未知时，应首先假设一个含有待定几何参数 x_1、x_2、y_1 的破坏机构图形(与图 2-36 相应，但这里用 y_1 来表示 y)，并选取直角坐标系与板的支承边重合，如图 2-39 所示。然后对所有板块列平衡方程，例如，由板块①对支座边缘取矩可得

$$m_y l_x + \beta''_y m_y l_x = p \left[\frac{1}{2} (l_x - x_1 - x_2) y_2^2 + \frac{1}{6} x_1 y_2^2 + \frac{1}{6} x_2 y_2^2 \right]$$

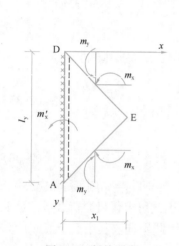

图 2-38　板块平衡

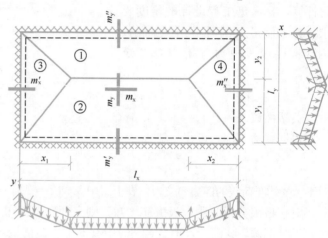

图 2-39　四边固定矩形板的极限平衡

同理可写出板块②、③、④的平衡方程，经整理后四个板块的平衡方程如下：

$$\left.\begin{array}{l} (1 + \beta''_y) m_y l_x = p y_2^2 \left[\frac{1}{2} l_x - \frac{1}{3} (x_1 + x_2) \right] \\[2mm] (1 + \beta'_y) m_y l_x = p y_1^2 \left[\frac{1}{2} l_x - \frac{1}{3} (x_1 + x_2) \right] \\[2mm] (1 + \beta'_x) m_x l_y = p \frac{1}{6} x_1^2 l_y \\[2mm] (1 + \beta''_x) m_x l_y = p \frac{1}{6} x_2^2 l_y \end{array}\right\} \tag{2-38}$$

联立求解上式，可得

$$\left.\begin{array}{l} x_1 = \sqrt{\dfrac{6 m_x (1 + \beta'_x)}{p}}, \; x_2 = \sqrt{\dfrac{m_x (1 + \beta''_x)}{p}} \\[4mm] y_1 = \dfrac{1}{2} Y \sqrt{1 + \beta'_y}, \; y_2 = \dfrac{1}{2} Y \sqrt{1 + \beta''_y} \end{array}\right\} \tag{2-39}$$

将式（2-39）代入式（2-38）中的任一式，可求得 m_x 或 p。如代入式（2-38）的第一式，并取 $m_y = \alpha m_x$，经整理后得

$$m_x^2 - \frac{Y^2}{24\alpha}p\left[1 + \frac{2}{3}\frac{1}{\alpha}\left(\frac{Y}{X}\right)^2\right]m_x + \frac{1}{64}\frac{Y^4}{\alpha^2}p^2 = 0$$

由上式可解得

$$m_x = \frac{p}{24\alpha}Y^2\left[\sqrt{3 + \frac{1}{\alpha}\left(\frac{Y}{X}\right)^2} - \frac{1}{\sqrt{\alpha}}\left(\frac{Y}{X}\right)\right]^2 \tag{2-40}$$

或

$$p = \frac{24\alpha m_x}{Y^2}\frac{1}{\left[\sqrt{3 + \frac{1}{\alpha}\left(\frac{Y}{X}\right)^2} - \frac{1}{\sqrt{\alpha}}\left(\frac{Y}{X}\right)\right]^2} \tag{2-41}$$

上述各式中的 X、Y 见式（2-32）。

式（2-41）与机动法的解式（2-33）完全相同。这是因为两种解法都是选取满足机动条件的破坏机构，仅在数学运算上有所不同，由此也可说明功能方程实质上就是平衡方程。

6. 简单板带法（simple strip method）

（1）基本原理

对于承受均布荷载作用的矩形板，若略去扭矩不计，则板面单位面积微元体的平衡方程可写成

$$\frac{\partial^2 m_x}{\partial x^2} + \frac{\partial^2 m_y}{\partial y^2} = -p$$

上式可分解为两部分，即

$$\left.\begin{aligned}\frac{\partial^2 m_x}{\partial x^2} &= -p_x, \quad \frac{\partial^2 m_y}{\partial y^2} = -p_y \\ p_x + p_y &= p\end{aligned}\right\} \tag{2-42}$$

上式含意是将板面荷载 p 分为 p_x 和 p_y 两部分，分别沿 x 和 y 方向传递；同时将板理解为由两方向的板带所组成，沿 x 方向板带上所作用的荷载为 p_x，沿 y 方向板带上所作用的荷载为 p_y，两方向的板带均分别按单向板计算。

荷载的分向传递，原则上可以是任意的。如令 $p_x = rp$，则 $p_y = (1-r)p$，其中 r 值可由设计者选择，其值在 $0 \sim 1$ 之间。$r = 1$ 表示全部荷载由 x 方向的板带承担，如果 $r = 0$ 则全部荷载由 y 方向的板带承担。理论上荷载虽可任意分配，但实用上须考虑下述一些因素：①配筋合理而经济；②满足使用阶段对变形值和裂缝宽度的限制，通常可使钢筋布置接近弹性计算要求；③配筋简单，便于施工。

（2）计算方法

图 2-40 为承受均布荷载的四边简支矩形

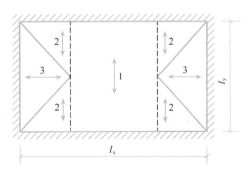

图 2-40 四边简支矩形板的条带划分

板。从受力及经济角度考虑，可将板分成图示若干板带，并按图示的荷载传递方向将荷载传至支承边。其板面荷载传递规律为：板中间部分的荷载沿短跨方向传递；靠近支承边的荷载沿垂直于支承边的方向传递。板带1按承受全部荷载的单向简支板计算弯矩和配筋，计算相当简单；但板带2和板带3承受线性变化的局部荷载，其各处的弯矩和配筋也是变化的，设计计算和施工均较复杂。

为了简化计算和方便施工，可按图 2-41 所示方法划分板带。即 x 方向分成宽度为 l_y-2c 和 c 两种板带，板带上所作用的荷载和弯矩分布情况分别如板带 1 和板带 2 所示；y 方向分成宽度为 l_x-2b 和 b 两种板带，板带上所作用的荷载和弯矩分布情况分别如板带 3 和板带 4 所示。每个方向的每种板带，均按单向板计算弯矩和配筋。由各板带相应的弯矩分布可见，这种板带划分必然是中间板带配筋较多，边缘板带配筋较少，其计算合理，施工方便。

从板面荷载传递规律来看，图 2-41 与图 2-40 基本相似，仅角部荷载是沿两个方向传递。这样处理使计算大为简化，而且计算结果也较合理。根据对计算结果的分析研究，两个方向的边缘板带宽度 b 和 c 均可取 $l_y/4$，l_y 为板的短跨跨长。

对于具有固定边界的四边支承矩形板，其板带划分与四边简支板相同（如图 2-41 所示）。此时各板带为超静定单向板，可选取支座处弯矩与跨中弯矩的比值 β（β 一般取 1.5~2.0），然后用平衡条件计算各截面弯矩，绘制弯矩图，并从而进行配筋计算。

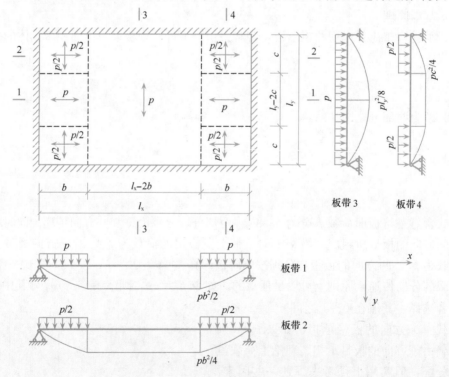

图 2-41　板带法的实用板带划分方法

2.3.3　双向板肋梁楼盖按塑性理论计算

双向板肋梁楼盖通常是多跨连续，亦即楼盖由一些双向板区格组成。双向板区格四周支承在梁上，楼盖的外边界支承也可能是砌体墙。对于内部双向板区格按四边固定单块板计算，边区格及角区格按实际支承情况的单块板计算。这样，掌握了单块双向板的计算方法，就可将其应用于多跨双向板楼盖的计算。

整个双向板楼盖的计算，首先从中央区格开始，板区格上作用的荷载取 $p=g+q$（g 为恒荷载，q 为活荷载），选定 α 和 β 各值，求出该区格板的跨中弯矩 m_x、m_y 以及支座弯矩 m'_x、m''_x、m'_y、m''_y。然后将支座弯矩值作为相邻区格板的共界弯矩值，依次向外计算各区格板，直至楼盖的边区格板和角区格板。

2.3.4 双向板肋梁楼盖的配筋计算与构造要求

双向板肋梁楼盖中关于梁的配筋及构造，与单向板肋梁楼盖中梁的配筋及构造基本相同，不再叙述。下面仅说明双向板的配筋计算及构造要求。

1. 板的配筋计算

在双向板肋梁楼盖中，当板区格四周有现浇梁与其整体连接时，则会在板内引起拱作用，从而使板的内力有所降低。关于这方面的问题已在单向板肋梁楼盖中叙述过（见图 2-15、图 2-16 及有关规定）。板内受力钢筋数量按降低后的弯矩值计算确定。

由于板下部受力钢筋纵横叠置，故计算时在两个方向应分别采用各自的截面有效高度 h_{0x} 和 h_{0y}。考虑到短跨方向的弯矩比长跨方向大，故应将短跨方向的钢筋放在长跨方向钢筋的外侧。截面有效高度一般按下列规定取：

$$短跨 l_y 方向 \qquad h_{0y}=h-(20\sim25)mm$$
$$长跨 l_x 方向 \qquad h_{0x}=h-(30\sim35)mm$$

式中，h 为板厚（mm）。

由单位宽度的截面弯矩设计值 m，按下式计算受拉钢筋面积 A_s：

$$A_s=\frac{m}{\gamma_s h_0 f_y}$$

式中，γ_s 为内力臂系数，近似地取 $0.9\sim0.95$。

2. 板的配筋构造

双向板的受力钢筋沿板区格平面纵横两个方向配置，配筋方式有弯起式和分离式两种，与单向板中配筋方式类似。

当按弹性理论方法计算时，其跨内正弯矩不仅沿板长变化，且沿板宽向两边逐渐减小。但计算所得的弯矩值是中间板带部分的最大弯矩值。在板靠近支承边的边板带部分，弯矩较小，配筋可以减少。考虑到施工方便，将板在 l_x、l_y 方向各分为三个板带（图 2-42），两边板带的宽度为较小跨度 l_y 的 1/4。中间板带内按计算值配筋，两边板带内则按计算值的一半配筋，但每米宽度内不得少于 4 根。对于承担负弯矩的钢筋，则沿支座边缘均匀配置，这是考虑到板四角有扭矩存在。

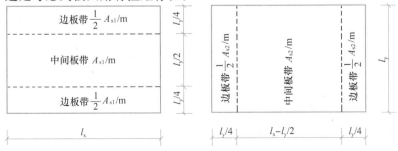

图 2-42 中间板带与边板带的正弯矩钢筋配置

当双向板按塑性理论方法计算时，其配筋应符合内力计算的假定，跨内正弯矩钢筋可沿全板均匀配置。支座上的负弯矩钢筋按计算值沿支座均匀配置。

当双向板按板带法分析时，在各板带的宽度范围内分别配置所需要的钢筋。

受力钢筋的直径、间距和弯起点、切断点的位置，以及沿墙边、墙角处的构造钢筋，均与单向板肋梁楼盖的有关规定相同。

2.3.5 双向板肋梁楼盖设计实例

某宾馆建筑的楼盖结构平面布置见图 2-43。楼板厚度为 150mm，两个方向肋梁截面宽度均为 250mm，纵、横向梁截面高度分别为 700mm 和 600mm。楼面恒荷载（包括楼板、楼板面层及吊顶抹灰等）为 5.1kN/m²，楼面活荷载为 2.0kN/m²。混凝土强度等级为 C30（f_c＝14.3N/mm²），钢筋为 HPB300 级（f_y＝270N/mm²）。环境类别为一类。要求按塑性理论计算内力并配置钢筋。

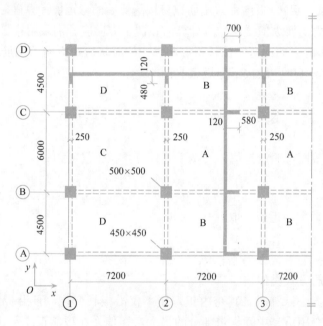

图 2-43 楼盖结构平面图

将楼盖划分为 A、B、C、D 四种区格板，每区格板均取

$$m_y = \alpha m_x, \quad \alpha = (l_x/l_y)^2$$

$$\beta_x' = \beta_x'' = \beta_y' = \beta_y'' = 2.0$$

其中 l_y 为短跨跨长；l_x 为长跨跨长。

双向板按塑性理论方法计算时，跨内正弯矩钢筋可沿全板均匀布置，则跨内正塑性铰线上的总弯矩 M_x、M_y 应按下式计算：

$$M_x = l_y m_x$$

$$M_y = l_x m_y$$

作用于板面上的荷载设计值为

$$p=1.3\times5.1+1.5\times2.0=9.63\text{kN/m}^2$$

板的计算跨度：

区格 A、C：$l_x=7.2-0.25=6.95\text{m}$，$l_y=6.0-0.25=5.75\text{m}$，

$\alpha=(6.95/5.75)^2=1.46$

区格 B、D：$l_x=7.2-0.25=6.95\text{m}$，$l_y=4.5-0.25=4.25\text{m}$，

$\alpha=(6.95/4.25)^2=2.67$

1. 中央区格板 A

（1）弯矩计算

跨内正塑性铰线上的总弯矩为

$$M_x=l_y m_x=5.75 m_x$$

$$M_y=l_x m_y=1.46 m_x l_x=1.46\times6.95 m_x=10.147 m_x$$

支座边负塑性铰线上的总弯矩为

$$M'_x=M''_x=\beta m_x l_y=2\times5.75 m_x=11.5 m_x$$

$$M'_y=M''_y=\beta m_y l_x=2\times1.46\times6.95 m_x=20.294 m_x$$

由式（2-36）得

$$m_x\left[5.75+10.147+\frac{1}{2}(11.5\times2+20.294\times2)\right]=\frac{1}{24}\times9.63\times5.75^2\times(3\times6.95-5.75)$$

解上式可得 $m_x=4.200\text{kN}\cdot\text{m/m}$，于是有

$$m_y=\alpha m_x=1.46\times4.200=6.132\text{kN}\cdot\text{m/m}$$

$$m'_x=m''_x=\beta m_x=2\times4.200=8.400\text{kN}\cdot\text{m/m}$$

$$m'_y=m''_y=\beta m_y=2\times6.132=12.264\text{kN}\cdot\text{m/m}$$

（2）配筋计算

跨中截面取 $h_{0x}=150-30=120\text{mm}$，$h_{0y}=150-20=130\text{mm}$；支座截面近似取 $h_{0x}=h_{0y}=150-20=130\text{mm}$。由于 A 区格板四周均有整浇梁支承，故其跨中及支座截面弯矩应予以折减。另外，板中配筋率一般较低，故近似地取内力臂系数 $\gamma_s=0.9$ 进行计算。

y 方向跨中　$A_s=\dfrac{0.8m_y}{\gamma_s h_{0y} f_y}=\dfrac{0.8\times6.132\times10^6}{0.9\times130\times270}=155\ \text{mm}^2/\text{m}$

y 方向支座　$A_s=\dfrac{0.8m'_y}{\gamma_s h_{0y} f_y}=\dfrac{0.8\times12.264\times10^6}{0.9\times130\times270}=311\ \text{mm}^2/\text{m}$

故 y 方向跨中选 $\Phi 6@150$（$A_s=189\text{mm}^2/\text{m}$），支座选 $\Phi 8@150$（$A_s=335\text{mm}^2/\text{m}$）。

x 方向跨中　$A_s=\dfrac{0.8m_x}{\gamma_s h_{0x} f_y}=\dfrac{0.8\times4.200\times10^6}{0.9\times120\times270}=115\ \text{mm}^2/\text{m}$

x 方向支座　$A_s=\dfrac{0.8m'_x}{\gamma_s h_{0x} f_y}=\dfrac{0.8\times8.400\times10^6}{0.9\times130\times270}=213\ \text{mm}^2/\text{m}$

故 x 方向跨中选 $\Phi 6@200$（$A_s=141\text{mm}^2/\text{m}$），支座选 $\Phi 8@200$（$A_s=251\text{mm}^2/\text{m}$）。

2. 边区格板 B

（1）弯矩计算

$$M_x=l_y m_x=4.25 m_x$$

$$M_y = l_x m_y = 6.95 \times 2.67 m_x = 18.557 m_x$$

$$M'_x = M''_x = \beta m_x l_y = 2 \times 4.25 m_x = 8.5 m_x$$

$$M'_y = \beta m_y l_x = 2 \times 2.67 \times 6.95 m_x = 37.113 m_x$$

$$M''_y = m''_y l_x = 12.264 \times 6.95 = 85.235 \text{kN} \cdot \text{m/m}$$

由式(2-36)得

$$m_x \left[4.25 + 18.557 + \frac{1}{2}(8.5 \times 2 + 37.113) \right] + \frac{1}{2} \times 85.235 = \frac{1}{24} \times 9.63 \times 4.25^2 \times (3 \times 6.95 - 4.25)$$

由上式得 $m_x = 1.558 \text{kN} \cdot \text{m/m}$，于是有

$$m_y = \alpha m_x = 2.67 \times 1.558 = 4.160 \text{kN} \cdot \text{m/m}; \quad m'_x = m''_x = 2 \times 1.558 = 3.116 \text{kN} \cdot \text{m/m}$$

$$m'_y = \beta m_y = 2 \times 4.160 = 8.320 \text{kN} \cdot \text{m/m}; \quad m''_y = 12.264 \text{kN} \cdot \text{m/m}$$

（2）配筋计算

B 区格板四周均有梁支承，其跨中和支座截面弯矩均可折减。沿 y 方向，因 $l_b/l = 6.95/4.25 = 1.64 > 1.5$，故折减系数取 0.9。截面配筋计算如下：

y 方向跨中　　$A_s = \dfrac{0.9 m_y}{\gamma_s h_{0y} f_y} = \dfrac{0.9 \times 4.160 \times 10^6}{0.9 \times 130 \times 270} = 119 \text{ mm}^2/\text{m}$

y 方向边支座　　$A_s = \dfrac{m'_y}{\gamma_s h_{0y} f_y} = \dfrac{8.320 \times 10^6}{0.9 \times 130 \times 270} = 263 \text{ mm}^2/\text{m}$

考虑到边支座为弹性支承，故宜适当增大跨中截面配筋而减少支座截面配筋。跨中和支座截面均选 $\Phi 8@200 (A_s = 251 \text{mm}^2/\text{m})$。

沿 x 方向，B 区格板属中间跨，故其跨中及支座截面的弯矩均可降低 20%。

x 方向跨中　　$A_s = \dfrac{0.8 m_x}{\gamma_s h_{0x} f_y} = \dfrac{0.8 \times 1.558 \times 10^6}{0.9 \times 120 \times 270} = 43 \text{ mm}^2/\text{m}$

x 方向 B-B 板共界支座　　$A_s = \dfrac{0.8 m'_x}{\gamma_s h_{0x} f_y} = \dfrac{0.8 \times 3.116 \times 10^6}{0.9 \times 120 \times 270} = 85 \text{ mm}^2/\text{m}$

x 方向 B-D 板共界支座，因 D 区格板属于角区格板，支座截面弯矩不应折减，故

$$A_s = \frac{m''_x}{\gamma_s h_{0x} f_y} = \frac{3.116 \times 10^6}{0.9 \times 120 \times 270} = 107 \text{ mm}^2/\text{m}$$

x 方向跨中截面选 $\Phi 6@200 (A_s = 141 \text{mm}^2/\text{m})$，两对边支座均选 $\Phi 6@200 (A_s = 141 \text{mm}^2/\text{m})$。

3. 边区格板 C

（1）弯矩计算

$$M_x = l_y m_x = 5.75 m_x, \quad M_y = l_x m_y = 1.46 \times 6.95 m_x = 10.147 m_x$$

$$M''_x = \beta m_x l_y = 2 \times 5.75 m_x = 11.5 m_x, \quad M''_x = 8.400 \times 5.75 = 48.300 \text{kN} \cdot \text{m}$$

$$M'_y = M''_y = \beta m_y l_x = 2 \times 1.46 \times 6.95 m_x = 20.294 m_x$$

由式(2-36)得

$$m_x \left[5.75 + 10.147 + \frac{1}{2} \times (11.5 + 20.294 \times 2) \right] + \frac{1}{2} \times 48.300 = \frac{1}{24} \times 9.63 \times 5.75^2 \times (3 \times 6.95 - 5.75)$$

由上式得 $m_x = 4.200 \text{kN} \cdot \text{m/m}$，则

$$m_y = \alpha m_x = 1.46 \times 4.200 = 6.132 \text{kN} \cdot \text{m/m}; \quad m_y' = m_y'' = 2 \times 6.132 = 12.264 \text{kN} \cdot \text{m/m}$$

$$m_x' = \beta m_x = 2 \times 4.200 = 8.400 \text{kN} \cdot \text{m/m}; \quad m_x'' = 8.400 \text{kN} \cdot \text{m/m}$$

（2）配筋计算

C 区格板四周均有梁支承，且 $l_b/l = 5.75/6.95 = 0.83 < 1.5$，故对跨中及 x 方向第二内支座弯矩均可折减 20%。因 D 区格板属角区格板，故对 C-D 板共界支座截面弯矩不折减。

y 方向跨中
$$A_s = \frac{0.8 m_y}{\gamma_s h_{0y} f_y} = \frac{0.8 \times 6.132 \times 10^6}{0.9 \times 130 \times 270} = 155 \text{ mm}^2/\text{m}$$

y 方向支座
$$A_s = \frac{m_y'}{\gamma_s h_{0y} f_y} = \frac{12.264 \times 10^6}{0.9 \times 130 \times 270} = 388 \text{ mm}^2/\text{m}$$

故 y 方向跨中截面选取 $\Phi 6@150 (A_s = 189 \text{mm}^2/\text{m})$，支座截面选 $\Phi 8@125 (A_s = 402 \text{mm}^2/\text{m})$。

在 x 方向，弯矩计算值与 A 区格板相同，考虑到边支座实际为弹性支座，故宜适当增大跨中配筋而减小边支座配筋。参考 A 区格板的配筋后，对跨中及边支座截面均选 $\Phi 6@200$。

4. 角区格板 D

（1）弯矩计算

$$M_x = l_y m_x = 4.25 m_x, \quad M_y = l_x m_y = 2.67 \times 6.95 m_x = 18.557 m_x$$

$$M_x' = \beta m_x l_y = 8.5 m_x, \quad M_x'' = 3.116 \times 4.25 = 13.243 \text{kN} \cdot \text{m}$$

$$M_y' = \beta m_y l_x = 37.114 m_x, \quad M_y'' = 12.264 \times 6.95 = 85.235 \text{kN} \cdot \text{m}$$

由式(2-36)得

$$m_x \left[4.25 + 18.557 + \frac{1}{2} \times (8.5 + 37.114) \right] + \frac{13.243 + 85.235}{2} = \frac{1}{24} \times 9.63 \times 4.25^2 \times$$

$(3 \times 6.95 - 4.25)$

由上式得 $m_x = 1.558 \text{kN} \cdot \text{m/m}$，则

$$m_y = \alpha m_x = 2.67 \times 1.558 = 4.160 \text{kN} \cdot \text{m/m}; \quad m_x' = 2 \times 1.558 = 3.116 \text{kN} \cdot \text{m/m}$$

$$m_x'' = 3.116 \text{kN} \cdot \text{m/m}; \quad m_y' = 2 \times 4.160 = 8.320 \text{kN} \cdot \text{m/m}; \quad m_y'' = 12.264 \text{kN} \cdot \text{m/m}$$

（2）配筋计算

D 区格板为角区格板，可不进行弯矩折减。截面配筋计算如下：

y 方向跨中
$$A_s = \frac{m_y}{\gamma_s h_{0y} f_y} = \frac{4.160 \times 10^6}{0.9 \times 130 \times 270} = 132 \text{ mm}^2/\text{m}$$

y 方向边支座
$$A_s = \frac{m_y'}{\gamma_s h_{0y} f_y} = \frac{8.320 \times 10^6}{0.9 \times 130 \times 270} = 263 \text{ mm}^2/\text{m}$$

故 y 方向跨中和支座截面均选 $\Phi 8@200 (A_s = 251 \text{mm}^2/\text{m})$。

x 方向跨中
$$A_s = \frac{m_x}{\gamma_s h_{0x} f_y} = \frac{1.558 \times 10^6}{0.9 \times 120 \times 270} = 53 \text{ mm}^2/\text{m}$$

x 方向边支座
$$A_s = \frac{m_x'}{\gamma_s h_{0x} f_y} = \frac{3.116 \times 10^6}{0.9 \times 130 \times 270} = 99 \text{ mm}^2/\text{m}$$

故 x 方向跨中和支座截面均选$\phi 6@200(A_s=141\text{mm}^2/\text{m})$。

考虑到 D 区格两个边支座为弹性支承，故在上述配筋中增大了跨中截面配筋而减小了支座截面配筋，以调整理论计算结果与实际受力情况的差别。

整个板的配筋图见图 2-44。

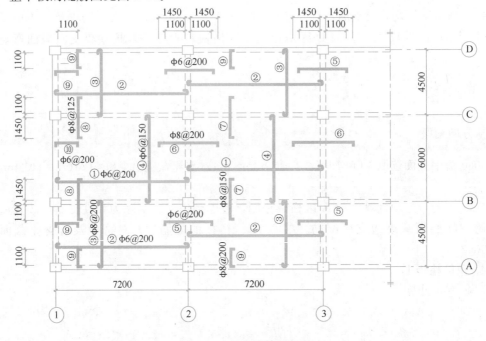

图 2-44 板的配筋平面图

2.4 柱支承双向板楼盖

2.4.1 柱支承双向板楼盖的受力性能

当双向板支承在截面高度相对较小、较柔的柱间梁上，或柱轴线上无梁（如无柱帽平板、有柱帽平板及双向密肋板）时，梁、板的内力分析须采用考虑梁板协同工作的分析方法。

图 2-45（a）表示楼盖体系的一部分，其矩形板支承在截面高度相对较小的梁上，梁又支承在位于梁轴线交点处的柱上。作用于区格板上的面荷载 p 由假想的短跨 l_2 方向的板带和长跨 l_1 方向的板带共同承受。应当强调指出，长跨 l_1 方向的板带所承受的荷载传给区格板的短跨方向梁 B_1，该荷载加上直接由短跨 l_2 板带承受的荷载，其总和为作用在板区格上的全部荷载。同样，短跨 l_2 方向板带将部分荷载传给区格板的长跨方向梁 B_2，该荷载加上直接由长向 l_1 板带承受的荷载，其总和为作用在板区格上的全部荷载。

图 2-45（b）表示无柱帽平板楼盖体系的一部分，如将柱轴线部分两个方向的板带视为梁（等效梁），则其与图 2-45（a）所示的楼盖体系有相似的受力性能，即在两个方向都须承受全部荷载。

综上所述，对于柱支承双向板楼盖结构（包括肋梁楼盖和无梁楼盖），两个正交方向的每个方向均是承担 100% 的竖向荷载。

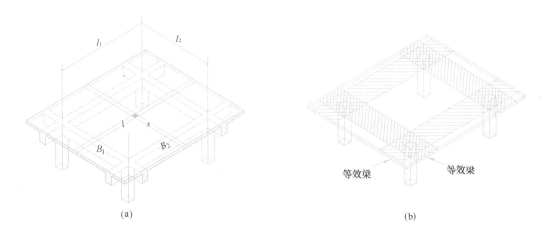

图 2-45　柱支承双向板楼盖

(a) 有梁的双向板；(b) 无梁的双向板

柱支承板的受力可视为支承在柱上的交叉板带体系，如图 2-46 所示。柱轴线两侧各 $l_x/4$ （或 $l_y/4$）宽的板带称为柱上板带（column strip），柱距中间宽度为 $l_x/2$ （或 $l_y/2$）的板带称为中间板带（middle strip）。柱上板带相当于以柱为支承点的连续梁（当柱的线刚度相对较小可忽略时）或与柱形成框架，而中间板带则可视为弹性支承在另一方向柱上板带上的连续梁。

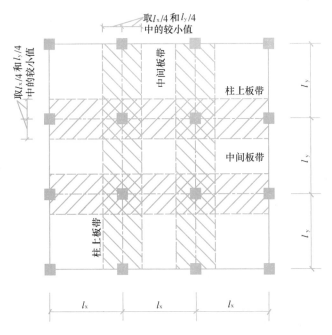

图 2-46　柱支承双向板楼盖的柱上板带与中间板带

图 2-47 是四角柱支承板在均布荷载作用下的变形图以及沿 x 方向柱上板带与中间板带的弯矩横向分布示意图。可见，由于柱的支承作用，柱上板带的刚度比中间板带刚度大很多，故柱上板带的变形相对较小，弯矩较大，而中间板带的变形较大、弯矩较小。

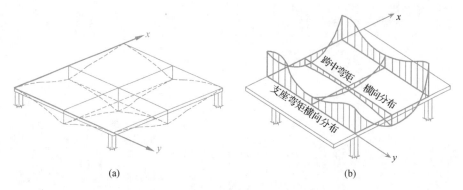

图 2-47　无梁楼盖一个区格的变形及受力示意图

(a) 变形图；(b) 弯矩图

2.4.2　柱支承双向板楼盖按弹性理论计算内力

柱支承双向板楼盖按弹性理论计算时，一般采用两种近似方法，即直接设计法和等代框架法。这两种方法在设计时均须确定计算板带，计算板带为柱中心线两侧以区格板中心线为界的板带，它由两个 1/2 柱上板带和两个 1/2 中间板带组成（图 2-48）。其中 1/2 柱上板带的宽度取板区格短边跨度的 1/4，如果柱轴线上有梁，梁应包括在柱上板带内。

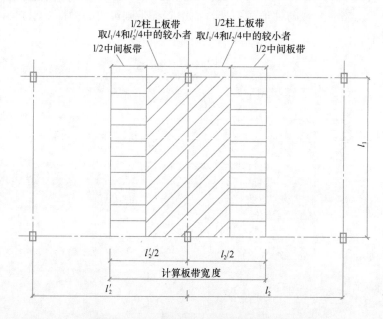

图 2-48　计算板带、柱上板带和中间板带

1. 直接设计法（direct design method）

直接设计法是一种经验方法，用于计算平面规则楼盖在均布荷载作用下各控制截面的弯矩。对于楼盖结构的每一方向（计算方向），该法首先计算每一跨的总静力弯矩（即两个支座负弯矩的平均值的绝对值与跨中正弯矩之和）；然后将此总静力弯矩按规定的分配系数分配给支座和跨中截面；最后将支座和跨中截面的弯矩按规定的分配系数分别分配给相应的柱上板带和中间板带，如柱轴线上有梁，柱上板带的弯矩再分配给梁和相应的板。此法只能用于计算竖向荷载作用下楼盖结构的内力。

（1）适用条件

由上述可见，应用直接设计法计算楼盖结构各控制截面的内力时，须用规定的分配系数，而这些系数是根据一定的条件确定的，故在应用该法时，要求楼盖必须满足下列条件：

1）在楼盖的每个方向至少应有三跨连续板；

2）所有区格均为矩形，各区格的长、宽比不大于2；

3）两个方向的相邻两跨的跨度差均不大于长跨的1/3；

4）柱子离相邻柱中心线的最大偏移在两个方向均不大于偏心方向跨度的10%；

5）楼盖承受的荷载仅为重力荷载，且活荷载标准值不大于恒荷载标准值的2倍；

6）当柱轴线上有梁时，两个正交方向梁的相对刚度比应符合下列条件：

$$0.2 \leqslant \frac{\alpha_1 l_2^2}{\alpha_2 l_1^2} \leqslant 5 \tag{2-43}$$

$$\alpha_1 = \frac{E_{cb} I_{b1}}{E_{cs} I_{s1}}, \quad \alpha_2 = \frac{E_{cb} I_{b2}}{E_{cs} I_{s2}} \tag{2-44}$$

式中　　l_1、l_2——区格板计算方向、垂直于计算方向轴线到轴线的跨度；

　　　　α_1、α_2——区格板计算方向、垂直于计算方向梁与板截面抗弯刚度的比值；

　　　　E_{cb}、E_{cs}——梁和板的混凝土弹性模量；

I_{b1}、I_{b2}、I_{s1}、I_{s2}——区格板计算方向、垂直于计算方向有效梁和板的截面惯性矩，计算 I_b 时应考虑有效翼缘宽度（自梁两侧向外各延伸一个梁腹板高度，并不大于4倍板厚）；$I_s = bh^3/12$，此处 b 为梁两侧区格板中心线之间的宽度，h 为板的厚度。

（2）设计荷载下的总静力弯矩

按板区格的纵、横两个方向分别计算，且均应考虑全部竖向均布荷载的作用。计算板带在计算方向一跨内的总静力弯矩设计值 M_0 应按下列公式计算：

$$M_0 = \frac{1}{8} p_d b l_n^2 \tag{2-45}$$

式中　p_d——板面竖向均布荷载设计值；

　　　b——计算板带的宽度：当支座中心线两侧区格板的横向跨度不等时，应取相邻两跨横向跨度的平均值；对于计算板带的一边为楼盖边时，应取区格板中心线到楼盖边缘的距离；

　　　l_n——计算方向区格板净跨，取相邻柱（柱帽或墙）侧面之间的距离，且不小于 $0.65l_1$（l_1 为计算方向的跨度）。

（3）总静力弯矩在支座及跨中截面的分配

由式(2-45)计算的总静力弯矩设计值 M_0，应分配给相应的支座及跨中截面，如图2-49所示。对于内跨，其受力状况与两端固支梁相似（支座截面弯矩绝对值为 $2M_0/3$，跨中截面弯矩为 $M_0/3$），所以其跨中正弯矩设计值可取 $0.35M_0$，两端支座负弯矩设计值的绝对值可取 $0.65M_0$。

对于端跨，其总静力弯矩设计值 M_0 在外支座、内支座和跨中截面的分配值，取决于外柱或外墙对板的弯曲约束作用和柱轴线上是否有梁。对于图2-50所示的5种端跨约束

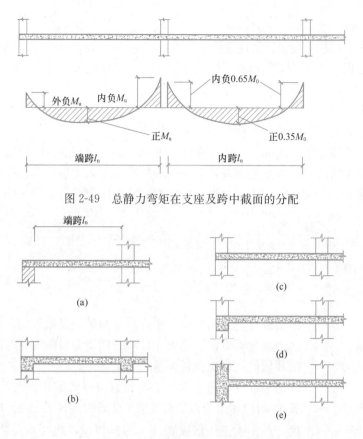

图 2-49　总静力弯矩在支座及跨中截面的分配

图 2-50　端跨的 5 种约束情况
(a)砌体墙支承；(b)各支座均有整浇梁；(c)无柱帽平板；
(d)有边梁，内支座无梁；(e)外支座为现浇混凝土墙

情况，根据有限元弹性分析结果并参照试验结果和工程经验，给出了各控制截面弯矩分配系数，见表 2-14。可见，无论哪一种约束情况，两个支座负弯矩的平均值的绝对值与跨中正弯矩之和均等于总静力弯矩 M_0。计算时可根据外边缘支座的约束条件按表 2-14 确定端跨各控制截面的弯矩分配系数。

计算板带端跨弯矩的分配系数　　　　　　　　表 2-14

支座约束条件	外支座简支	各支座处均有梁	内支座处无梁		外支座处嵌固
			无边梁	有边梁	
内支座负弯矩	0.75	0.70	0.70	0.70	0.65
外支座负弯矩	0	0.16	0.26	0.30	0.65
正弯矩	0.63	0.57	0.52	0.50	0.35

（4）支座及跨中截面弯矩沿板宽度方向的分配

按上述方法所得的计算方向上的支座及跨中截面弯矩值，还应沿垂直于计算方向分配给柱上板带和中间板带。柱上板带和中间板带的实际弯矩分布如图 2-51 中的实线所示，计算时假定弯矩在各板带宽度范围内为均匀分布，如图 2-51 中的虚线所示。当柱轴线上

74

有梁时，因梁的弯曲刚度较大，所以梁比相邻的板承受更多的柱上板带弯矩。支座及跨中截面弯矩值在柱上板带、中间板带和梁之间的分配，取决于区格板两方向跨度比 l_2/l_1、梁与板的相对刚度比 α 以及边梁对板扭转的约束作用。

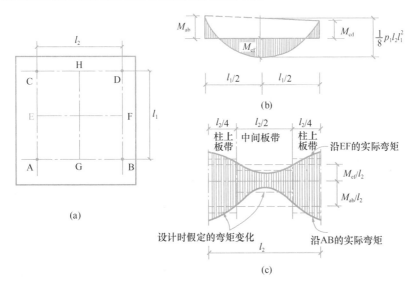

图 2-51　柱上板带和中间板带的弯矩分布

（a）板区格；（b）弯矩图；（c）假定的弯矩分布和实际分布

梁与板相对刚度比 α 的定义见式（2-44）。边梁抗扭所提供的相对约束以参数 β_t 表示，其定义为

$$\beta_t = \frac{E_{cb}C}{2E_{cs}I_s} \tag{2-46}$$

式中　C——与边柱两侧横向构件（梁或板）抗扭刚度有关的常数，当横向构件为板时，其截面宽度为柱宽度或柱帽宽度；当有边梁时，将 T 形或倒 L 形边梁截面（自梁两侧向外各延伸一个梁腹板高度，并不大于 4 倍板厚）分成翼缘及肋部等几个矩形。横向构件的 C 值按下列公式计算：

$$C = \sum \left(1 - 0.63\frac{x}{y}\right)\frac{x^3 y}{3} \tag{2-47}$$

其中，x、y 分别为矩形的短边、长边的边长。其余符号意义与式（2-44）中的相同。

根据 α、β_t 和 l_2/l_1 值，可按表 2-15 确定由柱上板带承担的支座负弯矩和跨间正弯矩的百分率。其中参数 β_t 可根据边支承情况按下列规定取值：当边支承为砌体墙时，取 $\beta_t=0$；当边支承为与板整体现浇的混凝土结构墙时，取 $\beta_t=2.5$；当边支承为梁时，β_t 按式（2-46）计算。

当 $0<\alpha_1 l_2/l_1<1.0$ 或 $0<\beta_t<2.5$ 时，可按线性内插法确定柱上板带承受弯矩的分配系数。

对带梁的柱上板带，当 $\alpha_1 l_2/l_1 \geqslant 1.0$ 时，梁应承受柱上板带弯矩设计值的 85%；$0<\alpha_1 l_2/l_1<1.0$ 时，可在 0 与 85% 之间按线性内插法确定梁承受的弯矩设计值。梁还应承受

直接作用于梁上的荷载产生的弯矩设计值。

表 2-15

柱上板带承受弯矩的分配系数

类　　别		l_2/l_1		
		0.5	1.0	2.0
内支座 负弯矩	$\alpha_1 l_2/l_1 = 0$	0.75	0.75	0.75
	$\alpha_1 l_2/l_1 \geqslant 1.0$	0.90	0.75	0.45
端支座 负弯矩	$\alpha_1 l_2/l_1 = 0$　　$\beta_t = 0$	1.00	1.00	1.00
	$\beta_t \geqslant 2.5$	0.75	0.75	0.75
	$\alpha_1 l_2/l_1 \geqslant 1.0$　　$\beta_t = 0$	1.00	1.00	1.00
	$\beta_t \geqslant 2.5$	0.90	0.75	0.45
正弯矩	$\alpha_1 l_2/l_1 = 0$	0.60	0.60	0.60
	$\alpha_1 l_2/l_1 \geqslant 1.0$	0.90	0.75	0.45

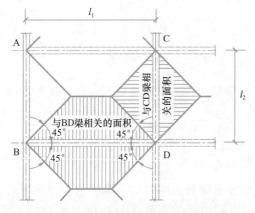

图 2-52 剪力计算时的荷载从属面积

计算板带中不由柱上板带承受的弯矩设计值应按比例分配给两侧的 1/2 中间板带;每个中间板带应承受两个 1/2 中间板带分配的弯矩设计值之和。与墙相邻且平行的中间板带的弯矩为分配给相应于第一排内支座 1/2 中间板带的弯矩的 2 倍。

(5) 梁的剪力

当柱轴线上有梁时,梁除应承担弯矩外,尚应承担相应的剪力。梁的剪力应按直接作用于梁上的荷载和相邻板传来的荷载计算。相邻板传来的荷载可按下列规定计算:

1) 当 $\alpha_1 l_2/l_1 \geqslant 1$ 时,可按从板角引 45°线和与板区格长边平行的相邻板的中线所构成的从属面积计算,如图 2-52 所示。

2) 当 $0 < \alpha_1 l_2/l_1 < 1$ 时,可在 0 与按上述款 1) 所得的荷载之间线性内插确定。

2. 等代框架法 (equivalent-frame method)

当柱支承双向板楼盖结构不满足直接设计法的适用条件时,可采用等代框架法进行分析。该法将整个结构沿纵向及横向划分成以柱轴线为中心的纵、横向等代框架,每个等代框架由一列柱和以柱轴线两侧区格板中心线为界的板—梁带组成,各板带可分为柱上板带和中间板带;用弯矩分配法或矩阵位移法计算等代框架各控制截面的弯矩,并将其分配给柱上板带和中间板带。此法可用于计算竖向及水平荷载作用下楼盖结构的内力。在水平荷载作用下,等代框架应取结构底层到顶层的所有楼盖和柱。在竖向均布荷载作用下,等代框架的内力计算还可进一步简化:所计算楼层的上、下楼板均可视为上层柱与下层柱的固定远端。如此可将一个等代的多层框架简化为两层或一层(对顶层)框架用分层法计算内力,具体计算方法参见第 4 章。

（1）等代梁的惯性矩

在节点或柱帽以外的任意截面，用混凝土截面计算等代梁的截面惯性矩，但应考虑截面沿构件轴线的变化。对于有柱顶板，等代板—梁跨中惯性矩的第一次变化在柱顶板的边缘，第二次变化在柱边或柱帽边。从柱中心至柱侧面或柱帽侧面范围内板的截面惯性矩等于柱侧面或柱帽侧面处板的截面惯性矩除以$(1-c_2/l_2)^2$，其中c_2和l_2分别为柱或柱帽的尺寸和区格板的跨度，均取正交于计算方向的横向尺寸。

（2）等代柱的刚度

等代柱由与等代梁相连的上、下柱及横向扭转构件组成，其中横向扭转构件取至柱两侧区格板中线处，如图2-53所示。柱截面的抗弯惯性矩，应考虑沿柱轴线惯性矩的变化。楼板顶面与底面之间柱的惯性矩取无限大，其余处柱的惯性矩按混凝土截面计算。

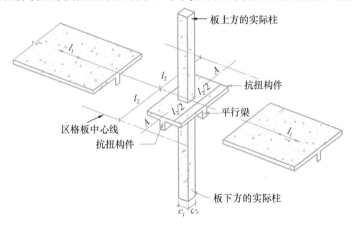

图 2-53　等代柱

等代框架与普通框架有所不同。在普通框架中，梁与柱可以直接传递内力（弯矩、剪力和轴力）；而在等代框架中，等代框架梁的宽度大大超过柱宽，故仅有一部分竖向荷载（大体相当于柱或柱帽宽度的那部分荷载）产生的弯矩可以通过板直接传给柱，其余都要通过扭矩进行传递。这时可假设两侧与柱（或柱帽）等宽的板为扭臂，如图2-54所示，

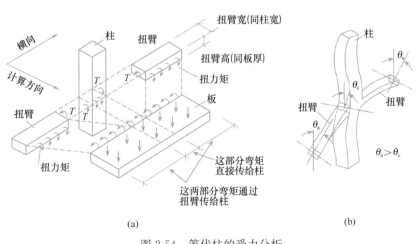

图 2-54　等代柱的受力分析

（a）板、扭臂与柱之间的传力；（b）等代柱

柱（或柱帽）宽度以外的那部分荷载通过扭臂受扭而传递给柱，使柱受弯。因此，等代框架柱应该是包括柱（柱帽）和两侧扭臂在内的等代柱，其刚度应为考虑柱的受弯刚度和扭臂受扭刚度后的等代刚度。

等代柱的总柔度定义为实际柱和柱两侧横向构件的柔度之和，即

$$\frac{1}{K_{ec}} = \frac{1}{\Sigma K_c} + \frac{1}{K_t} \tag{2-48}$$

式中 K_{ec}——等代柱的转动刚度；

K_c——柱的转动刚度：对无柱帽且无梁的柱支承板楼盖结构，$K_c = 4E_c I_c / H_c$，其中 E_c 为柱混凝土的弹性模量，I_c 为柱在计算方向的截面抗弯惯性矩，H_c 为柱的计算长度（对底层柱为从基础顶面到一层楼板顶面的距离，对其余层柱为上、下两层柱高度）；对于有柱帽或带梁的柱支承板楼盖结构，应考虑柱轴线方向截面变化对 K_c 的影响；

K_t——柱两侧横向构件的抗扭刚度，可按下式计算：

$$K_t = \gamma_b \Sigma \frac{9 E_{cs} C}{l_2 (1 - c_2/l_2)^3} \tag{2-49}$$

式中，γ_b 表示柱两侧横向构件抗扭刚度的增大系数：对无梁的柱支承板，$\gamma_b = 1$；对带梁的柱支承板，$\gamma_b = I_{be}/I_s$，其中 I_s 为等代框架梁宽度范围内楼板的截面抗弯惯性矩，I_{be} 为横向等代梁在跨中的截面抗弯惯性矩。

（3）内力分析

可用弯矩分配法（手算）或矩阵位移法（计算机计算）计算等代框架各控制截面的弯矩。当用矩阵位移法计算时，应对框架的计算模型进行处理：当构件截面沿其轴线有变化（如有柱顶板或柱帽）时，应按变截面构件在截面变化处设置节点；对于柱，应按式(2-48)计算其等效刚度 K_{ec}，并将其转换为柱的等效惯性矩。

在竖向均布荷载下，用等代框架法分析所得的负弯矩为支座中心线处的弯矩值，截面设计时所用弯矩应取控制截面（一般在支座边缘处）的弯矩值。对内跨支座，板-梁弯矩控制截面可取柱或柱帽侧面处，但与柱中心的距离不应大于 $0.175l_1$（l_1 为区格板计算方向的跨度）；对有柱帽的端跨外支座，为避免负弯矩降低过多，板—梁弯矩控制截面可取距柱侧面距离等于柱帽侧面与柱侧面距离 1/2 处的截面；柱的弯矩控制截面，对无梁楼盖，可取板截面的形心线处；对柱轴线上有梁楼盖，可取板底面处。

在竖向均布荷载作用下，当可变荷载标准值不大于永久荷载标准值 3/4 时，可不考虑可变荷载的不利布置，由全部荷载（永久荷载和可变荷载）作用在所有板上计算所有控制截面的最大弯矩值。当可变荷载标准值大于永久荷载标准值 3/4 时，可变荷载产生的最大正弯矩由 3/4 的可变荷载仅作用在该区格板上和相间隔的区格板上计算；而某一支座处的最大负弯矩由 3/4 的可变荷载仅作用在相邻的两个区格板上计算；但由此得到的弯矩不应低于全部可变荷载作用在所有区格板上时的相应弯矩。

2.4.3 柱帽设计

在无梁楼盖中，全部楼面荷载是通过板柱连接面上的剪力传递给柱子的。由于板柱联结面的面积不大，而楼面荷载往往很大，无梁楼盖可能因板柱连接面抗剪能力不足而发生

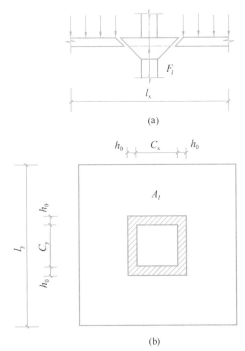

图 2-55 无梁楼盖的冲切破坏与冲切计算简图

(a)剖面图；(b)俯视图

破坏，当无柱帽时破坏是沿柱周边产生 45°方向的斜裂缝，板与柱之间发生错位，这种破坏称为冲切破坏。当有柱帽时，则冲切面加大，如图 2-55(a)所示。

为了增大板柱连接面的面积，提高板柱节点的抗冲切承载力，避免冲切破坏，板柱节点可采用带柱帽或托板的结构形式(图 2-56)。板柱节点的形状、尺寸应包容 45°的冲切破坏锥体，并应满足受冲切承载力的要求。

柱帽的高度不应小于板的厚度 h；托板的厚度不应小于 $h/4$。柱帽或托板在平面两个方向上的尺寸均不宜小于同方向上柱截面宽度 b 与 $4h$ 之和(图 2-56)。

柱帽形式及尺寸确定之后，应对楼板进行受冲切承载力验算，具体方法见与本书配套的《混凝土结构设计原理》(第五版)教材。

2.4.4 截面设计与配筋构造

1. 截面的弯矩设计值

截面设计时，对竖向荷载作用下有柱帽的板，考虑到板的穹顶作用，除边跨和边支座外，所有截面的计算弯矩值均可降低 20%。

板的截面有效高度取值与双向板类似。同一区格板在两个方向同号弯矩作用下，由于两个方向的钢筋叠置在一起，故应分别取各自的截面高度。当为正方形区格板时，可取两个方向截面有效高度的平均值以简化计算。

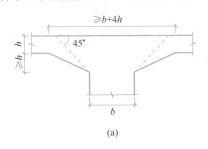

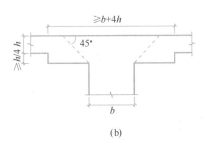

图 2-56 带柱帽或托板的板柱结构

(a)柱帽；(b)托板

2. 板的厚度

无梁楼盖一般做成等厚度板。板的厚度除应满足承载力要求外，还需满足刚度要求，即在荷载作用下的挠度应满足正常使用要求。当板的厚度满足 2.1.2 小节所规定的要求时，可不验算板的挠度。

3. 配筋构造

在整个无梁楼盖中，板的配筋可以划分为三种区域。第一种是纵、横方向的柱上板带交叉区，此区域两个方向均为负弯矩，故两个方向的受力钢筋都应布置在板的顶部。第二种是纵、横方向的中间板带交叉区，该区域两个方向均为正弯矩，所以两个方向的受力钢筋都应布置在板的底部。第三种是纵、横方向的柱上板带与中间板带交叉区，此时柱上板带方向产生正弯矩，其受力钢筋应布置在板带底部，而中间板带方向则产生负弯矩，其受力钢筋应布置在板的顶部。

钢筋的直径和间距与一般双向板中的要求相同，但对于支座上承受负弯矩的钢筋，为保证其在施工阶段具有一定的刚性，宜采用直径不小于12mm的钢筋。配筋方式可选用弯起式或分离式。

无梁楼盖板中受冲切钢筋的布置及构造要求，可参见与本书配套的《混凝土结构设计原理》（第五版）教材。

2.5 无黏结预应力混凝土楼盖

2.5.1 概述

无黏结预应力混凝土结构，是在预应力筋表面涂有建筑钢材专用油脂，并用塑料包裹后如同普通钢筋一样先铺设在模板内，然后待混凝土达到规定的强度后进行张拉锚固。这种预应力混凝土结构体系的优点是无需留孔和灌浆，施工简单，摩擦损失小，预应力筋可曲线多跨布置等。

预应力混凝土梁、板广泛应用于楼盖和屋盖结构中。从经济和方便施工考虑，这种结构中的预应力筋最好采用无黏结预应力筋。因为楼盖结构中的梁和板通常为多跨连续梁、板，梁、板中的预应力筋相应地宜按曲线多跨布置以适应弯矩图的变化，若采用有黏结预应力筋，则摩擦损失很大。另外，要在大量扁平的孔道中灌浆，通常难以保证密实，反而使预应力筋容易遭到腐蚀。

无黏结预应力混凝土楼盖具有如下突出的优点：（1）可减小梁截面高度及板厚，从而降低层高和建筑物总高度；（2）可为建筑物提供较大跨度的空间，改善使用功能；（3）可控制梁、板的变形及抗裂性，改善结构的受力性能；（4）可方便施工，降低工程造价等。因此，在高层建筑、停车场、多层工业厂房和地下工程等结构中应用无黏结预应力混凝土楼盖，具有较为显著的经济效益。

与钢筋混凝土楼盖结构相似，无黏结预应力混凝土楼盖也有六种基本类型，如图2-1所示。

本节简要介绍无黏结预应力混凝土楼盖的设计方法。

2.5.2 分析结构内力的等效荷载法

由于预应力的作用，预应力超静定结构的分析比普通超静定结构复杂得多。等效荷载法（equivalent load analysis method）简化了对预应力超静定结构的分析，是一种简单而巧妙的分析方法。

预应力筋对结构构件的作用可用等效荷载的作用来代替。这种等效荷载一般由两部分组成：在锚固处端部锚具对混凝土构件作用的压力和集中弯矩；由预应力筋曲率引起的垂直于预应力筋束中心线的横向分布力，或由预应力筋转折引起的集中力。该横向力可以用来抵抗作用在结构上的外荷载，因此可以称之为反向荷载。求得等效荷载后，结构在等效荷载作用下的内力可用结构力学方法计算。

1. 等效荷载

（1）曲线预应力筋

在预应力混凝土连续梁中常采用曲线预应力筋，曲线形状多为抛物线形。图 2-57（a）所示为简支梁配置抛物线预应力筋，在跨中的偏心距为 e，在梁端的偏心距为零。在图示坐标系下，距梁左端 x 截面处的弯矩值为

$$M(x) = N_p \cdot y = \frac{4N_p e}{l^2}(l-x)x$$

则由此弯矩引起的等效荷载 q_p 为

$$q_p = \frac{d^2 M(x)}{dx^2} = -\frac{8N_p e}{l^2} \tag{2-50}$$

式中 "—" 号表示等效荷载的方向向上，即曲线预应力筋的等效荷载为向上的均布荷载（图 2-57b）。

由于曲线预应力筋的垂度 e 相对于跨度 l 甚小，故其端部的斜率亦较小，可近似地取 $\tan\theta \approx \sin\theta$，$\cos\theta \approx 1.0$，而 $\tan\theta = 4e/l$。因此，曲线预应力筋在构件端部锚固处的作用力可近似取为

$$\left.\begin{array}{ll} \text{水平作用力} & N_p\cos\theta = N_p \\ \text{竖向作用力} & N_p\sin\theta = 4N_p e/l \end{array}\right\} \tag{2-51}$$

构件端部的水平力使构件全截面产生纵向预压应力；竖向力一般直接传入支承结构。

（2）折线预应力筋

图 2-58(a)所示为配置折线预应力筋的简支梁，预应力筋的两端通过构件截面形心。在图示坐标系下，距梁左端 x 截面处的弯矩值为

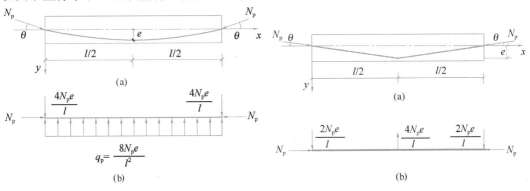

图 2-57　曲线预应力筋的等效荷载
（a）曲线预应力筋梁；（b）等效荷载

图 2-58　折线预应力筋的等效荷载
（a）折线预应力筋梁；（b）等效荷载

$$M(x) = \frac{2N_p e}{l}x \quad (0 \leqslant x \leqslant l/2)$$

则

$$q_p = \frac{d^2 M(x)}{dx^2} = 0$$

即折线预应力筋不产生分布的等效竖向荷载。

折线预应力筋在跨中处的等效集中荷载为

$$P_p = 2N_p\sin\theta = 2N_p\tan\theta = \frac{4N_p e}{l} \tag{2-52}$$

由于 e 相对于 l 很小，故在上式中取 $\sin\theta \approx \tan\theta$，$\tan\theta = 2e/l$。

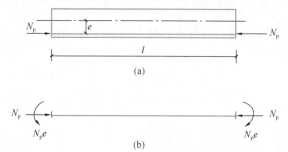

图 2-59　直线预应力筋的等效荷载

(a)直线预应力筋梁；(b)等效荷载

在两端锚固处，N_p 的竖向和水平分力分别为

$$
\left.
\begin{array}{ll}
\text{竖向分力} & N_p\sin\theta = 2N_pe/l \\
\text{水平分力} & N_p\cos\theta = N_p
\end{array}
\right\}
$$

$$(2\text{-}53)$$

同样，在上式中取 $\cos\theta = 1.0$。折线预应力筋的等效荷载如图 2-58(b)所示。

（3）直线预应力筋

图 2-59(a)所示为配置直线预应力筋的简支梁，预应力筋沿跨长的偏心距均为 e，相应的弯矩为常数 N_pe。因此，直线预应力筋不产生等效竖向荷载。

其他配筋情况的等效竖向荷载可参见参考文献[18]，不再赘述。

由上述可见，预应力筋的等效荷载有以下规律：

1)抛物线形预应力筋对构件的作用，可用等效竖向均布荷载代替。

2)折线预应力筋对构件的作用，可用转折处的等效竖向集中荷载代替；直线和折线预应力筋均不造成等效竖向分布荷载。

3)在梁端有水平分力 $N_p\cos\theta \approx N_p$，当预应力筋在梁端通过梁截面的重心轴时，不产生弯矩，否则梁端还有弯矩 N_pe。梁端的竖向分力 $N_p\sin\theta \approx N_p\tan\theta \approx N_p\theta$。

4)预应力作用自相平衡。

2. 预应力作用下结构的内力分析

由上述分析可知，预应力对结构构件的作用可用等效荷载的作用来代替。因此，预加应力在结构中产生的内力和变形，可用等效荷载来进行计算。而结构在等效荷载作用下的内力和变形，可用结构力学方法计算。

3. 次弯矩、主弯矩和综合弯矩

在超静定后张预应力混凝土结构中，由张拉力产生的结构支座处的附加反力称为次反力，由次反力产生的弯矩称为次弯矩；若把构件截面上预应力的合力视为作用在该截面上的外力，则由预应力合力对换算截面重心的力矩称为主弯矩；主弯矩与次弯矩之和即为预应力对结构引起的综合弯矩，亦即由预应力等效荷载在构件截面上产生的弯矩。

现以图 2-60(a)所示配置直线预应力

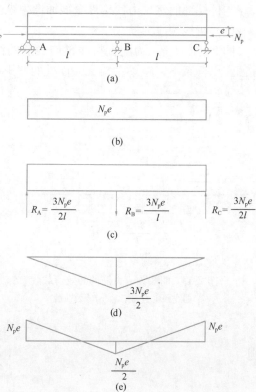

图 2-60　次弯矩、主弯矩和综合弯矩

(a)直线配筋的两跨连续梁；(b)由预应力引起的主弯矩；

(c)由预应力引起的次反力；(d)由预应力引起的次弯矩；

(e)由预应力引起的综合弯矩

筋的两跨连续梁为例来说明由于预应力所产生的主弯矩、次弯矩和综合弯矩以及它们的计算。

图 2-60(b) 为由直线预应力筋在连续梁中产生的主弯矩，其值为 N_pe，沿梁长为常数，使梁截面上边缘受拉。在主弯矩 N_pe 作用下，梁将产生反拱变形，如撤去中间支座 B，则 B 处的反拱变形最大。但因 B 处铰支座阻止梁向上反拱，对梁产生一个向下的附加约束反力，使 B 支座处的反拱为零。这一约束反力称为"次反力"，而次反力对梁引起的弯矩称为次弯矩。

根据支座 B 处竖向位移为零的条件，可求出次反力。在主弯矩 N_pe 作用下，B 处产生的向上竖向位移为 $N_pel^2/(2EI)$（式中 EI 为梁截面的弯曲刚度），这一位移与由次反力产生的竖向位移之和等于零，由此条件可求得

$$R_A = \frac{3N_pe}{2l}, \quad R_B = -\frac{3N_pe}{l}, \quad R_C = \frac{3N_pe}{2l}$$

在上式中规定支座反力以向上为正。显然，B 支座处的反力向下，如图 2-60(c) 所示。

由次反力在支座 B 截面引起的次弯矩为 $R_A l = 3N_pe/2$，使梁截面下边缘受拉，如图 2-60(d) 所示。

在超静定后张预应力混凝土结构中，由预应力产生的弯矩称为综合弯矩，其值等于主弯矩与次弯矩之和，如图 2-60(e) 所示。

由本例分析可见，在两支座之间或两节点之间，次弯矩是线性变化的，它只是支座反力或转角的函数，这是一个普遍规律。另外，对本例而言，支座 B 处的次弯矩是主弯矩的 1.5 倍，但符号相反。因此，次弯矩对结构在使用荷载下的应力分布、变形和承载力计算有较大影响。

4. 等效荷载法的计算步骤

对预应力混凝土连续梁、板，其在预应力作用下的内力可按下述步骤计算：

（1）计算主弯矩 M_1，即预加力 N_p 对净截面重心偏心 e 引起的弯矩值，$M_1 = N_pe$。

（2）求预加力 N_p 的等效荷载。对于图 2-60 所示的连续梁，等效荷载就是两端作用的弯矩 N_pe。

（3）求综合弯矩 M_r，把等效荷载作用在连续梁、板上，用结构力学方法求出的弯矩即为综合弯矩。例如，仍以图 2-60 所示两跨连续梁为例，因结构对称，故 B 支座处不转动，于是可知 B 支座处的弯矩为 $N_pe/2$（梁下部受拉），这样即可求得 M_r 图，如图 2-60(e) 所示。

（4）求次弯矩 M_2，从综合弯矩中扣除主弯矩，即为次弯矩，$M_2 = M_r - M_1$。

在求得主弯矩、综合弯矩和次弯矩后，预应力混凝土连续梁、板在预应力作用下的内力分析即告完成。次剪力可根据构件各截面次弯矩的分布按结构力学方法计算。

《混凝土结构设计规范》[3] 规定，对后张法预应力混凝土超静定结构，在进行正截面受弯承载力计算及抗裂验算时，在设计弯矩值中次弯矩应参与组合；在进行斜截面受剪承载力计算及抗裂验算时，在剪力设计值中次剪力应参与组合。

2.5.3 无黏结预应力混凝土楼盖的截面设计

无黏结预应力混凝土梁、板的截面设计，是在构件的跨度、材料强度、荷载及支承条件、施工方法等已知的情况下，去选择合理的截面形式、尺寸和配筋，并进行截面分析，

校核正常使用和承载能力是否满足设计要求。如不满足则需进行修改，一般经过一、二次试算可得到经济合理的截面。通常按下列步骤进行设计。

1. 初步设计阶段

根据结构布置图及荷载大小，选取一个供试算用的截面形式和尺寸；确定材料强度及各项计算指标，并进行结构的内力分析，求出构件控制截面上的内力设计值。

预应力混凝土结构宜选用较高强度等级的混凝土，一般不应低于C40；预应力筋宜采用预应力钢丝、钢绞线和预应力螺纹钢筋；普通纵向钢筋应采用 HRB400 级、HRB500 级钢筋。

构件的截面高度与其跨度、结构体系、荷载情况以及抗裂要求等有关；另外，还须考虑挠度、受冲切承载力、防火及钢筋防腐蚀要求等因素的影响。表 2-16 给出了预应力混凝土梁、板的跨高比及经济跨度，可供设计时参考。

预应力混凝土梁、板的跨高比及经济跨度　　　表 2-16

梁			板		
结构形式	跨高比	经济跨度（m）	结构形式	跨高比	经济跨度（m）
单向梁	16～25	8～15	单向板	35～45	6～9
扁梁	20～25	9～18	双向板	40～50	7～10
框架梁	12～18	15～25	密肋板	30～35	10～15
井式梁	20～25	16～32	悬臂板	≤16	—
悬臂梁	≤10	—			

2. 预应力的估计

即选择并确定合适的预应力筋的布置和数量。

（1）预应力筋的布置

布置预应力筋时，应使其外形和位置尽可能与设计弯矩图一致，其形状通常为抛物线形，有时也可采用折线形。为了方便施工及减少锚具用量，预应力筋宜连续布置。为了获得较大的截面抗弯能力，受弯构件的控制截面处，其预应力筋应尽量靠近受拉边缘布置。

（2）预应力筋数量的估算

对于预应力混凝土受弯构件，预应力筋一般根据控制截面处的弯矩，按使用状态下的裂缝控制要求确定，其余截面的预应力筋也采用同一数量，并按弯矩图形连续布置预应力筋。

例如，对于裂缝控制等级为二级，且仅考虑荷载的标准组合时，可按下式估算预应力筋的截面面积 A_p：

$$A_p \geqslant \frac{\beta \sigma_{ck} - f_{tk}}{(1/A + e/W)\sigma_{pe}} \tag{2-54}$$

式中　σ_{ck}——按荷载标准组合计算的验算截面边缘的混凝土法向应力；

σ_{pe}——预应力筋的有效预应力，对梁可取 $0.7\sigma_{con}$，对板可取 $0.8\sigma_{con}$，其中 σ_{con} 为张拉控制应力；

f_{tk}——混凝土抗拉强度标准值；

A、W——构件控制截面的截面面积和弹性抵抗矩；

e —— 预应力筋至构件换算截面重心的距离；

β —— 系数，对简支梁取1.0；对连续梁板的负弯矩截面取0.9，正弯矩截面取1.2。

3. 预应力损失计算

预应力损失计算方法与一般预应力混凝土构件相同。

4. 次弯矩计算

可按前述方法分别计算主弯矩、等效荷载，并把等效荷载作用在结构上求出综合弯矩，从而求出次弯矩。

5. 构件截面承载力验算

根据第2步所估算的预应力筋数量，并配置适量的普通钢筋，即可进行正截面承载力验算。如不满足要求，可调整预应力筋和普通钢筋数量，并重新进行验算，直到满足为止。注意，此时在弯矩设计值中应考虑次弯矩的影响，次弯矩的分项系数，对结构不利时取1.3，有利时取1.0。

无黏结预应力混凝土受弯构件与有黏结的受力性能不同。在无黏结预应力混凝土受弯构件中，受拉区无黏结预应力筋的应力沿其全长几乎相等且发展缓慢；当裂缝截面受压区混凝土达到极限压应变时，无黏结预应力筋的应力比相同条件下有黏结预应力筋的低，且通常达不到屈服强度。因此，承载力验算时，需确定无黏结预应力筋的应力设计值。

无黏结预应力矩形截面受弯构件，在进行正截面承载力计算时，无黏结预应力筋的应力设计值 σ_{pu} 宜按下列公式计算：

$$\sigma_{pu} = \sigma_{pe} + \Delta\sigma_p \tag{2-55}$$

$$\Delta\sigma_p = (240 - 335\xi_p)\left(0.45 + 5.5\frac{h}{l_0}\right)\frac{l_2}{l_1} \tag{2-55a}$$

对于配置无黏结预应力筋和普通钢筋的矩形截面受弯构件，可用综合配筋特征值 ξ_p 表示两种钢筋的数量，即

$$\xi_p = \frac{\sigma_{pe}A_p + f_yA_s}{f_cbh_p} \tag{2-56}$$

式中　$\Delta\sigma_p$ —— 无黏结预应力筋中的应力增量（N/mm²）；对于跨数不少于3跨的连续梁、连续单向板及连续双向板，$\Delta\sigma_p$ 取值不应小于50N/mm²；

　　　ξ_p —— 综合配筋特征值，不宜大于0.4；对于连续梁、板，取各跨内支座和跨中截面综合配筋特征值的平均值；

　　　σ_{pe} —— 扣除全部预应力损失后，无黏结预应力筋中的有效预应力（N/mm²）；

　A_p、A_s —— 预应力筋、普通钢筋的截面面积（mm²）；

　　　h_p —— 无黏结预应力筋合力点至截面受压边缘的距离；

　b、h —— 受弯构件截面宽度、高度；

　　　f_c —— 混凝土轴心抗压强度设计值；

　　　l_1 —— 连续无黏结预应力筋两个锚固端的总长度；

　　　l_2 —— 与 l_1 相关的由活荷载最不利布置确定的荷载跨度之和；

　　　l_0 —— 受弯构件计算跨度。

翼缘位于受压区的T形、I形截面受弯构件，当受压区高度大于翼缘高度时，综合配筋特征值 ξ_p 可按下式计算：

$$\xi_p = \frac{\sigma_{pe} A_p + f_y A_s - f_c(b'_f - b)h'_f}{f_c b h_p} \qquad (2\text{-}56a)$$

式中，b'_f、h'_f 分别表示 T 形和 I 形截面的受压翼缘宽度和厚度。

无黏结预应力筋的应力设计值 σ_{pu} 宜尚应符合下列条件：

$$\sigma_{pu} \leqslant f_{py} \qquad (2\text{-}57)$$

式中，f_{py} 表示预应力筋的抗拉强度设计值。

除进行正截面承载力验算外，对梁一般尚须进行斜截面承载力计算，有时还要进行受扭承载力验算；对板一般应进行受冲切承载力验算。

6. 正常使用阶段验算

对于一、二级裂缝控制等级，应分别按荷载的标准组合及准永久组合，验算截面受拉边缘应力，具体验算方法与有黏结预应力混凝土受弯构件相同，但此时应考虑次弯矩参与组合。

关于受弯构件的变形验算，与一般有黏结预应力混凝土受弯构件相同。

7. 施工阶段验算

在施工荷载和预加力作用下，应对控制截面上、下边缘混凝土的法向应力进行验算，此时应考虑预加力在构件截面上引起的综合弯矩 M_r。

另外，还应对构件端部的局部受压承载力进行验算。

2.6 装配式混凝土楼盖

装配式混凝土楼盖在工业与民用建筑中常有应用，这种楼盖有铺板式、密肋式等多种形式。其中铺板式楼盖的应用最为普遍，它由搁置在承重墙或梁上的预制混凝土铺板组成；在工业建筑的楼盖中，预制板搁置在屋架上弦杆上并与其焊接或搁置在梁上。本节简要介绍铺板式楼盖的主要内容。

2.6.1 预制混凝土铺板

目前应用较多的预制混凝土板有实心板、空心板、槽形板和 T 形板等（图 2-61），其中空心板广泛应用于民用建筑中，而槽形板和 T 形板一般应用于工业建筑中。

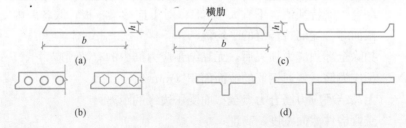

图 2-61 预制板的常用形式
(a) 实心板；(b) 空心板；(c) 槽形板；(d) T 形板

1. 实心板

实心板（图 2-61a）上、下表面平整，使用功能好，制作简单，但材料用量多，自重大，适用于荷载和跨度均较小的走道板、管沟盖板和楼梯平台等处。

实心板的常用跨长 $l = 1.8 \sim 2.4$m，板截面高度 $h \geqslant l/30$，一般取 $h = 50 \sim 100$mm；板

截面宽度 $b=500\sim1000$mm。

2. 空心板

空心板的自重比实心板小，截面高度比实心板大，故其截面刚度大，隔声和隔热性能好，但在板上不能任意开洞。

空心板截面的孔形有圆形、方形、矩形或长圆形等，其中圆孔板因制作简单而应用较多，图 2-61(b) 表示其中的两种孔形。

钢筋混凝土空心板的跨长 $l=2.4\sim4.8$m，板截面高度 $h\geqslant(1/25\sim1/20)l$；预应力混凝土空心板的跨长 $l=3.0\sim7.5$m，板截面高度 $h\geqslant(1/35\sim1/30)l$。一般取 $h=110$mm、120mm、180mm、240mm，板截面宽度 $b=600$mm、900mm、1200mm。

3. 槽形板

槽形板有正槽板（肋向下）和倒槽板（肋向上）两种（图 2-61c）。正槽板可以充分利用板面混凝土抗压，但不能形成平整的天棚，倒槽板则反之。槽形板较空心板轻，但隔声、隔热性能较差，常用于工业建筑中。

槽形板是由纵、横肋和面板组成的主次梁板结构，纵肋截面高度一般为 120mm、180mm 和 240mm，肋的截面宽度为 $50\sim80$mm；面板厚度为 $25\sim30$mm；跨长 $l=3.0\sim6.0$m；常用板宽度 $b=600$mm、900mm 和 1500mm。

4. T 形板

T 形板有单 T 形板和双 T 形板两种（图 2-61d）。这类板的受力性能好，能跨越较大的空间，但整体刚度不如其他预制板。双 T 形板比单 T 形板有较好的整体刚度，但自重较大，对吊装能力要求较高。

T 形板的常用跨长 $l=6.0\sim12.0$m；肋截面高度为 $300\sim500$mm；常用板宽度 $b=1500\sim2100$mm。

2.6.2 楼盖梁

在装配式混凝土楼盖中，楼盖梁可为预制和现浇，视梁的截面尺寸和吊装能力而定。预制梁的截面形式有矩形、T 形、花篮形、十字形和十字形叠合梁等（图 2-62）。当梁截面较高时，为满足建筑净空要求，可选用十字形或花篮形梁。梁的高跨比一般为 $1/14\sim1/8$。

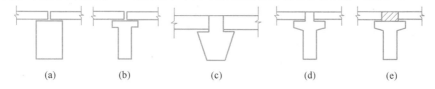

图 2-62 预制梁截面形式

(a) 矩形；(b) T 形；(c) 花篮形；(d) 十字形；(e) 十字形叠合梁

2.6.3 装配式构件的计算要点

装配式梁、板构件在使用阶段的承载力计算、变形和裂缝宽度验算等与现浇整体式结构构件相同。但这种构件在制作、运输和吊装阶段的受力状态与使用阶段不同，故还需进行施工阶段的验算。

1. 施工阶段验算

(1) 应按构件在制作、运输和吊装阶段的支点位置和吊点位置分别确定计算简图，并取最不利情况计算内力，验算承载力以及变形和裂缝宽度。

（2）在进行施工阶段的承载力验算时，结构重要性系数应较使用阶段承载力计算降低一级使用，但不得低于三级。

（3）在构件的运输和吊装阶段，荷载为构件自重，其自重除应乘以永久荷载分项系数外，考虑到该阶段的动力作用，尚应乘以动力系数：对脱模、翻转、吊装、运输时可取1.5；临时固定时可取1.2。

（4）对于预制楼板、挑檐板、雨篷板和预制小梁等构件，应考虑在最不利位置处作用1.0kN的施工集中荷载（人和施工小工具的自重）。当验算挑檐、雨篷的承载力时，应沿板宽每隔1.0m取一个集中荷载；在验算挑檐、雨篷的倾覆时，应沿板宽每隔2.5～3.0m取一个集中荷载。

2. 吊环设计

当吊钩直径小于等于14mm时，吊环宜采用HPB300钢筋制作；当吊钩直径大于14mm时，吊环应采用Q235钢棒制作。严禁使用冷加工钢筋，以防脆断。吊环埋入混凝土的深度不应小于$30d$（d为吊环钢筋或钢棒的直径），并应焊接或绑扎在构件的钢筋骨架上。

在构件的自重标准值G_k（不考虑动力系数）作用下，假定每个构件设置n个吊环，每个吊环按2个截面计算，吊环钢筋的允许拉应力值为$[\sigma_s]$，则吊环钢筋的截面面积A_s可按下式计算：

$$A_s = \frac{G_k}{2n[\sigma_s]} \tag{2-58}$$

当在一个构件上设有4个吊环时，上式中的n取3；吊环钢筋的允许拉应力值$[\sigma_s]$取值，当采用HPB300钢筋时，不应大于$65N/mm^2$；当采用Q235钢棒时，不应大于$50N/mm^2$。其中$65N/mm^2$是将HPB300级钢筋的抗拉强度设计值乘以折减系数而得到的。折减系数中考虑的因素有：构件自重荷载分项系数取1.2，吸附作用引起的超载系数取1.2，钢筋弯折后的应力集中对强度的折减系数取1.4，动力系数取1.5，钢丝绳角度对吊环承载力的影响系数取1.4，则折减系数为$1/(1.2\times1.2\times1.4\times1.5\times1.4)=0.236$，$[\sigma_s]=270\times0.236\approx65N/mm^2$。

2.6.4 装配式楼盖的连接构造

楼盖结构除承受竖向荷载外，还作为纵墙（横墙）的支点，将水平荷载传递给横墙（纵墙）。在这一传力过程中，楼盖在自身平面内，可视为支承在横墙（纵墙）上的深梁而承受平面内荷载所产生的弯矩和剪力。为此，应使板与板之间、板与梁或墙之间以及梁与墙之间具有可靠连接，以承受这些内力，保证楼盖在水平方向的整体性。另外，增强楼盖结构各构件之间的连接，也增强了楼盖承受竖向荷载的性能。因此，在装配式楼盖设计中，必须处理好各构件之间的连接构造。

1. 板与板的连接构造

板与板的连接一般采用强度等级不低于C30的细实混凝土灌缝（图2-63a）；当楼面有振动荷载或房屋有抗震设防要求时，板缝内应配置钢筋，并宜设置钢筋混凝土现浇层。现浇层厚度不应小于50mm，并应双向配置钢筋网（图2-63b）。

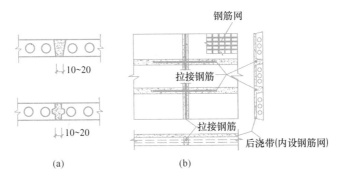

图 2-63　板与板的连接构造

（a）细石混凝土灌缝；（b）板缝配筋及板面现浇层

2. 板与墙、梁的连接构造

预制板直接搁置于墙、梁上时，支承处应铺设 10～20mm 厚的水泥砂浆找平层。板在墙上的支承长度应大于或等于 100mm，板在梁上的支承长度应大于或等于 80mm。

板与非承重墙或梁的连接，一般可采用细实混凝土灌缝（图 2-64a）。当板跨大于或等于 4.8m 时，应配置拉筋加强与墙体的连接（图 2-64c），或将钢筋混凝土圈梁设置于楼盖平面处（图 2-64b）以增强其整体性。

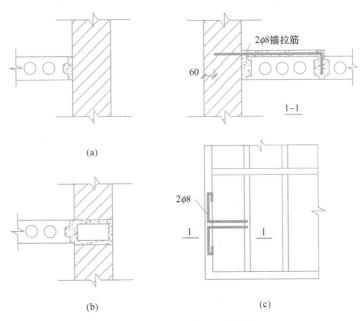

图 2-64　板与墙的连接构造

（a）细石混凝土灌缝；（b）设置钢筋混凝土圈梁；（c）设置拉筋

3. 梁与墙的连接构造

梁在砌体墙上的支承长度，应满足梁内受力钢筋在支座处的锚固要求和支座处砌体局部受压承载力要求。当砌体局部受压承载力不满足要求时，应按《砌体结构设计规范》的规定设置梁下垫块。预制梁在墙上的支承长度应不小于 180mm，预制梁应在支承处坐浆 10～20mm。

2.7 楼　　梯

楼梯（staircase）是多、高层房屋的竖向通道，其平面布置、踏步尺寸等由建筑设计确定。本节主要介绍楼梯的计算及构造特点。

2.7.1　楼梯的结构类型

目前，应用较多的有梁式楼梯、板式楼梯、折板悬挑式及螺旋式楼梯，如图 2-65 所示。

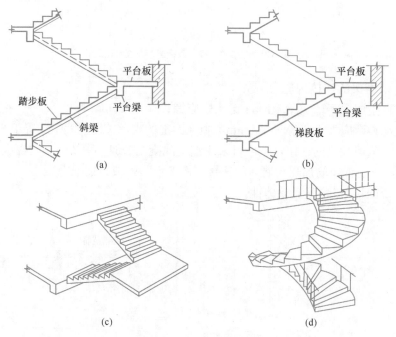

图 2-65　楼梯类型
（a）梁式楼梯；（b）板式楼梯；（c）折板悬挑式楼梯；（d）螺旋式楼梯

梁式楼梯由踏步板、斜梁、平台板及平台梁组成（图 2-65a）。踏步板支承在斜梁上，斜梁再支承于平台梁上。作用于楼梯上的荷载先由踏步板传给斜梁，再由斜梁传至平台梁。当梯段较长时，梁式楼梯较为经济，因而广泛用于办公楼、教学楼等建筑中。但这种楼梯施工比较复杂，外观也显得比较笨重。

板式楼梯是斜放的踏步板，板端支承在平台梁上（图 2-65b）。作用于踏步板（梯段）上的荷载直接传至平台梁。当梯段跨度较小（一般在 3m 以内）时，采用板式楼梯较为合适，如住宅房屋一般采用这种楼梯。板式楼梯的下表面平整，施工简捷，外观也较轻巧。但斜板较厚，为跨度的 1/30～1/25。

除上述两种主要形式的楼梯外，在一些居住和公共建筑中，也可采用折板悬挑和螺旋式楼梯。折板悬挑式楼梯具有悬挑的梯段和平台，支座仅设在上下楼层处（图 2-65c），当建筑中不宜设置平台梁和平台板的支承时，可予采用。螺旋式楼梯（图 2-65d）用于建筑上有特殊要求的地方，一般多在不便设置平台的场合，或者在需要有特殊的建筑造型时采用。这两种楼梯属空间受力体系，内力计算比较复杂，造价较高，施工也较麻烦。

2.7.2 梁式楼梯的计算

包括踏步板、斜梁、平台板及平台梁的计算，分述如下：

1. 踏步板的计算

梁式楼梯的踏步板（stair step slab）为两端斜支在梯段斜梁上的单向板。取一个踏步作为计算单元，其截面形式为梯形，如图2-66所示。为简化计算，踏步板的折算高度近似按梯形截面的平均高度采用，即 $h = c/2 + d/\cos\alpha$，其中 c 为踏步高度，d 为板厚。这样，踏步板就可按截面宽度为 b、高度为 h 的矩形板进行内力及配筋计算。应当指出，这种受弯的假定，同实际受力情况不一致，但配筋计算结果偏于安全。

2. 斜梁的计算

楼梯斜梁两端支承在平台梁上，一般按简支梁计算。作用在斜梁上的荷载为踏步板传来的均布荷载，其中恒荷载（包括踏步板、斜梁等自重重力荷载）按斜长方向计算，而活荷载则按水平方向计算。为了统一起见，通常也将恒荷载换算成水平投影长度上的均布荷载（图2-67a），图中的 p 包括恒荷载及活荷载，其值等于梁上的总荷载除以梁的水平投影长度 l。

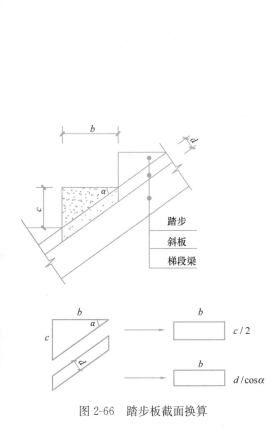

图 2-66　踏步板截面换算

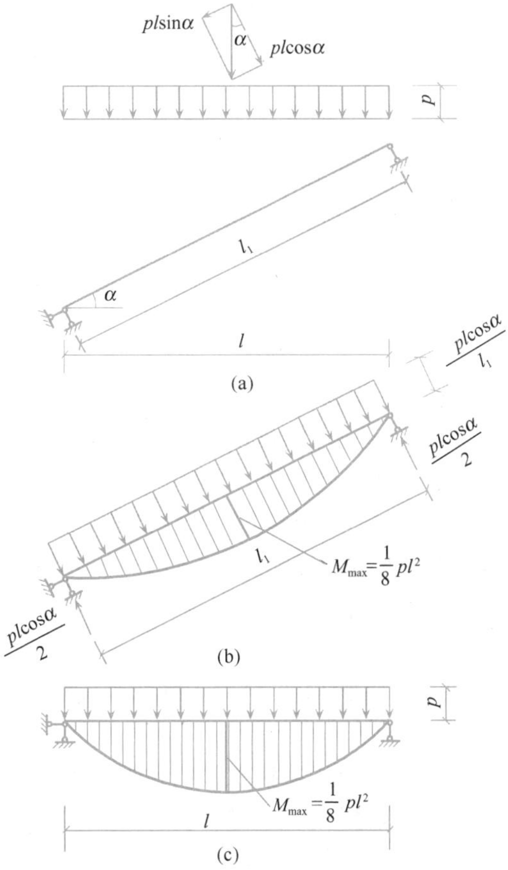

图 2-67　斜梁的弯矩及剪力

（a）斜梁计算简图；（b）跨中弯矩及支座剪力；

（c）实用计算简图

91

斜梁是斜向搁置的受弯构件，总竖向荷载 pl 中与斜梁纵轴垂直的荷载分量 $pl\cos\alpha$ 使梁产生弯矩和剪力。设斜梁长度为 l_1，其水平投影长度为 l，则与斜梁纵轴垂直作用的均布荷载为 $pl\cos\alpha/l_1$，斜梁跨中截面最大弯矩和支座截面剪力（图 2-67b）分别为

$$M_{\max} = \frac{1}{8}\left(\frac{pl\cos\alpha}{l_1}\right)l_1^2 = \frac{1}{8}pl^2$$

$$V = \frac{1}{2}\left(\frac{pl\cos\alpha}{l_1}\right)l_1 = \frac{1}{2}pl\cos\alpha$$

实际工程中，一般将斜梁按水平投影长度 l、荷载为 p 的水平简支梁计算，如图 2-67（c）所示。可见，按水平简支梁算得的跨中截面弯矩即为斜梁的实际跨中截面弯矩，但算得的支座截面剪力应乘以 $\cos\alpha$，才是实际的支座截面剪力。

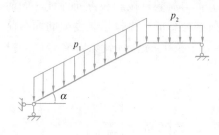

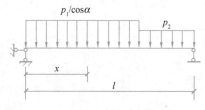

图 2-68　折线形斜梁计算

当无平台梁时，即形成折线形斜梁，这种梁也可按水平简支梁计算内力，如图 2-68 所示，图中的 p_1 值为斜梁段上的总荷载除以该梁段的斜长。由于其上作用的荷载值不同，须将梯段上的荷载化成水平投影长度上的均布荷载，并求出最大弯矩发生的截面位置，然后求出最大弯矩值。

斜梁的截面计算高度 h 应按垂直斜向轴线的梁高取用，并按倒 L 形截面计算其受弯承载力。

3. 平台板和平台梁的计算

平台板一般为承受均匀荷载的单向板，支承于平台梁及外墙上或钢筋混凝土过梁上，计算弯矩可取 $pl^2/8$ 或 $pl^2/10$，其中 l 为板的计算跨度。

平台梁承受平台板传来的均布荷载以及上、下楼梯斜梁传来的集中荷载，一般按简支梁计算内力，按受弯构件计算其承载力。

2.7.3　板式楼梯的计算

1. 梯段板的计算

梯段板的受力性能与梁式楼梯的斜梁相似，故二者的内力计算方法相同，考虑到平台梁对梯段两端的嵌固作用，计算时跨中截面弯矩可近似取为 $ql^2/10$。但对折线形板，应按折线形梁（图 2-68）的计算方法确定其内力。

2. 平台梁的内力计算

板式楼梯中的平台梁承受梯段板和平台板传来的均布荷载，故可按承受均布荷载的简支梁计算内力。

2.7.4　折板悬挑式楼梯和螺旋式楼梯的计算

如上所述，折板悬挑式楼梯（图 2-65c）和螺旋式楼梯（图 2-65d）属空间受力体系，内力计算比较复杂。限于篇幅，这里仅对这两种楼梯的计算简图作简要说明。

1. 折板悬挑式楼梯

这种楼梯的计算方法主要有板的相互作用法和空间刚架法两种。

（1）板的相互作用法

图 2-69（a）为折板悬挑式楼梯的计算简图，为便于说明，对各节点进行了编号，如

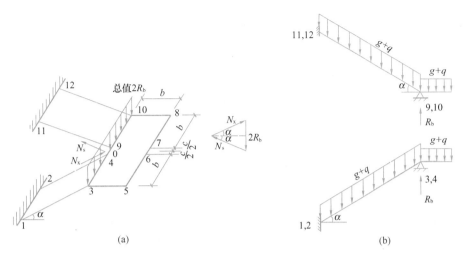

图 2-69　板的相互作用法基本内力计算简图

图中的 1～12。

板的相互作用法包括求解基本内力和附加内力。基本内力可按以下三个步骤计算：首先在两梯段板交线 3-4、9-10 处（图 2-69a）虚设不动铰支座，则得上、下跑梯段板（包括相应的平台板）的计算简图（图 2-69b），由此求出虚支座单位长度上的均布线反力 R 以及板中内力；然后把虚支座反力 R 反向施加到交线 3-4、9-10 上，以使结构恢复到实际受力状态，并由静力平衡条件求出上跑梯段板承受的拉力 N_s 及下跑梯段板承受的压力 N_x，如图 2-69（a）所示；最后叠加上述两个步骤所得的内力就是上、下跑梯段中的基本内力。

在基本内力作用下，上跑梯段板伸长，下跑梯段板缩短，楼梯整体下垂。考虑上、下跑梯段板在它们交线处的相互作用及其变形协调条件所求得的内力称为附加内力（或次内力），附加内力是对上述基本内力的修正。

（2）空间刚架法

此法是把上、下跑楼梯均简化为一根经过它们形心的直杆，平台板简化为半圆形的水平曲杆，整个楼梯成为由两根斜杆和半圆形水平曲杆组成的空间刚架，如图 2-70 中虚线所示。

2. 螺旋式楼梯

螺旋式楼梯（图 2-65d）的上端支承在楼面梁上，下端支承在地面上，其上、下端的转动约束作用有限，因此，计算螺旋式楼梯的内力时，其上、下支承端可假定为简支端。这样，螺旋式楼梯的计算简图就是

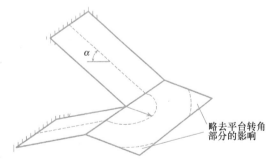

图 2-70　空间刚架法计算简图

以楼梯宽度中心线为计算轴线的两端简支的旋梁，如图 2-71 所示。

2.7.5　整体式楼梯的构造要求

梁式楼梯踏步板厚度一般取 $d = 30～40mm$。踏步板的受力钢筋除按计算确定外，要

求每一级踏步不少于2Φ6钢筋；沿梯段布置Φ6@250的分布钢筋，如图2-72所示。

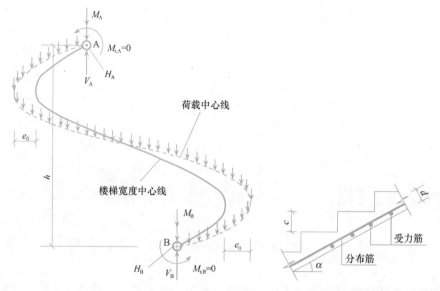

图 2-71　螺旋式楼梯的计算简图　　　　图 2-72　梁式楼梯踏步板配筋图

板式楼梯的踏步板厚度一般取（1/30～1/25）板跨，通常取 100～120mm。每个踏步需配置一根Φ8钢筋作为分布筋；考虑支座连接处的整体性，为防止板面出现裂缝，应在斜板上部布置适量的附加钢筋，其伸出支座长度为 $l_n/4$，如图2-73所示。

对于折线形板，在折角处如钢筋沿折角内边布置，则受力钢筋将产生向外的合力（图2-74a），可能使该处混凝土崩脱，所以此处的钢筋应断开后自行锚固（图2-74b）。当兼顾折角处负弯矩需要时，可按图2-74（c）所示的方法处理。

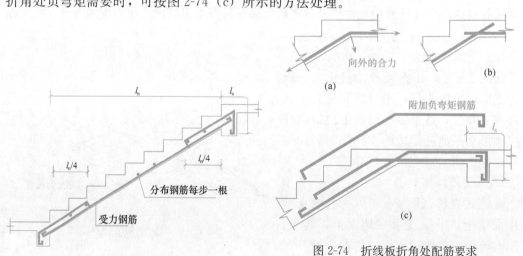

图 2-73　板式楼梯梯段板配筋图

图 2-74　折线板折角处配筋要求
（a）折角处钢筋受力示意；（b）、（c）配筋构造

2.7.6　整体式楼梯设计实例

某幼儿园梁式楼梯的结构布置图及剖面图如图2-75所示。作用于楼梯上的活荷载标准值为 3.5kN/m²，踏步面层采用 30mm 水磨石（0.65 kN/m²），底面为 20mm 厚混合砂

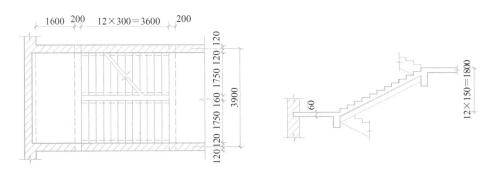

图 2-75　楼梯结构布置及剖面图

浆抹灰（17 kN/m³）。混凝土强度等级采用 C30，楼梯斜梁及平台梁中的受力纵筋采用 HRB400 级，其余钢筋均采用 HPB300 级。环境类别为一类。要求设计此楼梯。

1. 踏步板计算

（1）荷载计算　图 2-76 为踏步板的构造示意图，每个踏步板单位长度的自重重力荷载计算如下：

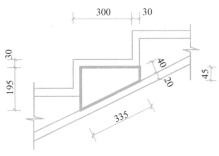

图 2-76　踏步板构造

踏步板自重	$(0.195+0.045)/2×0.3×25=0.900$kN/m
踏步抹面重	$(0.3+0.15)×0.65=0.293$kN/m
底面抹灰重	$0.335×0.02×17=0.114$kN/m

恒　荷　载	1.307kN/m
活　荷　载	$3.5×0.3=1.050$kN/m
总荷载设计值	$p=1.3×1.307+1.5×1.050=3.274$kN/m

（2）内力计算

楼梯斜梁的截面尺寸取为 150mm×300mm，则踏步板的计算跨度和跨中截面弯矩分别为

$$l = l_n + b = (1.75 - 2×0.15) + 0.15 = 1.6\text{m}$$

$$M = \frac{1}{8} × 3.274 × 1.6^2 = 1.048\text{kN·m}$$

（3）受弯承载力计算

踏步板截面的折算高度 $h = (195+45)/2 = 120$mm，$h_0 = 120 - 20 = 100$mm，

$b=300\text{mm}$；$f_c=14.3\text{N/mm}^2$，$f_y=270\text{N/mm}^2$，则

$$\alpha_s=\frac{M}{\alpha_1 f_c b h_0^2}=\frac{1.048\times10^6}{1.0\times14.3\times300\times100^2}=0.024，\xi=1-\sqrt{1-2\alpha_s}=0.024$$

$$A_s=\alpha_1 f_c b h_0 \xi/f_y=1.0\times14.3\times300\times100\times0.024/270=38\text{mm}^2$$

选 $2\Phi 8(A_s=101\text{mm}^2)$。

2. 楼梯斜梁计算

（1）荷载计算

踏步板传来的荷载　　　　　　　　　　　$\frac{1}{2}\times3.274\times1.75\times\frac{1}{0.3}=9.549\text{kN/m}$

斜梁自重　　　　　　　　　　$1.3\times(0.3-0.04)\times0.15\times25\times\frac{335}{300}=1.415\text{kN/m}$

斜梁抹灰重　　　　　　$1.3\times(0.3-0.04)\times2\times0.02\times17\times\frac{335}{300}=0.257\text{kN/m}$

楼梯栏杆重　　　　　　　　　　　　　　　　　　$1.3\times0.1=0.130\text{kN/m}$

总荷载设计值　　　　　　　　　　　　　　　　　　$p=11.351\text{kN/m}$

（2）内力计算

取平台梁截面尺寸为 200mm×400mm，则斜梁的水平投影计算跨度为 $l=l_n+b=$ $3.6+0.2=3.8\text{m}$。梁跨中截面弯矩及支座截面剪力分别为

$$M=\frac{1}{8}pl^2=\frac{1}{8}\times11.351\times3.8^2=20.489\text{kN}\cdot\text{m}$$

$$V=\frac{1}{2}pl\cos\alpha=\frac{1}{2}\times11.351\times3.8\times\frac{300}{335}=19.314\text{kN}$$

（3）承载力计算

$h_0=300-40=260\text{mm}$；$h'_f=40\text{mm}$；$b'_f=l/6=3800/6=633\text{mm}$，$b'_f=150+1450/2=$ 875mm，$h'_f/h=40/300=0.133>0.1$，可不考虑。最后取 $b'_f=633\text{mm}$。

$$f_c=14.3\text{N/mm}^2，f_t=1.43\text{N/mm}^2，f_y=360\text{N/mm}^2$$

$\alpha_1 f_c b'_f h'_f(h_0-0.5h'_f)=1.0\times14.3\times633\times40\times(260-0.5\times40)$

$\qquad\qquad=86.898\times10^6\text{N}\cdot\text{mm}>M$，所以属第一类 T 形截面。

$$\alpha_s=\frac{M}{\alpha_1 f_c b'_f h_0^2}=\frac{20.489\times10^6}{1.0\times14.3\times633\times260^2}=0.033，\xi=1-\sqrt{1-2\alpha_s}=0.033$$

$$A_s=\alpha_1 f_c b'_f h_0 \xi/f_y=1.0\times14.3\times633\times260\times0.033/360=216\text{mm}^2$$

选 $2\Phi 12(A_s=226\text{mm}^2)$。

因为 $0.7f_t b h_0=0.7\times1.43\times150\times260=39.039\text{kN}>V=19.314\text{kN}$，故只需按构造要求配置箍筋。选用双肢 $\Phi 8@200$。

3. 平台梁计算

平台板厚度取 60mm，面层采用 30mm 厚水磨石，底面为 20mm 厚混合砂浆抹灰。

（1）荷载计算

由平台板传来的均布恒载

$$1.3\times(0.65+0.06\times25+0.02\times17)\times(1.6/2+0.2)=3.237\text{kN/m}$$

由平台板传来的均布活载 $\qquad 1.5\times3.5\times(1.6/2+0.2)=5.250\text{kN/m}$

平台梁自重 $\qquad 1.3\times0.2\times(0.4-0.06)\times25=2.210\text{kN/m}$

平台梁抹灰重 $\qquad 1.3\times2\times(0.4-0.06)\times0.02\times17=0.301\text{kN/m}$

均布荷载设计值 $\qquad\qquad\qquad\qquad\qquad\qquad 10.998\text{kN/m}$

由斜梁传来的集中荷载设计值 $\qquad G+Q=11.351\times3.6/2=20.432\text{kN}$

（2）内力计算

平台梁计算简图如图 2-77 所示，其计算跨度为 $l=l_n+a=$ （1.75×2+0.16）+0.24 =3.9m

支座反力 R 为

$$R=\frac{1}{2}\times10.998\times3.9+2\times20.432=62.310\text{kN}$$

跨中截面弯矩 M 为

$$M=62.310\times\frac{3.9}{2}-\frac{1}{8}\times10.998\times3.9^2$$

$$-20.432\times(1.755+0.31/2)=61.569\text{kN}\cdot\text{m}$$

梁端截面剪力 V 为

$$V=\frac{1}{2}\times10.998\times3.66+20.432\times2$$

$$=60.990\text{kN}$$

由于靠近楼梯间墙的梯段斜梁距支座过近，剪跨过小，故其荷载将直接传至支座，所以计算斜截面宜取在斜梁内侧，此处剪力 V_1 为

$$V_1=\frac{1}{2}\times10.998\times3.36+20.432=38.909\text{kN}$$

（3）正截面受弯承载力计算

$h_0=400-40=360\text{mm}$，$b=200\text{mm}$；$h'_f=60\text{mm}$；$b'_f=l/6=3900/6=650\text{mm}$，$b'_f=200+1600/2=1000\text{mm}$，最后取 $b'_f=650\text{mm}$。

$\alpha_1 f_c b'_f h'_f(h_0-0.5h'_f)=1.0\times14.3\times650\times60\times(360-0.5\times60)=184.041\text{kN}\cdot\text{m}>M$，应按第一类 T 形截面计算。

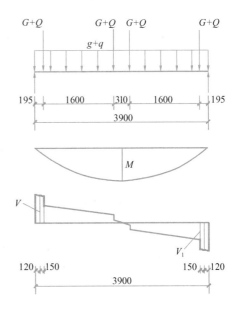

图 2-77　平台梁计算简图

$$\alpha_s=\frac{M}{\alpha_1 f_c b'_f h_0^2}=\frac{61.569\times10^6}{1.0\times14.3\times650\times360^2}=0.051,\ \xi=1-\sqrt{1-2\alpha_s}=0.052$$

$$A_s=\alpha_1 f_c b'_f h_0\xi/f_y=1.0\times14.3\times650\times360\times0.052/360=483\text{mm}^2$$

选用 2 Φ 18（A_s＝ 509mm^2）。

（4）斜截面受剪承载力计算

因为 $0.7 f_t b h_0 = 0.7 \times 1.43 \times 200 \times 360 = 72.072 \mathrm{kN} > V$，所以只需按构造要求配置箍筋。选用双肢$\Phi$ 8@200。

（5）吊筋计算

采用附加箍筋承受梯段斜梁传来的集中力。设附加箍筋为双肢Φ 8，则所需箍筋总数为

$$m = \frac{G+Q}{n A_{sv1} f_y} = \frac{20.432 \times 10^3}{2 \times 50.3 \times 270} = 0.752$$

平台内在梯段斜梁两侧处各配置两个双肢Φ 8箍筋。

楼梯配筋图如图 2-78 所示。

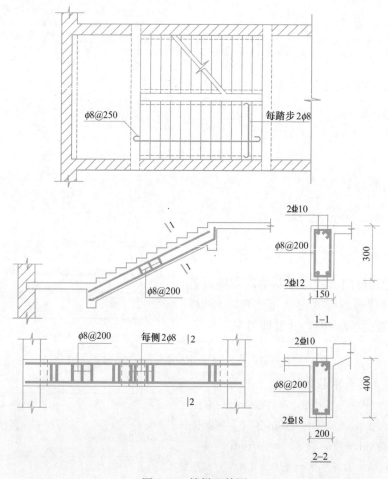

图 2-78　楼梯配筋图

4. 平台板计算

平台板的内力计算及配筋构造与一般平板的设计相仿，不再赘述。

2.8 悬 挑 结 构

2.8.1 概述

悬挑结构是工程结构中的常见结构形式之一，如建筑工程中的雨篷、挑檐、外阳台、挑廊等。这种结构是从主体结构悬挑出梁或板，形成悬臂结构，其本质上仍是梁板结构。有整体式和装配式两种结构形式，工程中多采用整体式悬挑结构。

悬挑结构一般由支承构件和悬挑构件组成。根据其悬挑长度，有以下两种结构布置方案：

（1）悬挑梁板结构。即从支承结构悬挑出梁，在悬挑梁上布置板，板上的荷载全部传给挑梁（装配式），或部分荷载直接传给支承梁、部分荷载传给挑梁后再传给支承梁（整体式）。一般在悬挑长度较大时采用这种结构布置方案。

（2）悬挑板结构。即直接从支承梁悬挑出板，板上的荷载直接传给支承梁。一般在悬挑长度较小时采用这种结构布置方案。

悬挑结构的内力计算包括支承构件和悬挑构件的计算。悬挑构件按悬臂构件计算其内力，因是静定结构，故计算简单。支承构件视具体结构情况，应采用不同的计算方法。如主体结构为钢筋混凝土结构，则可将悬挑构件与主体结构一起作为整体按主体结构的计算简图进行分析，这样可同时得到支承构件和悬挑构件的内力。如主体结构为砌体结构，一般有两种情况：一种是将挑梁埋入砌体墙中，其支承构件是砌体墙，此时应对挑梁下的砌体墙进行受压及局部承压承载力验算，并按抗倾覆要求验算挑梁的埋入长度；第二种是在门、窗洞口上布置过梁，从过梁上外伸悬臂板，此时支承构件为过梁，这种悬挑构件一般称为雨篷。

本节仅对雨篷的计算特点和构造作简要说明。

2.8.2 雨篷设计

1. 一般说明

雨篷一般由雨篷板和雨篷梁组成，如图 2-79 所示。雨篷梁起两种作用：一是支承雨篷板，二是兼作过梁，承受上部墙体重量和楼面梁、板传来的荷载。在荷载作用下，这种雨篷可能发生三种破坏：（1）雨篷板在支承处截面的受弯破坏；（2）雨篷梁受弯、剪、扭作用而发生破坏；（3）整体倾覆破坏。因此，雨篷的计算包括雨篷板、雨篷梁的计算和整体抗倾覆验算。关于雨篷整体抗倾覆验算的内容，见《砌体结构设计规范》GB 50003，本节仅介绍前两个内容。

2. 雨篷板的设计

作用于雨篷板上的永久荷载包括板自重、面

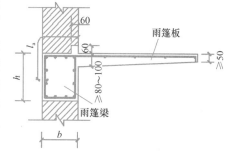

图 2-79 雨篷的构造要求

层和粉刷层等自重。可变荷载包括雪荷载与均布可变荷载（一般取 $0.5kN/m^2$），二者中取较大值；另外尚应考虑在板端部作用施工或检修集中荷载（在板端部沿板宽每隔 1.0m 取一个 1.0kN 的集中荷载）。雪荷载或均布可变荷载与板端部的集中荷载不同时考虑，计算时取不利者。

当雨篷板无边梁时，应按悬臂板计算内力，并取板的固端负弯矩值按根部板厚进行截面配筋计算，受力钢筋应布置在板顶，其伸入雨篷梁的长度应满足受拉钢筋锚固长度的要求（图 2-79）。有边梁时，按一般梁板结构设计。

一般民用房屋雨篷板的悬挑长度为 500～1200mm，视建筑要求而定。现浇雨篷板一般做成变厚度，其根部最小厚度要求见表 2-1，如图 2-79 所示。

3. 雨篷梁的设计

雨篷梁除承受自重及雨篷板传来的均布荷载和集中荷载外，还承受雨篷梁上的墙体重量及上部楼层梁板可能传来的荷载，后者的取值按《砌体结构设计规范》GB 50003 中过梁的规定取用。由于悬臂雨篷板上作用的均布荷载和集中荷载的作用点不在雨篷梁的竖向对称平面上（图 2-80a），因此这些荷载还将使雨篷梁产生扭矩（图 2-80b）。

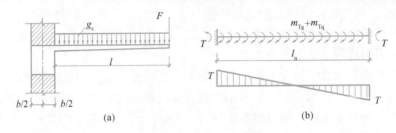

图 2-80　雨篷梁的扭矩计算
(a) 雨篷受力示意；(b) 雨篷梁的扭矩

雨篷梁在平面内竖向荷载作用下，按简支梁计算弯矩和剪力。计算弯矩时，对于施工荷载，应沿板宽每隔 1m 取一个集中荷载，并假定雨篷板板端传来的 1.0kN 集中荷载 F 与梁跨中位置对应，再另外考虑均布活荷载出现的可能性。雨篷梁跨中截面最大弯矩取下列两式中的较大值，即

$$M = \frac{1}{8}(g+q)l_b^2 \quad \text{或} \quad M = \frac{1}{8}gl_b^2 + \frac{1}{4}Fl_b$$

式中，g、q 为作用在雨篷梁上的线均布恒载、活载值（分别包括梁自重、墙重等以及雨篷板传来的荷载）；l_b 为雨篷梁的计算跨度。

计算剪力时，假定雨篷板板端传来的 1.0kN 集中荷载 F 与雨篷梁支座边缘位置对应，同样也考虑均布活荷载出现的可能性，则雨篷梁支座边缘截面剪力取下列两式中的较大值，即

$$V = \frac{1}{2}(g+q)l_{bn} \quad \text{或} \quad V = \frac{1}{2}gl_{bn} + F$$

式中，l_{bn} 为雨篷梁的净跨度。

雨篷梁在线扭矩荷载作用下，按两端固定梁计算扭矩。雨篷板上的均布恒载 $g_s(\text{kN/m}^2)$ 及均布活荷载 $q_s(\text{kN/m}^2)$ 在雨篷梁上引起的线扭矩荷载分别为 $m_{Tg} = g_s l(l+b)/2$，$m_{Tq} = q_s l(l+b)/2$，则雨篷梁支座边缘截面的扭矩取下列两式中的较大值，即

$$T = \frac{1}{2}(m_{Tg}+m_{Tq})l_{bn} \quad \text{或} \quad T = \frac{1}{2}m_{Tg}l_{bn} + F\left(l+\frac{b}{2}\right)$$

式中，l 为雨篷板的悬臂长度；b 为雨篷梁的截面宽度，如图 2-80 所示。

雨篷梁在竖向荷载和线扭矩荷载作用下，将产生弯矩、剪力和扭矩，因此雨篷梁的纵筋和箍筋数量应分别按弯、剪、扭承载力计算确定，并应满足相应的构造要求。

小　结

2.1　梁板结构设计的主要步骤是：结构选型和结构布置；结构计算（包括确定计算简图、荷载计算、内力分析、内力组合及截面配筋计算等）；结构构造设计及绘施工图。其中结构选型和结构布置属结构方案设计，其合理与否对整个结构的可靠性和经济性有重大影响，应根据使用要求、结构受力特点等慎重考虑。

2.2　确定结构计算简图（包括计算模型和荷载图式等）是进行结构分析的关键。应抓住主要因素，忽略次要因素，反映结构受力和变形的基本特点，用一个简化图形代替实际结构。

2.3　在荷载作用下，如果板是双向受力双向弯曲，则称为双向板；否则为单向板。设计中可按板的四边支承情况和板的两个方向的跨度比值来区分单、双向板。

2.4　在整体式单向板肋梁楼盖中，主梁一般按弹性理论计算内力，板和次梁可按考虑塑性内力重分布方法计算内力。按塑性理论计算结构内力时，一般要求结构满足三个条件：（1）平衡条件，即内力和外力保持平衡，对连续梁、板的任一跨，应满足式（2-16）；（2）塑性条件，$\theta_p \leqslant [\theta_p]$，即外荷载作用下结构控制截面的塑性转角应小于该截面塑性极限转角（塑性铰转动能力）；（3）适用性条件，即考虑塑性内力重分布后，结构应满足正常使用阶段的变形和裂缝宽度限值。

2.5　为了满足塑性条件 $\theta_p \leqslant [\theta_p]$，一方面要求塑性铰的转动幅度不宜过大，主要是限制塑性铰截面的弯矩调幅度 $\beta \leqslant 25\%$；另一方面要求塑性铰有足够的转动能力，主要是要求塑性铰截面的相对受压区高度应满足 $0.1 \leqslant \xi \leqslant 0.35$，另外还要求采用 HPB300、HRB400、HRBF400、HRB500、HRBF500 级钢筋和较低强度等级的混凝土（宜在 C25～C45 范围内）。

2.6　双向板可按弹性理论和塑性理论计算内力。按塑性理论计算时，可用机动法、极限平衡法和板带法，其中前两种方法属上限解法；后一种则属下限解法。用上限解法求解极限荷载时，一般先假定塑性铰线分布（布置的塑性铰线应能使板形成机动体系），然后由功能方程（机动法）或平衡方程（极限平衡法）求出极限荷载。

2.7　柱支承板楼盖是指双向板支承在截面高度相对较小、较柔性的梁上，或柱轴线上没有梁（如无柱帽平板、有柱帽平板及双向密肋板）的楼盖结构体系。分析这种楼盖结构时，应采用考虑梁、板共同工作的分析方法，本章介绍的直接设计法和等效框架法是目前较为合理的考虑梁、板共同工作的简化分析方法。

2.8　无黏结预应力混凝土楼盖的作用效应由外荷载效应和预应力筋对楼盖的作用效应两部分组成。预应力筋对楼盖的作用可用一组等效荷载代替，于是预应力混凝土楼盖可视为同时受外荷载和等效荷载作用的非预应力混凝土楼盖，从而可用一般结构力学方法计算其作用效应，这就是"等效荷载法"。

2.9　梁式楼梯的斜梁和板式楼梯的梯段板均是斜向结构，其内力可按跨度为水平投影长度的水平结构进行计算，相应地取沿水平长度的线均布荷载值，由此计算所得弯矩为其实际弯矩，但剪力应乘以 $\cos\alpha$。折板悬挑式楼梯和螺旋式楼梯应按空间结构进行分析。

2.10　悬挑构件的设计有一些特殊问题，其中雨篷梁和雨篷板上的荷载取值与一般构件不尽相同，雨篷应进行整体抗倾覆验算以及雨篷梁应按弯、剪、扭构件设计等。

思　考　题

2.1　楼盖结构有哪几种类型，各有何特点？简述现浇整体式混凝土楼盖结构设计的一般步骤。

2.2　什么是单向板和双向板？它们的受力特征有何不同？实用上如何判别？

2.3　现浇单向板肋梁楼盖中，当按弹性理论计算结构内力时，如何确定主梁、次梁和板的计算跨度？当按塑性理论计算内力时，如何确定次梁和板的计算跨度？

2.4　主梁作为次梁的不动铰支座，柱作为主梁的不动铰支座，各应满足什么条件？当不满足这些条件时，计算简图应如何确定？计算单向连续板和连续次梁内力时，为什么应采用折算荷载？

2.5　为什么应考虑活荷载的不利布置？说明确定截面最不利内力的活荷载布置原则。如何绘制连续梁的内力包络图？

2.6　什么是钢筋混凝土受弯构件的塑性铰？它与结构计算简图中的理想铰有何不同？影响塑性铰转动能力的因素有哪些？

2.7　什么是钢筋混凝土超静定结构的塑性内力重分布？塑性铰的转动能力与塑性内力重分布有何关系？

2.8　什么是弯矩调幅法？应用弯矩调幅法应遵循哪些原则？

2.9　连续单向板中受力钢筋的弯起和截断有哪些要求？单向板中有哪些构造钢筋？它们有何作用？

2.10　如何利用单区格双向板的弹性弯矩系数计算连续双向板的跨中最大正弯矩值和支座最大负弯矩值（绝对值）？该法的适用条件是什么？

2.11　双向板达到承载能力极限状态的标志是什么？简要说明用机动法和极限平衡法计算双向板极限荷载的步骤。

2.12　说明无梁楼盖的受力特点及内力的实用计算方法。

2.13　什么是等效荷载法？如何确定预应力筋在超静定结构中产生的主弯矩、综合弯矩和次弯矩？

2.14　常用楼梯有哪几种类型？如何计算梁式楼梯和板式楼梯中各构件的内力？折板悬挑式楼梯和螺旋式楼梯的计算简图各应如何确定？

2.15　雨篷计算包括哪些内容？作用于雨篷梁上的荷载有哪些？有边梁雨篷板和无边梁雨篷板的内力各应如何计算？

习　题

2.1　两跨连续梁如图 2-81 所示，梁上作用集中恒载标准值 $G_k = 50kN$，集中活荷载标准值 $Q_k = 80kN$。试求：（1）按弹性理论计算的设计弯矩包络图；（2）按考虑塑性内力重分布，中间支座弯矩调幅 25% 后的设计弯矩包络图。

2.2　习题 2.1 中梁的截面尺寸 $b \times h = 300mm \times 650mm$，混凝土采用 C30，纵筋为 HRB400 级钢筋，梁中间支座截面负弯矩配筋和跨中截面正弯矩配筋均为 4 Φ 20 钢筋。假定梁上跨度三分之一点处各仅作用固定的集中荷载 F。求：（1）此梁按弹性理论计算时所能承受的集中荷载 F 值；（2）按塑性理论计算时所能承受的集中荷载 F；（3）中间支座截面的弯矩调幅系数是多少？

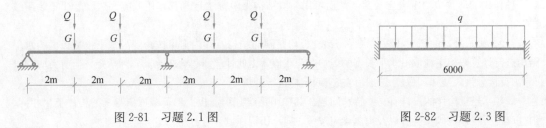

图 2-81　习题 2.1 图　　　　　　　　　　图 2-82　习题 2.3 图

2.3　两端固定梁，承受均布荷载（图 2-82）。已知支座截面的极限弯矩设计值 $M_u = 240kN \cdot m$，跨中截面的极限弯矩设计值 $M_u = 200kN \cdot m$。求：（1）支座截面出现塑性铰时，梁所能负担的荷载设计值 q_1；（2）梁达到承载能力极限状态时所能负担的荷载设计值 q_u；（3）支座截面的弯矩调幅系数是多少？

2.4 双向板肋梁楼盖如图 2-83 所示，梁、板现浇，板厚 120mm，梁截面尺寸均为 300mm×500mm，在砖墙上的支承长度为 240mm；板周边支承于砖墙上，支承长度 120mm。楼面永久荷载（包括板自重）标准值为 3kN/m²，可变荷载标准值为 5kN/m²。混凝土强度等级为 C30，板内受力钢筋采用 HRB400 级钢筋。试分别用弹性理论和塑性理论计算板的内力和相应的配筋。

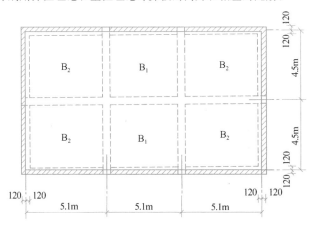

图 2-83 习题 2.4 图

2.5 两对边固定，另两对边简支的双向板，如图 2-84 所示。板面作用均布荷载，设跨中截面单位宽度上的极限弯矩 $m_y = m_u$，$m_x = 0.5m_u$；支座截面单位宽度上的极限弯矩 $m_x' = m_x'' = 2m_x$，$l_x/l_y = 1.5$。试分别用机动法和极限平衡法求此板所能承受的极限荷载 p_u。

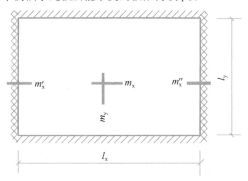

图 2-84 习题 2.5 图

第 3 章 单 层 厂 房 结 构

3.1 概   述

工业厂房由于生产性质、工艺流程、机械设备和产品的不同，有单层和多层之分。单层厂房（one-story industrial building）是目前工业建筑中应用范围比较广泛的一种建筑类型，多用于机械设备和产品较重且轮廓尺寸较大的生产车间，以便于大型设备可直接安装在地面上，使生产工艺流程和车间内部运输比较容易组织。因此，冶金、机械制造等的炼钢、轧钢、铸造、锻压、金工、装配、铆焊、机修等车间通常设计成单层厂房。纺织厂也常是单层厂房。

3.1.1 单层厂房的结构类型

单层厂房结构依据其主要承重结构所用材料分为砌体结构、钢筋混凝土结构和钢结构等。承重结构的选择主要取决于厂房的跨度、高度和吊车起重量等因素。一般来说，对无吊车或吊车吨位不超过 5t、跨度在 15m 以内、柱顶标高不超过 8m 且无特殊工艺要求的小型厂房，可采用砌体结构。对有重型吊车（吊车吨位在 250t 以上、吊车工作级别为 A4、A5 级）、跨度大于 36m 或有特殊工艺要求（如设有 10t 以上的锻锤或高温车间的特殊部位）的大型厂房，可采用钢结构或由钢筋混凝土柱与钢屋架组成的结构。除上述情况以外的单层厂房均可采用钢筋混凝土结构。而且除特殊情况之外，一般均采用装配式钢筋混凝土结构。目前，随着我国钢产量的增加，越来越多的厂房采用钢结构。

钢筋混凝土单层厂房按承重结构体系可分为排架（bent-frame）结构和刚架（rigid-frame）结构两类。

装配式钢筋混凝土排架结构是单层厂房中应用最广泛的一种结构形式，它是由屋架或屋面梁、柱和基础所组成，柱顶与屋架为铰接，柱底与基础顶面为固接，形成排架结构。根据生产工艺和使用要求的不同，排架结构可设计成单跨或多跨、等高或不等高或锯齿形等多种形式，如图 3-1 所示。钢筋混凝土排架结构的跨度可超过 30m，高度可达 20～30m 或更大，吊车起重量可达 150t 甚至更大。

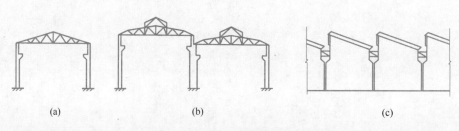

图 3-1 排架结构

(a) 单跨排架；(b) 不等高排架；(c) 锯齿形排架

刚架结构也是由横梁、柱和基础组成，常用的为装配式钢筋混凝土门式刚架（以下简称门架）。与排架结构不同，门架结构中的柱与横梁为刚接，而柱与基础一般为铰接。当结构顶点也做成铰接时，即成为三铰门架，如图 3-2（a）所示。当结构顶点做成刚接时，即成为二铰门架，如图 3-2（b）所示。当门架跨度较大时，为了便于运输和吊装，通常将整个门架做成三段，在横梁弯矩较小的截面处设置接头，用焊接或螺栓连接成整体，如图 3-2（c）所示。门架的立柱和横梁通常设计成变截面构件，以适应门架的受力特点，减少构件材料用量。构件截面一般为矩形，但当跨度和高度较大时，也可设计成Ⅰ形或空腹截面。门架结构的优点是梁柱合一，构件种类少，制作简单，结构轻巧，当厂房跨度和高度均较小时其经济指标稍优于排架结构。门架结构的缺点是刚度较差，受荷载后会产生跨变，梁柱的转角处易产生早期裂缝。此外，由于门架的构件呈"Ⅰ"形或"Y"形，其翻身、吊装和对中就位等均比较麻烦，所以其应用受到一定的限制。门架结构一般适用于屋盖较轻的无吊车或吊车起重量不超过 10t、跨度不超过 18m、檐口高度不超过 10m 的中、小型单层厂房或仓库等。对有些公共建筑（如礼堂、食堂、体育馆等）也可采用门架结构。

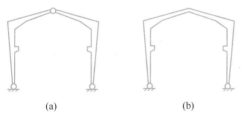

图 3-2　门式刚架结构
(a) 三铰门架；(b) 两铰门架；(c) 三段式门架

此外，V 形折板结构和 T 形板结构在单层厂房、仓库和公共建筑等中也得到一定的应用。V 形折板结构是一种用于屋盖的板架合一的空间结构，由折板、三脚架和托架组成，如图 3-3 所示，也可将折板直接搁置在砖墙上。这种结构体系的特点是体形新颖，传力简捷，构件自重轻、用料省、类型少及施工快等。但屋面采光和通风不易处理好，一般适用于无吊车或吊车起重量小于 3t 的小型厂房。T 形板结构由 T 形屋面板、承重墙和基础组成，且可将 T 形板竖向搁置兼作承重墙柱，如图 3-4 所示；这种结构的特点是屋盖结构板梁合一，构件数量少，便于工厂化生产，构造简单，但其横向刚度较差，一般适用于无吊车或吊车起重量较小的小型厂房。

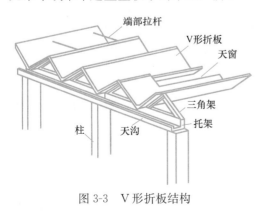

图 3-3　V 形折板结构

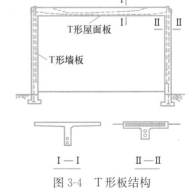

图 3-4　T 形板结构

3.1.2　单层厂房结构分析方法

对单层厂房排架结构体系，在持久和短暂设计状况下，单层厂房结构主要承受恒载、屋面活载、吊车荷载和风荷载等作用，为简化计算，目前一般将其简化为纵、横向的平面排架结构，按线弹性分析方法分别进行内力计算；只有当吊车起重量较大时，才考虑厂房空间作用的影响。在地震设计状况下，单层厂房结构横向抗震验算可按平面结构进行简化计算，但应考虑厂房空间作用和扭转影响以及吊车桥架影响对地震作用效应予以调整；或考虑屋盖平面内弹性变形和墙体的有效刚度影响，将单层厂房按多质点空间结构进行分析。

本章主要介绍装配式钢筋混凝土单层厂房排架结构设计中的主要问题。

3.2　结构组成及荷载传递

3.2.1　结构组成

单层厂房结构是由多种构件组成的空间受力体系，如图 3-5 所示。根据各构件的作用不同，可将其分为承重结构构件、围护结构构件和支撑体系三大部分。直接承受荷载并将荷载传递给其他构件的构件为承重结构构件；以承受自重和作用其上的风荷载为主的纵墙、山墙、连系梁、抗风柱等为围护结构构件；支撑体系是连系屋架、天窗架、柱等以增强结构整体性的重要组成构件，分为屋盖支撑体系和柱间支撑。单层厂房各构件及其作用归纳列于表 3-1。

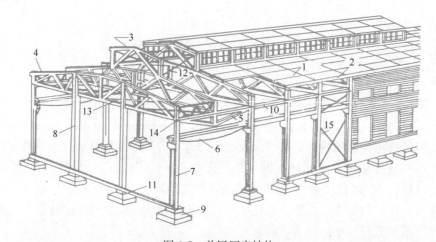

图 3-5　单层厂房结构

1—屋面板；2—天沟板；3—天窗架；4—屋架；5—托架；6—吊车梁；7—排架柱；8—抗风柱；
9—基础；10—连系梁；11—基础梁；12—天窗架垂直支撑；13—屋架下弦横向水平支撑；
14—屋架端部垂直支撑；15—柱间支撑

单层厂房结构构件及其作用　　　　　　　　　　　　　　　　　　表 3-1

构件名称			构件作用	备　注
承重结构构件	屋盖结构	屋面板	承受屋面构造层自重、屋面活荷载、雪荷载、积灰荷载以及施工荷载等，并将它们传给屋架（屋面梁），具有覆盖、围护和传递荷载的作用	支撑在屋架（屋面梁）或檩条上

构件名称		构件作用	备注
承重结构构件	屋盖结构 — 天沟板	屋面排水并承受屋面积水及天沟板上的构造层自重、施工荷载等，并将它们传给屋架	
	天窗架	形成天窗以便于采光和通风，承受其上屋面板传来的荷载及天窗上的风荷载等，并将它们传给屋架	
	托架	当柱距比屋架间距大时，用以支撑屋架，并将荷载传给柱	屋架间距与屋面板长度相同
	屋架（屋面梁）	与柱形成横向排架结构，承受屋盖上的全部竖向荷载，并将它们传给柱	
	檩条	支撑小型屋面板（或瓦材），承受屋面板传来的荷载，并将它们传给屋架	有檩体系屋盖中采用
	排架柱	承受屋盖结构、吊车梁、外墙、柱间支撑等传来的竖向和水平荷载，并将它们传给基础	同时为横向排架和纵向排架中的构件
	吊车梁	承受吊车竖向和横向或纵向水平荷载，并将它们分别传给横向或纵向排架	简支在柱牛腿上
	基础	承受柱、基础梁传来的全部荷载，并将它们传给地基	
支撑体系	屋盖支撑	加强屋盖结构空间刚度，保证屋架的稳定，将风荷载传给排架结构	
	柱间支撑	加强厂房的纵向刚度和稳定性，承受并传递纵向水平荷载至排架柱或基础	有上柱柱间支撑和下柱柱间支撑
围护结构构件	抗风柱	承受山墙传来的风荷载，并将它们传给屋盖结构和基础	也是围护结构的一部分
	外纵墙山墙	厂房的围护构件，承受风荷载及其自重	
	连系梁	连系纵向柱列，增强厂房的纵向刚度，并将风荷载传递给纵向柱列，同时还承受其上墙体的重量	
	圈梁	加强厂房的整体刚度，防止由于地基不均匀沉降或较大振动荷载引起的不利影响	
	过梁	承受门窗洞口上部墙体的重量，并将它们传给门窗两侧墙体	
	基础梁	承受围护墙体的重量，并将它们传给基础	

为了便于分析厂房结构的受力特点，可将结构整体分为以下几个子结构体系。

（1）屋盖结构（roof system）：由排架柱顶以上部分各构件（包括屋面板、天沟板、天窗架、屋架、檩条、屋盖支撑、托架等）所组成，其作用主要是围护和承重（承受屋盖结构的自重、屋面活载、雪载和其他荷载，并将这些荷载传给排架柱），以及采光和通风，并与厂房柱组成排架结构。

屋盖结构分有檩体系和无檩体系两种。有檩体系由小型屋面板、檩条、屋架及屋盖支撑所组成（图3-6a）。这种屋盖的构件小而轻，便于吊装和运输，但其构造和荷载传递都比较复杂，整体性和刚度也较差，仅适用于一般中、小型厂房。无檩体系由大型屋面板、屋架或屋面梁及屋盖支撑组成（图3-6b）。这种屋盖的屋面刚度大、整体性好、构件数量和种类较少，施工速度快，适用于具有较大吨位吊车或有较大振动的大、中型或重型工业厂房，是单层厂房中应用较广的一种屋盖结构形式。

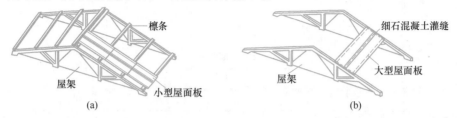

图 3-6　屋盖结构

(a) 有檩体系；(b) 无檩体系

（2）横向平面排架：由屋架（或屋面梁）、横向柱列及其基础所组成的横向平面骨架，是单层厂房的基本承重结构，如图3-7所示。厂房承受的竖向荷载（包括结构自重、屋面活载、雪载和吊车竖向荷载等）及横向水平荷载（包括风载、吊车横向制动力、横向水平地震作用等）主要通过横向平面排架传至基础及地基。

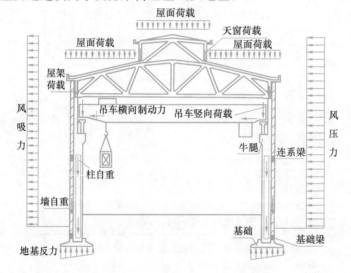

图 3-7　横向平面排架组成及荷载图

（3）纵向平面排架：由连系梁、吊车梁、纵向柱列、柱间支撑和基础等构件组成的纵向平面骨架，如图3-8所示。其作用是保证厂房结构的纵向稳定性和刚度，承受作用在厂房结构上的纵向水平荷载，并将其传给地基，同时还承受因温度变化及收缩变形而产生的内力。

（4）围护结构：由纵墙、山墙（横墙）、抗风柱（有时设抗风梁或桁架）、连系梁、基

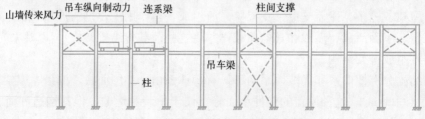

图 3-8　纵向平面排架组成及荷载图

础梁等构件组成，兼有围护和承重的作用。这些构件所承受的荷载主要是墙体和构件的自重以及作用在墙面上的风荷载。

3.2.2　主要荷载及其传递路线

单层厂房主要承受永久荷载和可变荷载。永久荷载（或称为恒载）主要包括各种结构构件、围护结构及固定设备的自重。可变荷载（或称为活载）主要包括屋面活载、雪荷载、风荷载、吊车荷载和地震作用等，对大量排灰的厂房（如炼钢厂的转炉车间、机械厂的铸造车间以及水泥厂等）及其邻近建筑物还应考虑屋面积灰荷载。

上述荷载按其作用方向可分为竖向荷载、横向水平荷载和纵向水平荷载三种。其中前两种荷载主要通过横向平面排架传至地基（图 3-7），第三种荷载通过纵向平面排架传至地基（图 3-8）。由于厂房的空间作用，荷载（特别是水平荷载）传递过程比较复杂，为了便于理解，可将横向平面排架承受的竖向荷载和横向水平荷载以及纵向平面排架承受的纵向水平荷载的传递路线近似简化表达如下（图 3-9）：

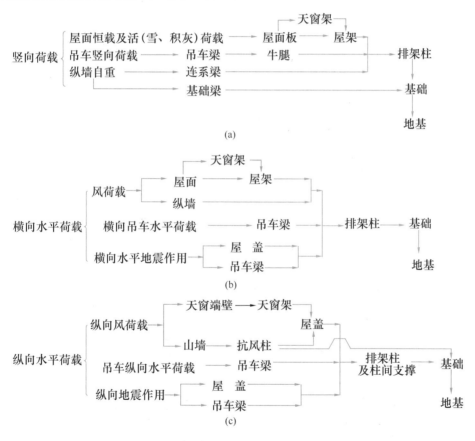

图 3-9　单层厂房荷载的传递路线

(a) 横向平面排架的竖向荷载；(b) 横向平面排架的横向水平荷载；
(c) 纵向平面排架的纵向水平荷载

由上可见，横向排架是单层厂房中的主要承重结构，而屋架、吊车梁、排架柱和基础是主要承重构件。结构设计中必须使主要承重构件具有足够的承载力和刚度，以确保厂房结构的可靠性。

3.3 结 构 布 置

3.3.1 结构平面布置

1. 柱网布置

厂房承重柱的纵向和横向定位轴线所形成的网格，称为柱网。柱网布置就是确定纵向定位轴线之间（跨度）和横向定位轴线之间（柱距）的尺寸。柱网尺寸确定后，承重柱的位置以及屋面板、屋架、吊车梁和基础梁等构件的跨度也随之确定。因此，柱网布置是否合理，将直接影响厂房结构的经济性和技术先进性。

柱网布置的原则，首先应满足生产工艺及使用要求，在此前提下力求建筑平面和结构方案经济合理；另外，为了保证结构构件标准化和系列化，还应符合《厂房建筑模数协调标准》GB/T 50006 规定的建筑模数，以 100mm 为基本模数，用"1M"表示。当厂房的跨度小于或等于 18m 时，应采用扩大模数 30M 数列，即 9m，12m，15m 和 18m；当厂房的跨度大于 18m 时，宜采用扩大模数 60M 数列，即 18m，24m，30m，36m 等。厂房的柱距应采用扩大模数 60M 数列，当工艺有特殊要求时，可局部抽柱；厂房山墙处抗风柱的柱距，宜采用扩大模数 15M 数列。厂房柱网布置和建筑模数如图 3-10 所示。

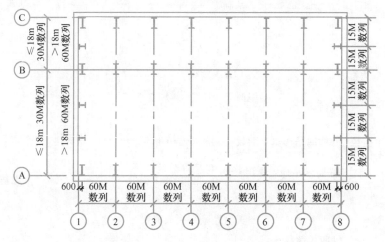

图 3-10 柱网布置和定位轴线

2. 定位轴线与主要构件的定位

厂房定位轴线是确定厂房主要承重构件位置及其标志尺寸的基准线，同时也是施工放线和设备定位的依据。通常将沿厂房柱距方向的轴线称为纵向定位轴线，一般用编号Ⓐ，Ⓑ，Ⓒ，……表示；沿厂房跨度方向的轴线称为横向定位轴线，一般用编号①，②，③，……表示，如图 3-10 所示。

定位轴线之间的距离与主要构件的标志尺寸应一致，且应符合建筑模数的要求。标志尺寸是指构件的实际尺寸加上两端（侧）必要的构造尺寸，使其与厂房的定位轴线之间的距离相配合。如大型屋面板的实际尺寸为 1490mm×5970mm，标志尺寸为 1500mm×6000mm；30m 屋面梁（屋架）的实际跨度为 29950mm，标志跨度为 30000mm，如图 3-11 所示。当横向定位轴线之间的距离与屋面板、吊车梁、连系梁等主要构件的标志

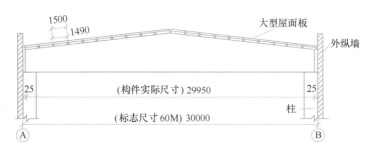

图 3-11 封闭式纵向定位轴线

尺寸相一致，或纵向定位轴线之间的距离与屋架（屋面梁）等主要构件的标志尺寸相一致时，构件的端头与端头，或构件端头与墙内缘相重合，不留缝隙，形成封闭结合，这种轴线称为封闭式定位轴线。否则，形成非封闭式结合，为非封闭定位轴线。

3. 变形缝设置

变形缝包括伸缩缝、沉降缝和防震缝三种。

由于气温变化时，厂房上部结构构件热胀冷缩，而厂房埋入地下的部分受温度影响很小，使上部结构构件的伸缩受到约束，产生温度应力和变形（图 3-12a）。如果厂房的长度和宽度过大，当气温变化时，将使结构内部产生很大的温度应力，严重时可将墙面、屋面等构件拉裂，影响厂房的正常使用，使构件的承载力降低。由于厂房结构中的温度应力很难精确计算，所以目前采取沿厂房纵（横）向在一定长度内设置伸缩缝的办法，将厂房结构分成几个温度区段来减小温度应力和变形（图 3-12b，图中伸缩缝处的侧向变形未画出），保证厂房的正常使用。温度区段的长度取决于结构类型、施工方法和结构所处的环境等因素，附表 5 为《混凝土结构设计规范》规定的钢筋混凝土结构伸缩缝最大间距，对

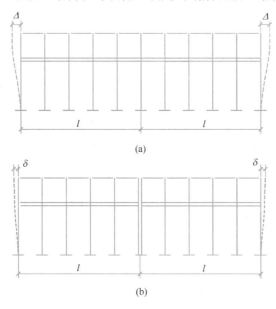

(a)

(b)

图 3-12 厂房的温度变形示意图

（a）未设置伸缩缝；（b）设置伸缩缝

装配式排架结构，伸缩缝最大间距，室内或土中时为 100m，露天时为 70m。对柱高（从基础顶面算起）低于 8m 或屋面无保温、隔热措施的排架结构，或位于气候干燥地区、夏季炎热且暴雨频繁地区的结构或经常处于高温作用下的结构，其伸缩缝最大间距宜适当减小。当采取能减小混凝土温度变化或收缩的措施时，伸缩缝间距可适当增大，如：加强屋盖保温隔热措施，以减小结构温度变形；加强结构的薄弱环节，以提高其抗裂性能；采取可靠的滑动措施，以减小约束结构变形的摩擦阻力等。伸缩缝应从基础顶面开始，若采用双柱时基础可不断开，将两个温度区段的上部结构构件完全分开，并留有一定的宽度，使上部结构在气温有变化时，水平方向可以自由发生变形。

单层厂房排架结构对地基不均匀沉降有较好的适应能力，故在一般单层厂房中可不设沉降缝。但当厂房相邻两部分高度相差大于 10m，相邻两跨间吊车起重量相差悬殊，地基承载力或下卧层土质有较大差别，或厂房各部分的施工时间先后相差很长致使土壤压缩程度不同时，应考虑设置沉降缝。沉降缝应将建筑物从屋顶到基础完全分开，使缝两侧的结构可以自由沉降而互不影响。沉降缝可兼做伸缩缝，但伸缩缝不能兼做沉降缝。

位于地震区的单层厂房，当因生产工艺或使用要求而使其平、立面布置复杂或结构相邻两部分的刚度和高度相差较大，以及在厂房侧边布置附属用房（如生活间、变电所等）时，应设置防震缝将相邻两部分分开。防震缝应沿厂房全高设置，两侧应布置墙或柱，基础可不设缝。为了避免地震时防震缝两侧结构相互碰撞，防震缝应具有必要的宽度。防震缝的宽度根据抗震设防烈度和缝两侧中较低一侧房屋的高度确定。

当厂房需要设置伸缩缝、沉降缝和防震缝时，三缝宜设置在同一位置处，并应符合防震缝的宽度要求。

3.3.2 支撑布置

支撑虽不是厂房中的主要承重构件，但却是联系各主要承重构件以增强厂房结构整体性的重要组成部分。因此，支撑布置是单层厂房结构设计中的一项主要内容。

单层厂房中的支撑分为屋盖支撑和柱间支撑两大类，其主要作用是：①保证厂房结构构件的稳定和正常工作；②增强厂房的整体稳定和空间刚度；③传递水平荷载给主要承重构件。支撑布置应结合厂房跨度、高度、屋架形式、有无天窗、吊车起重量和工作制、有无振动设备以及抗震设防等情况进行合理的布置。下面主要讲述各类支撑的作用和布置原则，关于具体布置方法及其连接构造可参阅有关标准图集。

1. 屋盖支撑（roof-bracing system）

屋盖支撑包括上、下弦横向水平支撑、纵向水平支撑、垂直支撑及纵向水平系杆、天窗架支撑等。

（1）上弦横向水平支撑

上弦横向水平支撑是沿厂房跨度方向用交叉角钢、直腹杆和屋架上弦杆共同构成的水平桁架。其作用是保证屋架上弦杆在平面外的稳定和屋盖纵向水平刚度，同时还作为山墙抗风柱顶端的水平支座，承受由山墙传来的风荷载和其他纵向水平荷载，并将其传至厂房的纵向柱列。

当屋盖为有檩体系，或虽为无檩体系但屋面板与屋架的连接质量不能保证，且山墙抗风柱将部分风荷载传至屋架上弦时，应在每一伸缩缝区段端部第一或第二柱间布置上弦横向水平支撑（图 3-13a）。当厂房设有天窗，且天窗通过厂房端部的第二柱间或通过伸缩缝

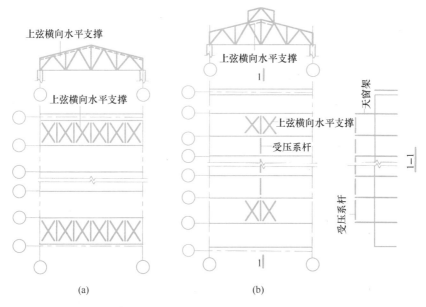

图 3-13 上弦横向水平支撑布置图

(a) 无天窗架；(b) 有天窗架

时，应在第一或第二柱间的天窗范围内设置上弦横向水平支撑，并在天窗范围内沿纵向设置一至三道通长的受压系杆，如图 3-13（b）所示，将天窗范围内各榀屋架与上弦横向水平支撑连系起来。

（2）下弦横向水平支撑

在屋架下弦平面内，由交叉角钢、直腹杆和屋架下弦杆组成的水平桁架，称为下弦横向水平支撑。其作用是将山墙风荷载及纵向水平荷载传至纵向柱列，同时防止屋架下弦的侧向振动。

当屋架下弦设有悬挂吊车或厂房内有较大的振动以及山墙风荷载通过抗风柱传至屋架下弦时，应在每一伸缩缝区段两端的第一或第二柱间设置下弦横向水平支撑，如图 3-14 所示，并且宜与上弦横向水平支撑设置在同一柱间，以形成空间桁架体系。

（3）纵向水平支撑

由交叉角钢、直杆和屋架下弦第一节间组成的纵向水平桁架，称为下弦纵向水平支撑，其作用是加强屋盖结构的横向水平刚度，保证横向水平荷载的纵向分布，加强厂房的空间工作，同时保证托架上弦的侧向稳定。

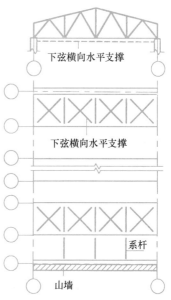

图 3-14 下弦横向水平支撑布置图

当厂房内设有软钩桥式吊车且厂房高度大、吊车起重量较大（如等高多跨厂房柱高大于 15m，吊车工作级别为 A4～A5，起重量大于 50t），或厂房内设有硬钩桥式吊车，或设有大于 5t 的悬挂吊车，或设有较大振动设备以及厂房内因抽柱或柱距较大而需设置托架时，应在屋架下弦端节间沿厂房纵向通长或局部设置一道下弦纵向水平支撑，如图 3-15（a）所示。当厂房已设有下弦横向水平支撑时，为保证厂房空间刚度，纵向水平支撑应尽可能与横向水平支撑连接，以形成封闭的水平支撑系统（图 3-15b）。

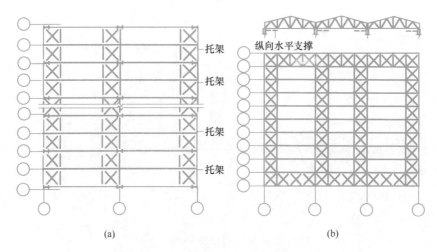

图 3-15　纵向水平支撑布置图
（a）仅设置纵向水平支撑；（b）同时设置纵、横向水平支撑

（4）垂直支撑和水平系杆

由角钢杆件与屋架直腹杆组成的垂直桁架，称为屋盖垂直支撑。屋架垂直支撑可做成十字交叉形或 W 形，其作用是保证屋架承受荷载后在平面外的稳定并传递纵向水平力，因而应与下弦横向水平支撑布置在同一柱间内。水平系杆分为上、下弦水平系杆。上弦水平系杆可保证屋架上弦或屋面梁受压翼缘的侧向稳定，下弦水平系杆可防止在吊车或有其他水平振动时屋架下弦发生侧向颤动。

当厂房跨度小于 18m 且无天窗时，一般可不设垂直支撑和水平系杆。当厂房跨度为 18~30m、屋架间距为 6m、采用大型屋面板时，应在每一伸缩缝区段端部的第一或第二柱间设置一道垂直支撑；当跨度大于 30m 时，应在屋架跨度 1/3 左右的节点处设置两道垂直支撑；当屋架端部高度大于 1.2m 时，还应在屋架两端各布置一道垂直支撑，如图 3-16 所示。当厂房伸缩缝区段大于 90m 时，还应在柱间支撑柱距内增设一道屋架垂直支撑。

当屋盖设置垂直支撑时，应在未设置垂直支撑的屋架间，在相应于垂直支撑平面内的屋架上弦和下弦节点处，设置通长的水平系杆。凡设在屋架端部主要支承节点处和屋架上弦屋脊节点处的通长水平系杆，均应采用刚性系杆（压杆），其余均可采用柔性系杆（拉杆）。当屋架横向水平支撑设在伸缩缝区段两端的第二柱间内时，第一柱间内的水平系杆均应采用刚性系杆。

（5）天窗架支撑

包括天窗架上弦横向水平支撑、天窗架间的垂直支撑和水平系杆，其作用是保证天窗架上弦的侧向稳定和将天窗端壁上的风荷载传给屋架。

天窗架上弦横向水平支撑和垂直支撑一般均设置在天窗端部第一柱间内。当天窗区段

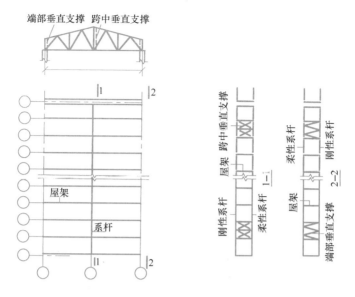

图 3-16　垂直支撑和水平系杆布置图

较长时，还应在区段中部设有柱间支撑的柱间内设置垂直支撑。垂直支撑一般设置在天窗的两侧，当天窗架跨度大于或等于 12m 时，还应在天窗中间竖杆平面内设置一道垂直支撑，天窗有挡风板时，在挡风板立柱平面内也应设置垂直支撑。在未设置上弦横向水平支撑的天窗架间，应在上弦节点处设置柔性系杆。图 3-17 为天窗架支撑布置图。对有檩屋盖体系，檩条可以代替柔性系杆。

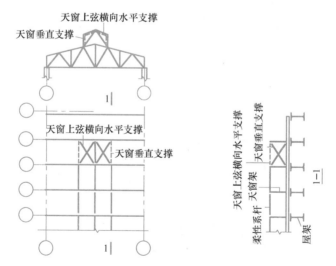

图 3-17　天窗架支撑布置图

2. 柱间支撑

柱间支撑是纵向平面排架中主要的抗侧力构件，其作用是提高厂房的纵向刚度和稳定性，并将吊车纵向水平制动力、山墙及天窗端壁的风荷载、纵向水平地震作用等传至基础。对于有吊车的厂房，按其位置可分为上柱柱间支撑和下柱柱间支撑。上柱柱间支撑位于吊车梁上部，并在柱顶设置通长的刚性系杆，用以承受作用在山墙及天窗壁端的风荷载，并保证厂房上部的纵向刚度；下柱柱间支撑位于吊车梁下部，承受上部支撑传来的内力、吊车纵向制动力和纵向水平地震作用等，并将其传至基础，如图 3-18 所示。

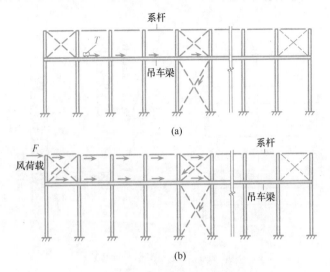

(a)

(b)

图 3-18　柱间支撑作用示意图
(a) 吊车纵向制动力传递；(b) 山墙风荷载传递

当单层厂房有下列情况之一时，应设置柱间支撑：
（1）吊车工作级别为 A6～A8，或吊车工作级别为 A1～A5，且起重量≥10t 时；
（2）厂房跨度≥18m，或柱高≥8m 时；
（3）厂房纵向柱的总数每列在 7 根以下时；
（4）设有 3t 以上的悬挂吊车时；
（5）露天吊车栈桥的柱列。

上柱柱间支撑一般设置在伸缩缝区段两端与屋盖横向水平支撑相对应的柱间以及伸缩缝区段中央或临近中央的柱间；下柱柱间支撑设置在伸缩缝区段中部与上柱柱间支撑相应的柱间。这种布置方法，在纵向水平荷载作用下传力路线较短；当温度变化时，厂房两端的伸缩变形较小，同时厂房纵向构件的伸缩受柱间支撑的约束较小，因而所引起的结构温度应力也较小。

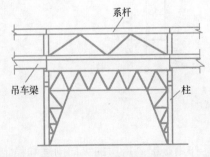

图 3-19　门架式柱间支撑

柱间支撑通常由交叉钢杆件（型钢或钢管）组成，交叉倾角一般为 35°～55°；支撑钢构件的截面尺寸需经承载力和稳定计算确定。当柱间需要设置通道或放置设备，或柱距较大而不宜采用交叉支撑时，可采用门架式支撑，如图 3-19 所示。

3.3.3　围护结构布置

围护结构中的墙体一般沿厂房四周布置，墙体中通常布置有圈梁、连系梁、过梁、基础梁等构件，山墙处一般还设置抗风柱，这些构件的作用是承受自重、作用其上的风荷载以及地基不均匀沉降所引起的内力等。下面主要讨论抗风柱、圈梁、连系梁、过梁及基础梁的作用及布置原则。

1. 抗风柱（wind-resistant column）

厂房山墙的受风面积较大，一般需设抗风柱将山墙分成几个区段，使墙面受到的风荷载，一部分直接传给纵向柱列，另一部分则经抗风柱下端传至基础和经抗风柱上端通过屋盖系统传至纵向柱列。

当厂房高度及跨度不大（如柱顶高度在8m以下，跨度不大于12m）时，可在山墙设置砖壁柱作为抗风柱；当厂房高度和跨度较大时，一般均采用钢筋混凝土抗风柱；当厂房高度很大时，山墙所受的风荷载很大，为减小抗风柱的截面尺寸，可在山墙内侧设置水平抗风梁或钢抗风桁架（图3-20a、b）作为抗风柱的中间支座。抗风梁一般设于吊车梁的水平面上，可兼做吊车修理平台，梁的两端与吊车梁上翼缘连接，使一部分风荷载通过吊车梁传递给纵向柱列。

抗风柱一般与基础刚接，与屋架上弦铰接；当屋架设有下弦横向水平支撑时，也可与下弦铰接或同时与上、下弦铰接。抗风柱与屋架的连接方式应满足两个要求：一是在水平方向必须与屋架有可靠的连接以保证有效地传递风荷载；二是在竖直方向应允许两者之间产生一定的相对位移，以防止抗风柱与屋架沉降不均匀时产生不利影响。因此，两者之间一般采用竖向可以移动、水平方向又有较大刚度的弹簧板连接（图3-20c）；如厂房沉降量较大时，宜采用槽形孔螺栓连接（图3-20d）。

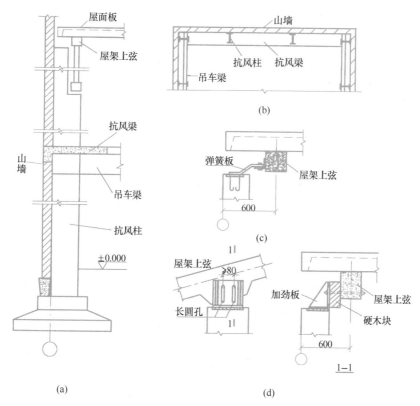

图3-20 抗风柱及其连接构造

(a) 抗风柱；(b) 局部水平剖面图；(c) 抗风柱与屋架上弦水平连接；
(d) 抗风柱与屋架上弦竖向连接

2. 圈梁、连系梁、过梁和基础梁

当采用砌体墙作为厂房的围护墙时，一般需设置圈梁、连系、过梁和基础梁。

圈梁（ring beam）是设置于墙体内并与柱连接的现浇混凝土构件，其作用是将墙体与排架柱、抗风柱等箍在一起，以增强厂房的整体刚度，防止由于地基不均匀沉降或较大振动荷载对厂房产生的不利影响。圈梁与柱连接仅起拉结作用，不承受墙体自重，故柱上不必设置支承圈梁的牛腿。

圈梁的布置与墙体高度、对厂房刚度的要求以及地基情况等有关。对无吊车厂房，当檐口标高小于8m时，应在檐口附近设置一道圈梁；当檐口标高大于8m时，宜在墙体适当部位增设一道圈梁。对有桥式吊车的厂房，尚应在吊车梁标高处或墙体适当部位增设一道圈梁；外墙高度大于15m时，还应根据墙体高度适当增设。对于有振动设备的厂房，沿墙高的圈梁间距不应超过4m。圈梁应连续设置在墙体内的同一水平面上，除伸缩缝处断开外，其余部分应沿整个厂房形成封闭状。当圈梁被门窗洞口切断时，应在洞口上部设置附加圈梁，其截面尺寸不应小于被切断的圈梁，如图3-21（a）所示。围护墙体每隔8～10皮砖（500～600mm）通过构造钢筋与柱拉结，如图3-21（b）所示。

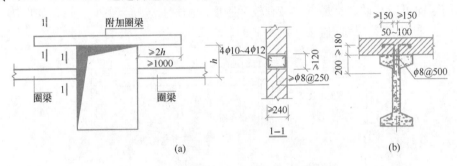

图 3-21　圈梁搭接及围护墙与柱的拉结
(a) 洞口处设置附加圈梁；(b) 围护墙与柱拉结

当厂房高度较大（如15m以上）、墙体的砌体强度不足以承受本身自重，或设置有高侧跨的悬墙时，需在墙下布置连系梁（tie beam）。连系梁两端支承在柱外侧的牛腿上，通过牛腿将墙体荷载传给柱。连系梁除承受墙体荷载外，还具有连系纵向柱列、增强厂房纵向刚度、传递纵向水平荷载的作用。

当墙体开有门窗洞口时，需设置钢筋混凝土过梁（lintel），以支承洞口上部墙体的重量。单独设置的过梁宜采用预制构件，两端搁置在墙体上的支承长度不宜小于240mm。在围护结构布置时，应尽可能将圈梁、连系梁和过梁结合起来，使一种梁能兼作两种或三种梁的作用，以简化构造，节约材料，方便施工。

基础梁用于承受围护墙体的重量，并将其传至柱基础顶面，而不另做墙基础，以使墙体和柱的沉降变形一致。基础梁亦为预制构件，常用截面形式有矩形、梯形和倒L形，可直接由标准图集选用。基础梁一般设置在边柱的外侧，两端直接放置在柱基础的顶面，不要求与柱连接；当基础埋置较深时，可将基础梁放置在混凝土垫块上，如图3-22所示。基础梁顶面至少低于室内地面50mm，底面距土层的表面应预留约100mm空隙，使梁可随柱基础一起沉降。

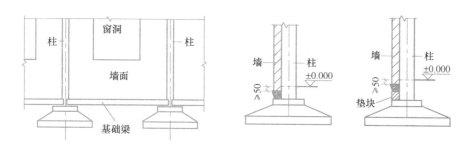

图 3-22 基础梁布置图

3.4 构件选型与截面尺寸确定

根据对一般中型厂房（跨度为 24m，吊车起重量为 15t）所作的统计，厂房主要构件的材料用量和各部分造价占土建总造价的百分比分别见表 3-2 和表 3-3。因此，构件选型应考虑厂房刚度、生产使用和建筑工业化的要求等，结合具体施工条件、材料供应和技术经济指标经综合分析后确定。

中型钢筋混凝土单层厂房结构各主要构件材料用量表　　　　　　表 3-2

材　料	每平方米建筑面积构件材料用量	每种构件材料用量占总用量的百分比（%）				
		屋面板	屋　架	吊车梁	柱	基　础
混凝土	0.13~0.18m³	30~40	8~12	10~15	15~20	25~35
钢　材	18~20kg	25~30	20~30	20~32	18~25	8~12

厂房各部分造价占土建总造价的百分比　　　　　　表 3-3

项　目	屋　盖	柱、梁	基　础	墙	地　面	门　窗	其　他
百分率（%）	30~50	10~20	5~10	10~18	4~7	5~11	3~5

单层厂房结构的主要构件有屋盖结构构件、支撑、吊车梁、墙体、连系梁、基础梁、柱和基础等。除柱和基础外，其他构件一般都可以根据工程的具体情况，从工业厂房结构构件标准图集中选用合适的标准构件，不必另行设计。柱和基础一般应进行具体设计，须先进行选型并确定其截面尺寸，然后进行设计计算等。

3.4.1 屋盖结构构件

由表 3-2 和表 3-3 可见，屋盖结构构件的材料用量和造价比其他构件的大，因此选择屋盖构件时应尽可能节约材料，降低造价。

1. 屋面板（roof plate）

无檩体系屋盖常采用预应力混凝土大型屋面板，它适用于保温或不保温卷材防水屋面，屋面坡度不应大于 1/5。目前国内常用的大型屋面板由面板、横肋和纵肋组成，其尺寸为 1.5m（宽）×6m（长）×0.24m（高）。在纵肋两端底部预埋钢板与屋架上弦预埋钢板三点焊接（图 3-23），形成水平刚度较大的屋盖结构。

无檩体系屋盖可采用预应力混凝土 F 形屋面板，用于自防水非卷材屋面（图 3-24a），

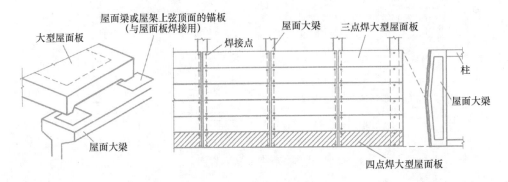

图 3-23　大型屋面板与屋架的连接

以及预应力混凝土自防水保温屋面板（图 3-24b）、钢筋加气混凝土板（图 3-24c）等。有檩体系屋盖常采用预应力混凝土槽瓦（图 3-24d）、波形大瓦（图 3-24e）等小型屋面板。

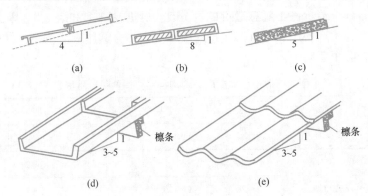

图 3-24　各种形式的屋面板

（a）Ｆ形屋面板；（b）自防水保温屋面板；（c）钢筋加气混凝土板；

（d）槽瓦；（e）波形大瓦

2. 檩条（purlin）

檩条搁在屋架或屋面梁上，起着支承小型屋面板并将屋面荷载传给屋架的作用。它与屋架间用预埋钢板焊接，并与屋盖支撑一起保证屋盖结构的刚度和稳定性。目前应用较多的是钢筋混凝土或预应力混凝土Γ形截面檩条，跨度一般为 4m 或 6m。檩条在屋架上弦有斜放和正放两种，如图 3-25 所示。斜放时，檩条为双向受弯构件（图 3-25a）；正放时，屋架上弦应做水平支托（图 3-25b），檩条为单向受弯构件。

3. 屋面梁和屋架

屋面梁（roof girder）和屋架（roof truss）是屋盖结构的主要承重构件，除直接承受屋面荷载外，还作为横向排架结构的水平横梁传递水平力，有时还承受悬挂吊车、管道等吊重，并与屋盖支撑、屋面

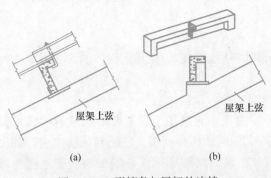

图 3-25　Γ形檩条与屋架的连接

（a）檩条斜放；（b）檩条正放

板、檩条等一起形成整体空间结构，保证屋盖水平和竖直方向的刚度和稳定。屋面梁和屋架的种类较多，按其形式可分为屋面梁、两铰（或三铰）拱屋架和桁架式屋架三大类。

（1）屋面梁：屋面梁的外形有单坡和双坡两种。双坡梁一般为Ⅰ形变截面预应力混凝土薄腹梁，具有高度小、重心低、侧向刚度好、便于制作和安装等优点，但其自重较大，适用于跨度不大于18m、有较大振动或有腐蚀性介质的中、小型厂房。目前常用的有12m、15m、18m跨度的Ⅰ形变截面双坡预应力混凝土薄腹梁。

（2）两铰（或三铰）拱屋架：两铰拱的支座节点为铰接，顶节点为刚接，如图3-26（a）所示；三铰拱的支座节点和顶节点均为铰接，如图3-26（b）所示。两铰（三铰）拱的上弦为钢筋混凝土或预应力混凝土构件，下弦用钢材制作。两铰（或三铰）拱屋架比屋面梁轻，构造也简单，适用于跨度为9～15m的中、小型厂房，不宜用于重型和振动较大的厂房。

(a)   (b)

图3-26　两铰（三铰）拱屋架

(a) 两铰屋架；(b) 三铰屋架

（3）桁架式屋架：当厂房跨度较大时，采用桁架式屋架较经济，应用较为普遍。桁架式屋架的矢高和外形对屋架受力均有较大影响，一般取高跨比为1/8～1/6较为合理，其外形有三角形、梯形、折线形等几种。三角形屋架屋面坡度大（1/3～1/2），构造简单，适用于较小跨度的有檩体系中、小型厂房。梯形屋架的屋面坡度小，对高温车间和炎热地区的厂房，可避免出现屋面沥青、油膏流淌现象；屋面施工、检修、清扫和排水处理较方便，这种屋架刚度好，构造简单，适用于跨度为24～36m的大、中型厂房。折线形屋架的上弦由几段折线杆件组成，外形较合理，屋面坡度合适，自重较轻，制作方便，适用于跨度为18～36m的大、中型厂房。

4.天窗架和托架

天窗架（skylight truss）与屋架上弦连接处用钢板焊接，其作用是便于采光和通风，同时承受屋面板传来的竖向荷载和作用在天窗上的水平荷载，并将它们传给屋架。目前常用的钢筋混凝土天窗架形式如图3-27所示，跨度一般为6m或9m等。

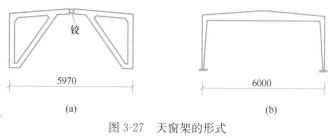

铰

5970   6000

(a)   (b)

图3-27　天窗架的形式

（a）桁架式三铰拱天窗架；（b）门式刚架天窗架

屋面设置天窗后，不仅扩大了屋盖的受风面积，而且削弱了屋盖结构的整体刚度，尤其在地震作用下，天窗架高耸于屋面之上，地震作用较大，因此应尽量避免设置天窗或根据厂房特点设置下沉式、井式天窗。

托架是当柱距大于屋架间距时，用以支承屋架的构件。如当厂房局部柱距为 12m 而屋架间距仍用 6m 时，需在柱顶设置托架，以支承中间屋架。托架一般为 12m 跨度的预应力混凝土三角形或折线形结构，如图 3-28 所示。

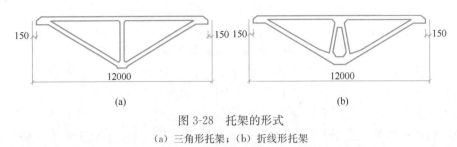

图 3-28 托架的形式

(a) 三角形托架；(b) 折线形托架

3.4.2 吊车梁

吊车梁（crane girder）除直接承受吊车起重、运行和制动时产生的各种移动荷载外，还具有将厂房的纵向荷载传递至纵向柱列、加强厂房纵向刚度等作用。

吊车梁一般根据吊车的起重量、工作级别、台数、厂房跨度和柱距等因素选用。目前常用的吊车梁类型有钢筋混凝土等截面实腹吊车梁（图 3-29a）、预应力混凝土等截面和变截面吊车梁（图 3-29b、c）、钢筋混凝土和钢组合式吊车梁（图 3-29d）等。钢筋混凝土 T 形等截面吊车梁，施工制作简单，但自重较大，比较费材料，适用于吊车起重量不大的情况；预应力混凝土 I 形截面吊车梁，其受力性能和技术经济指标均优于钢筋混凝土吊车梁，且施工、运输、堆放都比较方便，宜优先采用；预应力混凝土变截面吊车梁（鱼腹式），因其外形比较接近于弯矩包络图，故材料分布较理想，同时由于支座附近区段的受拉边为倾斜边，受力纵向钢筋承担的竖向分力可抵抗截面上的部分剪力，从而可使腹板厚度减小，降低箍筋用量，经济效果较好，但其构造和制作较复杂，运输、堆放也不方便，适用于吊车起重量和纵向柱列柱距均较大的情况；组合式吊车梁的上弦为钢筋混凝土矩形或 T 形截面连续梁，下弦和腹杆采用型钢（受压腹杆也可采用钢筋混凝土制作），其特点是自重轻，但刚度小，用钢量大，节点构造复杂，一般适用于吊车起重量较小、工作级别为 A1～A5 的吊车。

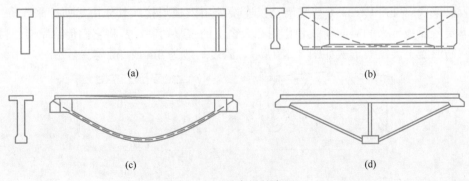

图 3-29 吊车梁的类型

(a) 钢筋混凝土等截面梁；(b) 预应力混凝土等截面梁；(c) 预应力混凝土变截面梁；(d) 钢筋混凝土-钢组合梁

3.4.3 柱

1. 柱的形式

单层厂房中的柱主要有排架柱和抗风柱两类。

钢筋混凝土排架柱一般由上柱、下柱和牛腿组成。上柱一般为矩形截面或环形截面；下柱的截面形式较多，根据其截面形式可分为矩形截面柱、I形柱、双肢柱和管柱等几类，如图 3-30 所示。

矩形截面柱（图 3-30a）的缺点是自重大，费材料，经济指标较差，但由于其构造简单，施工方便，在小型厂房中有时仍被采用。其截面尺寸不宜过大，截面高度一般在 700mm 以内。

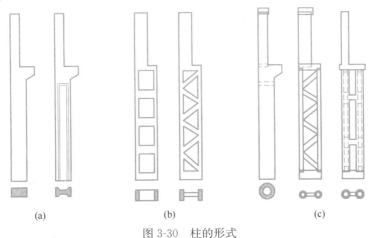

图 3-30　柱的形式

（a）矩形、I形截面柱；（b）双肢柱；（c）管柱

I形截面柱（图 3-30a）的截面形式合理，能比较充分地发挥截面上混凝土的承载作用，而且整体性好，施工方便。当柱截面高度为 600～1400mm 时被广泛采用。I形截面柱在上柱和牛腿附近的高度内，由于受力较大以及构造需要仍应做成矩形截面，柱底插入基础杯口高度内的一段也宜做成矩形截面。

双肢柱的下柱由肢杆、肩梁和腹杆组成，包括平腹杆双肢柱和斜腹杆双肢柱等（图 3-30b）。平腹杆双肢柱由两个柱肢和若干横向腹杆组成，构造比较简单，制作方便，受力合理，且腹部整齐的矩形孔洞便于布置工艺管道，故应用较为广泛。斜腹杆双肢柱呈桁架式，杆件内力基本为轴力，材料强度能得到充分发挥，其刚度比平腹杆双肢柱好，但其节点多，构造复杂，施工麻烦。当吊车起重量较大时，可将吊车梁支承在柱肢的轴线上，改善肩梁的受力情况。当柱的截面高度大于 1400mm 时，宜采用双肢柱。

管柱有圆管柱和方管柱两种，可做成单肢柱或双肢柱（图 3-30c），应用较多的是双肢管柱。管柱的优点是管子采用高速离心法生产，机械化程度高，混凝土质量好，自重轻，可减少施工现场工作量，节约模板等；但其节点构造复杂，且受到制管设备的限制，应用较少。

抗风柱一般由上柱和下柱组成，无牛腿，上柱为矩形截面，下柱一般为I形截面。

各种截面柱的材料用量比较及应用范围见表 3-4。

2. 柱的截面尺寸

柱的截面尺寸除应满足承载力要求外，还应保证具有足够的刚度，以免厂房变形过大，造成吊车轮与轨道过早磨损，影响吊车的正常运行，或导致墙体和屋盖产生裂缝，影响厂房的正常使用。由于影响厂房刚度的因素较多，目前主要是根据工程经验和实测资料来控制柱的截面尺寸。表 3-5 给出了柱距为 6m 的单跨和多跨厂房最小柱截面尺寸的限值。对于一般单层厂房，如柱截面尺寸能满足表 3-5 的限值，则厂房的横向刚度可得到保证，其变形能满足要求。

各种截面柱的材料用量及应用范围　　　　　　　　　　　表 3-4

截面形式		矩 形	Ⅰ 形	双肢柱	管 柱	
材料用量比较	混凝土	100%	60%～70%	55%～65%	40%～60%	
	钢 材	100%	60%～70%	70%～80%	70%～80%	
一般应用范围 (mm)		$h \leqslant 700$ 或现浇柱	$h=600\sim1400$	小型 $h=500\sim800$ 大型 $h \geqslant 1400$	$h=400$ 左右 （单肢管柱）	$h=700\sim1500$ （双肢管柱）

注：表中 h 为柱的截面高度，其单位为"mm"。

6m 柱距单层厂房矩形、Ⅰ 形截面柱截面尺寸限值　　　　　表 3-5

柱 的 类 型	b 或 b_l	h		
		$Q \leqslant 10t$	$10t < Q < 30t$	$30t < Q \leqslant 50t$
有吊车厂房下柱	$\geqslant \dfrac{H_l}{25}$	$\geqslant \dfrac{H_l}{14}$	$\geqslant \dfrac{H_l}{12}$	$\geqslant \dfrac{H_l}{10}$
露天吊车柱	$\geqslant \dfrac{H_l}{25}$	$\geqslant \dfrac{H_l}{10}$	$\geqslant \dfrac{H_l}{8}$	$\geqslant \dfrac{H_l}{7}$
单跨无吊车厂房柱	$\geqslant \dfrac{H}{30}$	$\geqslant \dfrac{1.5H}{25}$		
多跨无吊车厂房柱	$\geqslant \dfrac{H}{30}$	$\geqslant \dfrac{1.25H}{25}$		
仅承受风荷载与自重的山墙抗风柱	$\geqslant \dfrac{H_b}{40}$	$\geqslant \dfrac{H_l}{25}$		
同时承受由连系梁传来山墙重的山墙抗风柱	$\geqslant \dfrac{H_b}{30}$	$\geqslant \dfrac{H_l}{25}$		

注：H_l 为下柱高度（算至基础顶面）；H 为柱全高（算至基础顶面）；H_b 为山墙抗风柱从基础顶面至柱平面外（宽度）方向支撑点的高度；Q 为吊车起重量。

柱的截面尺寸除了考虑吊车起重量和柱的类型两个因素外，还应考虑厂房跨数和高度、柱的形式、围护结构的材料和构造、施工和吊装等。

对于 Ⅰ 形截面柱，其截面高度和宽度确定后，可参考表 3-6 确定腹板和翼缘尺寸。

根据工程设计经验，当厂房柱距为 6m，一般桥式软钩吊车起重量为 $5\sim100t$ 时，柱的形式和截面尺寸可参考表 3-7 确定。对 Ⅰ 形截面柱，其截面的力学特性见附表 6。

124

截面宽度	b_f (mm)	300~400	400	500	600	图 注
截面高度	h (mm)	500~700	700~1000	1000~2500	1500~2500	
腹板厚度 b (mm) $b/h' \geqslant 1/14 \sim 1/10$		60	80~100	100~120	120~150	
翼板厚度 h_f (mm)		80~100	100~150	150~200	200~250	

吊车起重量 (t)	轨顶高度 (m)	6m 柱距(边柱)		6m 柱距(中柱)	
		上柱(mm)	下柱(mm)	上柱(mm)	下柱(mm)
≤5	6~8	□400×400	I 400×600×100	□400×400	I 400×600×100
10	8	□400×400	I 400×700×100	□400×600	I 400×800×150
	10	□400×400	I 400×800×150	□400×600	I 400×800×150
15~20	8	□400×400	I 400×800×150	□400×600	I 400×800×150
	10	□400×400	I 400×900×150	□400×600	I 400×1000×150
	12	□500×400	I 500×1000×200	□500×600	I 500×1200×200
30	8	□400×400	I 400×1000×150	□400×600	I 400×1000×150
	10	□400×500	I 400×1000×150	□500×600	I 500×1200×200
	12	□500×500	I 500×1000×200	□500×600	I 500×1200×200
	14	□600×600	I 600×1200×200	□600×600	I 600×1200×200
50	10	□500×500	I 500×1200×200	□500×700	双 500×1600×300
	12	□500×600	I 500×1400×200	□500×700	双 500×1600×300
	14	□600×600	I 600×1400×200	□600×700	双 600×1800×300

注：截面形式采用下述符号：□为矩形截面 $b×h$（宽度×高度）；I 为工形截面 $b_f×h×h_f$（h_f 为翼缘厚度）；双为双肢柱 $b×h×h_f$（h_f 为肢杆厚度）。

3.4.4 基础

单层厂房的柱下基础一般采用独立基础（也称扩展基础）。对装配式钢筋混凝土单层厂房排架结构，常用的独立基础形式主要有杯形基础、高杯基础和桩基础等，如图 3-31 所示。

杯形基础有阶形和锥形两种（图 3-31a、b），因与排架柱连接的部分做成杯口，故习称杯形基础。这种基础外形简单，施工方便，适用于地基土质较均匀、地基承载力较大而上部结构荷载不很大的厂房，是目前应用较普遍的一种基础形式。对厂房伸缩缝处设置的双柱，其柱下基础需做成双杯形基础（也称联合基础），如图 3-31 (c) 所示。

当柱基础由于地质条件限制，或是附近有较深的设备基础或有地坑而需深埋时，为了不使预制排架柱过长，可做成带短柱的扩展基础。这种基础由杯口、短柱和底板组成，因杯口位置较高，故称为高杯基础（图 3-31d）。当上部结构荷载较大，地基表层土软弱而坚硬土层较深，或厂房对地基变形限制较严时，可采用爆扩桩基础（图 3-31e）或桩基础（图 3-31f）。

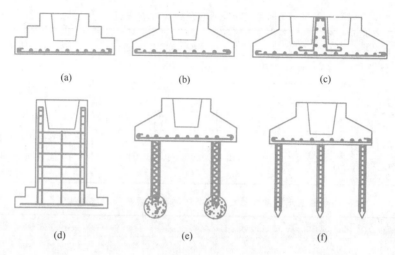

图 3-31　基础的类型

（a）阶形基础；（b）锥形基础；（c）双杯形基础；（d）高杯基础；（e）爆扩桩基础；（f）桩基础

除上述基础外，实际工程中也有采用无筋倒圆台基础、壳体基础等柱下独立基础，有时也采用钢筋混凝土条形基础等。

3.5　排架结构内力分析

单层厂房结构实际上是一个复杂的空间结构体系。为简化计算，目前一般将其简化为纵、横向平面排架分别计算。在持久和短暂设计状况下，纵向平面排架主要承受风荷载和吊车纵向水平荷载作用，每根柱承受的水平力不大，通常不进行纵向平面排架结构的内力计算，而是通过设置柱间支撑从构造上予以加强。横向平面排架主要承受竖向荷载和横向水平荷载作用，是厂房的主要承重结构，必须对其进行内力分析。横向平面排架结构的内力分析主要包括计算简图确定、荷载计算、内力分析和内力组合，其目的是计算各种荷载作用下横向平面排架的内力，并通过内力组合求得排架柱各控制截面的最不利内力，以此作为排架柱和基础设计的依据。

3.5.1　排架计算简图

1. 计算单元

由于作用在排架上的永久荷载（恒载）、屋面活荷载及风荷载等一般是沿厂房纵向均匀分布的，且厂房的柱距一般沿纵向也相等，则可由相邻柱距的中线截出一个典型的区段，作为排架的计算单元，如图 3-32（a）中的阴影部分所示。除吊车等移动荷载外，阴影部分就是一个排架的负荷范围。对于厂房端部和伸缩缝处的排架，其负荷范围只有中间排架的一半，但为了设计和施工方便，通常不再另外单独分析，而按中间排架设计。

对于有局部抽柱的厂房，则应根据具体情况选取计算单元。当屋盖刚度较大或设有可靠的下弦纵向水平支撑时，可以选取较宽的计算单元，如图3-32（b）中的阴影部分。此时可假定计算单元中同一柱列的柱顶水平位移相等，则计算单元内的几榀排架可以合并为一榀排架来进行内力分析，合并后排架柱的惯性矩应按合并考虑。当同一纵向轴线上的柱截面尺寸相同时，Ⓐ、Ⓒ轴线的柱可认为是由一根和两个半根柱合并而成，计算简图如图

3-32（b）所示。需要注意，按上述简图求得内力后，应将内力向单根柱上再进行分配。

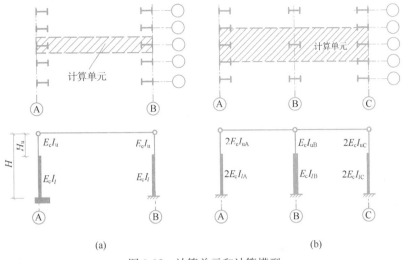

图 3-32　计算单元和计算模型

（a）无抽柱；（b）局部抽柱

2. 基本假定和计算简图

为了简化计算，根据厂房的连接构造和实践经验，对钢筋混凝土横向平面排架结构（图 3-33a）通常作如下假定：

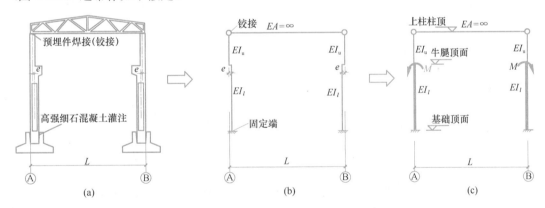

图 3-33　横向平面排架的计算简图

（a）横向平面排架；（b）排架计算简图；（c）计算简图的简化

（1）柱下端与基础顶面为刚接

由于钢筋混凝土柱插入基础杯口有一定的深度，并用细石混凝土灌实缝隙而与基础连接成整体，基础刚度比柱的刚度大得多，柱下端与基础之间不会产生相对转角；如基础下地基土的变形受到控制，基础本身的转角一般很小，柱下端可以作为固定端考虑，固定端的位置在基础顶面。但当厂房地基土质较差，变形较大或有大面积地面荷载时，则应考虑基础转动和位移对排架内力的影响。

（2）柱顶与排架横梁（屋架或屋面梁）为铰接

屋架或屋面梁两端和上柱柱顶一般用预埋钢板焊接，这种连接抵抗弯矩的能力很小，但可有效地传递竖向力和水平力，故柱顶与屋架的连接可按铰接考虑。

（3）横梁（屋架或屋面梁）为轴向刚度很大的刚性连杆

屋架或屋面梁的轴向刚度很大，受力后长度变化很小，可认为横梁是一个刚性连杆，则在荷载作用下横梁两端的柱顶侧移相等。但当厂房采用下弦刚度较小的组合式屋架或带拉杆的两铰（三铰）拱屋架时，由于屋架弦杆的轴向变形较大，横梁两端柱顶侧移不相等，此时应考虑横梁轴向变形对排架内力的影响。

根据上述假定，可得到横向平面排架的计算简图，如图 3-33（b）所示。图中排架柱的高度由基础顶面算至柱顶，其中上柱高度是指从牛腿顶面至柱顶的高度，下柱高度是指从基础顶面至牛腿顶面的高度。排架柱的计算轴线分别取上、下柱截面的形心线。对变截面柱，其计算轴线呈折线形（图 3-33b）。为简化计算，通常将折线用变截面的形式来表示，跨度以厂房的轴线为准，如图 3-33（c）所示，此时需在柱的变截面处增加一个力矩 M，其值等于牛腿顶面以上传来的竖向力乘以上、下柱截面形心线间的距离 e。柱的截面抗弯刚度由预先拟定的截面尺寸和混凝土强度等级确定。

3.5.2 荷载计算

作用在横向排架结构上的荷载有永久荷载和可变荷载两大类，可变荷载包括屋面活荷载、屋面雪荷载、屋面积灰荷载、吊车荷载和风荷载等，除吊车荷载外，其他荷载均取自计算单元范围内。

1. 永久荷载

主要包括屋盖、柱、吊车梁、轨道及其连接件、围护结构等自重重力荷载，其标准值可根据结构构件尺寸和单位体积的自重计算确定。对于自重变异较大的材料和构件（如现场制作的保温材料、混凝土薄壁构件等），自重标准值应根据对结构的不利状态，取上限值或下限值。常用材料和构件单位体积的自重可按《建筑结构荷载规范》采用。若选用标准构件，其值也可直接由标准图集查得。

（1）屋盖自重 G_1

屋盖自重包括屋架或屋面梁、屋面板、天沟板、天窗架、屋盖支撑、屋面构造层（找平层、保温层、防水层等）等重力荷载。计算单元范围内的屋盖自重是通过屋架或屋面梁的端部以竖向集中力 G_1 的形式传至柱顶，其作用点视实际连接情况而定。当采用屋架时，竖向集中力作用点通过屋架上、下弦几何中心线的交点而作用于柱顶(图 3-34a)；当采用屋面梁时，可认为通过梁端垫板中心线而作用于柱顶（图 3-34b）。根据屋架（或屋面梁）与柱顶连接中的定型设计构造规定，屋盖自重 G_1 的作用点位于距厂房纵向定位轴线150mm 处，对上柱截面的偏心距为 e_1，对下柱截面又增加一偏心距 e_0（图 3-34）。

（2）悬墙自重 G_2

当设有连系梁支承围护墙体时，计算单元范围内连系梁、墙体和窗等重力荷载以竖向集中力 G_2 的形式作用在支承连系梁的柱牛腿顶面，其作用点通过连系梁或墙体截面的形心轴，距下柱截面几何中心的距离为 e_2，如图 3-34（c）所示。

（3）吊车梁和轨道及连接件自重 G_3

吊车梁和轨道及连接件重力荷载以竖向集中力 G_3 的形式沿吊车梁截面中心线作用在牛腿顶面，其值可从有关标准图集中查得，轨道及连接件重力荷载也可按 $0.8 \sim 1.0 \mathrm{kN/m}$ 估算，其作用点一般距纵向定位轴线 750mm，对下柱截面几何中心线的偏心距为 e_3，如图 3-34（c）所示。

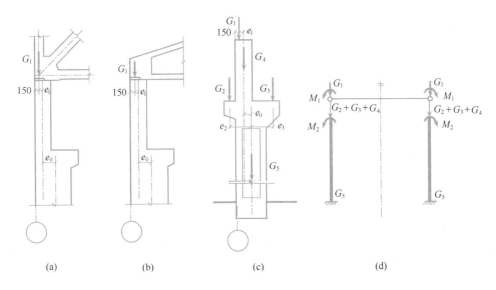

图 3-34 永久荷载作用位置及相应的横向平面排架计算简图

(a) 屋架荷载 G_1 位置；(b) 屋面梁荷载 G_1 位置；(c) $G_1 \sim G_5$ 荷载作用位置；(d) 排架计算简图

(4) 柱自重 G_4 (G_5)

上、下柱自重重力荷载 G_4 和 G_5 分别作用于各自截面的几何中心线上，且上柱自重 G_4 对下柱截面几何中心线有一偏心距 e_0，如图 3-34 (c) 所示。

永久荷载作用下单跨横向平面排架结构的计算简图如图 3-34 (d) 所示。

应当说明，柱、吊车梁及轨道等构件吊装就位后，屋架尚未安装，此时还形不成排架结构，故柱在其自重、吊车梁及轨道等自重重力荷载作用下，应按竖向悬臂柱进行内力分析。但考虑到此种受力状态比较短暂，且不会对柱控制截面内力产生较大影响，为简化计算，通常仍按排架结构进行内力分析。

2. 屋面可变荷载

包括屋面活荷载、屋面雪荷载和屋面积灰荷载等。

(1) 屋面活荷载 (live load)

《建筑结构荷载规范》规定，屋面水平投影面上的屋面均布活荷载标准值，不上人屋面取为 0.5kN/m^2，上人屋面取为 2.0kN/m^2。对不上人屋面，当施工或维修荷载较大时，应按实际情况采用。

(2) 屋面雪荷载 (snow load)

《建筑结构荷载规范》规定，屋面水平投影面上的雪荷载标准值 s_k (kN/m^2) 应按下式计算：

$$s_k = \mu_r s_0 \tag{3-1}$$

式中 s_0 —— 基本雪压 (reference snow pressure，kN/m^2)，指雪荷载的基准压力，一般按当地空旷平坦地面上积雪自重的观测数据，经概率统计得出 50 年一遇最大值确定；

         μ_r —— 屋面积雪分布系数，应根据不同类别的屋面形式按《建筑结构荷载规范》采用。

基本雪压可按《建筑结构荷载规范》中给出的 50 年一遇的雪压采用；对雪荷载敏感的结构，基本雪压应适当提高，并应由有关的结构设计规范具体规定；当城市或建设地点的基本雪压没有给出时，可根据当地年最大雪压或雪深资料，按基本雪压定义，通过统计分析确定，分析时应考虑样本数量的影响；当地没有雪压和雪深资料时，可根据附近地区规定的基本雪压或长期资料，通过气象和地形条件的对比分析确定；也可按《建筑结构荷载规范》中的全国基本雪压分布图近似确定。山区的雪荷载应通过实际调查后确定；当无实测资料时，可按当地临近空旷平坦地面的雪荷载值乘以系数1.2采用。

（3）屋面积灰荷载

《建筑结构荷载规范》规定，设计生产中有大量排灰的厂房及其临近建筑时，对于具有一定除尘设备和保证清灰制度的机械、冶金、水泥等的厂房屋面，其水平投影面上的屋面积灰荷载标准值可由《建筑结构荷载规范》查取。对于屋面上易形成灰堆处，当设计屋面板、檩条时，积灰荷载标准值可乘以下列增大系数：在高低跨处两倍于屋面高差但不大于6.0m的分布宽度内取2.0；在天沟处不大于3.0m的分布宽度内取1.4。

考虑到屋面可变荷载同时出现的可能性，《建筑结构荷载规范》规定，屋面活荷载不应与雪荷载同时组合，取两者中的较大值；当有屋面积灰荷载时，积灰荷载应与雪荷载或不上人屋面活荷载两者中的较大值同时考虑。

屋面可变荷载以竖向集中力的形式作用于柱顶，作用点与屋盖自重 G_1 相同。当为多跨厂房时，应考虑屋面活荷载的不利布置；对两跨排架，考虑活荷载出现的可能性，每跨屋面均布活荷载作用下的计算简图如图3-35所示，同时，两跨均有屋面均布活荷载的情况也应予以考虑。

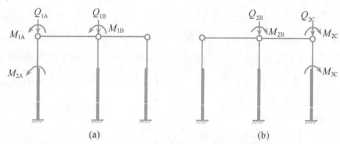

图3-35　屋面活荷载作用下排架计算简图

（a）屋面活荷载作用在左跨；（b）屋面活荷载作用在右跨

3. 吊车荷载（crane load）

单层厂房中常用的吊车类型有桥式吊车、悬挂式吊车、悬臂吊车、门式吊车和电动葫芦等。桥式吊车是最常用的一种形式，它由大车（即桥架）和小车组成，大车在吊车梁轨道上沿厂房纵向运行，小车在大车的轨道上沿厂房横向运行，在小车上安装带有吊钩的起重卷扬机，用以起吊重物，如图3-36所示。

吊车按其吊钩种类可分为软钩吊车和硬钩吊车两种。软钩吊车是指用钢索通过滑轮组带动吊钩起吊重物；硬钩吊车是指用刚臂起吊重物或进行操作。按其动力来源分为电动和手动两种，电动吊车起重量大，行驶速度快，启动、起吊、运行、制动时均有较大的振动；手动吊车起重量小（≤5t），运行时振动轻微。一般厂房中使用的多为软钩、电动桥式吊车。

我国《起重机设计规范》GB/T 3811按吊车在使用期内要求的总工作循环次数和起升载荷状态将吊车分为A1～A8共8个工作级别，作为吊车设计的依据。吊车工作级别越高，表示其工作繁重程度越高，利用次数越多。

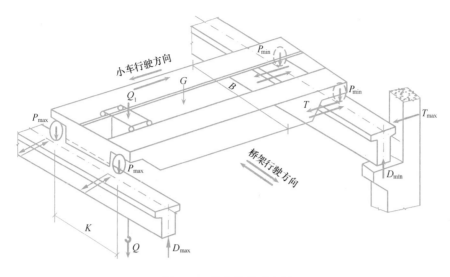

图 3-36　吊车荷载示意图

桥式吊车与吊车梁及柱的关系如图 3-37 所示，作用在厂房横向排架上的吊车荷载有吊车竖向荷载和横向水平荷载；作用在厂房纵向排架结构上的为吊车纵向水平荷载。

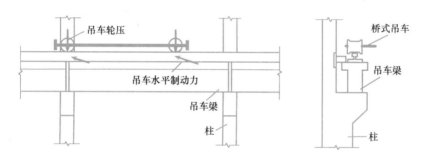

图 3-37　吊车与吊车梁及柱的关系

（1）吊车竖向荷载

当吊有额定最大起重量的小车运行至大车一侧的极限位置时，小车所在一侧的每个大车轮压将出现最大值 P_{max}，称为最大轮压；同时，另一侧每个轮压将出现最小值 P_{min}，称为最小轮压。P_{max} 和 P_{min} 同时作用在厂房两侧的吊车梁上，如图 3-36 所示。P_{max} 和 P_{min} 可从吊车制造厂家提供的吊车产品说明书中查得。专业标准《起重机基本参数尺寸系列》EQ1-62～8-62 对吊车有关的各项参数有详尽的规定，参见附表 4，可供结构设计时参考。由于各工厂设计的起重机械，其参数和尺寸还不能完全与该标准保持一致，因此，设计时仍应直接参照制造厂的产品规格作为设计依据。显然，P_{max} 和 P_{min} 与吊车桥架重量 G、吊车的额定起重量 Q 以及小车重量 Q_1 三者的重力荷载满足下列平衡关系：

$$n(P_{max} + P_{min}) = G + Q + Q_1 \tag{3-2}$$

式中，n 为吊车每一侧的轮子数。

吊车竖向荷载是指吊车在运行时，吊车轮压 P_{max} 和 P_{min} 在横向排架柱上产生的竖向最大压力 D_{max} 或最小压力 D_{min}，即同一跨厂房两侧吊车梁的最大或最小支座反力之和。显然，D_{max} 或 D_{min} 值不仅与小车的位置有关，还与厂房内的吊车台数和大车沿厂房纵向运行的位置有关。由于吊车荷载是移动荷载，则最大或最小支座反力 D_{max}、D_{min} 需要用吊车梁的支座反力影响线进行计算。

由影响线原理可知，两台并行吊车，当其中一台的最大轮压 P_{1max}（$P_{1max} \geqslant P_{2max}$）正好运行至计算排架柱轴线处，而另一台吊车与它紧靠并行时，即为两台吊车的最不利轮压位置，如图 3-38 所示。由最大轮压 P_{max} 产生的竖向压力为 D_{max}，最小轮压 P_{min} 产生的竖向压力为 D_{min}，且 D_{max} 和 D_{min} 同时作用在吊车两端的排架柱上。D_{max} 和 D_{min} 的标准值按下式计算：

$$D_{max} = \Sigma P_{imax} y_j \tag{3-3}$$
$$D_{min} = \Sigma P_{imin} y_j \tag{3-4}$$

式中　　P_{imax}、P_{imin} —— 第 i 台吊车的最大轮压和最小轮压，乘以重力加速度后换算为重力荷载（kN）；

y_j —— 与吊车轮压相对应的支座反力影响线的竖向坐标值，其中 $y_1 = 1$。

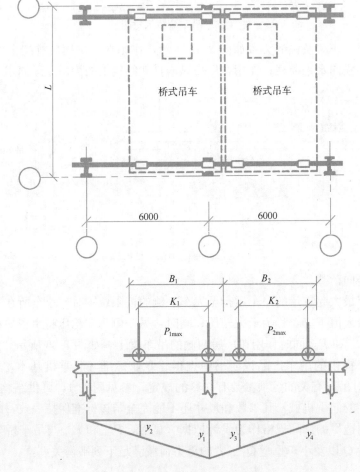

图 3-38　吊车竖向荷载计算简图

吊车竖向荷载 D_{max} 和 D_{min} 分别作用在同一跨厂房两侧排架柱的牛腿顶面，作用点位置与吊车梁和轨道自重 G_3 相同，距下柱截面形心的偏心距为 e_3 或 e'_3，在牛腿顶面产生的偏心力矩分别为 $D_{max} e_3$ 和 $D_{min} e'_3$。对两跨等高排架，考虑每跨分别作用有吊车，且 D_{max}、

$D_{\min}$分别作用在同一跨厂房两侧的排架柱上两种可能，则吊车竖向荷载作用下的计算简图如图 3-39（a）所示。

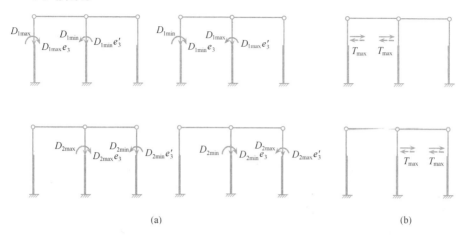

图 3-39　吊车荷载作用下排架计算简图
（a）吊车竖向荷载作用；（b）吊车横向水平荷载作用

当厂房内有多台吊车时，根据厂房纵向柱距大小和横向跨数以及各吊车同时集聚在同一柱距范围内的可能性，《建筑结构荷载规范》规定：计算排架考虑多台吊车竖向荷载时，对单跨厂房的每个排架，参与组合的吊车台数不宜多于 2 台；对多跨厂房的每个排架，不宜多于 4 台。

（2）吊车横向水平荷载

吊车横向水平荷载是指吊有重物的小车，在启动或制动时，小车和重物自重的水平惯性力，其值为运行质量与运行加速度的乘积。它通过小车制动轮与桥架（大车）轨道之间的摩擦力传至大车，再由大车车轮经吊车轨道传递给吊车梁，而后经过吊车梁与柱之间的连接钢板传给排架柱，如图 3-40（a）所示。

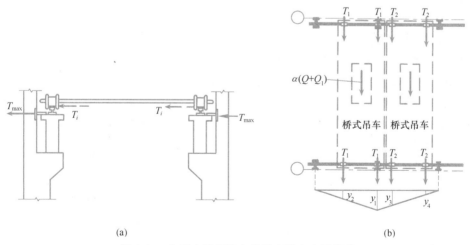

图 3-40　作用在排架柱上的吊车横向水平荷载
（a）吊车横向水平荷载传递；（b）吊车横向水平荷载计算简图

吊车总的横向水平荷载标准值可按下式取值：

$$T_t = \alpha(Q + Q_1) \tag{3-5}$$

式中　Q——吊车的额定起重量，乘以重力加速度后换算为重力荷载（kN）；

　　　Q_1——小车重量，乘以重力加速度后换算为重力荷载（kN）；

　　　α——横向水平荷载系数（或称小车制动力系数），可按下列规定取值：

　　　　软钩吊车：

　　　　　　当额定起重量不大于 10t 时，应取 0.12；

　　　　　　当额定起重量为 16～50t 时，应取 0.10；

　　　　　　当额定起重量不小于 75t 时，应取 0.08；

　　　　硬钩吊车：取 0.20。

考虑到吊车轮作用在轨道上的竖向压力很大，所产生的摩擦力足以传递小车制动时产生的制动力，故吊车横向水平荷载应该按厂房两侧柱的侧移刚度大小分配。为了简化计算，《建筑结构荷载规范》规定：吊车横向水平荷载应等分于桥架的两端，分别由轨道上的车轮平均传至轨道，其方向与轨道垂直。对于一般四轮桥式吊车，大车每一轮子传递给吊车梁的横向水平制动力 T_i 为

$$T_i = \frac{1}{4}\alpha(Q + Q_1) \tag{3-6}$$

作用在排架柱上的吊车横向水平荷载 T_{max} 是每个大车轮子的横向水平制动力 T_i 通过吊车梁传给柱的可能的最大横向反力，与 D_{max}（或 D_{min}）类似，T_{max} 值的大小也与吊车台数和吊车运行位置有关，如图 3-40（b）所示。按照计算吊车竖向荷载相同的方法，可求得作用在排架柱上的吊车横向水平荷载 T_{max}。对两台并行吊车，吊车横向水平荷载 T_{max} 标准值按下式计算：

$$T_{max} = \sum T_i y_j \tag{3-7}$$

式中，T_i 为同一侧第 i 个大车轮子的横向水平制动力（kN）；其余符号意义同前。

吊车横向水平荷载以集中力的形式作用在吊车梁顶面标高处，考虑到正反两个方向的刹车情况，其作用方向既可向左，也可向右。对于两跨排架结构，其计算简图如图 3-39（b）所示。

《建筑结构荷载规范》规定：计算排架考虑多台吊车横向水平荷载时，对单跨或多跨厂房的每个排架，参与组合的吊车台数不应多于 2 台。

（3）吊车纵向水平荷载

吊车纵向水平荷载是指当吊车沿厂房纵向启动或制动时，由吊车自重和吊重的惯性力在纵向排架上所产生的水平制动力，它通过吊车两端的制动轮与吊车轨道的摩擦经吊车梁传给纵向柱列或柱间支撑。

吊车纵向水平荷载标准值 T_0，应按作用在一边轨道上所有刹车轮的最大轮压之和的 10% 采用，即

$$T_0 = nP_{max}/10 \tag{3-8}$$

式中，n 为一台吊车在一边轨道上所有刹车轮数之和，对于一般的四轮吊车，$n=1$。

吊车纵向水平荷载作用于刹车轮与轨道的接触点，其方向与轨道方向一致。当厂房纵向有柱间支撑时，吊车纵向水平荷载全部由柱间支撑承受；当厂房无柱间支撑时，吊车纵向水平荷载全部由同一伸缩缝区段内的所有柱承担，并按各柱的纵向抗侧刚度分配。

《建筑结构荷载规范》规定：无论单跨或多跨厂房，在计算吊车纵向水平荷载时，一侧的整个纵向排架上最多只能考虑 2 台吊车。

4. 风荷载（wind load）

风是空气从气压高的地方向气压低的地方流动而形成的。当风以一定的速度向前流动遇到建筑物的阻挡时，风将在建筑物上产生风压，称为风荷载。作用在排架上的风荷载，是由计算单元上的墙面及屋面传来的，其作用方向垂直于建筑物表面，有压力和吸力两种情况，其大小与建筑体型、尺寸及地面情况等因素有关。

《建筑结构荷载规范》规定，当计算主要承重结构时，垂直于建筑物表面上的风荷载标准值 w_k（kN/m²）应按下式计算：

$$w_k = \beta_z \mu_s \mu_z w_0 \tag{3-9}$$

式中　w_0——基本风压（reference wind pressure，kN/m²），指风荷载的基准压力，一般按当地空旷平坦地面上 10m 高度处 10min 平均的风速观测数据，经概率统计得出 50 年一遇最大值确定的风速，再考虑相应的空气密度，按贝努利公式确定的风压；

　　μ_z——风压高度变化系数；

　　μ_s——风荷载体型系数；

　　β_z——高度 z 处的风振系数，对于高度小于 30m 的单层厂房，可取 $\beta_z = 1.0$。

基本风压应按《建筑结构荷载规范》中给出的 50 年一遇的风压值采用，但不得小于 0.3kN/m²。当城市或建设地点的基本风压值没有给出时，可按当地年最大风速资料，根据基本风压的定义，通过统计分析确定，分析时应考虑样本数量的影响；当地没有风速资料时，可根据附近地区规定的基本风压或长期资料，通过气象和地形条件的对比分析确定；也可按《建筑结构荷载规范》中的全国基本风压分布图近似确定。

风压高度变化系数是指某类地表上空某高度处的风压与基本风压的比值，该系数取决于地面粗糙度。《建筑结构荷载规范》将地面粗糙度分为 A、B、C、D 四类，即

（1）A 类指近海海面和海岛、海岸、湖岸及沙漠地区；

（2）B 类指田野、乡村、丛林、丘陵以及房屋比较稀疏的乡镇；

（3）C 类指有密集建筑群的城市市区；

（4）D 类指有密集建筑群且房屋较高的城市市区。

对于平坦或稍有起伏的地形，风压高度变化系数应根据地面粗糙度类别按附表 3-1 确定。对于山区的建筑物，风压高度变化系数可按平坦地面的粗糙度类别，除由附表 3-1 确定外，还应考虑地形条件，按《建筑结构荷载规范》的规定进行修正。

当风流动经过建筑物时，会对建筑物的不同部位产生压力或吸力，空气流动还会产生漩涡，会使得建筑物局部的压力或吸力增大。实测表明，建筑物表面上的风压分布是很不均匀的，与房屋的体型和尺寸等有关。风荷载体型系数是指建筑物表面所受到的平均风压力或吸力与基本风压的比值，它表示建筑物表面在稳定风压作用下的静态压力分布规律。风荷载体型系数一般都是通过实测或风洞模拟试验的方法确定，《建筑结构荷载规范》规定：

（1）房屋与附表 3-2 中的体型类同时，可按附表 3-2 的规定采用；

（2）房屋与附表 3-2 中的体型不同时，可参考有关资料采用；

（3）房屋与附表 3-2 中的体型不同且无参考资料可以借鉴时，宜由风洞试验确定；

（4）对于重要且体型复杂的房屋，应由风洞试验确定。

风对建筑物的作用是不规则的，风压随风速、风向的紊乱变化而不停地改变。通常把风作用的平均值看成稳定风压或平均风压，实际风压是在平均风压上下波动的。平均风压使建筑物产生一定的侧移，而波动风压使建筑物在该侧移附近左右振动。对于高度较大、刚度较小的建筑，波动风压会产生不可忽略的动力效应，在设计中必须考虑。目前采用加大风荷载的办法来考虑这个动力效应，在风压值上乘以风振系数。因此，风振系数是指结构总响应与平均风压引起的结构响应的比值。《建筑结构荷载规范》规定，对于高度大于30m且高宽比大于1.5的房屋结构，应考虑风振的影响；对于风敏感的或大跨度的屋盖结构，也应考虑风振的影响。风振系数应按照《建筑结构荷载规范》中的方法进行计算。

图 3-41（a）为双坡屋面厂房的风载体型系数，由式（3-9）可知，沿厂房高度的风荷载随高度 z 而变化。在排架计算时，为简化计算，通常将作用在厂房上的风荷载作如下简化：

（1）排架柱顶以下墙面上的水平风荷载近似按均布荷载计算，其风压高度变化系数可根据柱顶标高确定，即排架结构柱顶以下的均布风荷载可按下列公式计算（图 3-41b）：

$$q_1 = w_{k1}B = \mu_{s1}\mu_z w_0 B$$
$$q_2 = w_{k2}B = \mu_{s2}\mu_z w_0 B$$

式中，B 为计算单元宽度。

（2）屋盖（或天窗架）端部的风荷载也近似按均布荷载计算，其风压高度变化系数可根据厂房（或天窗架）檐口标高确定；屋面的风荷载为垂直于屋面的均布荷载（图 3-41b），其风压高度变化系数可根据屋顶（或天窗顶）标高确定，且仅考虑其水平分力对排架的作用。排架柱顶以上水平风荷载由屋盖端部的风荷载和屋面风荷载的水平分量（图 3-41b）两部分叠加，以水平集中力 F_w 的形式作用在排架柱顶（图 3-41c），即

$$F_w = \sum_{i=1}^{n} w_{ki}Bl\sin\theta = [(\mu_{s1} + \mu_{s2})h_1 + (\mp\mu_{s3} \pm \mu_{s4})h_2]\mu_z w_0 B$$

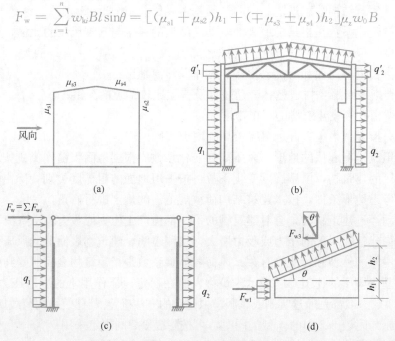

图 3-41　风荷载计算

(a) 风载体型系数；(b) 作用于排架上的风荷载；(c) 风荷载作用下排架计算简图；(d) 屋面上风荷载分解

式中，l 为屋面斜长，其余符号意义见图 3-41；μ_s 取绝对值，其前有正负号，上面符号用于左吹风时，下面符号用于右吹风时。

由于风的方向是变化的，故排架结构内力分析时，应考虑左吹风和右吹风两种情况。

3.5.3　等高排架结构内力分析

等高排架是指各柱的柱顶标高相等，或柱顶标高虽不相等，但柱顶由倾斜横梁相连的排架，如图 3-42 所示。由于排架横梁可视为刚性连杆，故等高排架在任意荷载作用下各柱柱顶侧移相等。利用这一特点，按剪力分配法（按柱抗剪刚度比例分配）可求出各柱的柱顶剪力，这样超静定排架的内力计算问题就转变为静定悬臂柱在已知柱顶剪力和外荷载作用下的内力计算。下面先讨论单阶超静定柱的计算问题。

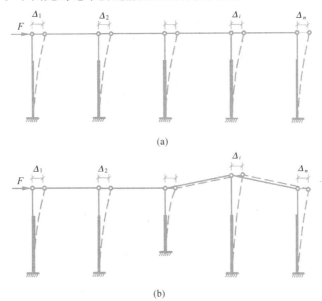

图 3-42　等高排架计算简图

(a) 柱顶标高相等；(b) 柱顶标高不相等

1. 单阶一次超静定柱的求解

单阶一次超静定柱为柱顶不动铰支座、下端固定的单阶变截面柱（图 3-43a）。该结构为一次超静定，在荷载作用下可采用力法进行求解。

如在柱的变截面处作用一集中力矩 M，设柱顶反力为 R，取基本体系如图 3-43（b）所示，则力法方程为

$$R\delta - \Delta_p = 0 \tag{3-10}$$

由上式可得

$$R = \Delta_p/\delta \tag{3-11}$$

式中，δ 为悬臂柱在柱顶单位水平力作用下柱顶处的侧移值，因其主要与柱的形状有关，故称为形常数；Δ_p 为悬臂柱在荷载作用下柱顶处的侧移值，因与荷载有关，故称为载常数。

令 $\lambda = H_u/H$，$n = I_u/I_l$，由图 3-43（c）、（d）、（e），根据结构力学中的图乘法可得

$$\delta = \frac{H^3}{C_0 E I_l} \tag{3-12}$$

$$\Delta_p = (1 - \lambda^2)\frac{H^2}{2E I_l}M \tag{3-13}$$

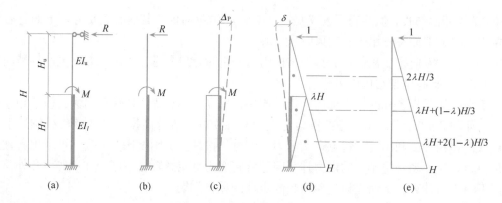

图 3-43　单阶一次超静定柱分析

(a) 单阶一次超静定柱；(b) 力法基本体系；(c) M_P 图；(d) $\overline{M}$ 图

将式（3-12）和式（3-13）代入式（3-11），得

$$R = C_3 \frac{M}{H} \tag{3-14}$$

式中，C_0 为单阶变截面柱的柱顶位移系数，按式（3-15）计算；C_3 为单阶变截面柱在变阶处集中力矩作用下的柱顶反力系数，按式（3-16）计算。

$$C_0 = \frac{3}{1 + \lambda^3 \left(\dfrac{1}{n} - 1 \right)} \tag{3-15}$$

$$C_3 = \frac{3}{2} \frac{1 - \lambda^2}{1 + \lambda^3 \left(\dfrac{1}{n} - 1 \right)} \tag{3-16}$$

按照上述方法，可得到单阶变截面柱在各种荷载作用下的柱顶反力系数。表 3-8 列出了单阶变截面柱的柱顶位移系数 C_0 及在各种荷载作用下的柱顶反力系数 $C_1 \sim C_{11}$，供设计计算时查用。

单阶变截面柱的柱顶位移系数 C_0 和反力系数 $C_1 \sim C_{11}$　　　　　表 3-8

序号	简 图	R	$C_0 \sim C_5$	序号	简 图	R	$C_0 \sim C_5$
0			$\delta = \dfrac{H^3}{C_0 EI_l}$　$C_0 = \dfrac{3}{1 + \lambda^3 \left(\dfrac{1}{n} - 1 \right)}$	3		$\dfrac{M}{H} C_3$	$C_3 = \dfrac{3}{2} \dfrac{1 - \lambda^2}{1 + \lambda^3 \left(\dfrac{1}{n} - 1 \right)}$
1		$\dfrac{M}{H} C_1$	$C_1 = \dfrac{3}{2} \dfrac{1 - \lambda^2 \left(1 - \dfrac{1}{n} \right)}{1 + \lambda^3 \left(\dfrac{1}{n} - 1 \right)}$	4		$\dfrac{M}{H} C_4$	$C_4 = \dfrac{3}{2} \dfrac{2b(1-\lambda) - b^2(1-\lambda)^2}{1 + \lambda^3 \left(\dfrac{1}{n} - 1 \right)}$
2		$\dfrac{M}{H} C_2$	$C_2 = \dfrac{3}{2} \dfrac{1 + \lambda^2 \left(\dfrac{1 - a^2}{n} - 1 \right)}{1 + \lambda^3 \left(\dfrac{1}{n} - 1 \right)}$	5		$T C_5$	$C_5 = \left\{ 2 - 3a\lambda + \lambda^3 \left[\dfrac{(2+a)(1-a)^2}{n} - (2-3a) \right] \right\}$ $\div 2 \left[1 + \lambda^3 \left(\dfrac{1}{n} - 1 \right) \right]$

138

序号	简 图	R	$C_6 \sim C_{11}$	序号	简 图	R	$C_6 \sim C_{11}$
6		TC_6	$C_6 = \dfrac{1-0.5\lambda(3-\lambda^2)}{1+\lambda^3\left(\dfrac{1}{n}-1\right)}$	9		qHC_9	$C_9 = \dfrac{8\lambda-6\lambda^2+\lambda^4\left(\dfrac{3}{n}-2\right)}{8\left[1+\lambda^3\left(\dfrac{1}{n}-1\right)\right]}$
7		TC_7	$C_7 = \dfrac{b^2(1-\lambda)^2\left[3-b(1-\lambda)\right]}{2\left[1+\lambda^3\left(\dfrac{1}{n}-1\right)\right]}$	10		qHC_{10}	$C_{10} = \left\{3-b^3(1-\lambda)^3\left[4-b(1-\lambda)\right]+3\lambda^4\left(\dfrac{1}{n}-1\right)\right\} \div 8\left[1+\lambda^3\left(\dfrac{1}{n}-1\right)\right]$
8		qHC_8	$C_8 = \left\{\dfrac{a^4}{n}\lambda^4-\left(\dfrac{1}{n}-1\right)(6a-8)a\lambda^4-a\lambda(6a\lambda-8)\right\} \div 8\left[1+\lambda^3\left(\dfrac{1}{n}-1\right)\right]$	11		qHC_{11}	$C_{11} = \dfrac{3\left[1+\lambda^4\left(\dfrac{1}{n}-1\right)\right]}{8\left[1+\lambda^3\left(\dfrac{1}{n}-1\right)\right]}$

注：表中 $n = I_u/I_l$，$\lambda = H_u/H$，$1-\lambda = H_l/H$。

2. 柱顶水平集中力作用下等高排架内力分析

如图 3-44（a）所示，在柱顶水平集中力 F 作用下，等高排架各柱顶将产生侧移 Δ_i，由于假定横梁为无轴向变形的刚性连杆，故有下列变形条件：

$$\Delta_1 = \Delta_2 = \cdots = \Delta_i = \cdots = \Delta_n = \Delta \tag{a}$$

若沿横梁与柱的连接处将各柱的柱顶切开，则在各柱顶的切口上作用有一对相应的剪力 V_i，如图 3-44（a）所示。若取出横梁为脱离体，则有下列平衡条件：

$$F = V_1 + V_2 + \cdots + V_i + \cdots + V_n = \sum_{i=1}^{n} V_i \tag{b}$$

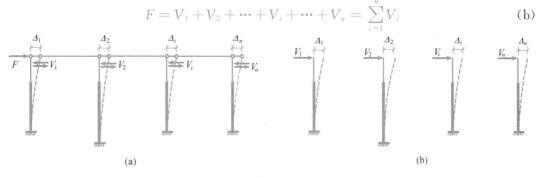

图 3-44 柱顶水平集中力作用下的等高排架

（a）排架计算简图；（b）柱脱离体图

根据形常数 δ_i 的物理意义，可得下列物理条件（图 3-44b）：

$$V_i \delta_i = \Delta_i \tag{c}$$

求解联立方程（b）和（c），并利用式（a）的关系，可得

$$V_i = \frac{1/\delta_i}{\sum\limits_{i=1}^{n} 1/\delta_i} F = \eta_i F \qquad (3\text{-}17)$$

式中 F —— 作用在排架柱顶的水平集中力;

$1/\delta_i$ —— 第 i 根排架柱的抗侧移刚度(或抗剪刚度),即悬臂柱柱顶产生单位侧移所需施加的水平力;

η_i —— 第 i 根排架柱的剪力分配系数,按下式计算:

$$\eta_i = \frac{1/\delta_i}{\sum\limits_{i=1}^{n} 1/\delta_i} \qquad (3\text{-}18)$$

按式(3-17)求得柱顶剪力 V_i 后,用平衡条件可得排架柱各截面的弯矩和剪力。由式(3-18)可见,当排架结构柱顶作用水平集中力 F 时,各柱的剪力按其抗剪刚度与各柱抗剪刚度总和的比例关系进行分配,故称为剪力分配法。各柱的剪力分配系数满足 $\sum \eta_i = 1$。需注意,所计算的柱顶剪力 V_i 仅与 F 的大小有关,而与其作用在排架左侧或右侧柱顶处位置无关,但 F 的作用位置对横梁内力有影响。

3. 任意荷载作用下等高排架内力分析

利用剪力分配法分析任意荷载作用下等高排架的内力时,可按以下三个步骤求解:

(1)对承受任意荷载作用的排架,先在排架柱顶部附加一个不动铰支座以阻止其侧移(图 3-45a),则各柱为单阶一次超静定柱(图 3-45b),根据柱顶反力系数可求得各柱反力 R_i 及相应的柱端剪力,柱顶假想的不动铰支座总反力为 $R = \Sigma R_i$。在图 3-45(b)中,$R = R_1 + R_3$,因为 R_2 为零。

(2)撤除假想的附加不动铰支座,将支座总反力 R 反向作用于排架柱顶(图 3-45c),用式(3-17)可求出柱顶水平力 R 作用下各柱的柱顶剪力 $\eta_i R$。

(3)将图 3-45(b)、(c)的计算结果叠加,可得在任意荷载作用下排架柱顶的剪力 $R_i + \eta_i R$,如图 3-45(d)所示,按此图可求出各柱的内力。

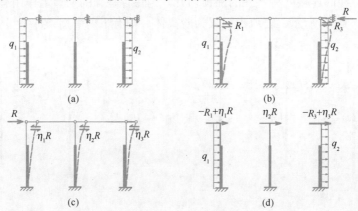

图 3-45　任意荷载作用下等高排架内力分析

(a)柱顶附加不动铰支座;(b)单阶一次超静定柱;(c)剪力分配;(d)柱顶剪力

3.5.4　不等高排架内力分析

不等高排架由于高、低跨的柱顶位移不相等,因此不能用剪力分配法求解,其内力通常用结构力学中的力法进行分析。下面以图 3-46 (a) 所示两跨不等高排架为例，说明其内力分析的方法。

将排架的横梁切开，代以相应的基本未知力 x_1 和 x_2，则排架结构为彼此独立的悬臂柱，此即为不等高排架的基本结构 (图 3-46b)。基本结构在未知力 x_1、x_2 以及外荷载共同作用下，将产生内力和变形。由于假定横梁的轴向刚度为无限大，则每根横梁切断点相对位移为零，据此可得到下列力法方程：

$$\left.\begin{array}{l} \delta_{11}x_1 + \delta_{12}x_2 + \Delta_{1P} = 0 \\ \delta_{21}x_1 + \delta_{22}x_2 + \Delta_{2P} = 0 \end{array}\right\} \tag{3-19}$$

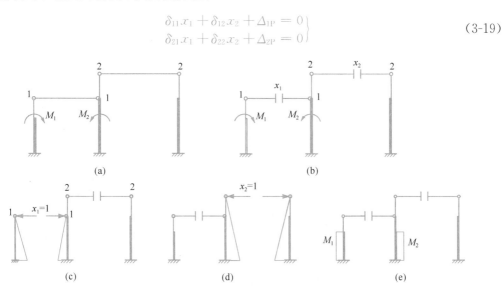

图 3-46　两跨不等高厂房内力分析

(a) 两跨不等高排架；(b) 力法基本体系；(c) $\overline{M}_1$ 图；(d) $\overline{M}_2$ 图；(e) M_P 图

式中，δ_{11}、δ_{12}、δ_{21}、δ_{22} 为柔度系数，可由图 3-46 (c)、(d) 的弯矩图图乘得到；Δ_{1P}、Δ_{2P} 为载常数，可分别由图 3-46 (c) 与 (e) 以及图 3-46 (d) 与 (e) 图乘得到。

解力法方程式 (3-19) 可求得 x_1、x_2，则不等高排架各柱的内力可用平衡条件求得。

3.5.5　考虑厂房整体空间作用的排架内力分析

1. 厂房整体空间作用的概念

单层厂房实际上是一个空间结构，在前述的分析中，为简化计算，将其抽象成平面排架结构进行计算。但在有些情况下，如仍按平面排架进行计算，则与结构的实际工作性能有较大出入。现以图 3-47 所示单层单跨厂房为例，说明厂房整体空间作用的概念。

当各榀排架柱顶均受有水平集中力 R，且厂房两端无山墙时 (图 3-47a)，则各榀排架的受力情况相同，柱顶水平位移 Δ_a 亦相同，各榀排架之间互不制约，每一榀排架都相当于一个独立的平面排架。

当各榀排架柱顶均受有水平集中力 R，且厂房两端有山墙时 (图 3-47b)，由于山墙平面内的刚度比平面排架的刚度大很多，山墙通过屋盖等纵向联系构件对其他各榀排架有不同程度的制约作用，使各榀排架柱顶水平位移呈曲线分布，靠近山墙处的排架柱顶水平位移很小，中间排架柱顶水平位移 Δ_b 最大，且 $\Delta_b < \Delta_a$。

当仅其中一榀排架柱顶作用水平集中力 R，且厂房两端无山墙时 (图 3-47c)，则直接受荷排架通过屋盖等纵向联系构件受到非直接受荷排架的制约，使其柱顶的水平位移 Δ_c

减小，即 $\Delta_c < \Delta_a$；对非直接受荷排架，由于受到直接受荷排架的牵连，其柱顶也产生不同程度的水平位移。

当仅其中一榀排架柱顶作用水平集中力 R，且厂房两端有山墙时（图 3-47d），由于直接受荷排架受到非直接受荷排架和山墙两种制约，则各榀排架的柱顶水平位移将更小，即 $\Delta_d < \Delta_c$。

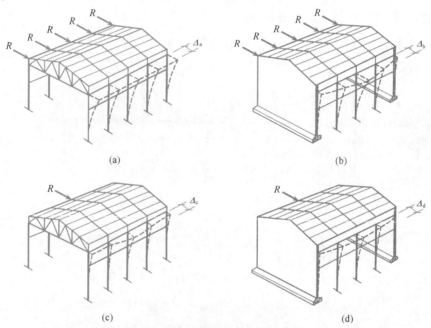

(a)　　　　　　　　　　　　　　　(b)

(c)　　　　　　　　　　　　　　　(d)

图 3-47　厂房整体空间作用示意图

(a) 各榀排架作用相同荷载（两端无山墙）；(b) 各榀排架作用相同荷载（两端有山墙）；
(c) 中间排架作用荷载（两端无山墙）；(d) 中间排架作用荷载（两端有山墙）

由上述可知，当结构布置不同或荷载分布不均匀时，由于屋盖等纵向联系构件将各榀排架或山墙联系在一起，故各榀排架或山墙的受力及变形都不是单独的，而是相互制约。这种排架与排架、排架与山墙之间的相互制约作用，称为厂房的整体空间作用。

厂房整体空间作用的程度主要取决于屋盖的水平刚度、荷载类型、山墙刚度和间距等因素。通常，无檩屋盖比有檩屋盖、局部荷载比均布荷载、有山墙比无山墙厂房的整体空间作用要大些。在永久荷载、屋面活荷载、雪荷载以及风荷载作用下，单层厂房一般可不考虑厂房的整体空间作用，按平面排架进行内力分析。由于吊车荷载仅作用在几榀排架上，属于局部荷载，因此吊车荷载作用下厂房结构的内力分析，宜考虑其整体空间作用。

2. 厂房空间作用分配系数

当单层厂房某一榀排架柱顶作用水平集中力 R 时（图 3-48a），若不考虑厂房的整体空间作用，则此集中力 R 全部由直接受荷排架承受，其柱顶水平位移为 Δ（图 3-48c）；当考虑厂房的整体空间作用时，由于非直接受荷排架的制约作用，水平集中力 R 通过屋盖等纵向联系构件由直接受荷排架和非直接受荷排架共同承受。如果把屋盖看作一根在水平面内受力的梁，各榀横向排架视为梁的弹性支座（图 3-48b），则各支座反力 R_i 即为相应排架所分担的水平力。设直接受荷排架对应的支座反力为 R_0，则 $R_0 < R$。将单个集中力作用下厂房的空间作用分配系数定义为 R_0 与 R 之比，以 μ 表示。由于在弹性阶段，排架

142

柱顶的水平位移与其所受荷载成正比，故空间作用分配系数又可表示为两种情况下柱顶水平位移之比，即

$$\mu = \frac{R_0}{R} = \frac{\Delta_0}{\Delta} < 1.0 \tag{3-20}$$

式中，Δ_0 为考虑空间作用时（图 3-48a）直接受荷排架的柱顶位移。

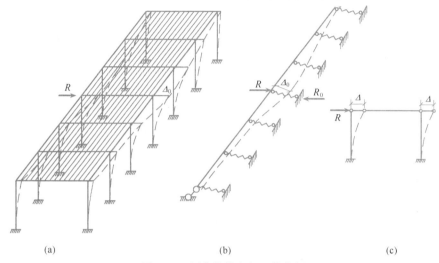

(a)   (b)   (c)

图 3-48　厂房整体空间工作分析

（a）空间厂房受力和变形；（b）各榀排架反力计算简图；（c）平面排架计算简图

由上述可见，μ 表示考虑厂房结构的空间作用时直接受荷排架所分配到的水平荷载与不考虑空间作用时该平面排架承受的水平荷载的比值。空间作用分配系数 μ 值越小，说明厂房的空间作用越大，反之则越小。根据试验及理论分析，表 3-9 给出了吊车荷载作用下单层单跨厂房的 μ 值，可供设计时参考。由于吊车荷载并不是单个集中荷载，而是同时有多个集中荷载，故表中的数值考虑了这个问题并留有一定的安全储备。

单跨厂房空间作用分配系数 μ

表 3-9

厂房情况		吊车起重量 (t)	厂房长度（m）	
			≤60	>60
有檩屋盖	两端无山墙或一端有山墙	≤30	0.90	0.85
	两端有山墙	≤30	0.85	
			厂房跨度（m）			
无檩屋盖	两端无山墙或一端有山墙	≤75	12～27	>27	12～27	>27
			0.90	0.85	0.85	0.80
	两端有山墙	≤75	0.80			

注：1. 厂房山墙应为实心砖砌体墙，如有开洞，洞口对山墙水平截面面积的削弱应不超过 50%，否则应视为无山墙情况；

2. 当厂房设有伸缩缝时，厂房长度应按一个伸缩缝区段的长度计，且伸缩缝处应视为无山墙。

3. 考虑厂房整体空间作用时排架内力计算

对于图 3-49（a）所示排架，当考虑厂房整体空间作用时，可按下述步骤计算排架内力：

（1）先假定排架柱顶无侧移，求出在吊车水平荷载 T_{max} 作用下的柱顶反力 R（或 R_A、R_B）以及相应的柱顶剪力（图 3-49b），$R = R_A + R_B$；

（2）将柱顶反力 R 乘以空间作用分配系数 μ，并将它反方向施加于该榀排架的柱顶，按剪力分配法求出各柱顶剪力 $\eta_A \mu R$，$\eta_B \mu R$（图 3-49c）；

（3）将上述两项计算求得的柱顶剪力叠加，即为考虑空间作用的柱顶剪力；根据柱顶剪力及柱上实际承受的荷载，按静定悬臂柱可求出各柱的内力，如图 3-49(d)所示。

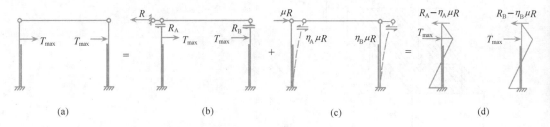

图 3-49　考虑空间作用时排架内力计算

（a）T_{max} 作用下排架计算简图；（b）柱顶反力计算；（c）剪力分配；（d）柱顶剪力及弯矩图

由图 3-49（d）可见，考虑厂房整体空间作用时，柱顶剪力为

$$V_i' = R_i - \eta_i \mu R$$

而不考虑厂房整体空间作用时（$\mu = 1.0$），柱顶剪力为

$$V_i = R_i - \eta_i R$$

由于 $\mu < 1.0$，故 $V_i' > V_i$。因此，考虑厂房整体空间作用时，上柱内力将增大；又因为 V_i' 与 T_{max} 方向相反，所以下柱内力将减小。由于下柱的配筋量一般比较多，故考虑空间作用后，柱的钢筋总用量有所减少。

3.5.6　内力组合

所谓内力组合，就是将各种荷载单独作用时所产生的内力，按照不利与可能的原则进行挑选与叠加，得到结构控制截面的最不利内力。建筑结构设计时，先求出结构在各单项荷载作用下的内力，根据在使用过程中结构上可能同时出现的荷载，选取结构构件的控制截面，按承载能力极限状态和正常使用极限状态分别进行内力组合，并取各自的最不利内力组合值作为结构构件和基础设计计算的依据。

图 3-50　柱的控制截面

1. 柱的控制截面

控制截面是指对截面配筋起控制作用的截面，一般指内力最大处的截面。对单阶柱，为便于施工，整个上柱截面配筋相同，整个下柱截面的配筋也相同。而在荷载作用下，柱的内力是沿长度变化的，故设计时应根据内力图和截面的变化情况，分别找出上柱和下柱的控制截面作为配筋计算的依据。

对上柱，由于其底部Ⅰ-Ⅰ截面（牛腿顶面以上）的弯矩和轴力都比其他截面大，故通常取Ⅰ-Ⅰ截面作为上柱的控制截面（图3-50）。对下柱，在吊车竖向荷载作用下，一般牛腿顶截面处的弯矩最大，而在风荷载和吊车横向水平荷载作用下，柱底截面的弯矩最大。因此，通常取牛腿顶截面（Ⅱ-Ⅱ截面）和柱底截面（Ⅲ-Ⅲ截面）作为下柱的控制截面。同时，柱下基础设计也需要Ⅲ-Ⅲ截面的内力值。

当柱上作用有较大的集中荷载（如悬墙重量等）时，可根据其内力大小还需将集中荷载作用处的截面作为控制截面。

2. 荷载效应组合

排架内力分析一般是分别算出各种荷载单独作用下柱的内力。为求得柱控制截面的最不利内力，首先须找出哪几种荷载同时作用时才是最不利的，即考虑各单项荷载同时出现的可能性；其次，由于几种可变荷载同时作用又同时达到其设计值的可能性较小，为此，需对可变荷载进行折减，即考虑可变荷载的组合值系数。

《建筑结构荷载规范》规定：在持久和短暂设计状况下，荷载基本组合的效应设计值 S_d，应按下式确定：

$$S_d = \sum_{j=1}^{m} \gamma_{G_j} S_{G_{jk}} + \gamma_{Q_1} \gamma_{L_1} S_{Q_{1k}} + \sum_{i=2}^{n} \gamma_{Q_i} \gamma_{L_i} \psi_{c_i} S_{Q_{ik}} \tag{3-21}$$

式中 γ_{G_j} ——第 j 个永久荷载的分项系数，当其效应对结构不利时，取 1.3；有利时，不应大于 1.0；

γ_{Q_i} ——第 i 个可变荷载的分项系数，其中 γ_{Q_1} 为主导可变荷载 Q_1 的分项系数，当其效应对结构不利时，取 1.5；有利时，取 0；

γ_{L_i} ——第 i 个可变荷载考虑设计工作年限的调整系数，其中 γ_{L_1} 为主导可变荷载 Q_1 的考虑设计工作年限的调整系数，应按《建筑结构荷载规范》中的规定采用；

$S_{G_{jk}}$ ——按第 j 个永久荷载标准值 G_{jk} 计算的荷载效应值；

$S_{Q_{ik}}$ ——按第 i 个可变荷载标准值 Q_{ik} 计算的荷载效应值，其中 $S_{Q_{1k}}$ 为诸可变荷载效应中起控制作用者；

ψ_{c_i} ——第 i 个可变荷载 Q_i 的组合值系数；

m ——参与组合的永久荷载数；

n ——参与组合的可变荷载数。

对排架柱进行裂缝宽度验算时，需进行荷载准永久组合，其效应值 S 为

$$S = \sum_{j=1}^{m} S_{G_{jk}} + \sum_{i=1}^{n} \psi_{q_i} S_{Q_{ik}} \tag{3-22}$$

式中 ψ_{q_i} ——第 j 个可变荷载的准永久值系数，应按《建筑结构荷载规范》中的规定采用；其他意义符号同前。

应当指出，《建筑结构荷载规范》规定：厂房排架设计时，在荷载准永久组合中可不考虑吊车荷载；又由于屋面活荷载（不上人屋面）和风荷载的准永久值系数均为0，所以按式（3-22）组合时，其效应设计值较小，一般不起控制作用。

验算排架结构基础的地基承载力时，应采用荷载标准组合，其效应值 S 为

$$S = \sum_{j=1}^{m} S_{G_{jk}} + S_{Q_{1k}} + \sum_{i=2}^{n} \psi_{c_i} S_{Q_{ik}} \tag{3-23}$$

对有吊车的单层厂房，考虑到多台吊车同时满载，且小车又同时处于最不利位置的概率较小，因此《建筑结构荷载规范》规定，在计算排架内力时，多台吊车的竖向荷载和水平荷载均应进行折减，即吊车竖向荷载和水平荷载的标准值均应乘以表 3-10 规定的折减系数。

多台吊车的荷载折减系数   表 3-10

参与组合的吊车台数	吊车工作级别	
	A1~A5	A6~A8
2	0.90	0.95
3	0.85	0.90
4	0.80	0.85

3. 不利内力组合

排架柱控制截面上同时作用有弯矩 M、轴力 N 和剪力 V。对矩形、I 形等截面实腹偏心受压构件，其纵向受力钢筋数量取决于控制截面上的弯矩和轴力。由于弯矩 M 和轴力 N 有很多种组合，须找出截面配筋面积最大的弯矩和轴力组合。因此，手算时通常选择以下四种内力组合作为截面最不利内力组合：

(1) $+M_{max}$ 及相应的 N、V；

(2) $-M_{max}$ 及相应的 N、V；

(3) N_{max} 及相应的 M、V；

(4) N_{min} 及相应的 M、V。

按上述四种情况可以得到很多组不利内力组合，但难以判别哪一种组合是决定截面配筋的最不利内力。通常做法是对每一组不利内力组合进行分析和判断，求出几种可能的不利内力的组合值，经过截面配筋计算，通过比较后加以确定。设计经验和分析表明，当截面为大偏心受压时，以 M（绝对值）最大而相应的 N 较小时为最不利；而当截面为小偏心受压时，往往以 N 最大而相应的 M 也较大时为最不利。

当柱采用对称配筋及采用对称基础时，(1)、(2) 两种内力组合可合并为一种，即 $|M|_{max}$ 及相应的 N 和 V。

对持久和短暂设计状态下的排架柱，箍筋一般由构造控制，故在柱的截面设计时，可不考虑最大剪力所对应的不利内力组合以及其他不利内力组合所对应的剪力值。

4. 内力组合注意事项

(1) 每次内力组合时，都必须考虑恒荷载产生的内力。

(2) 每次内力组合时，只能以一种内力（如 $|M|_{max}$ 或 N_{max} 或 N_{min}）为目标来决定可变荷载的取舍，并求得与其相应的其余两种内力。

(3) 在吊车竖向荷载中，同一柱的同一侧牛腿上有 D_{max} 或 D_{min} 作用，两者只能选择一种参加组合。

(4) 吊车横向水平荷载 T_{max} 同时作用在同一跨内的两个柱子上，向左或向右，组合时

只能选取其中一个方向。

（5）在同一跨内 D_{max} 和 D_{min} 与 T_{max} 不一定同时发生，故组合 D_{max} 或 D_{min} 产生的内力时，不一定要组合 T_{max} 产生的内力。考虑到 T_{max} 既可向左又可向右作用的特性，所以若组合了 D_{max} 或 D_{min} 产生的内力，则同时组合相应的 T_{max} 产生的内力才能得到最不利的内力组合。如果组合时取用了 T_{max} 产生的内力，则必须取用相应的 D_{max} 或 D_{min} 产生的内力。

（6）当以 N_{max} 或 N_{min} 为目标进行内力组合时，因为在风荷载及吊车水平荷载作用下，轴力 N 为零，虽然将其组合并不改变组合目标，但可使弯矩 M 值增大或减小，故应取相应可能产生的最大正弯矩或最大负弯矩的内力项。

（7）风荷载有向左、向右吹两种情况，只能选择一种风向参加组合。

（8）由于多台吊车同时满载的可能性较小，所以当多台吊车参与组合时，吊车竖向荷载和水平荷载作用下的内力应乘以表 3-10 规定的荷载折减系数。

3.6 柱 的 设 计

单层厂房中的柱主要有排架柱和抗风柱两类，其设计内容包括选择柱的形式、确定截面尺寸、内力分析、配筋计算、牛腿设计、吊装验算等。本节主要介绍排架柱的配筋计算、牛腿设计和吊装验算等内容。

3.6.1 截面设计

1. 截面配筋计算

一般情况下，矩形、I 形截面实腹柱可按构造要求配置箍筋，不必进行受剪承载力计算。纵向受力钢筋按偏心受压构件正截面承载力计算确定，因弯矩有正、负两种情况，故纵向钢筋一般采用对称配筋。此外，还应按轴心受压构件进行平面外受压承载力验算。

在进行受压承载力计算或验算时，柱的偏心距增大系数 η 或稳定系数 φ 与柱的计算长度 l_0 有关。由于单层房屋排架柱的支承条件比较复杂，如柱上端与屋架连接基本上属于一种弹性支承，与屋盖的刚度和房屋的跨数有关；再如柱身为变截面，且与吊车梁、连系梁、圈梁等纵向构件相连；虽然柱下端插入基础杯口，并二次浇筑细石混凝土，比较接近固定端，但柱下端的支承情况还与地基土的压缩性有关等。因此，柱的计算长度不能简单地按材料力学中各种理想支承情况来确定。我国《混凝土结构设计规范》根据单层房屋的实际支承及受力特点，结合工程经验给出了计算长度 l_0，见表 3-11，供设计时采用。

2. 构造要求

柱的混凝土强度等级不应低于 C25，采用 500MPa 及以上等级钢筋时，混凝土强度等级不应低于 C30。纵向受力钢筋应采用 HRB400、HRB500 级以及相应的细晶粒钢筋，其直径 d 不宜小于 12mm，全部纵向钢筋的配筋率不宜超过 5%。当偏心受压柱的截面高度 $h \geqslant 600$mm 时，在侧面应设置直径不小于 10mm 的纵向构造钢筋，并相应地设置复合箍筋或拉筋。柱内纵向钢筋的净距不应小于 50mm，且不宜大于 300mm；对水平浇筑的预制柱，其上部纵向钢筋的最小净间距不应小于 30mm 和 $1.5d$（d 为纵向钢筋的最大直径），下部纵向钢筋的最小净间距不应小于25mm和d。偏心受压柱中，垂直于弯矩作用平面的侧面上的纵向受力钢筋以及轴心受压柱中各边的纵向受力钢筋，其中距不宜大于300mm。

刚性屋盖单层房屋排架柱、露天吊车柱和栈桥柱的计算长度 l_0 表 3-11

柱 的 类 型		排架方向	垂直排架方向	
			有柱间支撑	无柱间支撑
无吊车房屋柱	单 跨	1.5H	1.0H	1.2H
	两跨及多跨	1.25H	1.0H	1.2H
有吊车房屋柱	上 柱	$2.0H_u$	$1.25H_u$	$1.5H_u$
	下 柱	$1.0H_l$	$0.8H_l$	$1.0H_l$
露天吊车柱和栈桥柱		$2.0H_l$	$1.0H_l$	—

注：1. 表中 H 为从基础顶面算起的柱子全高；H_l 为从基础顶面至装配式吊车梁底面或现浇式吊车梁顶面的柱子下部高度；H_u 为从装配式吊车梁底面或从现浇式吊车梁顶面算起的柱子上部高度；

　　　2. 表中有吊车房屋排架柱的计算长度，当计算中不考虑吊车荷载时，可按无吊车房屋柱的计算长度采用，但上柱的计算长度仍可按有吊车房屋采用；

　　　3. 表中有吊车房屋排架的上柱在排架方向的计算长度，仅适用于 H_u/H_l 不小于 0.3 的情况；当 H_u/H_l 小于 0.3 时，计算长度宜采用 $2.5H_u$。

柱中的箍筋应为封闭式。箍筋间距不应大于400mm及构件截面的短边尺寸，且不应大于15d，d 为纵向钢筋的最小直径。箍筋直径不应小于 $d/4$，且不应小于6mm，d 为纵向钢筋的最大直径。当柱中全部纵向受力钢筋的配筋率超过 3% 时，箍筋直径不应小于8mm，间距不应大于10d（d 为纵向钢筋的最小直径），且不应大于200mm。当柱截面短边尺寸大于400mm且各边纵向钢筋多于 3 根时，或当柱截面短边尺寸不大于400mm但各边纵向钢筋多于 4 根时，应设置复合箍筋。

3.6.2 牛腿设计

在厂房结构钢筋混凝土柱中，常在其支承屋架、托架、吊车梁和连系梁等构件的部位，设置从柱侧面伸出的短悬臂，称为牛腿（图 3-51），其上荷载 F_v 的作用点至下柱边缘的距离 a 小于短悬臂与下柱交接处垂直截面的有效高度 h_0，即 $a \leqslant h_0$。一般情况下，牛腿

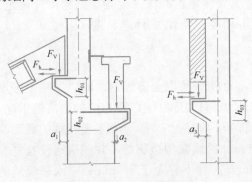

图 3-51 牛腿示意图

顶面上除作用有很大的竖向力 F_v 外，有时还伴随有水平地震力和风荷载等引起的水平力 F_h。牛腿不是一个独立的构件，其作用就是将牛腿顶面的荷载传递给柱，因此它是柱的一个重要组成部分，在设计柱时必须重视牛腿的设计。

1. 牛腿的受力特点及破坏形态

试验研究表明，从加载至破坏，牛腿大体经历弹性、裂缝出现与开展和最后破

坏三个阶段。

（1）弹性阶段

通过 $a/h_0=0.5$ 环氧树脂牛腿模型的光弹试验，得到的主应力迹线如图 3-52 所示。由图可见，在顶面竖向力作用下，牛腿上部的主拉应力沿其长度方向分布比较均匀，在加载点附近稍向下倾斜；在 ab 连线附近不太宽的带状区域内，主压应力迹线大体与 ab 连线平行，其分布也比较均匀；另外，上柱根部与牛腿交界处附近存在着应力集中现象。

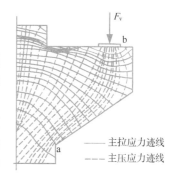

—— 主拉应力迹线
----- 主压应力迹线

图 3-52　牛腿的应力状态

（2）裂缝出现与开展阶段

试验表明，当荷载达到极限荷载的 20%～40% 时，由于上柱根部与牛腿交界处的主拉应力集中现象，在该处首先出现自上而下的竖向裂缝①（图 3-53），裂缝细小且开展较慢，对牛腿的受力性能影响不大；当荷载达到极限荷载的 40%～60% 时，在加载垫板内侧附近出现一条斜裂缝②，其方向大体与主压应力轨迹线平行。

（3）破坏阶段

继续加载，随 a/h_0 值的不同，牛腿主要有以下几种破坏形态：

1）弯压破坏　当 $1>a/h_0>0.75$，且纵向受力钢筋配置较少时，随着荷载增加，斜裂缝②不断向受压区延伸，纵筋拉应力逐渐增加直至达到屈服强度，这时斜裂缝②外侧部分绕牛腿根部与柱交接点转动，致使受压区混凝土压碎而引起破坏（图 3-53a）。

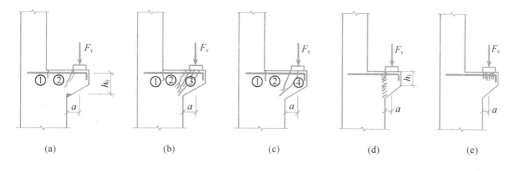

图 3-53　牛腿的破坏形态
(a) 压弯破坏；(b)、(c) 斜压破坏；(d) 剪切破坏；(e) 局部受压破坏

2）斜压破坏　当 $a/h_0=0.1$～0.75 时，随着荷载增加，在斜裂缝②外侧出现细而短小的斜裂缝③，当这些斜裂缝逐渐贯通时，斜裂缝②、③间的斜向主压应力超过混凝土的抗压强度，直至混凝土剥落崩出，牛腿即破坏（图 3-53b）。有时，牛腿不出现斜裂缝③，而是在加载垫板下突然出现一条通长斜裂缝④而破坏（图 3-53c）。

3）剪切破坏　当 $a/h_0<0.1$ 或虽 a/h_0 较大但牛腿的外边缘高度 h_1 较小时，在牛腿与柱边交接面上出现一系列短而细的斜裂缝，最后牛腿沿此裂缝从柱上切下而破坏（图 3-53d），破坏时牛腿的纵向钢筋应力较小。

此外，当加载板尺寸过小或牛腿宽度过窄时，可能导致加载板下混凝土发生局部受压破坏（图 3-53e）；当牛腿纵向受力钢筋锚固不足时，还会发生使钢筋被拔出等破坏现象。

2. 牛腿截面尺寸的确定

牛腿在使用阶段容易出现斜裂缝，承受吊车荷载的牛腿更容易引起斜裂缝的扩展，故牛腿截面尺寸通常以不出现斜裂缝作为控制条件，对于不是支承吊车梁的牛腿要求可适当降低。根据试验研究，牛腿斜截面的抗裂性能除与截面尺寸 bh_0 和混凝土轴心抗拉强度标准值 f_{tk} 有关外，还与 a/h_0 以及水平拉力标准值 F_{hk} 有关。设计时应以下列经验公式作为抗裂控制条件来确定牛腿的截面尺寸：

$$F_{vk} \leqslant \beta \left(1 - 0.5 \frac{F_{hk}}{F_{vk}}\right) \frac{f_{tk} b h_0}{0.5 + a/h_0} \tag{3-24}$$

式中　F_{vk}、F_{hk}——作用于牛腿顶面按荷载标准组合计算的竖向力和水平拉力值，其中 F_{hk} 一般用于水平地震作用或风荷载时的高低跨牛腿处或悬墙牛腿处等情况；

　　　　f_{tk}——混凝土轴心抗拉强度标准值；

　　　　β——裂缝控制系数：对支承吊车梁的牛腿，取 $\beta=0.65$；对其他牛腿，取 $\beta=0.80$；

　　　　a——竖向力作用点至下柱边缘的水平距离，此时应考虑安装偏差 20mm；当考虑 20mm 安装偏差后的竖向力作用点仍位于下柱截面以内时，取 $a=0$；

　　　　b——牛腿宽度，通常与柱截面宽度相同；

　　　　h_0——牛腿与下柱交接处的垂直截面有效高度，取 $h_0 = h_1 - a_s + c \cdot \tan\alpha$，当 $\alpha > 45°$ 时，取 $\alpha = 45°$；c 为下柱边缘到牛腿外边缘的水平长度。

此外，牛腿的外边缘高度 h_1 不应小于 $h/3$，且不应小于 200mm；牛腿外边缘至吊车梁外边缘的距离不宜小于 70mm；牛腿底边倾斜角 $\alpha \leqslant 45°$，如图 3-54 所示。

为了防止牛腿顶面垫板下混凝土的局部受压破坏，垫板下的局部压应力应满足

$$\sigma_c = \frac{F_{vk}}{A} \leqslant 0.75 f_c \tag{3-25}$$

式中，A 为局部受压面积；f_c 为混凝土轴心抗压强度设计值。

当式（3-25）不满足时，应采取加大受压面积、提高混凝土强度等级或设置钢筋网片等有效的加强措施。

3. 纵向受力钢筋计算

试验表明，牛腿在竖向力和水平拉力作用下，其受力特征可用由牛腿顶部水平纵向受力钢筋为拉杆和牛腿内的斜向受压混凝土为压杆组成的三角桁架模型来描述。竖向力由桁架水平拉杆的拉力和斜压杆的压力来承担，作用在牛腿顶部向外的水平拉力则由水平拉杆承担，如图 3-55 所示。

根据牛腿的计算简图，在竖向力设计值 F_v 和水平拉力设计值 F_h 共同作用下，通过力矩平衡可得

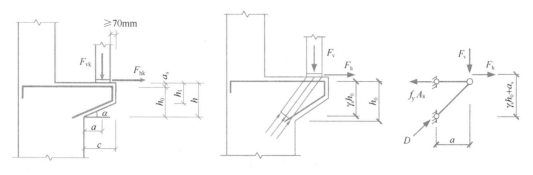

图 3-54　牛腿尺寸　　　　　　　　　图 3-55　牛腿的计算简图

$$F_v a + F_h (\gamma_s h_0 + a_s) \leqslant f_y A_s \gamma_s h_0$$

近似取 $\gamma_s = 0.85$，$(\gamma_s h_0 + a_s)/\gamma_s h_0 = 1.2$，则由上式可得纵向受力钢筋总截面面积 A_s 为

$$A_s \geqslant \frac{F_v a}{0.85 f_y h_0} + 1.2 \frac{F_h}{f_y} \tag{3-26}$$

式中　F_v、F_h——作用在牛腿顶部的竖向力设计值和水平拉力设计值；

　　　　a——意义同前，当 $a < 0.3 h_0$ 时，取 $a = 0.3 h_0$；

　　　　h_0——意义同前（式3-24）；

　　　　f_y——纵向受拉钢筋强度设计值。

4. 构造要求

沿牛腿顶部配置的纵向受力钢筋，宜采用 HRB400 级或 HRB500 级热轧带肋钢筋。承受竖向力所需的纵向受力钢筋的配筋率不应小于 0.20% 及 $0.45 f_t / f_y$，也不宜大于 0.60%，钢筋数量不宜少于 4 根直径 12mm 的钢筋。

全部纵向受力钢筋及弯起钢筋宜沿牛腿外边缘向下伸入下柱内 150mm 后截断。纵向受力钢筋及弯起钢筋伸入上柱的锚固长度，当采用直线锚固时不应小于受拉钢筋锚固长度 l_a；当上柱尺寸不足时，可采用 90°弯折锚固的方式，此时钢筋应伸至柱外侧纵向钢筋内边并向下弯折，其包含弯弧在内的水平投影长度不应小于 $0.4 l_a$（l_a 为受拉钢筋的基本锚固长度），弯折后垂直段长度不应小于 15d（图 3-56）。

当牛腿设于上柱柱顶时，宜将牛腿对边的柱外侧纵向受力钢筋沿柱顶水平弯入牛腿，作为牛腿纵向受拉钢筋使用。当牛腿顶面纵向受拉钢筋与牛腿对边的柱外侧纵向钢筋分开配置时，牛腿顶面纵向受拉钢筋应弯入柱外侧，且应符合钢筋搭接的规定。

当牛腿的截面尺寸满足式(3-24)的抗裂条件后，可不进行斜截面受

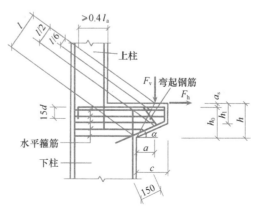

图 3-56　牛腿配筋构造（尺寸单位为 mm）

剪承载力计算，只需按下述构造要求设置水平箍筋和弯起钢筋（图 3-56）。

水平箍筋的直径应取 6～12mm，间距为 100～150mm，在上部 $2h_0/3$ 范围内的箍筋总截面面积不宜小于承受竖向力的受拉钢筋截面面积的 1/2。

当牛腿的剪跨比 a/h_0 不小于 0.3 时，宜设置弯起钢筋。弯起钢筋宜采用 HRB400 级或 HRB500 级热轧带肋钢筋，并宜使其与集中荷载作用点到牛腿斜边下端点连线的交点位于牛腿上部 $l/6～l/2$ 之间的范围内，l 为该连线的长度（图 3-56）。弯起钢筋截面面积不宜小于承受竖向力的受拉钢筋截面面积的 1/2，且不宜少于 2 根直径 12mm 的钢筋。同时，纵向受拉钢筋不得兼作弯起钢筋。

3.6.3 柱的吊装验算

在施工吊装阶段，柱的受力状态与使用阶段完全不同，且此时混凝土强度一般未达到设计强度，因此应进行柱吊装阶段的验算。

柱的吊装方式有平吊和翻身吊两种。平吊较为方便，当采用平吊不满足承载力或裂缝宽度限值要求时，可采用翻身吊。当采用一点起吊时，吊点一般设置在牛腿根部变截面处（图 3-57a、b），在吊装过程中的最不利受力阶段为吊点刚离开地面时，此时柱的底端搁置在地面上，柱在其自重作用下为受弯构件，其计算简图和弯矩图如图 3-57(c) 所示，一般取上柱柱底、牛腿根部和下柱跨中三个截面为控制截面。

在进行吊装阶段受弯承载力验算时，柱自重重力荷载分项系数取 1.3，考虑到起吊时的动力作用，还应乘以动力系数 1.5。由于吊装阶段较短暂，故结构重要性系数 γ_0 可较

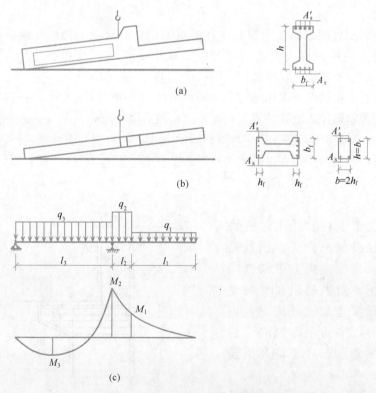

图 3-57 柱的吊装方式及计算简图

（a）翻身吊；（b）平吊；（c）计算简图和弯矩图

152

其使用阶段降低一级采用。混凝土强度取吊装时的实际强度，一般要求大于70%的设计强度。当采用平吊时，I形截面可简化为宽度为$2h_f$、高度为b_f的矩形截面，受力钢筋只考虑两翼缘最外边的一排钢筋参与工作。当采用翻身起吊时，截面的受力方式与使用阶段一致，可按矩形或I形截面进行受弯承载力计算。

柱在吊装阶段的裂缝宽度验算，《混凝土结构设计规范》未作专门的规定，一般可按该构件在使用阶段允许出现裂缝的控制等级进行吊装阶段的裂缝宽度验算。当吊装验算不满足要求时，应优先采用调整或增设吊点以减小弯矩的方法或采取临时加固措施来解决；当变截面处配筋不足时，可在该局部区段加配短钢筋。

3.6.4 抗风柱的设计

抗风柱承受山墙传来的风荷载，为了避免抗风柱与端屋架相碰，应将抗风柱的上部截面高度适当减小，形成变截面柱，如图3-58(a)所示。

1. 抗风柱尺寸的确定

抗风柱截面尺寸除了应满足表3-5中截面尺寸的限值外，上柱截面尺寸不宜小于350mm×300mm，下柱截面高度不宜小于600mm。抗风柱的柱顶标高应低于屋架上弦中心线50mm，以使柱顶对屋架施加的水平力可通过弹簧钢板传至屋架上弦中心线，不使屋架上弦杆受扭；同时抗风柱变阶处的标高应低于屋架下弦底边200mm，以防止屋架产生挠度时与抗风柱相碰（图3-58a）。

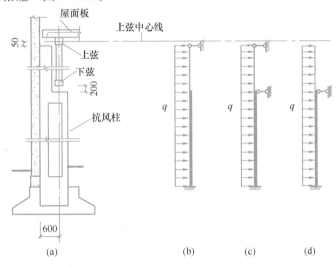

图3-58　抗风柱计算简图
(a) 抗风柱；(b)、(c)、(d) 抗风柱计算简图

2. 计算简图及内力分析

抗风柱顶部一般支承在端屋架的上弦节点处，由于屋盖的纵向水平刚度很大，故支承点可视为不动铰支座，柱底部固定于基础顶面，如图3-58(b)所示。当屋架下弦设有横向水平支撑时，抗风柱亦可与屋架下弦相连接，作为抗风柱的另一个不动铰支座，如图3-58(c)、(d)所示。当在山墙内侧设置水平抗风梁或抗风桁架时，则抗风梁（或桁架）也为抗风柱的一个支座。由于山墙的重量一般由基础梁承受，故抗风柱主要承受风荷载，若忽略抗风柱自重，则可按变截面受弯构件进行设计。当山墙处设有连系梁时，除风荷载

外，抗风柱还承受由连系梁传来的墙体重量，则抗风柱可按偏心受压构件进行设计。

3.7 柱下独立基础设计

柱下独立基础（扩展基础）根据其受力性能可分为轴心受压基础和偏心受压基础两类。在基础的形式和埋置深度确定后，基础的设计内容还包括确定基础的底面尺寸和基础高度，并进行基础底板的配筋计算等；另外，对一些重要的建筑物或土质较为复杂的地基，尚应进行变形或稳定性验算。

3.7.1 基础底面尺寸

基础底面尺寸应根据地基承载力计算确定。由于独立基础的刚度较大，可假定基础底面的压力为线性分布。

1. 轴心荷载作用下的基础

在轴心荷载作用下，基础底面的压力为均匀分布，如图 3-59 所示。设计时应满足下式要求：

$$p_k = \frac{N_k + G_k}{A} \leqslant f_a \qquad (3-27)$$

式中　p_k——相应于作用的标准组合时基础底面处的平均压应力值；

　　　N_k——相应于作用的标准组合时上部结构传至基础顶面的竖向力值；

　　　G_k——基础自重和基础上的土重；

　　　A——基础底面面积，$A = l \times b$；b 为基础底面的长度，l 为基础底面的宽度；

　　　f_a——经过深度和宽度修正后的地基承载力特征值。

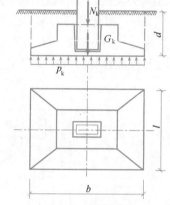

图 3-59　轴心受压基础压力分布

若基础的埋置深度为 d，基础及其上填土的平均重度为 γ_m（一般可近似取 $\gamma_m = 20$ kN/m³），则 $G_k = \gamma_m d A$，将其代入式（3-27）可得基础底面面积为

$$A = \frac{N_k}{f_a - \gamma_m d} \qquad (3-28)$$

设计时首先对地基承载力特征值作深度修正求得其 f_a 值，再由上式计算基础底面面积 A。由于基础底面一般为矩形或正方形，故根据 A 值可求得基础底面的长度 b 和宽度 l。当求得的 l 值大于 3m 时，还须对地基承载力作宽度修正重新求得 f_a 值及相应的 l 值。如此经过几次计算，直至新求得的 l 值与其前一次求得的 l 值接近，则该 l 值为最后确定的基础底面宽度。

2. 偏心荷载作用下的基础

在偏心荷载作用下，基础底面的压力为线性分布，如图 3-60 所示，则基础底面边缘的压力可按下式计算：

$$\frac{p_{k,max}}{p_{k,min}} = \frac{N_{bk}}{A} \pm \frac{M_{bk}}{W} \qquad (3-29)$$

$$N_{bk} = N_k + G_k + N_{wk} \tag{3-29a}$$

$$M_{bk} = M_k + V_k h \pm N_{wk} e_w \tag{3-29b}$$

式中 $p_{k,max}$、$p_{k,min}$ —— 相应于作用的标准组合时，基础底面边缘的最大和最小压力值；

W —— 基础底面的抵抗矩，$W = lb^2/6$；

l —— 垂直于力矩作用方向的基础底面边长；

N_{bk}、M_{bk} —— 相应于作用的标准组合时，作用于基础底面的竖向压力值和力矩值；

N_k、M_k、V_k —— 相应于作用的标准组合时，作用于基础顶面处的轴力、弯矩和剪力值；在选择排架柱Ⅲ-Ⅲ截面的内力组合值时，当轴力 N_k 值相近时，应取弯矩绝对值较大的一组；一般还须考虑 $N_{k,max}$ 及相应的 M_k、V_k 这一组不利内力组合；

N_{wk} —— 相应于作用的标准组合时，基础梁传来的竖向力值；

e_w —— 基础梁中心线至基础底面中心线的距离；

h —— 按经验初步拟定的基础高度。

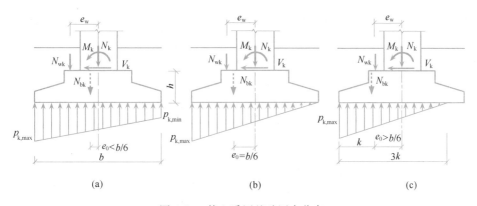

图 3-60　偏心受压基础压力分布

(a) $e_0 < \dfrac{b}{6}$；(b) $e_0 = \dfrac{b}{6}$；(c) $e_0 > \dfrac{b}{6}$

取 $e_0 = M_{bk}/N_{bk}$，并将 $W = lb^2/6$ 代入式（3-29），可将基础底面边缘的压力值写成如下形式：

$$\begin{array}{c} p_{k,max} \\ p_{k,min} \end{array} = \frac{N_{bk}}{lb}\left(1 \pm \frac{6e_0}{b}\right) \tag{3-30}$$

由上式可知，在 N_{bk} 和 M_{bk} 共同作用下，当 $e_0 < \dfrac{b}{6}$ 时，$p_{k,min} > 0$，地基反力呈梯形分布，表示基底全部受压（图 3-60a）；当 $e_0 = \dfrac{b}{6}$ 时，$p_{k,min} = 0$，地基反力呈三角形分布，基底亦为全部受压（图 3-60b）；当 $e_0 > \dfrac{b}{6}$ 时，$p_{k,min} < 0$，由于基础底面与地基土的接触面间不能承受拉力，故说明基础底面的一部分不与地基土接触，而基础底面与地基土接触的部分其反力仍呈三角形分布（图 3-60c），根据力的平衡条件，可求得基础底面边缘的最大压

力值为

$$p_{k,max} = \frac{2N_{bk}}{3kl} \tag{3-31}$$

式中 k——基础底面竖向压力 N_{bk} 作用点至基础底面最大压力边缘的距离，$k = \frac{1}{2}b - e_0$。

在偏心荷载作用下，基础底面的压力值应符合下式要求：

$$p = \frac{p_{k,max} + p_{k,min}}{2} \leqslant f_a \tag{3-32a}$$

$$p_{k,max} \leqslant 1.2 f_a \tag{3-32b}$$

在确定偏心荷载作用下基础的底面尺寸时，一般采用试算法。首先按轴心荷载作用下的公式（3-28），初步估算基础的底面面积；再考虑基础底面弯矩的影响，将基础底面积适当增加 20%～40%，初步选定基础底面的边长 l 和 b，按式（3-29）计算偏心荷载作用下基础底面的压力值，然后验算是否满足式（3-32a）和式（3-32b）的要求；如不满足，应调整基础底面尺寸重新验算，直至满足为止。

3.7.2 基础高度验算

基础高度可凭工程经验或按构造要求（见 3.7.4 小节）初步拟定。如此拟定的基础高度，尚应满足柱与基础交接处以及基础变阶处的混凝土受冲切承载力或受剪承载力要求。

试验研究表明，当柱与基础交接处或基础变阶处的高度不足时，如果基础底面两个方向的边长相同或相近，则冲切破坏锥体落在基础底面以内，柱传来的荷载将使基础发生冲切破坏（图 3-61a），即沿柱周边或变阶处周边大致呈 45°方向的截面被拉开而形成图3-61（b）所示的角锥体（阴影部分）破坏。基础的冲切破坏是由于沿冲切面的主拉应力超过混凝土轴心抗拉强度而引起的（图 3-61c）。为避免发生冲切破坏，基础应具有足够的高度，使角锥体冲切面以外由地基土净反力所产生的冲切力不应大于冲切面上混凝土所能承受的冲切力。如果柱下独立基础底面两个方向的边长比值大于 2，此时基础的受力状态接近于单向受力，柱与基础交接处不会发生冲切破坏，而可能发生剪切破坏，此时应对基础交接处以及基础变阶处的混凝土进行受剪承载力验算。因此，独立基础的高度除应满足构造要求外，还应根据柱与基础交接处以及基础变阶处混凝土的受冲切承载力或受剪承载力计算确定。

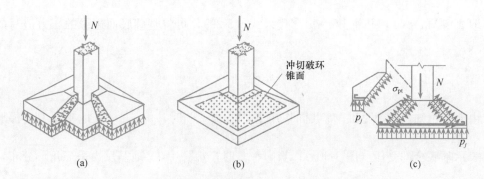

图 3-61 基础冲切破坏示意图
(a) 冲切破坏；(b) 冲切破坏锥面；(c) 冲切破坏面拉应力

1. 受冲切承载力验算

《建筑地基基础设计规范》规定，对矩形截面柱的矩形基础，柱与基础交接处以及基础变阶处的受冲切承载力应按下列公式验算：

$$F_l \leqslant 0.7\beta_{hp}f_t a_m h_0 \tag{3-33}$$

$$a_m = (a_t + a_b)/2 \tag{3-34}$$

$$F_l = p_j A_l \tag{3-35}$$

式中 β_{hp}—— 受冲切承载力截面高度影响系数，当 h 不大于 800mm 时，β_{hp} 取 1.0；当 h 大于或等于 2000mm 时，β_{hp} 取 0.9，其间按线性内插法取用；当验算柱与基础交接处时 h 为基础高度，当验算基础变阶处时 h 为验算处的台阶高度；

f_t—— 混凝土轴心抗拉强度设计值；

h_0—— 基础冲切破坏锥体的有效高度；

a_m—— 冲切破坏锥体最不利一侧的计算长度；

a_t—— 冲切破坏锥体最不利一侧斜截面的上边长，当计算柱与基础交接处的受冲切承载力时，取柱宽；当计算基础变阶处的受冲切承载力时，取上阶宽；

a_b—— 冲切破坏锥体最不利一侧斜截面在基础底面积范围内的下边长，当冲切破坏锥体的底面落在基础底面以内（图 3-62a、b），计算柱与基础交接处的受冲切承载力时，取柱宽加两倍基础有效高度；当计算基础变阶处的受冲切承载力时，取上阶宽加两倍该处的台阶有效高度；

p_j—— 扣除基础自重及其上土重后相应于作用的基本组合时的地基土单位面积净反力，对偏心受压基础可取基础边缘处最大地基土单位面积净反力；

A_l—— 冲切验算时取用的部分基底面积（图 3-62a、b 中的阴影面积 ABCDEF）；

F_l—— 相应于作用的基本组合时作用在 A_l 上的地基土净反力设计值。

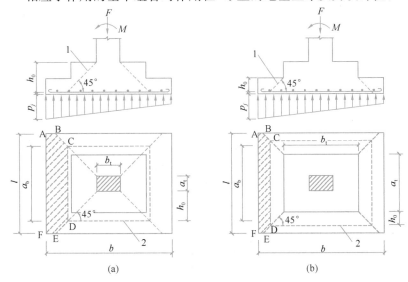

图 3-62　计算阶形基础的受冲切承载力截面位置

（a）柱与基础交接处；（b）基础变阶处

1—冲切破坏锥体最不利一侧的斜截面；2—冲切破坏锥体的底面线

2. 受剪承载力验算

当基础底面短边尺寸小于或等于柱宽加两倍基础有效高度（图 3-63）时，应按下列公式验算柱与基础交接处以及基础变阶处的截面受剪承载力：

$$V_s \leqslant 0.7\beta_{hs}f_tA_0 \tag{3-36}$$

$$\beta_{hs} = \left(\frac{800}{h_0}\right)^{1/4}$$

式中　V_s —— 相应于作用的基本组合时，柱与基础交接处的剪力设计值，图 3-63 中的阴影面积乘以基底平均净反力；

　　　β_{hs} —— 受剪切承载力截面高度影响系数，当 $h_0 < 800mm$ 时，取 $h_0 = 800mm$；当 $h_0 > 2000mm$ 时，取 $h_0 = 2000mm$；

　　　A_0 —— 验算截面处基础的有效截面面积。

　　基础设计时，首先根据经验或构造要求初步拟定基础高度，即取 $h \geqslant h_1 + 50 + a_1$，其中 h_1 和 a_1 分别按表 3-12 和 3-13 查取；基础高度确定后可将其分成 2~3 个台阶或做成斜锥面，然后根据基础长边与短边的比值，按式（3-33）进行受冲切承载力验算或按式（3-36）进行受剪承载力验算，如不满足要求，则应增大基础高度或调整台阶尺寸重新进行验算，直至满足要求为止。

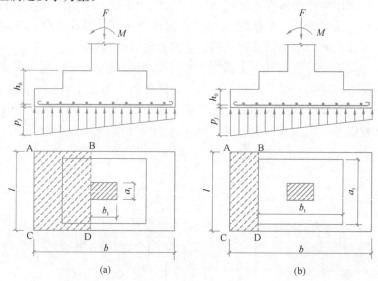

图 3-63　验算阶形基础受剪切承载力示意图
(a) 柱与基础交接处；(b) 基础变阶处

3.7.3　基础底板配筋

　　基础在上部结构传来的荷载及地基土反力作用下，独立基础底板将在两个方向产生弯曲，其受力状态可看作在地基土反力作用下支承于柱上倒置的变截面悬臂板。由于由基础自重及其上土重产生的地基土反力不会使基础各截面产生弯矩和剪力，故基础底板配筋计算采用地基土净反力 p_j。《建筑地基基础设计规范》规定，对于矩形基础，当台阶的悬挑长度与台阶根部高度之比小于或等于 2.5 时，底板配筋可按下述方法计算。

　　1. 轴心荷载作用下的基础

　　为简化计算，将基础底板划分为四个区块，每个区块都可看作是固定于柱边的悬臂板，且假定各区块之间无联系，如图 3-64 所示。柱边处截面 Ⅰ-Ⅰ 和截面 Ⅱ-Ⅱ 的弯矩设

计值，分别等于作用在梯形 ABCD 和 BCFE 上的总地基净反力乘以其面积形心至柱边截面的距离（图 3-64a），即

$$M_{\text{I}} = \frac{p_j}{24}(b - b_{\text{t}})^2(2l + a_{\text{t}}) \tag{3-37}$$

$$M_{\text{II}} = \frac{p_j}{24}(l - a_{\text{t}})^2(2b + b_{\text{t}}) \tag{3-38}$$

式中，各符号意义同前。

由于长边方向的钢筋一般置于沿短边方向钢筋的下面，若假定 b 方向为长边，故沿长边 b 方向的受力钢筋截面面积可近似按下式计算：

$$A_{s\text{I}} = \frac{M_{\text{I}}}{0.9 h_0 f_y} \tag{3-39}$$

式中 $0.9h_0$——由经验确定的内力偶臂；

h_0——截面 I-I 处底板的有效高度，$h_0 = h - a_s$，当基础下有混凝土垫层时，取 $a_s = 40\text{mm}$；无混凝土垫层时，取 $a_s = 70\text{mm}$；

f_y——基础底板钢筋抗拉强度设计值。

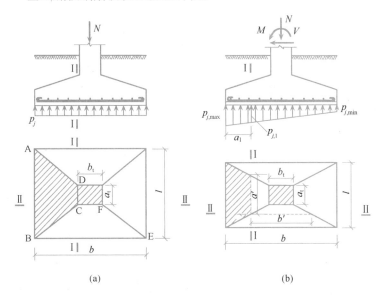

图 3-64 基础底板配筋计算图

（a）轴心受压基础；（b）偏心受压基础

如果基础底板两个方向受力钢筋直径均为 d，则截面 II-II 的有效高度为 $h_0 - d$，故沿短边 l 方向的受力钢筋截面面积为

$$A_{s\text{II}} = \frac{M_{\text{II}}}{0.9(h_0 - d) f_y} \tag{3-40}$$

2. 偏心荷载作用下的基础

当偏心距小于或等于1/6基础长度 b 时，沿弯矩作用方向在任意截面 I-I 处（图 3-64b），及垂直于弯矩作用方向在任意截面 II-II 处相应于荷载基本组合的弯矩设计值 M_{I}、M_{II}，可分别按下列公式计算：

$$M_I = \frac{1}{12}a_1^2\left[(2l+a')(p_{j,\max}+p_{j,1})+(p_{j,\max}-p_{j,1})l\right] \tag{3-41}$$

$$M_{II} = \frac{1}{48}(l-a')^2(2b+b')(p_{j,\max}+p_{j,\min}) \tag{3-42}$$

式中　　　a_1——任意截面 I - I 至基底边缘最大反力处的距离；

$p_{j,\max}$、$p_{j,\min}$——相应于荷载基本组合时，基础底面边缘的最大和最小地基净压力设计值；

$p_{j,1}$——相应于荷载基本组合时，在任意截面 I - I 处基础底面地基净反力设计值；

其他符号意义见图 3-64。

当偏心距大于1/6基础长度 b 时，沿弯矩作用方向，基础底面一部分将出现零应力，其反力呈三角形分布（图 3-60c）。在沿弯矩作用方向上，任意截面 I - I 处相应于荷载基本组合的弯矩设计值 M_I 仍可按式（3-41）计算；在垂直于弯矩作用方向上，任意截面 II - II 处相应于荷载基本组合的弯矩设计值 M_{II} 应按实际应力分布计算，在设计时，为简化计算，也可偏于安全地取 $p_{j,\min}=0$，然后按式（3-42）计算。

当按上式求得弯矩设计值 M_I、M_{II} 后，其相应的基础底板受力钢筋截面面积可近似地按式（3-39）和式（3-40）进行计算。

对于阶形基础，尚应进行变阶截面处的配筋计算，并比较由上述所计算的配筋及变阶截面处的配筋，取其较大者作为基础底板的最后配筋。

3.7.4　构造要求

（1）基础形状：独立基础的底面一般为矩形，长宽比宜小于2。基础的截面形状一般可采用对称的阶梯形或锥形，当荷载引起的偏心距较大时，也可做成不对称形式，但基础中心对柱截面中心的偏移应为50mm的倍数，且同一柱列宜取相同的偏移值。

（2）底板配筋：基础底板受力钢筋的最小直径不宜小于10mm，间距不宜大于200mm，也不宜小于100mm。当基础底面边长大于或等于2.5m时，底板受力钢筋的长度可取边长的0.9倍，并宜交错布置。当有垫层时，混凝土保护层厚度不应小于40mm，无垫层时，不宜小于70mm（图 3-65a）。

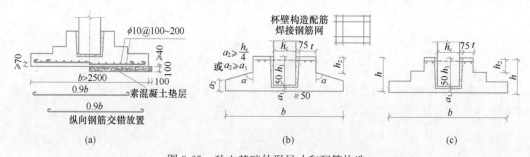

图 3-65　独立基础外形尺寸和配筋构造

(a) 底板配筋构造；(b) 锥形基础细部构造；(c) 阶形基础细部构造

（3）混凝土强度等级：基础的混凝土强度等级不宜低于C25。垫层的混凝土强度等级应为C20，垫层厚度不宜小于70mm，周边伸出基础边缘宜为100mm（图 3-65a）。

（4）杯口深度：杯口的深度等于柱的插入深度 h_1 +50mm。为了保证预制柱能嵌固在基础中，柱伸入杯口应有足够的深度 h_1，一般可按表 3-12 取用；此外，h_1 还应满足柱内受力钢筋锚固长度的要求，并应考虑吊装安装时柱的稳定性。杯口底部留有 50mm，作为吊装柱时铺设细石混凝土找平层（图 3-65b、c）。

柱的插入深度 h_1（mm） 表 3-12

矩形或 I 形截面柱				双 肢 柱
$h_c<500$	$500\leqslant h_c<800$	$800\leqslant h_c\leqslant1000$	$h_c>1000$	
$(1.0\sim1.2)h_c$	h_c	$0.9h_c$ 且 $\geqslant800$	$0.8h_c$ 且 $\geqslant1000$	$\left(\dfrac{1}{3}\sim\dfrac{2}{3}\right)h_a$ $(1.5\sim1.8)h_b$

注：1. h_c 为柱截面长边尺寸；h_a 为双肢柱整个截面长边尺寸；h_b 为双肢柱整个截面短边尺寸；

2. 柱轴心受压或小偏心受压时，h_1 可适当减少；偏心距 $e_0>2h_c$ 时，h_1 应适当加大。

（5）杯口尺寸：杯口应大于柱截面边长，其顶部每边留出 75mm，底部每边留出 50mm，以便预制柱安装时进行就位、校正，并二次浇筑细石混凝土，如图 3-65（b）、（c）所示。为了保证杯壁在安装和使用阶段的承载力，杯壁厚度 t 可按表 3-13 取值。当柱为轴心受压或小偏心受压且 $t/h_2\geqslant0.65$ 时，或大偏心受压且 $t/h_2\geqslant0.75$ 时，杯壁可不配筋；当柱为轴心受压或小偏心受压且 $0.5\leqslant t/h_2\leqslant0.65$ 时，杯壁可按表 3-14 配置构造钢筋；其他情况，应按计算配筋。

基础杯底厚度和杯壁厚度（mm） 表 3-13

柱截面高度	杯底厚度 a_1	杯壁厚度 t	柱截面高度	杯底厚度 a_1	杯壁厚度 t
$h_c<500$	$\geqslant150$	$150\sim200$	$1000\leqslant h_c<1500$	$\geqslant250$	$\geqslant350$
$500\leqslant h_c<800$	$\geqslant200$	$\geqslant200$	$1500\leqslant h_c<2000$	$\geqslant300$	$\geqslant400$
$800\leqslant h_c<1000$	$\geqslant200$	$\geqslant300$			

注：1. 双肢柱的杯底厚度值，可适当加大；

2. 当有基础梁时，基础梁下的杯壁厚度，应满足其支承宽度的要求；

3. 柱子插入杯口部分的表面应凿毛，柱子与杯口之间的空隙，应用比基础混凝土强度等级高一级的细石混凝土充填密实，当达到材料设计强度的 70% 以上时，方能进行上部吊装。

杯壁构造配筋 表 3-14

柱截面长边尺寸（mm）	$h_c<1000$	$1000\leqslant h_c<1500$	$1500\leqslant h_c\leqslant2000$
钢筋直径（mm）	$8\sim10$	$10\sim12$	$12\sim16$

注：表中钢筋置于杯口顶部，每边两根（图 3-65b、c）。

（6）杯底厚度：杯底应具有足够的厚度 a_1，以防预制柱在安装时发生杯底冲切破坏，杯底厚度 a_1 可按表 3-13 取值。

（7）锥形基础的边缘高度一般取 $a_2\geqslant200$mm，且 $a_2\geqslant a_1$ 和 $a_2\geqslant h_c/4$（h_c 为预制柱的截面高度）；当锥形基础的斜坡处为非支模制作时，坡度角不宜大于 25°，最大不得大于 35°。阶梯形基础一般不超过三阶，每阶高度宜为 300~500mm。当基础高度 $h\leqslant500$mm 时，可采用一阶；当 500mm$<h\leqslant900$mm 时，宜采用二阶；当 $h>900$mm 时，宜采用三阶。

3.8 单层厂房排架结构设计实例

3.8.1 设计资料及要求

1. 工程概况

某金工装配车间为两跨等高厂房，跨度均为24m，柱距均为6m，车间总长度为66m。每跨设有起重量为20/5t吊车各2台，吊车工作级别为A5级，轨顶标高不小于9.60m。厂房无天窗，采用卷材防水屋面，围护墙为240mm厚双面清水砖墙，采用钢门窗，钢窗宽度为3.6m，室内外高差为150mm，素混凝土地面。建筑平面及剖面分别如图3-66和图3-67所示。

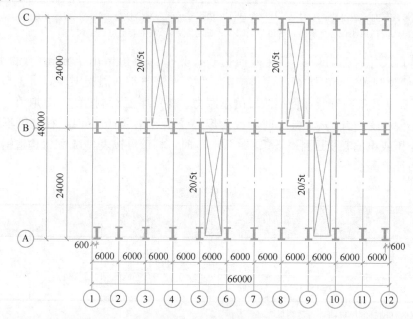

图 3-66 厂房平面图

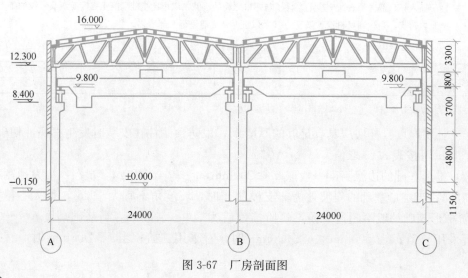

图 3-67 厂房剖面图

2. 结构设计原始资料

厂房所在地点的基本风压为 $0.35kN/m^2$，地面粗糙度为 B 类；基本雪压为 $0.30kN/m^2$。风荷载的组合值系数为 0.6，其余可变荷载的组合值系数均为 0.7。土壤冻结深度为 0.3m，建筑场地为 Ⅰ 级非自重湿陷性黄土，地基承载力特征值为 $165kN/m^2$，地下水位于地面以下 7m，不考虑抗震设防。

3. 材料

基础混凝土强度等级为 C25；柱混凝土强度等级为 C30。纵向受力钢筋采用 HRB400 级（Φ）；箍筋和分布钢筋采用 HPB300 级（ϕ）。

4. 设计要求

（1）分析厂房排架内力，并进行排架柱和基础的设计；

（2）绘制排架柱和基础的施工图。

3.8.2 构件选型及柱截面尺寸确定

因该厂房跨度在 15～36m 之间，且柱顶标高大于 8m，故采用钢筋混凝土排架结构。为了保证屋盖的整体性和刚度，屋盖采用无檩体系。由于厂房屋面采用卷材防水做法，故选用屋面坡度较小而经济指标较好的预应力混凝土折线形屋架及预应力混凝土屋面板。普通钢筋混凝土吊车梁制作方便，当吊车起重量不大时，有较好的经济指标，故选用普通钢筋混凝土吊车梁。厂房各主要构件选型见表 3-15。

主要承重构件选型表　　　　　　　　表 3-15

构件名称	标准图集	选用型号	重力荷载标准值
屋面板	**04G410-1** 1.5m×6m 预应力混凝土屋面板	YWB-2Ⅱ（中间跨） YWB-2Ⅱs（端跨）	1.4kN/m² （包括灌缝重）
天沟板	**04G410-1** 1.5m×6m 预应力混凝土屋面板（卷材防水天沟板）	TGB 68-1	1.91kN/m²
屋架	**04G415-1** 预应力混凝土折线形屋架（跨度 24m）	YWJA-24-1Aa	106kN/榀 0.05kN/m² （屋盖钢支撑）
吊车梁	**04G323-2** 钢筋混凝土吊车梁（吊车工作级别为 A₁～A₅）	DL-9Z（中间跨） DL-9B（边跨）	39.5kN/根 40.8kN/根
轨道连接	**04G325** 吊车轨道连接详图		0.80kN/m
基础梁	**04G320** 钢筋混凝土基础梁	JL-3	16.7kN/根

由设计资料可知，吊车轨顶标高为 9.60m。对起重量为 20/5t、工作级别为 A5 的吊车，当厂房跨度为 24m 时，可求得吊车的跨度 $L_k = 24 - 0.75 \times 2 = 22.5$m，由附表 4 可查得吊车轨顶以上高度为 2.3m；选定吊车梁的高度 $h_b = 1.20$m，暂取轨道顶面至吊车梁顶面的距离 $h_a = 0.20$m，则牛腿顶面标高可按下式计算：

$$牛腿顶面标高 = 轨顶标高 - h_b - h_a = 9.60 - 1.20 - 0.20 = 8.20\text{m}$$

由建筑模数的要求，故牛腿顶面标高取为 8.40m。实际轨顶标高 $= 8.40 + 1.20 + 0.20 = 9.80m> 9.60$m。

考虑吊车行驶所需空隙尺寸 $h_7 = 220$mm，柱顶标高可按下式计算：

$$柱顶标高 = 牛腿顶面标高 + h_b + h_a + 吊车高度 + h_7$$
$$= 8.40 + 1.20 + 0.20 + 2.30 + 0.22$$
$$= 12.32\text{m}$$

故柱顶（或屋架下弦底面）标高取为 12.30m。

取室内地面至基础顶面的距离为 0.5m，则计算简图中柱的总高度 H、下柱高度 H_l 和上柱高度 H_u 分别为

$$H = 12.3 + 0.5 = 12.8\text{m}$$
$$H_l = 8.4 + 0.5 = 8.9\text{m}$$
$$H_u = 12.8 - 8.9 = 3.9\text{m}$$

根据柱的高度、吊车起重量及工作级别等条件，可由表 3-5 并参考表 3-7 确定柱截面尺寸为

Ⓐ、Ⓒ轴　　　上柱　口 $b \times h = 400\text{mm} \times 400\text{mm}$

　　　　　　　下柱　I $b_f \times h \times b \times h_f = 400\text{mm} \times 900\text{mm} \times 100\text{mm} \times 150\text{mm}$

Ⓑ轴　　　　上柱　口 $b \times h = 400\text{mm} \times 600\text{mm}$

　　　　　　下柱　I $b_f \times h \times b \times h_f = 400\text{mm} \times 1000\text{mm} \times 100\text{mm} \times 150\text{mm}$

3.8.3　定位轴线

横向定位轴线除端柱外，均通过柱截面几何中心。对起重量为 20/5t、工作级别为 A5 的吊车，由附表 4 可查得轨道中心至吊车端部距离 $B_1 = 260$mm；吊车桥架外边缘至上柱内边缘的净空宽度，一般取 $B_2 \geqslant 80$mm。

对中柱，取纵向定位轴线为柱的几何中心，则 $B_3 = 300$mm，故

$$B_2 = e - B_1 - B_3 = 750 - 260 - 300 = 190\text{mm} > 80\text{mm}$$

符合要求。

对边柱，取封闭式定位轴线，即纵向定位轴线与纵墙内皮重合，则 $B_3 = 400$mm，故

$$B_2 = e - B_1 - B_3 = 750 - 260 - 400 = 90\text{mm} > 80\text{mm}$$

亦符合要求。

3.8.4　计算简图确定

由于该金工车间厂房，工艺无特殊要求，且结构布置及荷载分布（除吊车荷载外）均匀，故可取一榀横向排架作为基本的计算单元，单元的宽度为两相邻柱间中心线之间的距离，即 $B = 6.0$m，如图 3-68(a)所示；计算简图如图 3-68(b)所示。

由柱的截面尺寸，可求得柱的截面几何特征及自重标准值，见表 3-16。

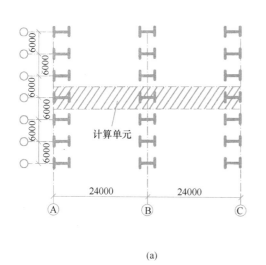

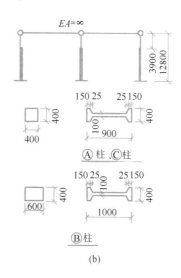

(a)   （b）

图 3-68　计算单元和计算简图

（a）计算单元；（b）计算简图

柱的截面几何特征及自重标准值   表 3-16

柱号		计算参数			
		截面尺寸（mm）	面积（mm²）	惯性矩（mm⁴）	自重（kN/m）
Ⓐ、Ⓒ	上柱	□400×400	$1.600×10^5$	$21.30×10^8$	4.00
	下柱	I 400×900×100×150	$1.875×10^5$	$195.38×10^8$	4.69
Ⓑ	上柱	□400×600	$2.400×10^5$	$72.00×10^8$	6.00
	下柱	I 400×1000×100×150	$1.975×10^5$	$256.34×10^8$	4.94

3.8.5　荷载计算

1. 永久荷载

（1）屋盖自重标准值

为了简化计算，天沟板及相应构造层的自重，取与一般屋面自重相同。

两毡三油防水层 0.35kN/m²

20mm 厚水泥砂浆找平层 20×0.02＝0.40kN/m²

100mm 厚水泥蛭石保温层 5×0.1＝0.50kN/m²

一毡两油隔气层 0.05kN/m²

20mm 厚水泥砂浆找平层 20×0.02＝0.40kN/m²

预应力混凝土屋面板（包括灌缝） 1.40kN/m²

屋盖钢支撑 0.05kN/m²

3.15kN/m²

屋架自重重力荷载为106kN/榀，则作用于柱顶的屋盖结构自重标准值为

$$G_1 = 3.15 \times 6 \times \frac{24}{2} + \frac{106}{2} = 279.80 \text{kN}$$

（2）吊车梁及轨道自重标准值

$$G_3 = 39.5 + 0.8 \times 6 = 44.30 \text{kN}$$

（3）柱自重标准值

Ⓐ、Ⓒ轴　　　上柱　$G_{4A} = G_{4C} = 4.00 \times 3.9 = 15.60 \text{kN}$

　　　　　　　下柱　$G_{5A} = G_{5C} = 4.69 \times 8.9 = 41.74 \text{kN}$

Ⓑ柱　　　　　上柱　$G_{4B} = 6.00 \times 3.9 = 23.40 \text{kN}$

　　　　　　　下柱　$G_{5B} = 4.94 \times 8.9 = 43.97 \text{kN}$

各项永久荷载作用位置如图 3-69 所示。

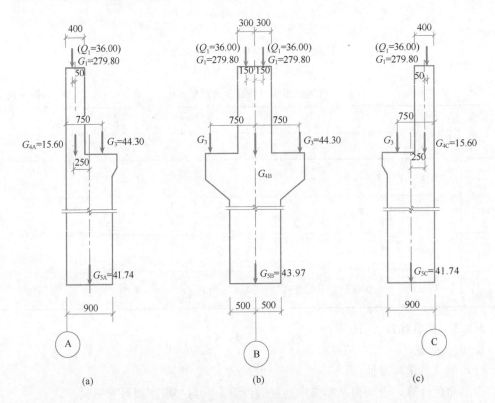

图 3-69　永久荷载作用位置图（单位：kN）

(a) Ⓐ柱；(b) Ⓑ柱；(c) Ⓒ柱

2. 屋面可变荷载

由《建筑结构荷载规范》查得，屋面活荷载标准值为 0.5kN/m^2，屋面雪荷载标准值为 0.25kN/m^2，由于后者小于前者，故仅按屋面活荷载计算。作用于柱顶的屋面活荷载标准值为

$$Q_1 = 0.5 \times 6 \times \frac{24}{2} = 36.00 \text{kN}$$

Q_1 的作用位置与 G_1 作用位置相同，如图 3-69 所示。

3. 吊车荷载

对起重量为 20/5t 的吊车，查附表 4，将吊车的额定起重量、最大轮压和最小轮压乘以重力加速度 g，并近似地取 $g=10\text{m/s}^2$，换算为重力荷载，可得

$$Q=200\text{kN}, \quad P_{\max}=215\text{kN}, \quad P_{\min}=45\text{kN},$$
$$B=5.55\text{m}, \quad K=4.40\text{m}, \quad Q_l=75\text{kN}$$

根据 B 及 K，可算得吊车梁支座反力影响线中各轮压对应点的竖向坐标值，如图 3-70 所示，据此可求得吊车作用于柱上的吊车荷载。

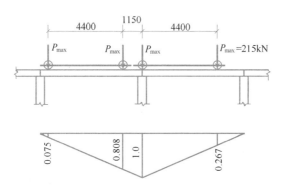

图 3-70 吊车荷载作用下支座反力影响线

（1）吊车竖向荷载

由式（3-3）和式（3-4）可得吊车竖向荷载标准值为

$$\begin{aligned}
D_{\max} &= P_{\max} \sum y_i \\
&= 215 \times (1+0.808+0.267+0.075) \\
&= 462.25\text{kN} \\
D_{\min} &= P_{\min} \sum y_i \\
&= 45 \times (1+0.808+0.267+0.075) \\
&= 96.75\text{kN}
\end{aligned}$$

（2）吊车横向水平荷载

作用于每一个轮子上的吊车横向水平制动力按式（3-6）计算，即

$$T=\frac{1}{4}\alpha(Q+Q_l)=\frac{1}{4}\times 0.1\times(200+75)=6.875\text{kN}$$

同时作用于吊车两端每个排架柱上的吊车横向水平荷载标准值按式（3-7）计算，即

$$T_{\max}=T\sum y_i=6.875\times(1+0.808+0.267+0.075)=14.78\text{kN}$$

4. 风荷载

风荷载标准值按式（3-9）计算，其中基本风压 $w_0=0.35\text{ kN/m}^2$，$\beta_z=1.0$，按 B 类地面粗糙度，根据厂房各部分标高（图 3-67），由附表 3-1 可查得风压高度变化系数 μ_z 为

柱顶（标高 12.30m）　　$\mu_z=1.060$

檐口（标高 14.60m）　　$\mu_z=1.120$

屋顶（标高 16.00m）　　$\mu_z=1.150$

风荷载体型系数 μ_s 如图 3-71(a) 所示，则由式（3-9）可求得排架迎风面及背风面的

风荷载标准值分别为

$$w_{1k}=\beta_z\mu_{s1}\mu_z w_0=1.0\times0.8\times1.060\times0.35=0.297\text{kN/m}^2$$

$$w_{2k}=\beta_z\mu_{s2}\mu_z w_0=1.0\times0.4\times1.060\times0.35=0.148\text{kN/m}^2$$

则作用于排架计算简图（图 3-71b）上的风荷载标准值为

$$q_1=0.297\times6.0=1.78\text{kN/m}$$

$$q_2=0.148\times6.0=0.89\text{kN/m}$$

$$F_w=\left[(\mu_{s1}+\mu_{s2})\mu_z h_1+(\mu_{s3}+\mu_{s4})\mu_z h_2\right]\beta_z w_0 B$$

$$=\left[(0.8+0.4)\times1.120\times2.3+(-0.6+0.5)\times1.150\times1.4\right]\times1.0\times0.35\times6.0$$

$$=6.15\text{kN}$$

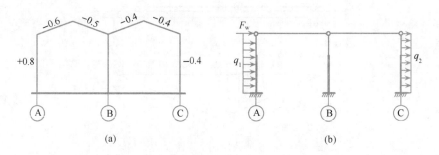

图 3-71　风荷载体型系数及排架计算简图

（a）风荷载体型系数；（b）风荷载作用下排架计算简图

3.8.6　排架内力分析有关系数

等高排架可用剪力分配法进行排架内力分析。由于该厂房的Ⓐ柱和Ⓒ柱的柱高、截面尺寸等均相同，故这两柱的有关参数相同。

1. 柱剪力分配系数

柱顶位移系数 C_0 和柱的剪力分配系数 η_i 分别按式（3-15）、式（3-18）计算，结果见表 3-17。

柱剪力分配系数 表 3-17

柱　号	$n=I_u/I_l$ $\lambda=H_u/H$	$C_0=3/[1+\lambda^3(1/n-1)]$ $\delta=H^3/C_0EI_l$	$\eta_i=\dfrac{1/\delta_i}{\sum1/\delta_i}$
Ⓐ、Ⓒ柱	$n=0.109$ $\lambda=0.305$	$C_0=2.435$ $\delta_A=\delta_C=0.210\times10^{-10}\dfrac{H^3}{E}$	$\eta_A=\eta_C=0.285$
Ⓑ柱	$n=0.281$ $\lambda=0.305$	$C_0=2.797$ $\delta_B=0.139\times10^{-10}\dfrac{H^3}{E}$	$\eta_B=0.430$

由上表可知，$\eta_A+\eta_B+\eta_C=1.0$。

2. 单阶变截面柱柱顶反力系数

由表 3-8 中给出的公式可分别计算不同荷载作用下单阶变截面柱的柱顶反力系数，计算结果见表 3-18。

简 图	柱顶反力系数	Ⓐ柱和Ⓒ柱	Ⓑ柱
M *R*	$C_1 = \dfrac{3}{2} \dfrac{1-\lambda^2\left(1-\dfrac{1}{n}\right)}{1+\lambda^3\left(\dfrac{1}{n}-1\right)}$	2.143	1.731
R *M*	$C_3 = \dfrac{3}{2} \dfrac{1-\lambda^2}{1+\lambda^3\left(\dfrac{1}{n}-1\right)}$	1.104	1.268
aH_u *R* *T*	$C_5 = \dfrac{1}{2} \dfrac{2-3a\lambda+\lambda^3\left[\dfrac{(2+a)(1-a)^2}{n}-(2-3a)\right]}{1+\lambda^3\left(\dfrac{1}{n}-1\right)}$	0.583	0.650
R *q*	$C_{11} = \dfrac{3}{8} \dfrac{1+\lambda^4\left(\dfrac{1}{n}-1\right)}{1+\lambda^3\left(\dfrac{1}{n}-1\right)}$	0.326	—

3. 内力正负号规定

本例题中，排架柱的弯矩、剪力和轴力的正负号规定如图 3-72 所示，后面的各弯矩图和柱底剪力均未标出正负号，弯矩图画在受拉一侧，柱底剪力按实际方向标出。

3.8.7 排架内力分析

1. 永久荷载作用下排架内力分析

永久荷载作用下排架的计算简图如图 3-73(a) 所示。图中的重力荷载 $\overline{G}$ 及力矩 M 根据图 3-69 确定，即

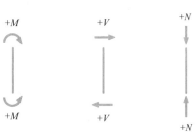

图 3-72 内力正负号规定

$$\overline{G}_1 = G_1 = 279.80\text{kN}$$
$$\overline{G}_2 = G_3 + G_{4A} = 44.30 + 15.60 = 59.90\text{kN}$$
$$\overline{G}_3 = G_{5A} = 41.74\text{kN}$$
$$\overline{G}_4 = 2G_1 = 2\times279.80 = 559.60\text{kN}$$
$$\overline{G}_5 = G_{4B} + 2G_3 = 23.40 + 2\times44.30 = 112.00\text{kN}$$
$$\overline{G}_6 = G_{5B} = 43.97\text{kN}$$
$$M_1 = \overline{G}_1 e_1 = 279.80\times0.05 = 13.99\text{kN}\cdot\text{m}$$
$$M_2 = (\overline{G}_1 + G_{4A})e_0 - G_3 e_3$$
$$= (279.80 + 15.60)\times0.25 - 44.30\times0.3 = 60.56\text{kN}\cdot\text{m}$$

由于图 3-73(a) 所示排架为对称结构且作用对称荷载，排架结构无侧移，故各柱可按柱顶为不动铰支座计算内力。按照表 3-18 计算的柱顶反力系数，柱顶不动铰支座反力 R_i

可根据表 3-8 所列的相应公式计算求得，即

$$R_A = \frac{M_1}{H}C_1 + \frac{M_2}{H}C_3 = \frac{13.99 \times 2.143 + 60.56 \times 1.104}{12.8} = 7.57\text{kN}(\rightarrow)$$

$$R_C = -7.57\text{kN}(\leftarrow)$$

$$R_B = 0$$

求得柱顶反力 R_i 后，可根据平衡条件求得柱各截面的弯矩和剪力。柱各截面的轴力为该截面以上重力荷载之和。恒载作用下排架结构的弯矩图、轴力图和柱底剪力分别见图 3-73(b)、(c)。

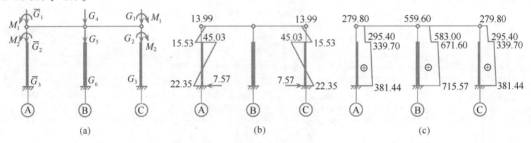

图 3-73　恒载作用下排架内力图

(a) 排架计算简图；(b) 弯矩图及柱底剪力；(c) 轴力图

2. 屋面可变荷载作用下排架内力分析

（1）AB 跨作用屋面活荷载

排架计算简图如图 3-74(a) 所示。屋架传至柱顶的集中荷载 $Q_1 = 36.00\text{kN}$，它在柱顶及变阶处引起的力矩分别为

$$M_{1A} = 36.00 \times 0.05 = 1.80\text{kN} \cdot \text{m}$$
$$M_{2A} = 36.00 \times 0.25 = 9.00\text{kN} \cdot \text{m}$$
$$M_{1B} = 36.00 \times 0.15 = 5.40\text{kN} \cdot \text{m}$$

按照表 3-18 计算的柱顶反力系数和表 3-8 所列的相应公式，可求得柱顶不动铰支座反力 R_i，即

$$R_A = \frac{M_{1A}}{H}C_1 + \frac{M_{2A}}{H}C_3 = \frac{1.80 \times 2.143 + 9.00 \times 1.104}{12.8} = 1.08\text{kN}(\rightarrow)$$

$$R_B = \frac{M_{1B}}{H}C_1 = \frac{5.40 \times 1.731}{12.8} = 0.73\text{kN}(\rightarrow)$$

则排架柱顶不动铰支座总反力为

$$R = R_A + R_B = 1.08 + 0.73 = 1.81\text{kN}(\rightarrow)$$

将 R 反向作用于排架柱顶，用式（3-17）计算相应的柱顶剪力，并与柱顶不动铰支座反力叠加，可得屋面活荷载作用于 AB 跨时的柱顶剪力，即

$$V_A = R_A - \eta_A R = 1.08 - 0.285 \times 1.81 = 0.56\text{kN}(\rightarrow)$$

$$V_B = R_B - \eta_B R = 0.73 - 0.43 \times 1.81 = -0.05\text{kN}(\leftarrow)$$

$$V_C = -\eta_C R = -0.285 \times 1.81 = -0.52\text{kN}(\leftarrow)$$

排架各柱的弯矩图、轴力图及柱底剪力如图 3-74(b)、(c)所示。

（2）BC 跨作用屋面活荷载

由于结构对称，且 BC 跨与 AB 跨作用荷载相同，故只需将图 3-74 中各内力图的位置及方向调整即可，如图 3-75 所示。

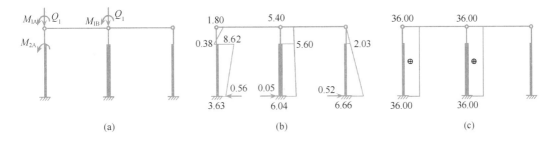

图 3-74　AB 跨作用屋面活荷载时排架内力图

（a）排架计算简图；（b）弯矩图及柱底剪力；（c）轴力图

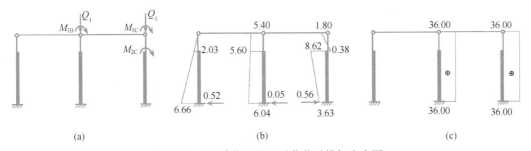

图 3-75　BC 跨作用屋面活荷载时排架内力图

（a）排架计算简图；（b）弯矩图及柱底剪力；（c）轴力图

3. 吊车荷载作用下排架内力分析（不考虑厂房整体空间工作）

（1）D_{max} 作用于Ⓐ柱

计算简图如图 3-76（a）所示。其中吊车竖向荷载 D_{max}、D_{min} 在牛腿顶面处引起的力矩分别为

$$M_A = D_{max}e_3 = 462.25 \times 0.3 = 138.68\text{kN} \cdot \text{m}$$
$$M_B = D_{min}e_3 = 96.75 \times 0.75 = 72.56\text{kN} \cdot \text{m}$$

按照表 3-18 计算的柱顶反力系数和表 3-8 所列的相应公式可求得柱顶不动铰支座反力 R_i 分别为

$$R_A = -\frac{M_A}{H}C_3 = -\frac{138.68}{12.8} \times 1.104 = -11.96\text{kN}(\leftarrow)$$
$$R_B = \frac{M_B}{H}C_3 = \frac{72.56}{12.8} \times 1.268 = 7.19\text{kN}(\rightarrow)$$
$$R = R_A + R_B = -11.96 + 7.19 = -4.77\text{kN}(\leftarrow)$$

排架各柱顶剪力分别为

$$V_A = R_A - \eta_A R = -11.96 + 0.285 \times 4.77 = -10.60\text{kN}(\leftarrow)$$
$$V_B = R_B - \eta_B R = 7.19 + 0.43 \times 4.77 = 9.24\text{kN}(\rightarrow)$$
$$V_C = -\eta_C R = 0.285 \times 4.77 = 1.36\text{kN}(\rightarrow)$$

排架各柱的弯矩图、轴力图及柱底剪力值如图 3-76（b）、（c）所示。

（2）D_{max} 作用于Ⓑ柱左

计算简图如图 3-77（a）所示。吊车竖向荷载 D_{min}、D_{max} 在牛腿顶面处引起的力矩分别为

$$M_A = D_{min}e_3 = 96.75 \times 0.3 = 29.03\text{kN} \cdot \text{m}$$
$$M_B = D_{max}e_3 = 462.25 \times 0.75 = 346.69\text{kN} \cdot \text{m}$$

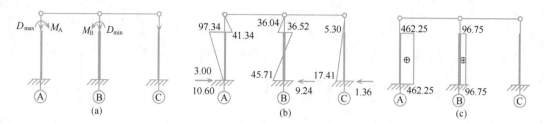

图 3-76 D_{max} 作用在Ⓐ柱时排架内力图

(a) 排架计算简图；(b) 弯矩图及柱底剪力；(c) 轴力图

柱顶不动铰支座反力 R_A、R_B 及总反力 R 分别为

$$R_A = -\frac{M_A}{H}C_3 = -\frac{29.03}{12.8} \times 1.104 = -2.50\text{kN}(\leftarrow)$$

$$R_B = \frac{M_B}{H}C_3 = \frac{346.69}{12.8} \times 1.268 = 34.34\text{kN}(\rightarrow)$$

$$R = R_A + R_B = -2.50 + 34.34 = 31.84\text{kN}(\rightarrow)$$

各柱顶剪力分别为

$$V_A = R_A - \eta_A R = 2.50 - 0.285 \times 31.84 = -11.57\text{kN}(\leftarrow)$$

$$V_B = R_B - \eta_B R = 34.34 - 0.43 \times 31.84 = 20.65\text{kN}(\rightarrow)$$

$$V_C = -\eta_C R = -0.285 \times 31.84 = -9.07\text{kN}(\leftarrow)$$

排架各柱的弯矩图、轴力图及柱底剪力值如图 3-77(b)、(c) 所示。

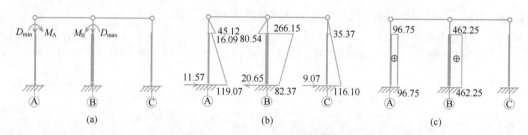

图 3-77 D_{max} 作用在Ⓑ柱左时排架内力图

(a) 排架计算简图；(b) 弯矩图及柱底剪力；(c) 轴力图

（3）D_{max} 作用于Ⓑ柱右

根据结构对称性及吊车起重量相等的条件，其内力计算与"D_{max} 作用于Ⓑ柱左"的情况相同，只需将Ⓐ、Ⓒ柱内力对换并改变全部弯矩及剪力符号，如图 3-78 所示。

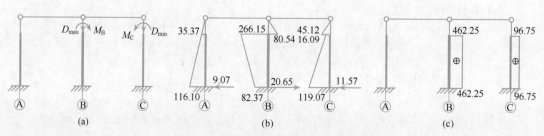

图 3-78 D_{max} 作用在Ⓑ柱右时排架内力图

(a) 排架计算简图；(b) 弯矩图及柱底剪力；(c) 轴力图

（4）D_{max}作用于©柱

同理，将"D_{max}作用于Ⓐ柱"情况的Ⓐ、©柱内力对换，并注意改变内力符号，可求得各柱的内力，如图 3-79 所示。

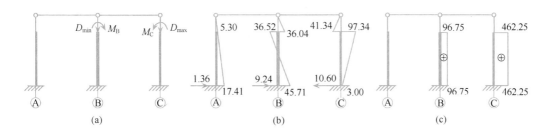

图 3-79　D_{max}作用在©柱时排架内力图

（a）排架计算简图；（b）弯矩图及柱底剪力；（c）轴力图

（5）T_{max}作用于 AB 跨柱

当 AB 跨作用吊车横向水平荷载时，排架计算简图如图 3-80（a）所示。

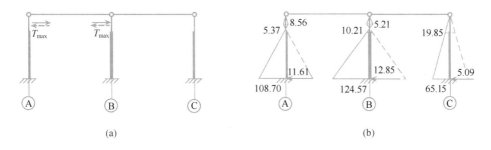

图 3-80　T_{max}作用于 AB 跨时排架内力图

（a）排架计算简图；（b）弯矩图及柱底剪力

由表 3-8 得 $a=(3.9-1.2)/3.9=0.692$，则柱顶不动铰支座反力 R_A、R_B 分别为

$$R_A=-T_{max}C_5=-14.78\times0.583=-8.26\text{kN}(\leftarrow)$$
$$R_B=-T_{max}C_5=-14.78\times0.650=-9.61\text{kN}(\leftarrow)$$

排架柱顶总反力 R 为

$$R=R_A+R_B=-8.26-9.61=-17.87\text{kN}(\leftarrow)$$

各柱顶剪力分别为

$$V_A=R_A-\eta_A R=-8.26+0.285\times17.87=-3.17\text{kN}(\leftarrow)$$
$$V_B=R_B-\eta_B R=-9.61+0.43\times17.87=-1.93\text{kN}(\leftarrow)$$
$$V_C=-\eta_C R=0.285\times17.87=5.09\text{kN}(\rightarrow)$$

排架各柱的弯矩图及柱底剪力值如图 3-80（b）所示。当 T_{max} 方向相反时，弯矩图和剪力只改变符号，数值不变。

（6）T_{max}作用于 BC 跨柱

由于结构对称及吊车起重量相等，故排架内力计算与"T_{max}作用 AB 跨"的情况相同，仅需将Ⓐ柱与©柱的内力对换，如图 3-81 所示。当 T_{max} 方向相反时，弯矩图和剪力只改变符号，数值不变。

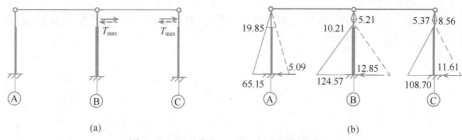

(a)

(b)

图 3-81　T_{max} 作用于 BC 跨时排架内力图

(a) 排架计算简图；(b) 弯矩图及柱底剪力

4. 风荷载作用下排架内力分析

(1) 左吹风时

计算简图如图 3-82(a)所示。

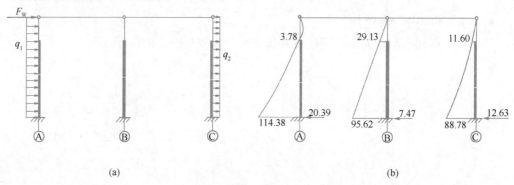

(a)

(b)

图 3-82　左吹风时排架内力图

(a) 排架计算简图；(b) 弯矩图及柱底剪力

柱顶不动铰支座反力 R_A、R_C 及总反力 R 分别为

$$R_A = -q_1 H C_{11} = -1.79 \times 12.8 \times 0.326 = -7.47 \text{kN}(\leftarrow)$$

$$R_C = -q_2 H C_{11} = -0.89 \times 12.8 \times 0.326 = -3.71 \text{kN}(\leftarrow)$$

$$R = R_A + R_C + F_W = -7.47 - 3.71 - 6.20 = -17.38 \text{kN}(\leftarrow)$$

各柱顶剪力分别为

$$V_A = R_A - \eta_A R = -7.47 + 0.285 \times 17.38 = -2.52 \text{kN}(\leftarrow)$$

$$V_B = -\eta_B R = 0.43 \times 17.38 = 7.47 \text{kN}(\rightarrow)$$

$$V_C = R_C - \eta_C R = -3.71 + 0.285 \times 17.38 = 1.24 \text{kN}(\rightarrow)$$

排架内力图如图 3-82(b)所示。

(2) 右吹风时

计算简图如图 3-83(a)所示。将图 3-82(b)所示Ⓐ、Ⓒ柱内力图对换，并改变内力符号后即可，如图 3-83(b)所示。

3.8.8　内力组合

以Ⓐ柱内力组合为例。控制截面分别取上柱底部截面Ⅰ-Ⅰ、牛腿顶截面Ⅱ-Ⅱ和下柱底截面Ⅲ-Ⅲ，如图 3-50 所示。表 3-19 为各种荷载作用下Ⓐ柱各控制截面的内力标准值汇总表。表中控制截面及正号内力方向如表 3-19 中的例图所示。

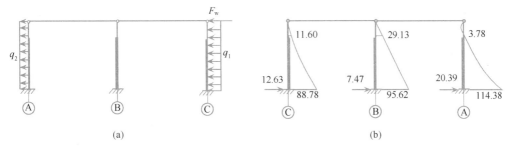

图 3-83　右吹风时排架内力图
（a）排架计算简图；（b）弯矩图及柱底剪力

荷载基本组合的效应设计值按式（3-21）进行计算。对矩形和 I 形截面柱的各控制截面，均应考虑以下四种组合，即

（1）$+M_{max}$ 及相应的 N、V；

（2）$-M_{max}$ 及相应的 N、V；

（3）N_{max} 及相应的 M、V；

（4）N_{min} 及相应的 M、V。

由于本例不考虑抗震设防，对柱截面一般不需进行受剪承载力计算。故除下柱底截面Ⅲ-Ⅲ外，其他截面的不利内力组合未给出所对应的剪力值。

对柱进行裂缝宽度验算和地基承载力验算时，需分别采用荷载准永久组合和标准组合的效应值，荷载准永久组合和标准组合的效应值分别按式（3-22）和式（3-23）计算。表3-20 为 A 柱荷载基本组合的效应设计值和标准组合的效应值，同时亦给出了荷载准永久组合的效应值 M_q 和 N_q。

3.8.9　柱截面设计

仍以Ⓐ柱为例。混凝土强度等级为 C30，$f_c = 14.3N/mm^2$，$f_{tk} = 2.01N/mm^2$；纵向钢筋采用 HRB400 级，$f_y = f'_y = 360N/mm^2$，$\xi_b = 0.518$。上、下柱均采用对称配筋。

1. 选取控制截面最不利内力

对上柱，截面的有效高度取 $h_0 = 400 - 45 = 355mm$，则大偏心受压和小偏心受压界限破坏时对应的轴向压力为

$$N_b = \alpha_1 f_c b h_0 \xi_b = 1.0 \times 14.3 \times 400 \times 355 \times 0.518 = 1051.85kN$$

当 $N \leqslant N_b = 1051.85kN$，且弯矩较大时，为大偏心受压；由表 3-20 可见，上柱Ⅰ-Ⅰ截面共有 4 组不利内力。经用 e_i 判别，4 组内力均为大偏心受压，对其按照"弯矩相差不多时，轴力越小越不利；轴力相差不多时，弯矩越大越不利"的原则，可确定上柱的最不利内力为

$$M = 87.57kN \cdot m \quad N = 295.40kN$$

对下柱，截面的有效高度取 $h_0 = 900 - 45 = 855mm$，则大偏心受压和小偏心受压界限破坏时对应的轴向压力为

$$N_b = \alpha_1 f_c [bh_0 \xi_b + (b'_f - b) h'_f] = 1.0 \times 14.3 \times [100 \times 855 \times 0.518 + (400 - 100) \times 150]$$
$$= 1276.83kN$$

当 $N \leqslant N_b = 1276.83kN$，且弯矩较大时，为大偏心受压。由表 3-20 可见，下柱Ⅱ-Ⅱ和Ⅲ-Ⅲ截面共有 8 组不利内力，8 组内力均满足 $N < N_b = 1276.83kN$。对 8 组内力采用与

表 3-19

各种荷载单独作用下Ⓐ柱各控制截面内力标准值汇总表

控制截面及正向内力		永久荷载效应 S_{Gk}	屋面可变荷载效应 S_{Qk}		吊车竖向荷载效应 S_{Qk}				吊车水平荷载效应 S_{Qk}		风荷载效应 S_{Qk}	
		弯矩图及柱底截面剪力	作用在 AB 跨	作用在 BC 跨	D_{max}作用在Ⓐ柱	D_{max}作用在Ⓑ柱左	D_{max}作用在Ⓑ柱右	D_{max}作用用在 C 柱	T_{max}作用在 AB 跨	T_{max}作用在 BC 跨	左风	右风
序号		①	②	③	④	⑤	⑥	⑦	⑧	⑨	⑩	⑪
I-I	M_k	15.53	0.38	2.03	-41.34	-45.12	35.37	-5.30	±5.37	±19.85	3.78	-11.60
I-I	N_k	295.40	36.00	0	0	0	0	0	0	0	0	0
II-II	M_k	-45.03	-8.62	2.03	97.34	-16.09	35.37	-5.30	±5.37	±19.85	3.78	-11.60
II-II	N_k	339.70	36.00	0	462.25	96.75	0	0	0	0	0	0
III-III	M_k	22.35	-3.63	6.66	3.00	-119.07	116.10	-17.41	±108.70	±65.15	114.38	-88.78
III-III	N_k	381.44	36.00	0	462.25	96.75	0	0	0	0	0	0
III-III	V_k	7.57	0.56	0.52	-10.60	-11.57	9.07	-1.36	±11.61	±5.09	20.39	-12.63

注: M 单位为 kN·m, N 单位为 kN, V 单位为 kN。

表3-20

A柱荷载组合的效应设计值

基本组合：$S_d = \sum_{j=1}^{m}\gamma_{G_j}S_{G_{jk}} + \gamma_{Q_1}\gamma_{L_1}S_{Q_{1k}} + \sum_{i=2}^{n}\gamma_{Q_i}\gamma_{L_i}\psi_{c_i}S_{Q_{ik}}$；标准组合：$S_d = \sum_{j=1}^{m}S_{G_{jk}} + S_{Q_{1k}} + \sum_{i=2}^{n}\psi_{c_i}S_{Q_{ik}}$

截面	内力组合	基本组合 $+M_{max}$ 及相应 N、V	基本组合 $-M_{max}$ 及相应 N、V	N_{max} 及相应 M、V	N_{min} 及相应 M、V	备注
I-I	M	92.63 ①+1.5×0.9×⑥+ 1.5×[0.7×(②+③)+0.7× 0.9×⑨+0.6×⑩]	−72.26 ①+1.5×0.8×⑤+1.5× [0.7×0.8×⑦+0.7×0.9× ⑨+0.6×⑩]	78.48 1.3×①+1.5×②+1.5 ×[0.7×③+0.7×0.9 ×(⑥+⑨)+0.6×⑩]	87.57 ①+1.5×0.9×⑥ +1.5×[0.7×③+0.7 ×0.9×⑨+0.6×⑩]	$M_q=15.53$ $N_q=295.40$
	N	421.82	295.40	438.02	295.40	
II-II	M	125.78 ①+1.5×0.8×④+1.5 ×[0.7×③+0.7×0.8× (④+⑥)+0.7×0.9×⑨+ 0.6×⑩]	−122.80 1.3×①+1.5×0.9×⑨ +1.5×[0.7×②+0.7×0.8 ×③)+0.7×0.9×⑧)+ 0.6×⑩]	74.43 1.3×①+1.5×0.9× ④+1.5×[0.7×(②+ ③)+0.7×0.9×⑧+ 0.6×⑩]	−87.28 ①+1.5×0.9×⑨ +1.5×[0.7×0.9× ⑦+0.5×⑩]	
	N	894.40	560.68	1103.45	339.70	
III-III	M	410.38 1.3×①+1.5×⑩+1.5 ×[0.7×0.8×(⑤+⑦)+ 0.7×0.9×⑧]	−332.00 ①+1.5×⑩+1.5×[0.7× ②+0.7×0.9×⑧]	241.95 1.3×①+1.5×0.9× ④+1.5×[0.7×(②+ ③)+0.7×0.9×⑧ +0.6×⑩]	372.19 ①+1.5×⑩+1.5× [0.7×③+0.7×0.9 ×(⑥+⑨)]	$M_q=22.35$ $N_q=381.44$
	N	884.16	500.51	1157.71	381.44	
	V	50.66	−32.62	25.99	52.08	
	M_k	276.57 ①+⑩+[0.7×③+0.7× 0.9×0.8×(⑤+⑦)+ 0.9×⑧]	−213.88 ①+⑩+[0.7×②+0.7 ×0.9×⑧]	164.28 ①+0.9×④+[0.7× (②+③)+0.7×0.9×0.9× ⑧+0.6×⑩]	255.58 ①+⑩+[0.7×③+0.7 ×0.9×(⑥+⑨)]	
	N_k	640.30	460.82	822.67	381.44	
	V_k	34.78	−19.22	18.33	37.25	

注：M单位为"kN·m"，N单位为"kN"，V单位为"kN"。

177

上柱Ⅰ-Ⅰ截面相同的分析方法，可确定下柱的最不利内力为

$$\begin{cases} M=410.38\text{kN} \cdot \text{m} \\ N=884.16\text{kN} \end{cases} \qquad \begin{cases} M=372.19\text{kN} \cdot \text{m} \\ N=381.44\text{kN} \end{cases}$$

2. 上柱配筋计算

由上述分析结果可知，上柱取下列最不利内力进行配筋计算：

$$M_0=87.57\text{kN} \cdot \text{m} \qquad N=295.40\text{kN}$$

其中，M_0 为一阶弹性分析弯矩设计值。

由表 3-11 查得有吊车厂房排架方向上柱的计算长度为

$$l_0=2\times3.9=7.8\text{m}$$

$$e_0=\frac{M_0}{N}=\frac{87.57\times10^6}{295400}=296.45\text{mm}$$

由于 $h/30=400/30=13.33\text{mm}$，取附加偏心距 $e_\text{a}=20\text{mm}$，则

$$e_i=e_0+e_\text{a}=296.45+20=316.45\text{mm}$$

$$\zeta_\text{c}=\frac{0.5f_\text{c}A}{N}=\frac{0.5\times14.3\times400^2}{295400}=3.873>1.0 \quad 取\ \zeta_\text{c}=1.0$$

$$\eta_\text{s}=1+\frac{1}{1500\dfrac{e_i}{h_0}}\left(\frac{l_0}{h}\right)^2\zeta_\text{c}=1+\frac{1}{1500\times\dfrac{316.45}{355}}\left(\frac{7800}{400}\right)^2\times1.0=1.284$$

$$M=\eta_\text{s}M_0=1.284\times87.57=112.44\text{kN} \cdot \text{m}$$

按考虑二阶效应后的 M 值重新计算 e_i：

$$e_i=e_0+e_\text{a}=\frac{M}{N}+e_\text{a}=\frac{112.44\times10^6}{295.4\times10^3}+20=400.64\text{mm}$$

因采用对称配筋，故

$$\xi=\frac{N}{\alpha_1 f_\text{c}bh_0}=\frac{295400}{1.0\times14.3\times400\times355}=0.145<2a'_\text{s}/h_0=90/355=0.254$$

故取 $x=2a'_\text{s}$ 进行计算。

$$e'=e_i-h/2+a'_\text{s}=400.64-400/2+45=245.64\text{mm}$$

$$A_\text{s}=A'_\text{s}=\frac{Ne'}{f_\text{y}(h_0-a'_\text{s})}=\frac{295400\times245.64}{360\times(355-45)}=650.20\ \text{mm}^2$$

选 3 $\oplus$ 18($A_\text{s}=763\text{mm}^2$)，则 $A_\text{s}=763\text{mm}^2>A_\text{s,min}=\rho_\text{min}bh=0.2\%\times400\times400=320\text{mm}^2$，满足要求。

由表 3-11 得，垂直于排架方向上柱的计算长度 $l_0=1.25\times3.9=4.875\text{m}$，则 $l_0/b=4875/400=12.19$，$\varphi=0.95$

$$N_\text{u}=0.9\varphi(f_\text{c}A+f'_\text{y}A'_\text{s})=0.9\times0.95\times(14.3\times400\times400+360\times763\times2)$$
$$=2425.94\text{kN}>N_\text{max}=438.02\text{kN}$$

满足弯矩作用平面外的承载力要求。

3. 下柱配筋计算

由分析结果可知，下柱取下列两组为最不利内力进行配筋计算：

$$\begin{cases} M_0 = 410.38 \text{kN} \cdot \text{m} \\ N = 884.16 \text{kN} \end{cases} \qquad \begin{cases} M_0 = 372.19 \text{kN} \cdot \text{m} \\ N = 381.44 \text{kN} \end{cases}$$

其中，M_0 为一阶弹性分析弯矩设计值。

（1）按 $M_0 = 410.38 \text{kN} \cdot \text{m}$，$N = 884.16 \text{kN}$ 计算

由表 3-11 可查得下柱计算长度取 $l_0 = 1.0 H_l = 8.9 \text{m}$；截面尺寸 $b = 100 \text{mm}$，$b'_f = 400 \text{mm}$，$h'_f = 150 \text{mm}$。

$$e_0 = \frac{M_0}{N} = \frac{410.38 \times 10^6}{884160} = 464.15 \text{mm}$$

取附加偏心距 $e_a = 900/30 = 30 \text{mm} > 20 \text{mm}$，则

$$e_i = e_0 + e_a = 464.15 + 30 = 494.15 \text{mm}$$

$$\zeta_c = \frac{0.5 f_c A}{N} = \frac{0.5 \times 14.3 \times [100 \times 900 + 2(400-100) \times 150]}{884160} = 1.46 > 1.0，取 \zeta_c = 1.0。$$

$$\eta_s = 1 + \frac{1}{1500 \dfrac{e_i}{h_0}} \left(\frac{l_0}{h}\right)^2 \zeta_c = 1 + \frac{1}{1500 \times \dfrac{494.15}{855}} \left(\frac{8900}{900}\right)^2 \times 1.0 = 1.113$$

$$M = \eta_s M_0 = 1.113 \times 410.38 = 456.75 \text{kN} \cdot \text{m}$$

按考虑二阶效应后的 M 值重新计算 e_i：

$$e_i = e_0 + e'_a = \frac{M}{N} + e_a = \frac{456.75 \times 10^6}{884.16 \times 10^3} + 30 = 546.59 \text{mm}$$

$$e = e_i + h/2 - a_s = 546.59 + 900/2 - 45 = 951.59 \text{mm}$$

先假定中和轴位于翼缘内，则

$$x = \frac{N}{\alpha_1 f_c b'_f} = \frac{884160}{1.0 \times 14.3 \times 400} = 154.57 \text{mm} > h'_f = 150 \text{mm}$$

且 $x > 2a'_s = 2 \times 45 \text{mm} = 90 \text{mm}$，$x < \xi_b h_0 = 0.518 \times 855 \text{mm} = 443 \text{mm}$，为大偏心受压构件，中和轴在腹板内，应重新按下式计算 x：

$$x = \frac{N - \alpha_1 f_c (b'_f - b) h'_f}{\alpha_1 f_c b}$$

$$= \frac{884160 - 1.0 \times 14.3 \times (400-100) \times 150}{1.0 \times 14.3 \times 100} = 168.29 \text{mm}$$

上述计算表明，中和轴在腹板内，故所需的纵向钢筋面积应按下式计算：

$$A'_s = \frac{Ne - \alpha_1 f_c b x (h_0 - x/2) - \alpha_1 f_c (b'_f - b) h'_f (h_0 - h'_f/2)}{f'_y (h_0 - a'_s)}$$

其中

$$Ne - \alpha_1 f_c b x (h_0 - x/2) - \alpha_1 f_c (b'_f - b) h'_f (h_0 - h'_f/2)$$
$$= 844160 \times 951.59 - 1.0 \times 14.3 \times 100 \times 168.29 \times (855 - 168.29/2)$$
$$\quad - 1.0 \times 14.3 \times (400-100) \times 150 \times (855 - 150/2)$$
$$= 153.917936 \times 10^6 \text{N} \cdot \text{mm}$$
$$f'_y (h_0 - a'_s) = 360 \times (855 - 45) = 291600 \text{N/mm}$$

则

$$A'_s = \frac{153.917936 \times 10^6}{291600}$$

$$= 528\text{mm}^2 > \rho_{\min}A = 0.002 \times 18 \times 10^4\text{mm}^2 = 360\text{mm}^2$$

(2) 按 $M_0 = 372.19\text{kN} \cdot \text{m}$，$N = 381.44\text{kN}$ 计算

计算方法与上述相同，计算过程从略，计算结果为 $A_s = A'_s = 855.49\text{mm}^2$。

综合上述计算结果，下柱截面选用 $4\,\underline{\Phi}\,18(A_s = 1018\text{mm}^2)$，且满足最小配筋的要求，即 $A_s > A_{s,\min} = \rho_{\min}A = \rho_{\min}[bh + (b_f - b)h_f] = 0.2\% \times 13.5 \times 10^4 = 270\text{mm}^2$。

验算垂直于弯矩作用平面的受压承载力：

由附表 6 可得截面惯性矩 $I_x = 17.34 \times 10^8\text{mm}^4$

由表 3-16 可知截面面积 $A = 18.75 \times 10^4\text{mm}^2$

$$i_x = \sqrt{\frac{I_x}{A}} = \sqrt{\frac{17.34 \times 10^8}{18.75 \times 10^4}} = 96.17\text{mm}$$

$$\frac{l_0}{i_x} = \frac{0.8 \times 8900}{96.17} = 74.03，\varphi = 0.714$$

$$N_u = 0.9\varphi(f_c A + f'_y A'_s)$$

$$= 0.9 \times 0.714 \times (14.3 \times 18.75 \times 10^4 + 360 \times 1018 \times 2)$$

$$= 2193.97\text{kN} > N_{\max} = 1157.11\text{kN}$$

满足要求。

4. 柱的裂缝宽度验算

厂房排架结构设计时，由于荷载准永久组合中可不考虑吊车荷载；又由于屋面活荷载（不上人屋面）和风荷载的准永久值系数均为 0，所以按式(3-22)组合时，A 轴柱的效应设计值很小（表 3-20），故可不对其进行裂缝宽度验算。

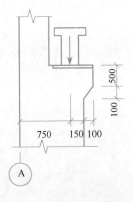

图 3-84　牛腿尺寸简图

5. 柱箍筋配置

非地震区的单层厂房柱，其箍筋数量一般由构造要求控制。根据构造要求，上、下柱箍筋均选用 $\phi\,8@200$。

6. 牛腿设计

根据吊车梁支承位置、截面尺寸及构造要求，初步拟定牛腿尺寸如图 3-84 所示。其中牛腿截面宽度 $b = 400\text{mm}$，牛腿截面高度 $h = 600\text{mm}$，$h_0 = 555\text{mm}$。

(1) 牛腿截面高度验算

作用于牛腿顶面按荷载标准组合的竖向力为

$$F_{vk} = D_{\max} + G_3 = 462.25 + 44.30 = 506.55\text{kN}$$

牛腿顶面无水平荷载，即 $F_{hk} = 0$；

对支承吊车梁的牛腿，裂缝控制系数 $\beta = 0.65$；$f_{tk} = 2.01\text{N/mm}^2$；$a = -150 + 20 = -130\text{mm} < 0$，取 $a = 0$；由式(3-24)得

$$\beta\left(1 - 0.5\frac{F_{hk}}{F_{vk}}\right)\frac{f_{tk}bh_0}{0.5 + \dfrac{a}{h_0}} = 0.65 \times \frac{2.01 \times 400 \times 555}{0.5} = 580.09\text{kN} > F_{vk}$$

故牛腿截面高度满足要求。

(2)牛腿配筋计算

由于 $a = -150 + 20 = -130\text{mm} < 0$，因而该牛腿可按构造要求配筋。根据构造要求，$A_s \geqslant \rho_{\min}bh = 0.002 \times 400 \times 600 = 480\text{mm}^2$，实际选用 4 $\underline{\Phi}$ 14($A_s = 616\text{mm}^2$)。水平箍筋选用 Φ 8@100。

7. 柱的吊装验算

采用翻身起吊，吊点设在牛腿下部，混凝土达到设计强度后起吊。由表 3-12 可得柱插入杯口深度为 $h_1 = 0.9 \times 900 = 810\text{mm}$，取 $h_1 = 850\text{mm}$，则柱吊装时总长度为 3.9 + 8.9 + 0.85 = 13.65m，计算简图如图 3-85 所示。

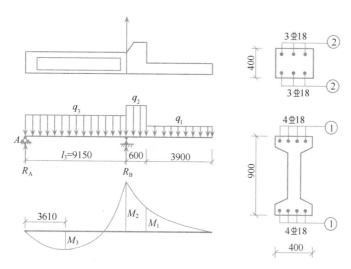

图 3-85 柱吊装计算简图

(1)荷载计算

柱吊装阶段的荷载为柱自重重力荷载(表 3-16)，且应考虑动力系数 $\mu = 1.5$，即

$$q_1 = \mu \gamma_G q_{1k} = 1.5 \times 1.3 \times 4.0 = 7.80\text{kN/m}$$

$$q_2 = \mu \gamma_G q_{2k} = 1.5 \times 1.3 \times (0.4 \times 1.0 \times 25) = 19.50\text{kN/m}$$

$$q_3 = \mu \gamma_G q_{3k} = 1.5 \times 1.3 \times 4.69 = 9.15\text{kN/m}$$

(2)内力计算

在上述荷载作用下，柱各控制截面的弯矩为

$$M_1 = \frac{1}{2}q_1 H_u^2 = \frac{1}{2} \times 7.80 \times 3.9^2 = 59.32\text{kN} \cdot \text{m}$$

$$M_2 = \frac{1}{2} \times 7.80 \times (3.9 + 0.6)^2 + \frac{1}{2} \times (19.50 - 7.80) \times 0.6^2 = 81.08\text{kN} \cdot \text{m}$$

由 $\sum M_B = R_A l_3 - \frac{1}{2}q_3 l_3^2 + M_2 = 0$ 得

$$R_A = \frac{1}{2}q_3 l_3 - \frac{M_2}{l_3} = \frac{1}{2} \times 9.15 \times 9.15 - \frac{81.08}{9.15} = 33.00\text{kN}$$

$$M_3 = R_A x - \frac{1}{2}q_3 x^2$$

令 $\dfrac{\mathrm{d}M_3}{\mathrm{d}x}=R_\mathrm{A}-q_3x=0$，得

$$x=R_\mathrm{A}/q_3=33.00/9.15=3.61\mathrm{m}$$

则下柱段最大弯矩 M_3 为

$$M_3=33.00\times3.61-\frac{1}{2}\times9.15\times3.61^2=59.51\mathrm{kN\cdot m}$$

（3）承载力和裂缝宽度验算

上柱配筋为 $A_\mathrm{s}=A'_\mathrm{s}=763\mathrm{mm}^2$（3 Φ 18），其受弯承载力按下式进行验算：

$$M_\mathrm{u}=f_\mathrm{y}A_\mathrm{s}(h_0-a'_\mathrm{s})=360\times763\times(355-45)=85.15\times10^6\mathrm{N\cdot mm}$$

$$=85.15\mathrm{kN\cdot m}>\gamma_0M_1=1.0\times59.32=59.32\mathrm{kN\cdot m}$$

裂缝宽度验算如下：

$$M_\mathrm{q}=59.32/1.3=45.63\mathrm{kN\cdot m}$$

$$\sigma_\mathrm{sq}=\frac{M_\mathrm{q}}{0.87h_0A_\mathrm{s}}=\frac{45.63\times10^6}{0.87\times355\times763}=193.63\ \mathrm{N/mm}^2$$

$$\rho_\mathrm{te}=\frac{A_\mathrm{s}}{A_\mathrm{te}}=\frac{763}{0.5\times400\times400}=0.00954<0.01,取\ \rho_\mathrm{te}=0.01$$

$$\psi=1.1-0.65\frac{f_\mathrm{tk}}{\rho_\mathrm{te}\sigma_\mathrm{sq}}=1.1-0.65\times\frac{2.01}{0.01\times193.63}=0.43$$

$$c_\mathrm{s}=25+8=33\mathrm{mm}$$

$$w_\mathrm{max}=\alpha_\mathrm{cr}\psi\frac{\sigma_\mathrm{sq}}{E_\mathrm{s}}\left(1.9c_\mathrm{s}+0.08\frac{d_\mathrm{eq}}{\rho_\mathrm{te}}\right)$$

$$=1.9\times0.43\times\frac{193.63}{2\times10^5}\times\left(1.9\times33+0.08\times\frac{18}{0.01}\right)$$

$$=0.164\mathrm{mm}<[w_\mathrm{max}]=0.2\mathrm{mm}$$

满足要求。

下柱配筋 $A_\mathrm{s}=A'_\mathrm{s}=1018\mathrm{mm}^2$（4 Φ 18），其受弯承载力按下式进行验算：

$$M_\mathrm{u}=f_\mathrm{y}A_\mathrm{s}(h_0-a'_\mathrm{s})=360\times1018\times(855-45)=296.85\times10^6\mathrm{N\cdot mm}$$

$$=296.85\mathrm{kN\cdot m}>\gamma_0M_2=1.0\times81.08\mathrm{kN\cdot m}=81.08\mathrm{kN\cdot m}$$

裂缝宽度验算如下：

$$M_\mathrm{q}=81.08/1.3=62.37\mathrm{kN\cdot m}$$

$$\sigma_\mathrm{sq}=\frac{M_\mathrm{q}}{0.87h_0A_\mathrm{s}}=\frac{62.37\times10^6}{0.87\times855\times1018}=82.36\ \mathrm{N/mm}^2$$

$$\rho_\mathrm{te}=\frac{1018}{0.5\times18\times10^4}=0.0113>0.01$$

$$\psi=1.1-0.65\frac{f_\mathrm{tk}}{\rho_\mathrm{te}\sigma_\mathrm{sq}}=1.1-0.65\times\frac{2.01}{0.0113\times82.36}=-0.30<0.2,取\ \psi=0.2$$

$$w_{max} = \alpha_{cr} \psi \frac{\sigma_{sq}}{E_s} \left(1.9 c_s + 0.08 \frac{d_{eq}}{\rho_{te}} \right)$$

$$= 1.9 \times 0.2 \times \frac{82.36}{2 \times 10^5} \times \left(1.9 \times 33 + 0.08 \times \frac{18}{0.0113} \right)$$

$$= 0.030 mm < [w_{max}] = 0.2 mm$$

满足要求。

8. Ⓐ柱施工图

Ⓐ柱模板及配筋图如图 3-86 所示。

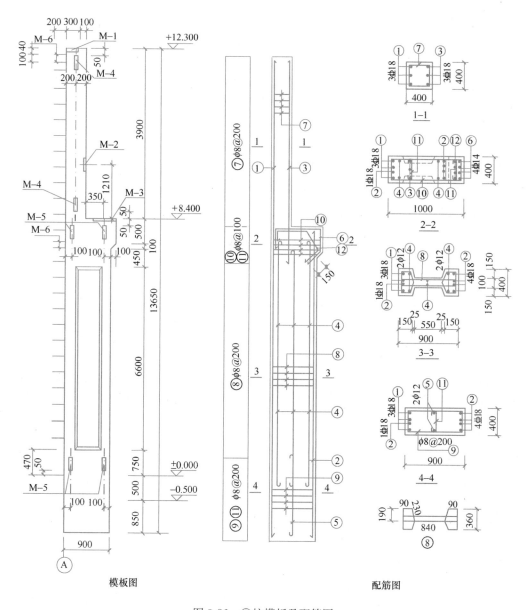

图 3-86　Ⓐ柱模板及配筋图

3.8.10 基础设计

《建筑地基基础设计规范》规定，对 6m 柱距单层排架结构多跨厂房，当地基承载力特征值为 $160 \text{ N/mm}^2 \leqslant f_{ak} < 200 \text{ N/mm}^2$，厂房跨度 $l \leqslant 30\text{m}$，吊车额定起重量不超过 30t，以及设计等级为丙级时，设计时可不做地基变形验算。本例符合上述条件，故不需进行地基变形验算。下面以Ⓐ柱为例进行该柱的基础设计。

基础材料：混凝土强度等级取 C25，$f_c = 11.9 \text{ N/mm}^2$，$f_t = 1.27 \text{ N/mm}^2$；钢筋采用 HRB400，$f_y = 360\text{N/mm}^2$；基础垫层采用 C20 素混凝土。

1. 基础设计时不利内力的选取

作用于基础顶面上的荷载包括柱底（Ⅲ-Ⅲ截面）传给基础的 M、N、V 以及围护墙自重重力荷载两部分。按照《建筑地基基础设计规范》的规定，基础的地基承载力验算取用荷载标准组合的效应值，基础的受冲切承载力验算和底板配筋计算取用荷载基本组合的效应设计值。由于围护墙自重重力荷载大小、方向和作用位置均不变，故基础最不利内力主要取决于柱底（Ⅲ-Ⅲ截面）的不利内力，应选取轴力为最大的不利内力组合以及正负弯矩（绝对值）为最大的不利内力组合。经对表 3-20 中的柱底截面不利内力进行分析可知，基础设计时的不利内力如表 3-21 所示。

基础设计时的不利内力

表 3-21

组　别	荷载标准组合的效应值			荷载基本组合的效应设计值		
	$M_k(\text{kN} \cdot \text{m})$	$N_k(\text{kN})$	$V_k(\text{kN})$	$M(\text{kN} \cdot \text{m})$	$N(\text{kN})$	$V(\text{kN})$
第 1 组	276.57	640.30	34.78	410.38	884.16	50.66
第 2 组	−213.88	460.82	−19.22	−332.00	500.51	−32.62
第 3 组	164.28	822.67	18.33	241.95	1157.71	25.99

2. 围护墙自重重力荷载计算

如图 3-87 所示，每个基础承受的围护墙总宽度为 6.0m，总高度为 14.65m，墙体为 240mm 厚烧结普通砖砌筑，重度为 19 kN/m³；钢框玻璃窗自重，按 0.45 kN/m² 计算，每根基础梁自重为 16.7kN，基础梁截面高度为 450mm，则每个基础承受的由墙体传来的重力荷载标准值为

基础梁自重   16.70kN

墙体自重 $19 \times 0.24 \times [6 \times 14.65 - (4.8 + 1.8) \times 3.6] = 292.48\text{kN}$

钢窗自重 $0.45 \times 3.6 \times (4.8 + 1.8) = 10.69\text{kN}$

$N_{wk} = 319.87\text{kN}$

围护墙对基础产生的偏心距为

$$e_w = 120 + 450 = 570\text{mm}$$

3. 基础底面尺寸及地基承载力验算

（1）基础高度和埋置深度确定

由构造要求可知，基础高度为 $h = h_1 + a_1 + 50\text{mm}$，其中 h_1 为柱插入杯口深度，由表 3-12 可知，$h_1 = 0.9h = 0.9 \times 900 = 810\text{mm} > 800\text{mm}$，取 $h_1 = 850\text{mm}$；a_1 为杯底厚度，由

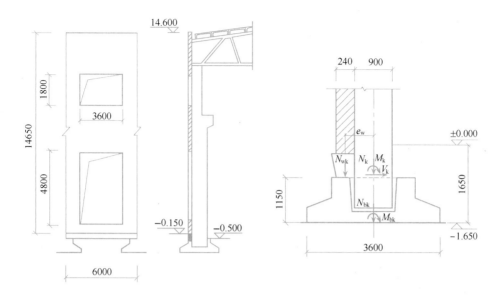

图 3-87　围护墙体自重计算

表 3-13 可知，$a_1 \geqslant 200\text{mm}$，取 $a_1 = 250\text{mm}$；故基础高度为

$$h = 850 + 250 + 50 = 1150\text{mm}$$

因基础顶面标高为 -0.500m，室内外高差为 150mm，则基础埋置深度为

$$d = 1150 + 500 - 150 = 1500\text{mm}$$

（2）基础底面尺寸拟定

基础底面面积按地基承载力验算确定，并取用荷载标准组合的效应值。由《建筑地基基础设计规范》可查得 $\eta_\text{d} = 1.0$，$\eta_\text{b} = 0$（黏性土），取基础底面以上土及基础的平均重度为 $\gamma_\text{m} = 20\ \text{kN/m}^3$，则深度修正后的地基承载力特征值 f_a 按下式计算：

$$f_\text{a} = f_\text{ak} + \eta_\text{d}\gamma_\text{m}(d - 0.5) = 165 + 1.0 \times 20 \times (1.5 - 0.5) = 185\ \text{kN/m}^2$$

由式（3-28）按轴心受压估算基础底面尺寸，取

$$N_\text{k} = N_\text{k,max} + N_\text{wk} = 822.67 + 319.87 = 1142.54\text{kN}$$

则

$$A = \frac{N_\text{k}}{f_\text{a} - \gamma_\text{m}d} = \frac{1142.54}{185 - 20 \times 1.5} = 7.37\text{m}^2$$

考虑到偏心的影响，将基础的底面尺寸再增加 30%，取

$$A = l \times b = 2.7 \times 3.6 = 9.72\text{m}^2$$

基础底面的弹性抵抗矩为

$$W = \frac{1}{6}lb^2 = \frac{1}{6} \times 2.7 \times 3.6^2 = 5.83\text{m}^3$$

（3）地基承载力验算

基础自重和土重为（基础及其上填土的平均自重取 $\gamma_\text{m} = 20\ \text{kN/m}^3$）

$$G_\text{k} = \gamma_\text{m}dA = 20 \times 1.5 \times 9.72 = 291.60\text{kN}$$

由表 3-21 可知，选取以下三组不利内力进行基础底面积计算：

$$① \begin{cases} M_k = 276.57 \text{kN} \cdot \text{m} \\ N_k = 640.30 \text{kN} \\ V_k = 34.78 \text{kN} \end{cases} \quad ② \begin{cases} M_k = -213.88 \text{kN} \cdot \text{m} \\ N_k = 460.82 \text{kN} \\ V_k = -19.22 \text{kN} \end{cases} \quad ③ \begin{cases} M_k = 164.28 \text{kN} \cdot \text{m} \\ N_k = 822.67 \text{kN} \\ V_k = 18.33 \text{kN} \end{cases}$$

先按第一组不利内力计算，基础底面相应于荷载标准组合的竖向压力值和力矩值分别为（图 3-88a）

$$N_{bk} = N_k + G_k + N_{wk} = 640.30 + 291.60 + 319.87 = 1251.77 \text{kN}$$

$$M_{bk} = M_k + V_k h \pm N_{wk} e_w = 276.57 + 34.78 \times 1.15 - 319.87 \times 0.57 = 134.24 \text{kN} \cdot \text{m}$$

由式（3-29）可得基础底面边缘的压力为

$$\begin{matrix} p_{k,max} \\ p_{k,min} \end{matrix} = \frac{N_{bk}}{A} \pm \frac{M_{bk}}{W} = \frac{1251.77}{9.72} \pm \frac{134.24}{5.83} = 128.78 \pm 23.03 = \begin{matrix} 151.81 \text{kN/m}^2 \\ 105.75 \text{kN/m}^2 \end{matrix}$$

由式（3-32a）和式（3-32b）进行地基承载力验算：

$$p = \frac{p_{k,max} + p_{k,min}}{2} = \frac{151.81 + 105.75}{2} = 128.78 \text{ kN/m}^2 < f_a = 185 \text{kN/m}^2$$

$$p_{k,max} = 151.81 \text{ kN/m}^2 < 1.2 f_a = 1.2 \times 185 = 222 \text{ kN/m}^2$$

满足要求。

取第二组不利内力计算，基础底面相应于荷载标准组合的竖向压力值和力矩值分别为（图 3-88b）

$$N_{bk} = N_k + G_k + N_{wk} = 460.82 + 291.60 + 319.87 = 1072.29 \text{kN}$$

$$M_{bk} = M_k + V_k h + N_{wk} e_w = -213.88 - 19.22 \times 1.15 - 319.87 \times 0.57$$
$$= -418.31 \text{kN} \cdot \text{m}$$

由式（3-29）可得基础底面边缘的压力为

$$\begin{matrix} p_{k,max} \\ p_{k,min} \end{matrix} = \frac{N_{bk}}{A} \pm \frac{M_{bk}}{W} = \frac{1072.29}{9.72} \pm \frac{418.31}{5.83} = 110.32 \pm 71.75 = \begin{matrix} 182.07 \text{kN/m}^2 \\ 38.57 \text{kN/m}^2 \end{matrix}$$

由式（3-32a）和式（3-32b）进行地基承载力验算

$$p = \frac{p_{k,max} + p_{k,min}}{2} = \frac{182.07 + 38.57}{2} = 110.32 \text{kN/m}^2 < f_a = 185 \text{kN/m}^2$$

$$p_{k,max} = 182.07 \text{kN/m}^2 < 1.2 f_a = 1.2 \times 185 = 222 \text{kN/m}^2$$

满足要求。

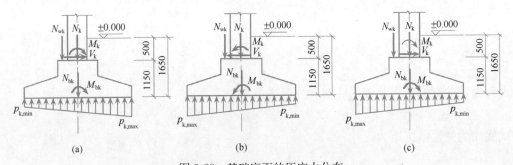

图 3-88　基础底面的压应力分布

（a）第一组不利内力；（b）第二组不利内力；（c）第三组不利内力

取第三组不利内力计算，基础底面相应于荷载标准组合的竖向压力值和力矩值（图 3-88c）分别为

$$N_{bk} = N_k + G_k + N_{wk} = 822.67 + 291.60 + 319.87 = 1434.14 \text{kN}$$

$$M_{bk} = M_k + V_k h \pm N_{wk}e_w = 164.28 + 18.33 \times 1.15 - 319.87 \times 0.57 = 3.03 \text{kN} \cdot \text{m}$$

由式（3-29）可得基础底面边缘的压力为

$$\begin{matrix} p_{k.max} \\ p_{k.min} \end{matrix} = \frac{N_{bk}}{A} \pm \frac{M_{bk}}{W} = \frac{1434.14}{9.72} \pm \frac{3.03}{5.83} = 147.55 \pm 0.52 = \begin{matrix} 148.07 \text{kN/m}^2 \\ 147.03 \text{kN/m}^2 \end{matrix}$$

由式（3-32a）和式（3-32b）进行地基承载力验算：

$$p = \frac{p_{k.max} + p_{k.min}}{2} = \frac{148.07 + 147.03}{2} = 147.55 \text{kN/m}^2 < f_a = 185 \text{kN/m}^2$$

$$p_{k.max} = 148.07 \text{kN/m}^2 < 1.2 f_a = 1.2 \times 185 = 222 \text{kN/m}^2$$

满足要求。

4. 基础受冲切承载力验算

基础受冲切承载力计算时采用荷载基本组合的效应设计值，并采用基底净反力。由表 3-21 可知，选取下列三组不利内力：

① $\begin{cases} M = 410.38 \text{kN} \cdot \text{m} \\ N = 884.16 \text{kN} \\ V = 50.66 \text{kN} \end{cases}$ ② $\begin{cases} M = -332.00 \text{kN} \cdot \text{m} \\ N = 500.51 \text{kN} \\ V = -32.62 \text{kN} \end{cases}$ ③ $\begin{cases} M = 241.95 \text{kN} \cdot \text{m} \\ N = 1157.71 \text{kN} \\ V = 25.99 \text{kN} \end{cases}$

先按第一组不利内力计算，不考虑基础自重及其上土重后相应于荷载基本组合的地基净反力计算如下（图 3-89b）：

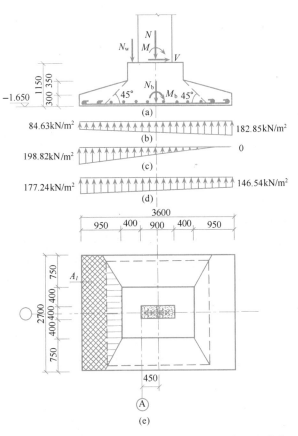

图 3-89 基础受冲切承载力截面位置及地基净反力分布
（a）、（e）受冲切承载力截面位置；（b）～（d）地基净反力分布

$$N_b = N + \gamma_G N_{wk} = 884.16 + 1.3 \times 319.87 = 1299.99\text{kN}$$

$$M_b = M + Vh \pm \gamma_G N_{wk} e_w = 410.38 + 50.66 \times 1.15 - 1.0 \times 319.87 \times 0.57$$
$$= 286.31\text{kN} \cdot \text{m}$$

$$\begin{matrix} p_{j,\max} \\ p_{j,\min} \end{matrix} = \frac{N_b}{A} \pm \frac{M_b}{W} = \frac{1299.99}{9.72} \pm \frac{286.31}{5.83} = 133.74 \pm 49.11 = \begin{matrix} 182.85\text{kN/m}^2 \\ 84.63\text{kN/m}^2 \end{matrix}$$

按第二组不利内力计算，不考虑基础自重及其上土重后相应于荷载基本组合的地基净反力计算如下（图 3-89c）：

$$N_b = N + \gamma_G N_{wk} = 500.51 + 1.3 \times 319.87 = 916.34\text{kN}$$

$$M_b = M + Vh \pm \gamma_G N_{wk} e_w = -332.00 - 32.62 \times 1.15 - 1.3 \times 319.87 \times 0.57$$
$$= -606.54\text{kN} \cdot \text{m}$$

$$\begin{matrix} p_{j,\max} \\ p_{j,\min} \end{matrix} = \frac{N_b}{A} \pm \frac{M_b}{W} = \frac{916.34}{9.72} \pm \frac{606.54}{5.83} = 94.27 \pm 104.04 = \begin{matrix} 198.31\text{kN/m}^2 \\ -9.77\text{kN/m}^2 \end{matrix}$$

因最小净反力为负值，故基础底面净反力应按式（3-31）计算（图 3-89c）：

$$e_0 = \frac{M_b}{N_b} = \frac{606.54}{916.34} = 0.662\text{m}$$

$$k = \frac{1}{2}b - e_0 = \frac{1}{2} \times 3.6 - 0.662 = 1.138\text{m}$$

$$p_{j,\max} = \frac{2N_b}{3kl} = \frac{2 \times 916.34}{3 \times 1.138 \times 2.7} = 198.82\text{kN/m}^2$$

最后按第三组不利内力计算，不考虑基础自重及其上土重后相应于荷载基本组合的地基净反力计算如下（图 3-89d）：

$$N_b = N + \gamma_G N_{wk} = 1157.71 + 1.3 \times 319.87 = 1573.54\text{kN}$$

$$M_b = M + Vh \pm \gamma_G N_{wk} e_w = 241.95 + 25.99 \times 1.15 - 1.0 \times 319.87 \times 0.57$$
$$= 89.51\text{kN} \cdot \text{m}$$

$$\begin{matrix} p_{j,\max} \\ p_{j,\min} \end{matrix} = \frac{N_b}{A} \pm \frac{M_b}{W} = \frac{1573.54}{9.72} \pm \frac{89.51}{5.83} = 161.89 \pm 15.35 = \begin{matrix} 177.24\text{kN/m}^2 \\ 146.54\text{kN/m}^2 \end{matrix}$$

确定上述三组不利内力时，永久荷载分项系数 γ_G 的取值是将 1.3 和 1.0 分别代入地基净反力计算公式，通过比较后确定的。

基础各细部尺寸如图 3-89 （a）、（e）所示。其中基础顶面突出柱边的宽度主要取决于杯壁厚度 t，由表 3-13 查得 $t \geqslant 300\text{mm}$，取 $t = 325\text{mm}$，则基础顶面突出柱边的宽度为 $t + 75\text{mm} = 325 + 75 = 400\text{mm}$。杯壁高度取为 $h_2 = 500\text{mm}$。根据所确定的尺寸可知，变阶处的冲切破坏锥面比较危险，故只须对变阶处进行受冲切承载力验算。冲切破坏锥面如图 3-89 中的虚线所示。

$$a_t = b_c + 800\text{mm} = 400 + 800 = 1200\text{mm}$$

取保护层厚度为 45mm，则基础变阶处截面的有效高度为

$$h_0 = 650 - 45 = 605\text{mm}$$
$$a_b = a_t + 2h_0 = 1200 + 2 \times 605 = 2410\text{mm}$$

由式（3-34）可得

$$a_m = (a_t + a_b)/2 = (1200 + 2410)/2 = 1805\text{mm}$$
$$A_l = \left(\frac{3.6}{2} - \frac{1.7}{2} - 0.605\right) \times 2.7 - \left(\frac{2.7}{2} - \frac{1.2}{2} - 0.605\right)^2 = 0.91\text{m}^2$$

因为变阶处的截面高度 $h=650\text{mm}<800\text{mm}$，故 $\beta_{\text{hp}}=1.0$。由式（3-33）和式（3-35）可得

$$F_l = p_j A_l = p_{j,\max} A_l = 198.82 \times 0.91 = 180.93\text{kN}$$

$$0.7\beta_{\text{hp}} f_t a_m h_0 = 0.7 \times 1.0 \times 1.27 \times 1805 \times 605 = 970.81\text{kN} > F_l = 180.93\text{kN}$$

受冲切承载力满足要求。

5. 基础底板配筋计算

（1）柱边及变阶处基底净反力计算

由表3-21中三组不利内力设计值所产生的基底净反力见表3-22，如图3-89所示，其中 $p_{j,1}$ 为基础柱边或变阶处所对应的基底净反力。经分析可知，第一组基底净反力不起控制作用，基础底板配筋可按第二组和第三组基底净反力计算。

基底净反力值   表 3-22

基底净反力		第一组	第二组	第三组
$p_{j,\max}$ （kN/m²）		182.85	198.82	177.24
$p_{j,1}$ （kN/m²）	柱边处	146.01	124.26	165.73
	变阶处	156.92	146.35	169.14
$p_{j,\min}$ （kN/m²）		84.63	0	146.54

（2）柱边及变阶处弯矩计算

基础台阶的宽高比为

$$(3.6-0.9-2\times0.4)/[2\times(1.15-0.5)] = 0.95/0.65 = 1.46 < 2.5$$

第二组不利内力时基础的偏心距为

$$e_0 = M_b / N_b = 606.54/916.34 = 0.662\text{m} > \frac{1}{6} \times 3.6 = 0.6\text{m}$$

对于第二组不利内力，由于基础偏心距大于1/6基础宽度，则在沿弯矩作用方向上，任意截面Ⅰ-Ⅰ处相应于荷载基本组合的弯矩设计值 M_{I} 可按式（3-41）计算，在垂直于弯矩作用方向上，柱边截面或截面变高度处相应于荷载基本组合的弯矩设计值 M_{II} 仍可近似地按式（3-42）计算。

柱边处截面的弯矩：

先按第二组内力计算，即

$$M_{\text{I}} = \frac{1}{12} a_1^2 [(2l+a')(p_{j,\max}+p_{j,1}) + (p_{j,\max}-p_{j,1})l]$$

$$= \frac{1}{12} \times 1.35^2 \times [(2 \times 2.7 + 0.4) \times (198.82 + 124.26) + (198.82 - 124.26) \times 2.7]$$

$$= 315.17\text{kN} \cdot \text{m}$$

$$M_{\text{II}} = \frac{1}{48}(l-a')^2(2b+b')(p_{j,\max}+p_{j,\min})$$

$$= \frac{1}{48} \times (2.7-0.4)^2 \times (2 \times 3.6 + 0.90) \times (198.82 + 0) = 177.48\text{kN} \cdot \text{m}$$

再按第三组内力计算，即

$$M_{\text{I}} = \frac{1}{12} a_1^2 [(2l+a')(p_{j,\max}+p_{j,1}) + (p_{j,\max}-p_{j,1})l]$$

$$= \frac{1}{12} \times 1.35^2 \times [(2 \times 2.7 + 0.4) \times (177.24 + 165.73) + (177.24 - 165.73) \times 2.7]$$

$$=306.83 \text{kN} \cdot \text{m}$$

$$M_{\text{II}} = \frac{1}{48}(l-a')^2(2b+b')(p_{j,\max}+p_{j,\min})$$

$$=\frac{1}{48} \times (2.7-0.4)^2 \times (2 \times 3.6+0.9) \times (177.24+146.54) = 289.03 \text{kN} \cdot \text{m}$$

变阶处截面的弯矩：

先按第二组内力计算，即

$$M_{\text{I}} = \frac{1}{12}a_1^2 \left[(2l+a')(p_{j,\max}+p_{j,\text{I}}) + (p_{j,\max}-p_{j,\text{I}})l\right]$$

$$=\frac{1}{12} \times 0.95^2 \times \left[(2 \times 2.7+1.2) \times (198.82+146.35) + (198.82-146.35) \times 2.7\right]$$

$$=181.99 \text{kN} \cdot \text{m}$$

$$M_{\text{II}} = \frac{1}{48}(l-a')^2(2b+b')(p_{j,\max}+p_{j,\min})$$

$$=\frac{1}{48} \times (2.7-1.2)^2 \times (2 \times 3.6+1.7) \times (198.82+0) = 82.95 \text{kN} \cdot \text{m}$$

再按第三组内力计算，即

$$M_{\text{I}} = \frac{1}{12}a_1^2 \left[(2l+a')(p_{j,\max}+p_{j,\text{I}}) + (p_{j,\max}-p_{j,\text{I}})l\right]$$

$$=\frac{1}{12} \times 0.95^2 \times \left[(2 \times 2.7+1.2) \times (177.24+169.14) + (177.24-169.14) \times 2.7\right]$$

$$=173.58 \text{kN} \cdot \text{m}$$

$$M_{\text{II}} = \frac{1}{48}(l-a')^2(2b+b')(p_{j,\max}+p_{j,\min})$$

$$=\frac{1}{48} \times (2.7-1.2)^2 \times (2 \times 3.6+1.7) \times (177.24+146.54) = 135.08 \text{kN} \cdot \text{m}$$

（3）配筋计算

基础底板受力钢筋采用 HRB400 级（$f_y = 360 \text{N/mm}^2$），则基础底板沿长边 b 方向的受力钢筋截面面积可由式（3-39）计算：

$$A_{s\text{I}} = \frac{M_{\text{I}}}{0.9h_0 f_y} = \frac{315.17 \times 10^6}{0.9 \times (1150-45) \times 360} = 880.31 \text{mm}^2$$

$$A_{s\text{I}} = \frac{M_{\text{I}}}{0.9h_0 f_y} = \frac{181.99 \times 10^6}{0.9 \times (650-45) \times 360} = 928.43 \text{mm}^2$$

将计算的钢筋面积换算为单位宽度的钢筋面积，选用ϕ 8@180。

基础底板沿短边 l 方向的受力钢筋截面面积可由式（3-40）计算：

$$A_{s\text{II}} = \frac{M_{\text{II}}}{0.9(h_0-d)f_y} = \frac{289.03 \times 10^6}{0.9 \times (1150-45-10) \times 360} = 814.67 \text{mm}^2$$

$$A_{s\text{II}} = \frac{M_{\text{II}}}{0.9(h_0-d)f_y} = \frac{135.08 \times 10^6}{0.9 \times (650-45-10) \times 360} = 700.70 \text{mm}^2$$

考虑构造要求选用ϕ 8@160。

6. 基础配筋

如图 3-90 所示。

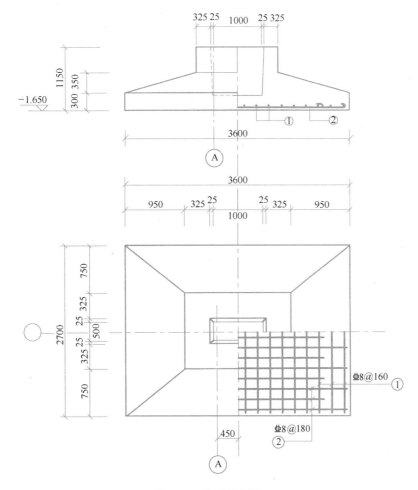

图 3-90　基础配筋图

小　结

3.1　房屋的结构设计可分为结构方案设计、结构分析、构件截面配筋计算和构造措施等。其中结构方案设计包括确定结构类型和结构体系、构件选型、结构布置和构件截面尺寸估算等。结构方案设计合理与否，将直接影响房屋结构的可靠性、经济性和技术合理性，设计时需要慎重对待。

3.2　排架结构是单层厂房中应用最广泛的一种结构形式。它由屋面板、屋架、支撑、吊车梁、柱和基础等组成，是一个空间受力体系。结构分析时一般近似地将其简化为横向平面排架和纵向平面排架分别进行计算。横向平面排架主要由横梁（屋架或屋面梁）和横向柱列（包括基础）组成，承受全部竖向荷载和横向水平荷载；纵向平面排架由连系梁、吊车梁、纵向柱列（包括基础）和柱间支撑等组成，它不仅承受厂房的纵向水平荷载，而且保证厂房结构的纵向刚度和稳定性。

3.3　单层厂房结构布置包括柱网尺寸和厂房高度的确定、设置变形缝、支撑系统和围护结构布置等。对装配式钢筋混凝土排架结构，支撑系统（包括屋盖支撑和柱间支撑）虽非主要受力构件，但却是联系主要受力构件以保证厂房整体刚度和稳定性的重要组成部分，并能有效地传递水平荷载。

3.4　根据国家标准图集进行厂房构件的选型是单层厂房结构设计中的一个重要内容。对屋面板、檩条、屋面梁或屋架、天窗架、托架、吊车梁、连系梁和基础梁等构件，均有标准图可供设计时选用。

柱形式（单肢柱和双肢柱）的选取由柱截面高度控制，取决于厂房高度、吊车起重量及承载力和刚度要求等条件。柱下独立基础是单层厂房结构中较为常用的一种基础形式。

3.5 排架分析包括纵、横向平面排架结构分析。横向平面排架结构分析的主要内容有：确定排架计算简图、计算作用在排架上的各种荷载、排架内力分析和柱控制截面最不利内力组合等，据此进行排架柱和基础设计。纵向平面排架结构分析主要是计算纵向柱列中各构件的内力，据此进行柱间支撑设计，持久和短暂设计状况时一般根据工程经验确定，不必进行计算。

3.6 横向平面排架结构一般采用力法进行结构内力分析。对于等高排架，亦可采用剪力分配法计算内力，该法将作用于排架柱顶的水平集中力按各柱的抗剪刚度进行分配。对承受任意荷载的等高排架，先在排架柱顶部附加不动铰支座并求出相应的支座反力，然后用剪力分配法进行计算。

3.7 单层厂房是空间结构，当各榀抗侧力结构（排架或山墙）的刚度或承受的外荷载不同时，排架与排架、排架与山墙之间存在相互制约作用，将其称为厂房的整体空间作用。厂房空间作用的大小主要取决于屋盖刚度、山墙刚度、山墙间距、荷载类型等。一般来说，无檩屋盖比有檩屋盖、局部荷载比均布荷载、有山墙比无山墙，厂房的空间作用要大。吊车荷载作用下可考虑厂房整体空间作用。

3.8 作用于排架上的各单项荷载同时出现的可能性较大，但各单项荷载都同时达到最大值的可能性却较小。通常将各单项荷载作用下排架的内力分别计算出来，再按一定的组合原则确定柱控制截面的最不利内力，即内力组合。内力组合是结构设计中一项技术性和实践性很强的基本内容，应通过课程设计熟练掌握。

3.9 对于预制钢筋混凝土排架柱，除按偏心受压构件计算以保证使用阶段的承载力要求和裂缝宽度限值外，还要按受弯构件进行验算以保证施工阶段（吊装、运输）的承载力要求和裂缝宽度限值。抗风柱主要承受风荷载，可按变截面受弯构件进行设计。

3.10 牛腿为一变截面悬臂深梁，其截面高度一般以不出现斜裂缝作为控制条件来确定，其纵向受力钢筋一般由计算确定，水平箍筋和弯起钢筋按构造要求设置。

3.11 柱下独立基础也称为扩展基础，根据受力可分为轴心受压基础和偏心受压基础，根据基础的形状可分为阶形基础和锥形基础。独立基础的底面尺寸可按地基承载力要求确定，基础高度由构造要求和受冲切承载力或受剪承载力要求确定，底板配筋按固定在柱边的倒置悬臂板计算。

思 考 题

3.1 单层厂房结构设计包括哪些内容？简述结构方案设计的主要内容及其设计原则。

3.2 装配式钢筋混凝土单层厂房排架结构由哪几部分组成？各自的作用是什么？

3.3 说明有檩与无檩屋盖体系的区别及各自的应用范围。

3.4 试述横向平面排架承受的竖向荷载和水平荷载的传力途径，以及纵向平面排架承受的水平荷载的传力途径。

3.5 装配式钢筋混凝土排架结构单层厂房中一般应设置哪些支撑？简述这些支撑的作用和设置原则。

3.6 抗风柱与屋架的连接应满足哪些要求？连系梁、圈梁、基础梁的作用各是什么？它们与柱是如何连接的？

3.7 装配式钢筋混凝土排架结构单层厂房中主要有哪些构件？如何进行构件选型？

3.8 确定单层厂房排架结构的计算简图时作了哪些假定？试分析这些假定的合理性及其适用条件。

3.9 作用于横向平面排架上的荷载有哪些？这些荷载的作用位置如何确定？试画出各单项荷载作用下排架结构的计算简图。

3.10 作用于排架柱上的吊车竖向荷载 D_{max}（D_{min}）和吊车水平荷载 T_{max}如何计算？

3.11 什么是等高排架？如何用剪力分配法计算等高排架的内力？试述在任意荷载作用下等高排架内力计算步骤。

3.12　什么是单层厂房的整体空间作用？影响单层厂房整体空间作用的因素有哪些？考虑整体空间作用对柱内力有何影响？

3.13　以单阶排架柱为例说明如何选取控制截面？简述内力组合原则、组合项目及注意事项。

3.14　如何从对称配筋柱同一截面的各组内力中选取最不利内力？排架柱的计算长度如何确定？为什么要对柱进行吊装阶段验算？如何验算？

3.15　简述柱牛腿的几种主要破坏形态？牛腿设计有哪些内容？设计中如何考虑？

3.16　说明抗风柱的设计计算方法。

3.17　对柱下独立基础，基础底面尺寸和基础高度如何确定？基础底板配筋如何计算？

习　题

3.1　某单跨厂房排架结构，跨度为 24m，柱距为 6m。厂房内设有 10t 和 30/5t 工作级别为 A4 的吊车各一台，吊车有关参数见表 3-23，试计算排架柱承受的吊车竖向荷载标准值 D_{max}、D_{min} 和吊车横向水平荷载标准值 T_{max}。

吊车有关参数　　　　　　　　　　　　　　　　表 3-23

起重量 (t)	跨 度 L_k (m)	最大宽度 B (m)	大车轮距 K (m)	轨道中心到吊车外缘的距离 B_1 (mm)	小车重量 Q_1 (t)	最大轮压 P_{max} (t)	最小轮压 P_{min} (t)
10	22.5	5.55	4.40	230	3.8	12.5	4.7
30/5	22.5	6.15	4.80	300	11.8	29.0	7.0

3.2　图 3-91 所示排架结构，各柱均为等截面，截面弯曲刚度如图所示。试求该排架在柱顶水平力作用下各柱所承受的剪力，并绘制弯矩图。

3.3　如图 3-92 所示单跨排架结构，两柱截面尺寸相同，上柱 $I_u = 25.0 \times 10^8$ mm^4，下柱 $I_l = 174.8 \times 10^8$ mm^4，混凝土强度等级为 C30。吊车竖向荷载在牛腿顶面处产生的力矩分别为 $M_1 = 378.94$kN・m，$M_2 = 63.25$kN・m。求排架柱的剪力并绘制弯矩图。

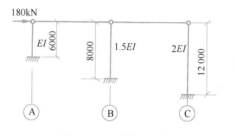

图 3-91　习题 3.2 图

3.4　如图 3-93 所示两跨排架结构，作用吊车水平荷载 $T_{max} = 17.90$kN。已知Ⓐ、Ⓒ轴上、下柱的截面惯性矩分别为 21.30×10^8 mm^4 和 195.38×10^8 mm^4，Ⓑ轴上、下柱的截面惯性矩分别为 72.00×10^8 mm^4 和 256.34×10^8 mm^4，三根柱的剪力分配系数分别为 $\eta_A = \eta_C = 0.285$，$\eta_B = 0.430$，空间作用分配系数 $\mu = 0.9$。求各柱剪力，并与不考虑空间作用（$\mu = 1.0$）的计算结果进行比较分析。

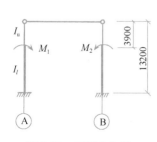

图 3-92　习题 3.3 图

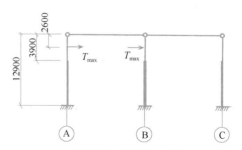

图 3-93　习题 3.4 图

3.5 某单跨厂房，在各种荷载标准值作用下Ⓐ柱Ⅲ-Ⅲ截面内力如表 3-24 所示，有两台吊车，吊车工作级别为 A5 级，试对该截面进行内力组合。

Ⓐ柱Ⅲ-Ⅲ截面内力标准值　　　　　　　　　　　表 3-24

简图及正、负号规定	荷载类型		序号	M (kN·m)	N (kN)	V (kN)
	永久荷载		①	29.32	346.45	6.02
	屋面可变荷载		②	8.70	54.00	1.84
	吊车竖向荷载	D_{max}在Ⓐ柱	③	16.40	290.00	−3.74
		D_{max}在Ⓑ柱	④	−42.90	52.80	−3.74
	吊车水平荷载		⑤、⑥	±110.35	0	±8.89
	风荷载	右吹风	⑦	459.45	0	52.96
		左吹风	⑧	−422.55	0	−42.10

194

第4章 混凝土框架结构

4.1 多高层建筑混凝土结构概述

4.1.1 结构类型

目前，多、高层建筑混凝土结构类型主要有钢筋混凝土结构、型钢混凝土结构、钢管混凝土结构和混合结构等。

钢筋混凝土多、高层建筑结构具有承载能力和刚度大、耐久性和耐火性好、可模性好等优点，是目前我国多、高层建筑结构的主要类型。

型钢混凝土或钢管混凝土高层建筑结构的主要承重构件是由型钢混凝土或钢管混凝土制作。这种结构既具有钢结构自重轻、截面尺寸小、施工进度快、抗震性能好等特点，同时还兼有混凝土结构承载能力和刚度大、耐久性和耐火性好、造价低等优点，因而近年来在我国发展迅速。

混合结构一般是指由钢（或型钢混凝土、钢管混凝土）框架与钢筋混凝土筒体（或剪力墙）组成的高层建筑结构。如上海环球金融中心大厦（图4-1）和陕西信息大厦（图4-2）是由型钢混凝土外框筒与钢筋混凝土内筒组成的混合结构；广州南航大厦（图4-3）则是由钢管混凝土框架与钢筋混凝土内筒组成的混合结构等。

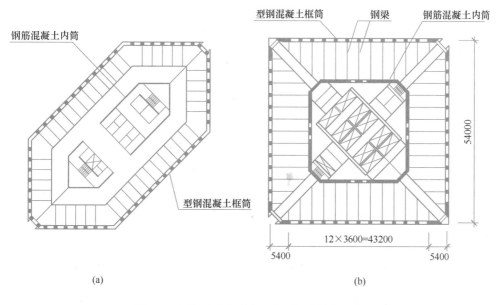

图 4-1　上海环球金融中心大厦部分结构平面

（a）大厦上段结构平面；（b）大厦下段结构平面

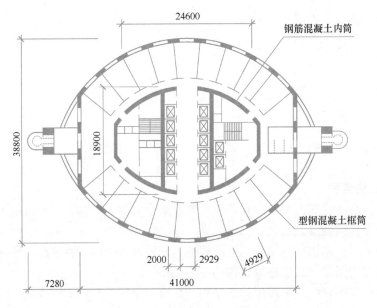

图 4-2 陕西信息大厦办公楼层平面

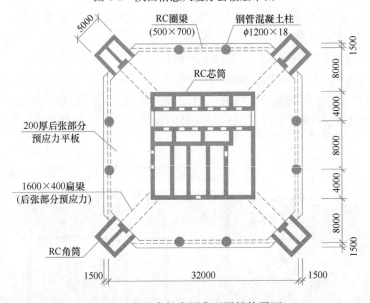

图 4-3 广州南航大厦典型层结构平面

4.1.2 结构体系

多、高层建筑结构体系主要有框架、剪力墙和筒体结构以及它们的组合体系。

1. 框架结构（frame structure）体系

框架结构由梁、柱构件通过节点连接构成，如整幢房屋均采用这种结构形式，则称为框架结构体系或框架结构房屋，图 4-4 是框架结构房屋几种典型的结构平面布置和其中一个剖面示意图。

由于普通框架的柱截面一般大于墙厚，室内出现棱角，影响房间的使用功能及观瞻，所以近十多年来，由 L 形、T 形、Z 形或十字形截面柱构成的异形柱框架结构被不断采用，这种结构的柱截面宽度与填充墙厚度相同，使用功能良好。图 4-5 为某异形柱框架结

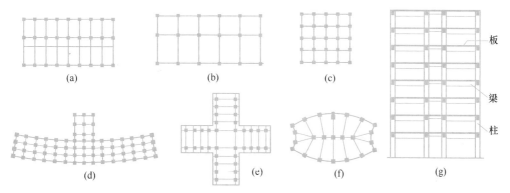

图 4-4 框架结构平面及剖面示意图

(a) 内廊式；(b) 两跨不等跨；(c) 多跨等跨；(d) ～ (f) 非矩形平面布置；(g) 剖面图

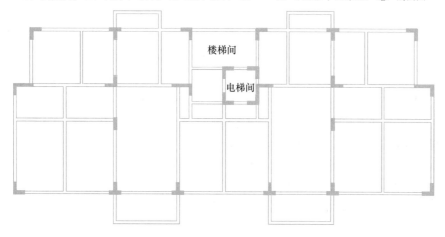

图 4-5 某异形柱框架结构平面示例

构平面示意图。

按施工方法不同，框架结构可分为现浇式、装配式和装配整体式三种。在地震区，多采用梁、柱、板全现浇或梁柱现浇、板预制的方案；在非地震区，有时可采用梁、柱、板均预制的方案。

框架结构体系的优点是建筑平面布置灵活，能获得大空间（特别适用于商场、餐厅等），也可按需要隔成小房间；建筑立面容易处理；结构自重较轻；计算理论比较成熟；在一定高度范围内造价较低。但框架结构的侧向刚度较小，水平荷载作用下侧移较大，有时会影响正常使用；如果框架结构房屋的高宽比较大，则水平荷载作用下的侧移也较大，而且引起的倾覆作用也较大。因此，设计时应控制房屋的高度和高宽比。

2. 剪力墙结构（shear wall structure）体系

建筑物高度较大时，如仍用框架结构，则将造成过大的柱截面尺寸，且影响房屋的使用功能。用钢筋混凝土墙代替框架，能有效地控制房屋的侧移。由于这种钢筋混凝土墙有时主要用于承受水平荷载，使墙体受剪和受弯，故称为剪力墙（shear wall），美国 ACI 规范也称其为结构墙（structural wall）。如整幢房屋的竖向承重结构全部由剪力墙组成，则称为剪力墙结构。图 4-6 是剪力墙结构房屋几种平面布置示意图。

剪力墙的高度一般与整个房屋高度相同，高达几十米甚至一百多米；宽度可达几米、

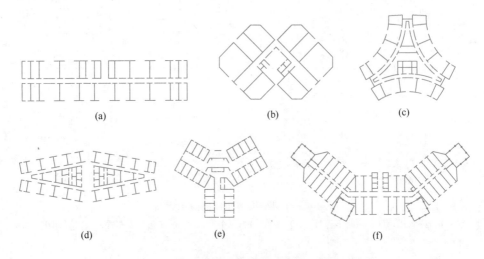

图 4-6　剪力墙结构房屋平面布置示意图

(a) 矩形平面布置；(b) ～ (f) 非矩形平面布置

十几米或更大；厚度则很薄，一般为 140～400mm。在竖向荷载作用下，剪力墙是受压的薄壁柱；在水平荷载作用下，剪力墙则是下端固定、上端自由的悬臂柱；在两种荷载共同作用下，剪力墙各截面将产生轴力、弯矩和剪力，并引起变形，如图 4-7 所示。对于高宽比较大的剪力墙，其侧向变形呈弯曲型。

剪力墙结构房屋的楼板直接支承在墙上，房间墙面及顶棚平整，层高较小，特别适用于住宅、宾馆等建筑；剪力墙的水平荷载承载力和侧向刚度均很大，侧向变形较小。

剪力墙结构的缺点是结构自重较大；建筑平面布置局限性大，较难获得大的建筑空间。为了扩大剪力墙结构的应用范围，在城市临街建筑中，可将剪力墙结构房屋的底层或底部几层做成部分框架，形成框支剪力墙 (shear wall supported on columns)，如图 4-8 所示。框支层空间大，可用作商店、餐厅等，上部剪力墙层则可作为住宅、宾馆等。由于框支层与上部剪力墙层的

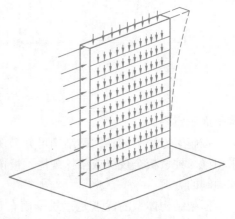

图 4-7　剪力墙的受力状态

结构形式以及结构构件布置不同，因而在两者连接处需设置转换层 (transfer story)，故这种结构亦称为带转换层高层建筑结构。转换层的水平转换构件，可采用转换梁、转换桁架、空腹桁架、箱形结构、斜撑、厚板等。

带转换层高层建筑结构在其转换层上、下层间侧向刚度发生突变，形成柔性底层或底部，在地震作用下易遭破坏甚至倒塌。为了改善这种结构的抗震性能，底层或底部几层须采用部分框支剪力墙、部分落地剪力墙，形成底部大空间剪力墙结构，如图 4-9 所示。在底部大空间剪力墙结构中，一般应把落地剪力墙布置在两端或中部，并将纵、横向墙围成筒体（图 4-9a）；另外，还应采取增大墙体厚度、提高混凝土强度等措施加大落地墙体的侧向刚度，使整个结构的上、下部侧向刚度差别减小。上部则宜采用开间较大的剪力墙布置方案（图 4-9b）。

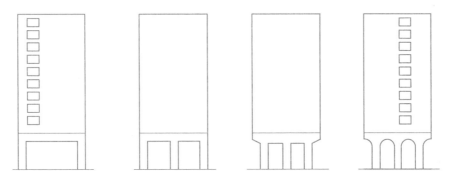

图 4-8 带转换层高层建筑结构（部分框支剪力墙结构）

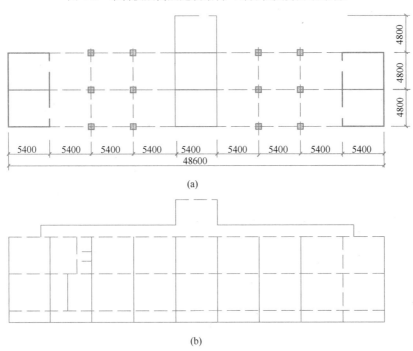

(a)

(b)

图 4-9 底部大空间剪力墙结构
（a）底部楼层结构布置；（b）上部楼层结构布置

3. 筒体结构（tube structure）体系

筒体的基本形式有实腹筒、框筒和桁架筒。由钢筋混凝土剪力墙围成的筒体称为实腹筒或称墙筒（图 4-10a），这种筒体布置在房屋内部或中间部位，故称为芯筒或核心筒；布置在房屋四周、由密排柱和高跨比很大的窗裙梁形成的密柱深梁框架围成的筒体称为框筒（图 4-10b）；将筒体的四侧做成桁架，就形成桁架筒（图 4-10c）。筒体结构体系是指由一个或几个筒体作为竖向承重结构的高层建筑结构体系。

筒体最主要的受力特点是它的空间性能，在水平荷载作用下，筒体可视为下端固定、顶端自由的悬臂构件。实腹筒实际上就是箱形截面悬臂柱，这种截面因有翼缘参与工作，其截面抗弯刚度比矩形截面大很多，故实腹筒具有很大的侧向刚度及水平荷载承载力，并具有很好的抗扭刚度。框筒也近似地可视为箱形截面悬臂柱，其中与水平荷载方向平行的框架称为腹板框架，与其正交方向的框架称为翼缘框架。在水平荷载作用下，翼缘框架柱

199

主要承受轴力（拉力或压力），腹板框架部分柱受拉，另一部分柱受压，其截面应力分布如图 4-11（b）所示。应当指出，虽然框筒与实腹筒均可视为箱形截面构件，但二者截面应力分布并不完全相同。在实腹筒中，腹板应力基本为直线分布（图 4-11a），而框筒的腹板应力为曲线分布。框筒与实腹筒的翼缘应力均为抛物线分布，但前者的应力分布更不均匀。这是因为框筒中各柱之间存在剪力，剪力使联系柱子的窗裙梁产生剪切变形，从而使柱之间的轴力传递减弱。因此，在框筒的翼缘框架中，远离腹板框架的各柱轴力愈来愈小；在框筒的腹板框架中，远离翼缘框架各柱轴力的递减速度比按直线规律递减得要快。上述现象称为剪力滞后。框筒中剪力滞后现象愈严重，参与受力的翼缘框架柱愈少，空间受力性能愈弱。设计中应设法减少剪力滞后现象，使各柱尽量受力均匀，这样可大大增加框筒的侧向刚度及水平荷载承载力。

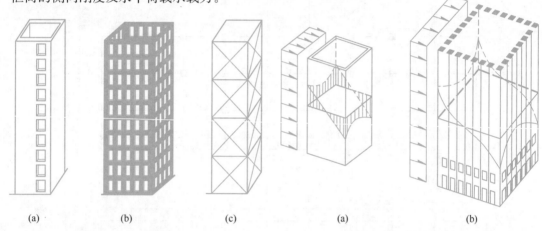

图 4-10　筒体的基本形式 　　　　　　 图 4-11　筒体的受力特性
（a）实腹筒；（b）框筒；（c）桁架筒 　　 （a）实腹筒截面应力分布；（b）框筒截面应力分布

　　由上述三种基本结构可以根据需要组成多种结构体系，如框架-剪力墙结构、框架-核心筒结构、筒中筒结构体系等。

4.1.3　结构总体布置原则

　　在多、高层建筑结构初步设计阶段，除了应根据房屋高度以及使用功能要求选择合理的结构体系外，尚应对结构平面和结构竖向进行合理的总体布置。结构总体布置时，应综合考虑房屋的使用要求、建筑美观、结构合理以及便于施工等因素。

　　多、高层建筑的结构平面布置，应有利于抵抗水平荷载和竖向荷载，受力明确，传力直接，力求均匀对称，减少扭转的影响。在地震作用下，建筑平面力求简单、规则。因此，多、高层建筑结构平面布置的基本原则是尽量避免结构扭转和局部应力集中，平面宜简单、规则、对称，刚心与质心或形心重合。

　　从结构受力及对抗震性能要求而言，多、高层建筑结构的承载力和刚度宜自下而上逐渐减小，变化宜均匀、连续，不应突变。因此，多、高层建筑结构竖向布置的基本原则是要求结构的侧向刚度和承载力自下而上逐渐减小，变化均匀、连续，不突变，避免出现柔软层（侧向刚度弱）或薄弱层（水平承载力弱）。

4.1.4　结构分析方法

　　在水平荷载作用下，多、高层建筑结构的内力和侧移分析方法可分为精细分析方法和简化分析方法。

1. 精细分析方法

从原理上讲，多、高层建筑结构的精细分析方法主要有两种：

（1）空间杆计算模型。这种模型将多、高层建筑结构离散为杆单元，再将杆单元集合成结构体系，采用矩阵位移法（或称为杆件有限元法）计算。目前应用较多的空间杆计算模型有空间杆-带刚域杆模型和空间杆-薄壁杆件模型。在这两种模型中，梁、柱、支撑等线形构件均采用空间杆单元，如将剪力墙简化为带刚域杆，则为空间杆-带刚域杆模型；如将剪力墙简化为空间薄壁杆件单元，则为空间杆-薄壁杆件模型。

（2）空间组合结构计算模型。将多、高层建筑结构离散为杆单元、平面或空间的墙、板单元，然后将这些单元集合成结构体系进行分析，称为组合结构法（或称为组合有限元法）。在这种模型中，梁、柱、支撑等线形构件仍采用空间杆单元，剪力墙采用平面应力单元或基于壳元理论的墙元单元。

由于空间组合结构计算模型对剪力墙的处理比较符合实际，因而应用较多。

2. 简化分析方法

多、高层建筑结构的简化分析方法主要有两种：

（1）平面协同计算模型。这种计算模型将空间结构简化为平面结构进行分析。一般采用下列假定：①楼板在自身平面内为绝对刚性，在平面外的刚度为零。按此假定，在水平荷载作用下整个楼面在自身平面内作刚体移动，各轴线上的抗侧力结构在同一楼层处具有相同的位移参数。②各轴线上的抗侧力结构在自身平面内的刚度远大于平面外刚度，即假定各抗侧力平面结构只在其平面内具有刚度，不考虑其平面外刚度。按此假定，整个结构体系可划分为若干个正交或斜交的竖向平面抗侧力结构进行计算。③水平荷载作用点与结构刚度中心重合或相差较小，不考虑结构扭转的影响。对于平面布置规则的框架、剪力墙和框架-剪力墙结构，其在水平荷载作用下的内力和位移计算可采用这种计算模型。

如果结构的平面布置有两个对称轴，且水平荷载也对称分布，则各方向水平荷载的合力 F_x 和 F_y 均作用在对称平面内，如图 4-12 所示。此时，楼面在 F_x 作用下只产生沿 x 方向的位移 u_x；在 F_y 作用下只产生沿 y 方向的位移 u_y，亦即在水平荷载作用方向每个楼层只有一个位移未知量，结构不产生扭转。因此，结构体系有 n 个楼层，就有 n 个基本未知量，两个方向的平面结构各自独立，可分别计算。由于此法假定与荷载作用方向正交的构件不受力，所以亦称为平面协同计算。

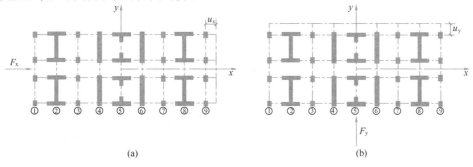

图 4-12　楼层无扭转时的位移

（a）F_x 作用下楼层位移；（b）F_y 作用下楼层位移

这种计算方法由于不考虑结构的扭转，所以不能用于平面复杂的结构计算。

（2）空间协同计算模型。采用平面协同计算模型中的两条假定，即楼板平面内无限刚性假定和各抗侧力平面结构只在其平面内具有刚度，不考虑其平面外刚度。如果结构的平面布置不对称，或每个方向水平荷载的合力 F_x 和 F_y 不作用在对称平面内，则各层楼面不仅将产生刚体平移，而且将产生在自身平面内的刚体转动。此时每个楼层有 3 个自由度，即沿两个主轴方向的平移 u、v 和绕结构刚度中心的转角 θ；各平面抗侧力结构在同一楼层处的侧移一般都不相等，但仍具有相同的位移参数 u、v、θ。如对于图 4-13 所示的平面不对称结构，当第 j 楼层有刚体位移 u_j、v_j、θ_j（图中的 u_j、v_j、θ_j 均为刚体位移的正方向）时，该结构坐标原点由 o 点移至 o' 点，则由几何关系可以得到各抗侧力结构的侧移与楼层刚体位移的关系：

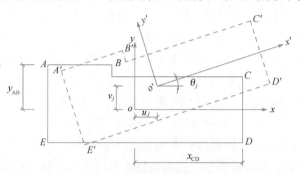

图 4-13 楼层有扭转时的位移

$$u_j^s = u_j - y_s\theta_j$$
$$v_j^s = v_j + x_s\theta_j$$
(4-1)

式中：u_j^s 为沿 x 轴方向抗侧力结构 s 在 j 楼层的侧移；v_j^s 为沿 y 轴方向抗侧力结构 s 在 j 楼层的侧移；x_s 为 y 向抗侧力结构 s 与坐标原点之间的距离；y_s 为 x 向抗侧力结构 s 与坐标原点之间的距离。

此法假定与水平荷载作用方向正交的平面结构只参与抗扭，故称为空间协同计算。

空间协同工作计算方法的优点是基本未知量为楼层的位移 u、v 和 θ，对于 n 个楼层，共有 $3n$ 个基本未知量，计算简单。其主要缺点是仅考虑了各个抗侧力结构在楼层处水平位移和转角的协调，未考虑各抗侧力结构在竖直方向的位移协调。空间协同工作计算方法可用于计算平面布置不对称的框架、剪力墙和框架-剪力墙结构在水平荷载作用下的内力和位移，比平面协同计算方法适用面广。但由于采用了抗侧力平面结构假定，因此该方法只适用于结构必须能分解为许多榀抗侧力平面结构的情况，不能用于空间作用很强的框筒结构（竖向位移协调也必须考虑）、曲边和多边结构以及体型复杂结构等的计算。

4.1.5 结构设计要求

一般的建筑结构应满足承载力、刚度和延性要求，对高层建筑结构尚应满足整体稳定和抗倾覆要求；偶然荷载作用时应满足结构整体稳固性要求。

（1）承载力要求。为了满足承载力要求，应对多、高层建筑的所有承重构件进行承载力计算，使其能够承受使用期间可能出现的各种作用而不产生破坏。

（2）刚度要求。为了保证多、高层建筑中的承重构件在风荷载或多遇地震作用下基本处于弹性受力状态，非承重构件基本完好，避免产生明显损伤，应进行弹性层间侧移验算。对于高度超过 150m 的高层建筑结构，尚应进行风荷载作用下的舒适度验算。上述验算实际上是对构件截面尺寸和结构侧向刚度的控制。

（3）延性要求。在地震区，除了要求结构具有足够的承载力和合适的侧向刚度外，还要求它具有良好的延性。相对于多层建筑而言，高层建筑在地震作用下的反应更大一些，故其延性需求更高一些。一般结构的延性需求主要是通过抗震构造措施来保证，对于高层建筑结构，一般还需进行预估的罕遇地震作用下的弹塑性变形验算，以检验结构是否满足延性需求。

（4）整体稳定和抗倾覆要求。对于高层建筑结构，为了控制在风荷载或水平地震作用下，重力荷载产生的二阶效应不致过大，以免引起结构的失稳倒塌，应进行整体稳定验算。当高层建筑的高宽比较大、风荷载或水平地震作用较大、地基刚度较弱时，则可能出现整体倾覆问题，这可通过控制高层建筑的高宽比及基础底面与地基之间零应力区的面积来避免，一般不必进行专门的抗倾覆验算。

（5）结构整体稳固性（鲁棒性）（structural robustness）要求。混凝土结构在遭受偶然作用时如发生连续倒塌，将造成人员伤亡和财产损失，是对结构安全的最大威胁。因此，当发生爆炸、撞击、超过设防烈度的特大地震、人为错误等偶然事件时，混凝土结构应能保持必需的整体稳固性（鲁棒性），不出现与起因不相称的破坏后果，防止出现结构的连续倒塌。

本章主要论述混凝土框架结构的简化分析方法和设计要求。

4.2 框架结构的结构布置

结构布置包括结构平面和竖向布置。对于质量和侧向刚度沿高度分布比较均匀的结构，只需进行结构平面布置；否则还应进行结构竖向布置。框架结构平面布置主要是确定柱在平面上的排列方式（柱网布置）和选择结构承重方案，这些均必须满足建筑平面及使用要求，同时也须使结构受力合理，施工简单。

4.2.1 柱网和层高

工业建筑柱网尺寸和层高根据生产工艺要求确定。常用的柱网有内廊式和等跨式两种。内廊式的边跨跨度一般为 6～8m，中间跨跨度为 2～4m。等跨式的跨度一般为 6～12m。柱距通常为 6m，层高为 3.6～5.4m。

民用建筑柱网和层高根据建筑使用功能确定。目前，住宅、宾馆和办公楼柱网可划分为小柱网和大柱网两类。小柱网指一个开间为一个柱距（图 4-14a、b），柱距一般为 3.3m、3.6m、4.0m 等；大柱网指两个开间为一个柱距（图 4-14c），柱距通常为 6.0m、6.6m、7.2m、7.5m 等。常用的跨度（房屋进深）为 4.8m、5.4m、6.0m、6.6m、

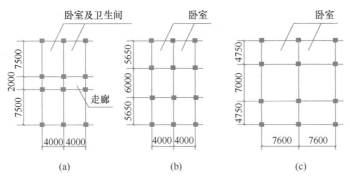

图 4-14 民用建筑柱网布置

（a）北京民族饭店；（b）北京长城饭店；（c）广州东方宾馆

7.2m、7.5m 等。

宾馆建筑多采用三跨框架布置方案。有两种跨度布置方法：一种是边跨跨度大、中跨跨度小，可将卧室和卫生间一并设在边跨，中间跨仅作走道用；另一种则是边跨跨度小、中跨跨度大，将两边客房的卫生间与走道合并设中跨内，边跨仅作卧室，如北京长城饭店（图 4-14b）和广州东方宾馆（图 4-14c）。

办公楼常采用三跨内廊式、两跨不等跨或多跨等跨框架布置方案，如图 4-4（a）、（b）、（c）所示。采用不等跨布置时，大跨内宜布置一道纵梁，以承托走道非承重纵墙的重量。

近年来，由于建筑体型的多样化，出现了一些非矩形的平面形状，如图 4-4（d）、（e）、（f）所示。这使柱网布置更复杂一些。

4.2.2 框架结构的承重方案

（1）横向框架承重。主梁沿房屋横向布置，预制板和连系梁沿房屋纵向布置（图4-15 a）。由于竖向荷载主要由横向框架承受，横梁截面高度较大，因而有利于增加房屋的横向刚度。这种承重方案在实际结构中应用较多。

（2）纵向框架承重。主梁沿房屋纵向布置，预制板和连系梁沿房屋横向布置（图4-15 b）。这种方案对于地基较差的狭长房屋较为有利，且因横向只设置截面高度较小的连系梁，有利于楼层净高的有效利用。但房屋横向刚度较差，实际结构中应用较少。

（3）纵、横向框架承重。房屋的纵、横向都布置承重框架（图 4-15c），楼盖常采用现浇双向板或井字梁楼盖。当柱网平面为正方形或接近正方形，或当楼盖上有较大活荷载时，多采用这种承重方案。

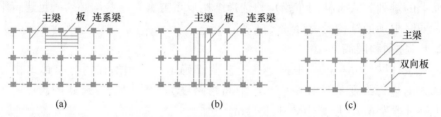

图 4-15　框架结构承重方案

当楼盖为现浇混凝土楼板时，则可根据单向板或双向板确定框架结构的承重方案。

以上是将框架结构视为竖向承重结构（vertical load-resisting structure）来讨论其承重方案的。框架结构同时也是抗侧力结构（lateral load-resisting structure），它应能承受纵、横两个方向的水平荷载（如风荷载和水平地震作用），这就要求纵、横两个方向的框架均应具有一定的侧向刚度和水平荷载承载力。因此，《高层建筑混凝土结构技术规程》[8]规定，框架结构应设计成双向梁柱抗侧力体系，主体结构除个别部位外，不应采用铰接。

4.2.3 梁柱相交位置

在框架结构布置中，梁、柱轴线宜重合，如梁需偏心放置时，梁、柱中心线之间的偏心距不宜大于柱截面在该方面宽度的 1/4。如偏心距大于该方向柱宽的 1/4 时，可增设梁的水平加腋（图 4-16）。试验表明[8]，此法能明显改善梁柱节点承受反复荷载的性能。

梁水平加腋厚度可取梁截面高度，其水平尺寸宜满足下列要求：

$$b_x/l_x \leqslant 1/2, \quad b_x/b_b \leqslant 2/3, \quad b_b + b_x + x \geqslant b_c/2$$

梁
柱
梁
水平加腋

图 4-16　梁端水平加腋

式中符号意义见图 4-16。

梁水平加腋后，改善了梁柱节点的受力性能，在计算节点受剪承载力时节点的有效宽度 b_j 宜按下列规定取值：

当 $x=0$ 时，b_j 按下式计算：

$$b_j \leqslant b_b + b_x \tag{4-2}$$

当 $x \neq 0$ 时，b_j 取下列二式计算的较大值：

$$b_j \leqslant b_b + b_x + x \tag{4-3}$$

$$b_j \leqslant b_b + 2x \tag{4-4}$$

且应满足 $b_j \leqslant b_b + 0.5h_c$，其中 h_c 为柱截面高度。

对节点处梁、柱轴线不重合而有偏心的情况，在框架结构内力分析时应考虑这种偏心影响。

4.2.4　结构缝（structural joint）的设置

结构缝为根据所受影响而采取的分割混凝土结构间隔的总称，包括伸缩缝、沉降缝、防震缝、构造缝、防连续倒塌的分割缝等。结构设计时，通过设置结构缝将结构分割为若干相对独立的单元，以消除各种不利因素的影响。除永久性的结构缝以外，还应考虑设置施工接槎、后浇带、控制缝等临时性缝以消除某些暂时性的不利影响。

《混凝土结构设计规范》[3]规定，钢筋混凝土结构伸缩缝的最大间距可按附表 5 确定。由于温度变化对建筑物造成的危害在其底部数层和顶部数层较为明显，基础部分基本不受温度变化的影响，因此，当房屋长度超过表中规定的限值时，宜用伸缩缝将上部结构从顶到基础顶面断开，分成独立的温度区段。

当上部结构不同部位的竖向荷载差异较大，或同一建筑物不同部位的地基承载力差异较大时，应设沉降缝将其分成若干独立的结构单元，使各部分自由沉降。沉降缝应将建筑物从顶部到基础底面完全分开。

当位于地震区的房屋体型复杂时，造成结构平面不规则，宜设置防震缝。防震缝的设置要求将在《结构抗震设计》课程中介绍。

当因温度变化、混凝土收缩等引发结构局部应力集中时，可在结构局部设置构造缝，以释放局部应力，防止产生结构局部裂缝。

对于重要的混凝土结构，为防止局部破坏引发结构连续倒塌，可采用防连续倒塌的分割缝，将结构分为几个区域，控制可能发生连续倒塌的范围。

结构缝的设置应考虑对建筑功能（如装修观感、止水防渗、保温隔声等）、结构传力（如结构布置、构件传力）、构造做法和施工可行性等造成的影响。结构设计时，应根据结构受力特点及建筑尺度、形状、使用功能，合理确定结构缝的位置和构造形式；宜控制结构缝的数量，并应采取有效措施减少设缝的不利影响；应遵循"一缝多能"的设计原则，采取有效的构造措施。

4.3　框架结构的计算简图

在框架结构设计计算中，应首先确定构件截面尺寸及结构计算简图，然后进行荷载计算以及结构内力和侧移分析。本节主要说明构件截面尺寸和结构计算简图的确定以及荷载计算等内容，结构内力和侧移分析将在4.4和4.5节中介绍。

4.3.1 梁、柱截面尺寸

框架梁、柱截面尺寸应根据其承载力、刚度及延性等要求确定。初步设计时，通常由经验或估算先选定截面尺寸，以后再进行承载力、变形等验算，检查所选尺寸是否合适。

1. 梁截面尺寸

框架结构中框架梁的截面高度 h_b 可根据梁的计算跨度 l_b、活荷载大小等，按 $h_b = (1/18 \sim 1/10) l_b$ 确定[8]。为了防止梁发生剪切脆性破坏，h_b 不宜大于 1/4 梁净跨。主梁截面宽度可取 $b_b = (1/3 \sim 1/2) h_b$，且不宜小于 200mm。为了保证梁的侧向稳定性，梁截面的高宽比 (h_b/b_b) 不宜大于 4。

为了降低楼层高度，可将梁设计成宽度较大而高度较小的扁梁，扁梁的截面高度可按 $(1/18 \sim 1/15) l_b$ 估算。扁梁的截面宽度 b（肋宽）与其高度 h 的比值 b/h 不宜超过 3。

设计中，如果梁上作用的荷载较大，可选择较大的高跨比 h_b/l_b。当梁截面高度较小或采用扁梁时，除应验算其承载力和受剪截面的要求外，尚应验算竖向荷载作用下梁的挠度和裂缝宽度，以保证其正常使用要求。在挠度计算时，对现浇梁板结构，宜考虑梁受压翼缘的有利影响，并可将梁的合理起拱值从其计算所得挠度中扣除。

当梁跨度较大时，为了节省材料和有利于建筑空间，可将梁设计成加腋形式（图4-17）。

2. 柱截面尺寸

柱截面尺寸可直接凭经验确定，也可先根据其所受轴力按轴心受压构件估算，再乘以适当的放大系数以考虑弯矩的影响，即

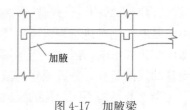

图4-17 加腋梁

$$A_c \geqslant (1.1 \sim 1.2) N/f_c \qquad (4-5)$$

$$N = 1.35 N_v \qquad (4-6)$$

式中，A_c 为柱截面面积；N 为柱所承受的轴向压力设计值；N_v 为根据柱支承的楼面面积计算由重力荷载产生的轴向压力标准值；1.35 为重力荷载的荷载分项系数加权平均值（假定恒荷载、活荷载的比例分别是 0.75、0.25）；重力荷载标准值可根据实际荷载取值，也可近似按 $(12 \sim 14)$ kN/m² 计算；f_c 为混凝土轴心抗压强度设计值。

框架柱的截面宽度和高度均不宜小于 250mm，圆柱截面直径不宜小于 350mm，柱截面高宽比不宜大于 3。为避免柱产生剪切破坏，柱净高与截面长边之比宜大于 4，或柱的剪跨比宜大于 2。

3. 梁截面惯性矩

对现浇楼盖和装配整体式楼盖，宜考虑楼板作为翼缘对梁截面刚度和承载力的影响。梁受压区有效翼缘计算宽度 b'_f 可按与本书配套的《混凝土结构设计原理》（第五版）表4-9所列情况中的最小值取用；无现浇面层的装配式楼面，楼板的作用不予考虑。

设计中，为简化计算，也可按下式近似确定梁截面惯性矩 I：

$$I = \beta I_0 \qquad (4-7)$$

式中，I_0 为按矩形截面（图4-18中阴影部分）计算的梁截面惯性矩；β 为楼面梁截面刚度增大系数，应根据梁翼缘尺寸与梁截面尺寸的比例，取 $\beta = 1.3 \sim 2.0$[8]，当框架梁截面较小楼板较厚时，宜取较大值，而梁截面较大楼板较薄时，宜取较小值。通常，对

现浇楼面的边框架梁可取 1.5，中框架梁可取 2.0；有现浇面层的装配式楼面梁的 β 值可适当减小。

图 4-18　梁截面惯性矩 I_0

4.3.2　框架结构的计算简图

1. 计算单元

框架结构房屋是由梁、柱、楼板、基础等构件组成的空间结构体系，一般应按三维空间结构进行分析。但对于平面布置较规则的框架结构房屋（图 4-19），为了简化计算，通常将实际的空间结构简化为若干个横向或纵向平面框架进行分析，每榀平面框架为一计算单元，计算单元宽度取相邻跨中线之间的距离，如图 4-19（a）所示。

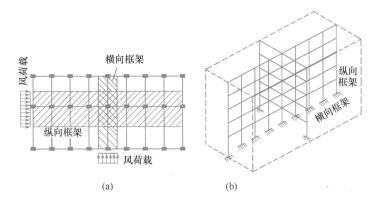

图 4-19　平面框架的计算单元及计算模型

（a）计算单元；（b）计算模型

就承受竖向荷载而言，当横向（纵向）框架承重，且在截取横向（纵向）框架计算时，全部楼面竖向荷载由横向（纵向）框架承担，不考虑纵向（横向）框架的作用。当纵、横向框架混合承重时，应根据结构的不同特点进行分析，并对楼面竖向荷载按楼盖的实际支承情况进行传递，这时楼面竖向荷载通常由纵、横向框架共用承担。实际上除楼面荷载外尚有墙体重量等重力荷载，故通常纵、横向框架都承受竖向荷载，各自取平面框架及其所承受的竖向荷载而分别计算。

在某一方向的水平荷载（风荷载或水平地震作用）作用下，整个框架结构体系可视为若干个平面框架，共同抵抗与平面框架平行的水平荷载，与该方向正交的结构不参与受力。一般采用刚性楼盖假定，故每榀平面框架所抵抗的水平荷载，则为按各平面框架的侧向刚度比例所分配到的水平力。当为风荷载时，为简化计算可近似取计算单元范围内的风荷载（图 4-19a）。

2. 计算简图

将复杂的空间框架结构简化为平面框架之后，应进一步将实际的平面框架转化为力学模型（图 4-19b），在该力学模型上施加作用荷载，就成为框架结构的计算简图。

在框架结构的计算简图中，梁、柱用其轴线表示，梁与柱之间的连接用节点（beam-column joints）表示，梁或柱的长度用节点间的距离表示，如图 4-20 所示。由图可见，框架柱轴线之间的距离即为框架梁的计算跨度；各层框架柱的计算高度应为各横梁形心轴线间的距离，当各层梁截面尺寸相同时，除底层外，柱的计算高度即为各层层高。对于梁、柱、板均为现浇的情况，梁截面的形心线可近似取在板底。对于底层柱的下端，一般取至基础顶面；当设有整体刚度很大的地下室，且地下室结构的楼层侧向刚度不小于相邻上部结构楼层侧向刚度的 2 倍时[8]，可取至地下室结构的顶板处。

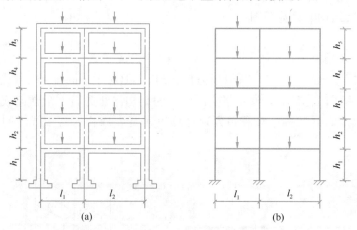

图 4-20　框架结构计算简图
(a) 框架示意图；(b) 计算简图

对斜梁或折线形横梁，当倾斜度不超过 1/8 时，在计算简图中可取为水平轴线。

在实际工程中，框架柱的截面尺寸通常沿房屋高度变化。当上层柱截面尺寸减小但其形心轴仍与下层柱的形心轴重合时，其计算简图与各层柱截面不变时的相同（图 4-20）。当上、下层柱截面尺寸不同且形心轴也不重合时，一般采取近似方法，即将顶层柱的形心线作为整个柱子的轴线，如图 4-21 所示。但是必须注意，在框架结构的内力和变形分析中，各层梁的计算跨度及线刚度仍应按实际情况取；另外，尚应考虑上、下层柱轴线不重合，由上层柱传来的轴力在变截面处所产生的力矩（图 4-21b）。此力矩应视为外荷载，与其他竖向荷载一起进行框架内力分析。如用结构分析软件分析，程序会自动形成折线形的计算简图。

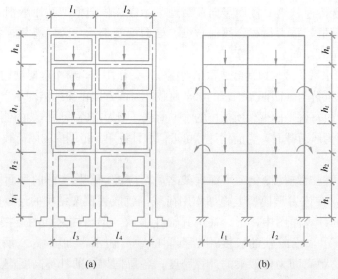

图 4-21　变截面柱框架结构的计算简图
(a) 框架示意图；(b) 计算简图

3. 关于计算简图的补充说明

上述计算简图是假定框架的梁、柱节点为刚接（rigid-jointed），这对模拟现浇钢筋混凝土框架的梁柱节点最为合适。对于装配整体式框架，如果梁、柱中的钢筋在节点处为焊接或搭接，并在现场浇筑部分混凝土使节点成为整体，则这种节点亦可视为刚接节点。但是，这种节点的刚性（rigidity）不如现浇混凝土框架好，在竖向荷载作用下，相应的梁端实际负弯矩绝对值小于计算值，而跨中实际正弯矩则大于计算值，截面设计时应予以调整。

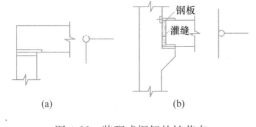

图 4-22　装配式框架的铰节点
（a）铰接节点；（b）半铰接节点

对于装配式框架，一般是在构件的适当部位预埋钢板，安装就位后再予以焊接。由于钢板在其自身平面外的刚度很小，故这种节点可有效地传递竖向力和水平力，但传递弯矩的能力有限。通常视具体构造情况，将这种节点模拟为铰接（hinge -jointed）（图4-22 a）或半铰接（semi-hinge jointed）（图4-22b）。

框架柱与基础的连接亦有刚接和铰接两种。当框架柱与基础现浇为整体（图4-23a）且基础具有足够的转动约束作用时，柱与基础的连接应视为刚接，相应的支座为固定支座。对于装配式框架，如果柱插入基础杯口有一定的深度，并用细石混凝土与基础浇捣成整体，则柱与基础的连接可视为刚接（图4-23b）；如用沥青麻丝填实，则预制柱与基础的连接可视为铰接（图4-23c）。

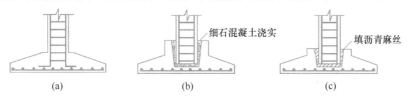

图 4-23　框架柱与基础的连接
（a）、（b）刚接连接；（c）铰接连接

4.3.3　框架结构上的荷载

作用在多、高层建筑结构上的荷载有竖向荷载和水平荷载。竖向荷载包括恒载和楼（屋）面活荷载，水平荷载包括风荷载和水平地震作用。除水平地震作用外，上述荷载在第2、3章中均有阐述。现结合多、高层框架结构房屋的特点，作一些补充说明。

1. 楼面活荷载

作用在多、高层框架结构上的楼面活荷载，可根据房屋及房间的不同用途按《建筑结构荷载规范》取用。应该指出，荷载规范规定的楼面活荷载值，是根据大量调查资料所得到的等效均布活荷载（equivalent uniform live load）标准值，且是以楼板的等效均布活荷载作为楼面活荷载。因此，在设计楼板时可以直接取用；而在计算梁、墙、柱及基础时，应将其乘以折减系数，以考虑所给楼面活荷载在楼面上满布的程度。对于楼面梁来说，主要考虑梁的承载面积，承载面积越大，荷载满布的可能性越小。对于多、高层房屋的墙、柱和基础，应考虑计算截面以上各楼层活荷载的满布程度，楼层数越多，满布的可能性越小。

各种房屋或房间的楼面活荷载折减系数可由《建筑结构荷载规范》查得。下面仅以住宅、宿舍、旅馆、办公楼、医院病房、托儿所、幼儿园的楼面活荷载为例，给出折减系数。

设计楼面梁时，当楼面梁的从属面积（tributary area）（按梁两侧各延伸1/2梁间距的范围内的实际面积确定）超过 25m² 时，折减系数取 0.9。设计墙、柱和基础时，楼面活荷载按楼层的折减系数按表 4-1 取值。

活荷载按楼层的折减系数   表 4-1

墙、柱、基础计算截面以上的层数	2～3	4～5	6～8	9～20	>20
计算截面以上各楼层 活荷载总和的折减系数	0.85	0.70	0.65	0.60	0.55

注：当楼面梁的从属面积超过 25m² 时，应采用括号内的系数。

2. 风荷载

当对框架结构进行计算时，垂直于建筑物表面的风荷载标准值仍按式（3-9）计算，对于多、高层框架结构房屋，式中的计算参数应按下列规定采用。

（1）基本风压（reference wind pressure）w_0 应按《建筑结构荷载规范》的规定采用。对于风荷载比较敏感的高层建筑，承载力设计时应按基本风压的 1.1 倍采用。

（2）计算主体结构的风荷载效应时，风载体型系数 μ_s 可按下列规定采用[8]：

1）圆形平面建筑取 0.8；

2）高宽比 H/B 不大于 4 的矩形、方形、十字形平面建筑取 1.3；

3）V 形、Y 形、弧形、双十字形、井字形平面建筑，L 形、槽形和高宽比 H/B 大于 4 的十字形平面建筑，以及高宽比 H/B 大于 4、长宽比 L/B 不大于 1.5 的矩形、鼓形平面建筑，均取 1.4；

4）正多边形及截角三角形平面建筑，由下式计算：

$$\mu_s = 0.8 + 1.2/\sqrt{n} \tag{4-8}$$

式中，n 为多边形的边数。

注意，上述风载体型系数值，均指迎风面与背风面风载体型系数之和（绝对值）。

5）在需要更细致地进行风荷载计算的场合，风载体型系数可按附表 3-2 采用，或进行风洞试验确定。

（3）当多栋或群集的高层建筑相互间距较近时，由于旋涡的相互干扰，房屋某些部位的局部风压会显著增大，这时宜考虑风力相互干扰的群体效应。一般可将单栋建筑的体型系数 μ_s 乘以相互干扰增大系数，该系数可参考类似条件的试验资料确定[23]；必要时宜通过风洞试验确定。

（4）对于高度大于 30m 且高宽比大于 1.5 的框架结构房屋，应考虑风压脉动对结构产生顺风向风振的影响。仅考虑结构第一振型的影响，结构在 z 高度处的风振系数 β_z 按下式计算：

$$\beta_z = 1 + 2gI_{10}B_z\sqrt{1+R^2} \tag{4-9}$$

式中 g ——峰值因子，可取 2.5；

I_{10} ——10m 高度名义湍流强度，对应 A、B、C 和 D 类地面粗糙度，可分别取 0.12、0.14、0.23 和 0.39；

R ——脉动风荷载的共振分量因子；

B_z ——脉动风荷载的背景分量因子。

脉动风荷载的共振分量因子按下式计算：

$$R = \sqrt{\frac{\pi}{6\zeta_1} \frac{x_1^2}{(1+x_1^2)^{4/3}}} \tag{4-10}$$

$$x_1 = \frac{30f_1}{\sqrt{k_w w_0}} \quad (x_1 > 5) \tag{4-11}$$

式中 f_1 —— 结构第 1 阶自振频率（Hz）；

        k_w —— 地面粗糙度修正系数，对 A、B、C 和 D 类地面粗糙度，分别取 1.28、1.0、0.54 和 0.26；

        ζ_1 —— 结构阻尼比，对钢筋混凝土及砌体结构可取 0.05。

对体型和质量沿高度均匀分布的高层建筑，脉动风荷载的背景分量因子按下式计算：

$$B_z = kH^{a_1} \rho_x \rho_z \frac{\phi_1(z)}{\mu_z} \tag{4-12}$$

式中 $\phi_1(z)$ —— 结构第 1 阶振型系数，可由结构动力计算确定；对于外形、质量和刚度沿高度分布比较均匀的弯剪型高层建筑，可根据相对高度 z/H 按附表 3-3 确定；对混凝土框架结构，可近似取 $\phi_1(z) = (z/H)[2 - (z/H)]$，其中 z 为计算点到室外地面的高度；

        H —— 结构总高度（m）；

        ρ_x —— 脉动风荷载水平方向相关系数；

        ρ_z —— 脉动风荷载竖直方向相关系数；

     k、a_1 —— 系数，按表 4-2 取值。

系数 k 和 a_1 表 4-2

粗糙度类别		A	B	C	D
高层建筑	k	0.944	0.670	0.295	0.112
	a_1	0.155	0.187	0.261	0.346

脉动风荷载的空间相关系数 ρ_z 和 ρ_x 可按下列规定确定：

1）竖直方向的相关系数 ρ_z：

$$\rho_z = \frac{10\sqrt{H + 60e^{-H/60} - 60}}{H} \tag{4-13a}$$

式中 H —— 结构总高度（m），对 A、B、C 和 D 类地面粗糙度，H 的取值分别不应大于 300m、350m、450m 和 550m。

2）水平方向的相关系数 ρ_x：

$$\rho_x = \frac{10\sqrt{B + 50e^{-B/50} - 50}}{B} \tag{4-13b}$$

式中 B —— 结构迎风面宽度（m），$B \leqslant 2H$。

当计算围护结构时，垂直于围护结构表面上的风荷载标准值，应按下式计算：

$$w_k = \beta_{gz}\mu_{s1}\mu_z w_0 \qquad\qquad (4\text{-}14)$$

式中，β_{gz}为高度 z 处的阵风系数，按附表 3-4 确定。其余符号意义同式（3-9）。

风力作用在建筑物表面上，压力分布很不均匀，在角隅、檐口、边棱处和在附属结构的部位（如阳台、雨篷等外挑构件），局部风压会超过平均风压。因此，验算围护构件及其连接的强度时，式（4-14）中的风载体型系数 μ_{s1} 可按下列规定采用：

（1）封闭式矩形平面房屋的墙面及屋面可按《建筑结构荷载规范》GB 50009—2012 表 8.3.3 的规定采用；

（2）檐口、雨篷、遮阳板、边棱处的装饰条等突出构件，取 -2.0；

（3）其他房屋和构筑物可按附表 3-2 规定体型系数的 1.25 倍取值。

4.4 竖向荷载作用下框架结构内力的近似计算

在竖向荷载（vertical load）作用下，多、高层框架结构的内力可用力法、位移法、矩阵位移法等结构力学方法计算。工程设计中，如采用手算，可采用迭代法、分层法、弯矩二次分配法及系数法等近似方法。本节简要介绍后三种近似方法的基本概念和计算要点。

4.4.1 分层法

1. 竖向荷载作用下框架结构的受力特点及内力计算假定

力法或位移法的精确计算结果表明，在竖向荷载作用下，框架结构的侧移对其内力的影响较小。例如，图 4-24 表示两层两跨不对称框架结构承受竖向荷载作用及由此引起的弯矩图，其中 i 表示各杆件的相对线刚度。图中不带括号的杆端弯矩值为精确值（考虑框架侧移影响），带括号的弯矩值是近似值（不考虑框架侧移影响）。可见，在梁线刚度大于柱线刚度的情况下，只要结构和荷载不是非常不对称，则竖向荷载作用下框架结构的侧移较小，对杆端弯矩的影响也较小。

另外，由影响线理论及精确计算结果可知，框架各层横梁上的竖向荷载只对本层横梁及与之相连的上、下层柱的弯矩影响较大，对其他各层梁、柱的弯矩影响较小。也可从弯

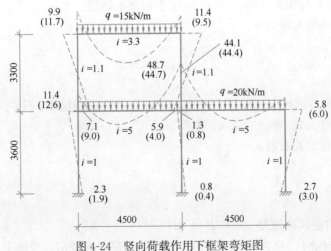

图 4-24 竖向荷载作用下框架弯矩图

矩分配法的过程来理解，受荷载作用杆件的杆端弯矩值通过弯矩的多次分配与传递，逐渐向左右上下衰减传播，在梁线刚度大于柱线刚度的情况下，柱中弯矩衰减得更快，因而对其他各层的杆端弯矩影响较小。

根据上述分析，计算竖向荷载作用下框架结构内力时，可采用以下两个简化假定：

（1）不考虑框架结构的侧移对其内力的影响；

（2）每层梁上的荷载仅对本层梁及其上、下柱的内力产生影响，对其他各层梁、柱内力的影响可忽略不计。

应当指出，上述假定中所指的内力不包括柱轴力，因为某层梁上的荷载对下部各层柱的轴力均有较大影响，不能忽略。

2. 计算要点及步骤

（1）将多层框架沿高度分成若干单层无侧移的敞口框架，每个敞口框架包括本层梁和与之相连的上、下层柱。梁上作用的荷载、各层柱高及梁跨度均与原结构相同，如图4-25所示。

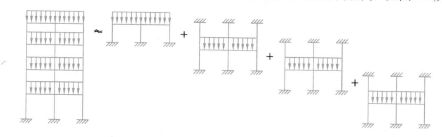

图 4-25　竖向荷载作用下分层计算示意图

（2）除底层柱的下端外，其他各柱的柱端应为弹性约束。为便于计算，均将其处理为固定端（图4-25）。这样将使柱的弯曲变形有所减小，为消除这种影响，可把除底层柱以外的其他各层柱的线刚度乘以修正系数0.9。

（3）用无侧移框架的计算方法（如弯矩分配法）计算各敞口框架的杆端弯矩，由此所得的梁端弯矩即为其最后的弯矩值；因每一柱属于上、下两层，所以每一柱端的最终弯矩值需将上、下层计算所得的弯矩值相加。在上、下层柱端弯矩值相加后，将引起新的节点不平衡弯矩，如欲进一步修正，可对这些不平衡弯矩再作一次弯矩分配。

如用弯矩分配法计算各敞口框架的杆端弯矩，在计算每个节点周围各杆件的弯矩分配系数时，应采用修正后的柱线刚度计算；并且底层柱和各层梁的传递系数均取1/2，其他各层柱的传递系数改用1/3。

（4）在杆端弯矩求出后，可用静力平衡条件计算梁端剪力及梁跨中弯矩；由逐层叠加柱上的竖向荷载（包括节点集中力、柱自重等）和与之相连的梁端剪力，即得柱的轴力。

【例题 4-1】图4-26（a）为两层两跨框架，各层横梁上作用均布线荷载。图中括号内的数值表示杆件的相对线刚度值；梁跨度值与柱高度值均以"mm"为单位。试用分层法计算各杆件的弯矩。

【解】首先将原框架分解为两个敞口框架，如图 4-26（b）所示。然后用弯矩分配法计算这两个敞口框架的杆端弯矩，计算过程见图4-27（a）、（b），其中梁的固端弯矩按 $M=ql^2/12$ 计算。在计算弯矩分配系数时，DG、EH 和 FI 三柱的线刚度已乘系数0.9，这三根柱的传递系数均取1/3，其他杆件的传递系数取1/2。

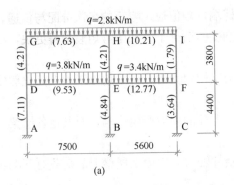

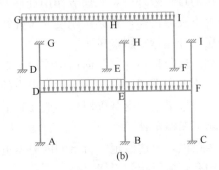

(a)　　　　　　　　　　(b)

图 4-26　例题 4-1 附图

根据图 4-27 的弯矩分配结果，可计算各杆端弯矩。例如，对节点 G 而言，由图 4-27 (a) 得梁端弯矩为 -4.82 kN·m，柱端弯矩为 4.82 kN·m；而由图 4-27(b) 得柱端弯矩为 1.17 kN·m；则最后的梁、柱端弯矩分别为 -4.82 kN·m 和 $4.82+1.17=5.99$ kN·m。显然，节点出现的不平衡弯矩值为 1.17 kN·m。现对此不平衡弯矩再作一次分配，则得梁端弯矩为 $-4.82+(-1.17)\times 0.67=-5.60$ kN·m，柱端弯矩为 $5.99+(-1.17)\times 0.33=5.60$ kN·m。对其余节点均如此计算，可得用分层法计算所得的杆端弯矩，如图 4-28 所示。图中还给出了梁跨中弯矩值，它是根据梁上作用的荷载及梁端弯矩值由静力平衡条件所得。

为了对分层法计算误差的大小有所了解，图 4-28 中尚给出了考虑框架侧移时的杆端弯矩（括号内的数值，可视为精确值）。由此可见，用分层法计算所得的梁端弯矩误差较小，柱端弯矩误差较大。

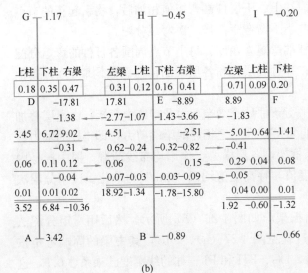

图 4-27　弯矩分配

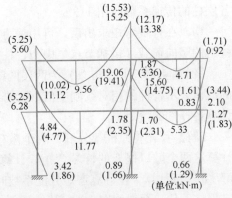

图 4-28　框架弯矩图（单位：kN·m）

4.4.2　弯矩二次分配法

计算竖向荷载作用下多层多跨框架结构的杆端弯矩时，如用无侧移框架的弯矩分配法，由于该法需要考虑任一节点的不平衡弯矩对框架结构所有杆件的影响，因而计算相当繁复。根据在分层法中所作的分析可知，多层框架中某节点的不平衡弯矩对与其相邻的节点影响较大，对其他节点的影响较小，因而可假定某一节点的不平衡弯矩只对与该节点相交的各杆件的远端有影响，这样可将弯矩分配法的循环次数简化到弯矩二次分配和其间的一次传递，此即弯矩二次分配法。下面说明这种方法的具体计算步骤。

（1）根据各杆件的线刚度计算各节点的杆端弯矩分配系数，并计算竖向荷载作用下各跨梁的固端弯矩。

（2）计算框架各节点的不平衡弯矩，并对所有节点的不平衡弯矩分别反向后进行第一次分配（其间不进行弯矩传递）。

（3）将所有杆端的分配弯矩分别向该杆的他端传递（对于刚接框架，传递系数均取1/2）。

（4）将各节点因传递弯矩而产生的新的不平衡弯矩反向后进行第二次分配，使各节点处于平衡状态。

至此，整个弯矩分配和传递过程即告结束。

（5）将各杆端的固端弯矩、分配弯矩和传递弯矩叠加，即得各杆端弯矩。

弯矩二次分配法的计算实例将在第4.11节中给出。

4.4.3　系数法

采用上述两种方法计算竖向荷载作用下框架结构内力时，需首先确定梁、柱截面尺寸，而且计算过程较为繁复。系数法是一种更简单的方法，只要给出荷载、框架梁的计算跨度和支承情况，就可很方便地计算出框架梁、柱各控制截面内力。

此法是美国《统一建筑规范》（Uniform Building Code）中介绍的方法，在国际上被广泛采用。

1. 框架梁内力

框架梁的弯矩 M 按下式计算：

$$M = \alpha\, q l_n^2 \tag{4-15}$$

式中　α——弯矩系数，按表4-3取值；

　　　q——作用在框架梁上的恒载设计值与活荷载设计值之和；

　　　l_n——框架梁净跨长，计算支座弯矩时用相邻两跨净跨长的平均值。

框架梁的剪力 V 按下式计算：

$$V = \beta\, q l_n \tag{4-16}$$

式中，β 为剪力系数，边支座取 0.5，第一内支座外侧取 0.575，内侧取 0.5，其余内支座均取 0.5。

2. 框架柱内力

框架柱的轴力可以按楼面单位面积上恒载设计值与活荷载设计值之和乘以该柱的负载面积计算。柱的负载面积可近似地按简支状态计算。计算轴力时，活荷载可以按表4-1规定的折减系数予以折减。

将节点两侧框架梁梁端弯矩之差值平均分配给上柱和下柱的柱端，即得框架柱的弯矩。当上、下柱的线刚度相差较大时，宜按线刚度比值分配。

框架梁弯矩系数 α 表 4-3

端支座支承情况	截面					
	端支座 A	边跨跨中 I	离端第二支座 B左、B右	离端第二跨跨中 II	中间支座 C	中间跨跨中 III
端部无约束	0	$\dfrac{1}{11}$	$-\dfrac{1}{9}$，$-\dfrac{1}{9}$ （用于两跨框架梁）	$\dfrac{1}{16}$	$-\dfrac{1}{11}$	$\dfrac{1}{16}$
梁支承	$-\dfrac{1}{24}$	$\dfrac{1}{14}$	$-\dfrac{1}{10}$，$-\dfrac{1}{11}$ （用于多跨框架梁）			
柱支承	$-\dfrac{1}{16}$	$\dfrac{1}{14}$				

注：表中 A、B、C 和 I、II、III 分别为从两端支座截面和边跨跨中截面算起的截面代号。

3. 适用条件

由上述可见，系数法中的弯矩系数 α 和剪力系数 β 在一定条件下取为常数，因此，按系数法计算时，框架结构应满足下列条件：（1）两相邻跨的跨长相差不超过短跨跨长的 20%；（2）活荷载与恒载之比不大于 3；（3）荷载均匀布置。

由表 4-3 所列数据及上述的第（2）适用条件可知，该系数法已不仅是单纯的某一荷载作用下的结构内力分析结果，而是考虑了多种荷载不利组合所得的不利内力结果。

4.5　水平荷载作用下框架结构内力和侧移的近似计算

水平荷载作用下框架结构的内力和侧移可用结构力学方法计算，也可采用简化方法计算。常用的简化方法有迭代法、反弯点法、D 值法和门架法等。本节主要介绍 D 值法的基本原理和计算要点，对反弯点法和门架法仅作简要介绍。

4.5.1　水平荷载作用下框架结构的受力及变形特点

框架结构在水平荷载（如风荷载、水平地震作用等）作用下，一般都可等效为受节点水平力的作用，这时梁柱杆件的变形图和弯矩图如图 4-29 所示。由图可见，框架的每个节点除产生相对水平位移 δ_i 外，还产生转角 θ_i，由于越靠近底层框架所受层间剪力越大，故各节点的相对水平位移 δ_i 和转角 θ_i 都具有越靠近底层越大的特点。柱上、下两段弯曲方向相反，柱中一般都有一个反弯点。梁和柱的弯矩图都是直线，梁中也有一个反弯点。如果能够求出各柱的剪力及其反弯点位置，则梁、柱内力均可方便地求得。因此，水平荷载作用下框架结构内力近似计算的关键：一是确定层间剪力在各柱间的分配，二是确定各

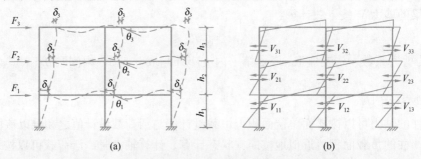

图 4-29　水平荷载作用下框架结构的变形图及弯矩图

(a) 框架变形图；(b) 框架弯矩图

柱的反弯点位置。

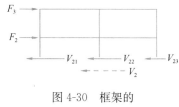

图 4-30 框架的
脱离体图

4.5.2 D 值法

1. 层间剪力在各柱间的分配

从图 4-29（a）所示框架的第 2 层柱反弯点处截取脱离体（图 4-30），由水平方向力的平衡条件，可得该框架第 2 层的层间剪力 $V_2 = F_2 + F_3$。一般地，框架结构第 i 层的层间剪力 V_i 可表示为

$$V_i = \sum_{k=i}^{m} F_k \tag{4-17}$$

式中，F_k 表示作用于第 k 层楼面处的水平荷载；m 为框架结构的总层数。

令 V_{ij} 表示第 i 层第 j 柱分配到的剪力，如该层共有 s 根柱，则由平衡条件可得

$$\sum_{j=1}^{s} V_{ij} = V_i \tag{a}$$

框架横梁的轴向变形一般很小，可以忽略不计，则同层各柱的相对侧移 δ_j 相等（变形协调条件），即

$$\delta_1 = \delta_2 = \cdots = \delta_j = \cdots = \delta \tag{b}$$

用 D_{ij} 表示框架结构第 i 层第 j 柱的侧向刚度（lateral stiffness），它是框架柱两端产生单位相对侧移所需要的水平剪力，故亦称为框架柱的抗剪刚度，则柱端剪力与相对侧移之间的关系（物理条件）为

$$V_{ij} = D_{ij} \cdot \delta_j \tag{c}$$

将式（c）代入式（a），并考虑式（b）的变形条件，则得

$$\delta_j = \delta = \frac{1}{\sum\limits_{j=1}^{s} D_{ij}} V_i \tag{d}$$

将式（d）代入式（c），得

$$V_{ij} = \frac{D_{ij}}{\sum\limits_{j=1}^{s} D_{ij}} V_i \tag{4-18}$$

式（4-18）即为层间剪力 V_i 在各柱间的分配公式，它适用于整个框架结构同层各柱之间的剪力分配。可见，每根柱分配到的剪力值与其侧向刚度成比例。

2. 框架柱的侧向刚度——D 值

（1）一般规则框架中的柱

所谓规则框架是指各层层高、各跨跨度和各层柱线刚度分别相等的框架，如图 4-31（a）所示。先讨论除底层外一般层的柱。现从框架中取柱 AB 及与其相连的梁柱为脱离体（图 4-31b），框架侧移后，柱 AB 达到新的位置 A′B′。柱 AB 的相对侧移为 δ，弦转角为 $\varphi = \delta/h$，上、下端均产生转角 θ。

对图 4-31（b）所示的框架单元，有 8 个节点转角 θ 和 3 个弦转角 φ 共 11 个未知数，而只有节点 A、B 两个力矩平衡条件。为此，作如下假定：

①柱 AB 两端及与之相邻各杆远端的转角 θ 均相等；

②柱 AB 及与之相邻的上、下层的弦转角 φ 均相等；

③柱 AB 及与之相邻的上、下层柱的线刚度 i_c 均相等。

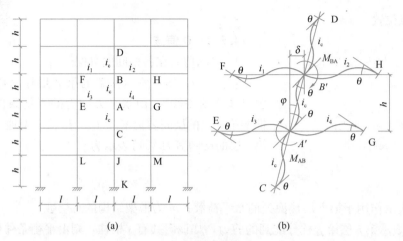

图 4-31 框架柱侧向刚度计算图式

(a) 规则框架；(b) 框架单元

由前两个假定，整个框架单元（图 4-31b）只有 θ 和 φ 两个未知数，用两个节点力矩平衡条件可以求解。

由转角位移方程及上述假定可得

$$M_{AB} = M_{BA} = M_{AC} = M_{BD} = 4i_c\theta + 2i_c\theta - 6i_c\varphi = 6i_c(\theta - \varphi)$$

$$M_{AE} = 6i_3\theta, \quad M_{AG} = 6i_4\theta, \quad M_{BF} = 6i_1\theta, \quad M_{BH} = 6i_2\theta$$

由节点 A 和节点 B 的力矩平衡条件分别得

$$6(i_3 + i_4 + 2i_c)\theta - 12i_c\varphi = 0$$

$$6(i_1 + i_2 + 2i_c)\theta - 12i_c\varphi = 0$$

将以上两式相加，经整理后得

$$\frac{\theta}{\varphi} = \frac{2}{2 + \overline{K}} \tag{4-19}$$

式中，$\overline{K} = \sum i / 2i_c = [(i_1 + i_3)/2 + (i_2 + i_4)/2]/i_c$，表示节点两侧梁平均线刚度与柱线刚度的比值，简称梁柱线刚度比。

柱 AB 所受到的剪力为

$$V = -\frac{M_{AB} + M_{BA}}{h} = \frac{12i_c}{h}\left(1 - \frac{\theta}{\varphi}\right)\varphi$$

将式（4-19）代入上式得

$$V = \frac{\overline{K}}{2 + \overline{K}} \cdot \frac{12i_c}{h}\varphi = \frac{\overline{K}}{2 + \overline{K}} \cdot \frac{12i_c}{h^2} \cdot \delta$$

由此可得柱的侧向刚度 D 为

$$D = \frac{V}{\delta} = \frac{\overline{K}}{2 + \overline{K}} \cdot \frac{12i_c}{h^2} = \alpha_c \frac{12i_c}{h^2} \tag{4-20a}$$

$$\alpha_c = \frac{\overline{K}}{2 + \overline{K}} \tag{4-21}$$

式中，α_c 称为柱的侧向刚度修正系数，它反映了节点转动降低了柱的侧向刚度，而节点转动的大小则取决于梁对节点转动的约束程度。由式（4-21）可见，$\overline{K} \to \infty$，$\alpha_c \to 1$，这表明梁线刚度越大，对节点的约束能力越强，节点转动越小，柱的侧向刚度越大。

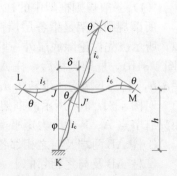

图 4-32 底层柱 D 值计算图式

现讨论底层柱的 D 值。由于底层柱下端为固定（或铰接），所以其 D 值与一般层不同。从图 4-31（a）中取出柱 JK 和与之相连的上柱和左、右梁，如图 4-32 所示。由转角位移方程得

$$M_{JK} = 4i_c\theta - 6i_c\varphi, \quad M_{KJ} = 2i_c\theta - 6i_c\varphi$$
$$M_{JL} = 6i_5\theta, \quad M_{JM} = 6i_6\theta$$

柱 JK 所受的剪力为

$$V_{JK} = -\frac{M_{JK} + M_{KJ}}{h} = -\frac{6i_c\theta - 12i_c\varphi}{h} = \frac{12i_c}{h^2}\left(1 - \frac{1}{2}\frac{\theta}{\varphi}\right)\delta$$

则柱 JK 的侧向刚度为

$$D = \frac{V_{Jk}}{\delta} = \left(1 - \frac{1}{2}\frac{\theta}{\varphi}\right)\frac{12i_c}{h^2} = \alpha_c\frac{12i_c}{h^2} \tag{4-20b}$$

式中　$\alpha_c = 1 - \frac{1}{2}\frac{\theta}{\varphi}$。

设
$$\beta = \frac{M_{JK}}{M_{JL} + M_{JM}} = \frac{4i_c\theta - 6i_c\varphi}{6(i_5 + i_6)\theta} = \frac{2\theta - 3\varphi}{3\overline{K}\theta}$$

则
$$\frac{\theta}{\varphi} = \frac{3}{2 - 3\beta\overline{K}}$$

故
$$\alpha_c = 1 - \frac{1}{2}\frac{\theta}{\varphi} = \frac{0.5 - 3\beta\overline{K}}{2 - 3\beta\overline{K}}$$

式中，$\overline{K} = (i_5 + i_6)/i_c$；$\beta$ 表示柱所承受的弯矩与其两侧梁弯矩之和的比值，因梁、柱弯矩反向，故 β 为负值。实际工程中，$\overline{K}$ 值通常在 $0.3 \sim 5.0$ 范围内变化，β 在 $(-0.14) \sim (-0.50)$ 之间变化，相应的 α_c 值为 $0.30 \sim 0.84$。为简化计算，若令 β 为一常数，且取 $\beta = -1/3$，则相应的 α_c 值为 $0.35 \sim 0.79$，可见对 D 值产生的误差不大。当取 $\beta = -1/3$ 时，α_c 可简化为

$$\alpha_c = \frac{0.5 + \overline{K}}{2 + \overline{K}} \tag{4-22}$$

同理，当底层柱的下端为铰接时，可得

$$M_{JK} = 3i_c\theta - 3i_c\varphi, \quad M_{KJ} = 0$$
$$V_{JK} = -\frac{3i_c\theta - 3i_c\varphi}{h} = \left(1 - \frac{\theta}{\varphi}\right)\frac{3i_c}{h^2}\delta$$
$$D = \frac{V_{JK}}{\delta} = \frac{1}{4}\left(1 - \frac{\theta}{\varphi}\right)\frac{12i_c}{h^2} = \alpha_c\frac{12i_c}{h^2} \tag{4-20c}$$

式中　$\alpha_c = \frac{1}{4}\left(1 - \frac{\theta}{\varphi}\right)$。

令
$$\beta = \frac{M_{JK}}{M_{JL} + M_{JM}} = \frac{\theta - \varphi}{2\overline{K}\theta}$$

则
$$\frac{\theta}{\varphi} = \frac{1}{1 - 2\beta\overline{K}}$$

当 $\overline{K}$ 取不同值时，β 通常在 $(-1) \sim (-0.67)$ 范围内变化，为简化计算且在保证精度的条件下，可取 $\beta = -1$，则得 $\theta/\varphi = 1/(1 + 2\overline{K})$，故而

$$\alpha_c = \frac{0.5\overline{K}}{1 + 2\overline{K}} \tag{4-23}$$

综上所述，各种情况下柱的侧向刚度 D 值均可按式（4-20）计算，其中系数 α_c 及梁柱线刚度比 $\overline{K}$ 按表 4-4 所列公式计算。

柱侧向刚度修正系数 α_c　　　　　　　　　　　　　　　　表 4-4

位　置		边　　柱		中　　柱		α_c
		简　图	$\overline{K}$	简　图	$\overline{K}$	
一般层		$\begin{array}{c}i_2\\i_c\\i_4\end{array}$	$\overline{K}=\dfrac{i_2+i_4}{2i_c}$	$\begin{array}{c}i_1\ \ i_2\\i_3\ i_c\ i_4\end{array}$	$\overline{K}=\dfrac{i_1+i_2+i_3+i_4}{2i_c}$	$\alpha_c=\dfrac{\overline{K}}{2+\overline{K}}$
底层	固接	$\begin{array}{c}i_2\\i_c\end{array}$	$\overline{K}=\dfrac{i_2}{i_c}$	$\begin{array}{c}i_1\ \ i_2\\i_c\end{array}$	$\overline{K}=\dfrac{i_1+i_2}{i_c}$	$\alpha_c=\dfrac{0.5+\overline{K}}{2+\overline{K}}$
	铰接	$\begin{array}{c}i_2\\i_c\end{array}$	$\overline{K}=\dfrac{i_2}{i_c}$	$\begin{array}{c}i_1\ \ i_2\\i_c\end{array}$	$\overline{K}=\dfrac{i_1+i_2}{i_c}$	$\alpha_c=\dfrac{0.5\overline{K}}{1+2\overline{K}}$

（2）柱高不等及有夹层的柱

当底层中有个别柱的高度 h_a、h_b 与一般柱的高度不相等（图 4-33）时，其层间水平位移 δ 对各柱仍是相等的，因此仍可用式（4-20）计算这些不等高柱的侧向刚度。对图 4-33 所示的情况，两柱的侧向刚度分别为

$$D_a=\alpha_{ca}\frac{12i_{ca}}{h_a^2},\quad D_b=\alpha_{cb}\frac{12i_{cb}}{h_b^2}$$

式中，α_{ca}，α_{cb} 分别为 A、B 柱的侧向刚度修正系数，其余符号意义见图 4-33。

当同层中有夹层时（图 4-34），对于特殊柱 B，其层间水平位移为

$$\delta=\delta_1+\delta_2$$

设 B 柱所承受的剪力为 V_B，用 D_1、D_2 表示下段柱和上段柱的 D 值，则上式可表示为

$$\delta=\frac{V_B}{D_1}+\frac{V_B}{D_2}=V_B\left(\frac{1}{D_1}+\frac{1}{D_2}\right)$$

故 B 柱的侧向刚度为

$$D_B=\frac{V_B}{\delta}=\frac{1}{\dfrac{1}{D_1}+\dfrac{1}{D_2}} \tag{4-24}$$

由图 4-34 可见，如把 B 柱视为下段柱（高度为 h_1）和上段柱（高度为 h_2）的串联，则式（4-24）可理解为串联柱的总侧向刚度，其中 D_1、D_2 可按式（4-20）计算。

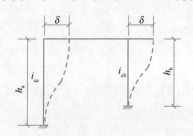

图 4-33　不等高柱

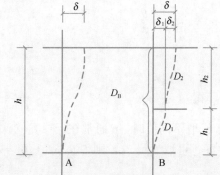

图 4-34　夹层柱

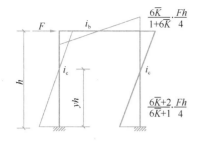

图 4-35　反弯点高度示意

3. 柱的反弯点高度 yh

柱的反弯点高度 yh 是指柱中反弯点（points of contraflexure）至柱下端的距离，如图 4-35 所示，其中 y 称为反弯点高度比。对图 4-35 所示的单层框架，由几何关系得反弯点高度比 y 为

$$y = \frac{3\overline{K} + 1}{6\overline{K} + 1}$$

式中，$\overline{K} = i_b / i_c$，表示梁柱线刚度比。

由上式可见，在单层框架中，反弯点高度比 y 主要与梁柱线刚度比 $\overline{K}$ 有关。当横梁线刚度很弱（$\overline{K} \approx 0$）时，$y = 1.0$，反弯点移至柱顶，横梁相当于铰支连杆；当横梁线刚度很强（$\overline{K} \to \infty$）时，$y = 0.5$，反弯点在柱子中点，柱上端可视为有侧移但无转角的约束。

根据上述分析，对于多、高层框架结构，可以认为柱的反弯点位置主要与柱两端的约束刚度有关。而影响柱端约束刚度的主要因素，除了梁柱线刚度比外，还有结构总层数及该柱所在的楼层位置、上层与下层梁线刚度比、上下层层高变化以及作用于框架上的荷载形式等。因此，框架各柱的反弯点高度比 y 可用下式表示，即

$$y = y_n + y_1 + y_2 + y_3 \tag{4-25}$$

式中，y_n 表示标准反弯点高度比；y_1 表示上、下层横梁线刚度变化时反弯点高度比的修正值；y_2、y_3 表示上、下层层高变化时反弯点高度比的修正值。

（1）标准反弯点高度比 y_n

y_n 是指规则框架（图 4-36a）的反弯点高度比。在水平荷载作用下，如假定框架横梁的反弯点在跨中，且该点无竖向位移，则图 4-36 (a) 所示的框架可简化为图 4-36 (b)，进而可叠合成图 4-36 (c) 所示的合成框架。合成框架中，柱的线刚度等于原框架同层各柱线刚度之和；由于半梁的线刚度等于原梁线刚度的 2 倍，所以梁的线刚度等于同层梁根数乘以 $4i_b$，其中 i_b 为原梁线刚度。

用力法解图 4-36 (c) 所示的合成框架内力时，以各柱下端截面的弯矩 M_n 作为基本未知量，取基本体系如图 4-36 (d) 所示。因各层剪力 V_n 可用平衡条件求出，是已知量，故

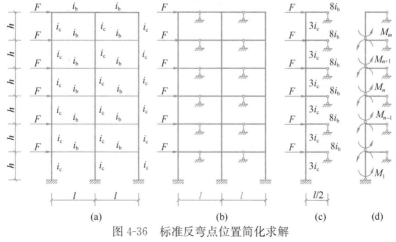

图 4-36　标准反弯点位置简化求解

（a）规则框架；（b）、（c）合成框架；（d）力法基本体系

求出 M_n，就可按下式确定各层柱的反弯点高度比 y_n：

$$y_n = \frac{M_n}{V_n h} \tag{4-26}$$

按上述方法可确定各种荷载作用下规则框架的标准反弯点高度比。对于承受均布水平荷载、倒三角形分布水平荷载和顶点集中水平荷载作用的规则框架，其第 n 层的标准反弯点高度比 y_n 分别按下列各式计算：

$$y_n = \frac{1}{2} - \frac{1}{6\overline{K}(m-n+1)} + \frac{1+2m}{2(m-n+1)} \cdot \frac{r^n}{1-r} + \frac{r^{m-n+1}}{6\overline{K}(m-n+1)} \tag{4-27}$$

$$y_n = \frac{1}{2} + \frac{1}{m^2+m-n^2+n}\left[\frac{1-2n}{6\overline{K}} + \frac{2m+1}{6\overline{K}}r^{m-n+1} + \left(m^2+m-\frac{1}{3\overline{K}}\right)\frac{r^n}{1-r}\right] \tag{4-28}$$

$$y_n = \frac{1}{2} + \frac{r^n}{1-r} - \frac{1}{2}r^{m-n+1} \tag{4-29}$$

式中　$r = (1+3\overline{K}) - \sqrt{(1+3\overline{K})^2-1}$。

由式（4-27）～式（4-29）可见，不同荷载作用下框架柱的反弯点高度比 y_n 主要与梁柱线刚度比 $\overline{K}$、结构总层数 m 以及该柱所在的楼层位置 n 有关。为了便于应用，对上述三种荷载作用下的标准反弯点高度比 y_n 已制成数字表格，见附表 7-1～附表 7-3，计算时可直接查用。应当注意，按附表 7-1～附表 7-3 查取 y_n 时，梁柱线刚度比 $\overline{K}$ 应按表 4-4 所列公式计算。

（2）上、下横梁线刚度变化时反弯点高度比的修正值 y_1

若与某层柱相连的上、下横梁线刚度不同，则反弯点位置不同于标准反弯点位置 $y_n h$，其修正值为 $y_1 h$，如图 4-37 所示。y_1 的分析方法与 y_n 相仿，计算时可由附表 7-4 查取。

由附表 7-4 查 y_1 时，梁柱线刚度比 $\overline{K}$ 仍按表 4-4 所列公式确定。当 $i_1+i_2 < i_3+i_4$ 时，取 $\alpha_1 = (i_1+i_2)/(i_3+i_4)$，则由 α_1 和 $\overline{K}$ 从附表 7-4 查出 y_1，这时反弯点应向上移动，y_1 取正值（图 4-37a）；当 $i_3+i_4 < i_1+i_2$ 时，取 $\alpha_1 = (i_3+i_4)/(i_1+i_2)$，由 α_1 和 $\overline{K}$ 从附表 7-4 查出 y_1，这时反弯点应向下移动，故 y_1 取负值（图 4-37b）。

对底层框架柱，不考虑修正值 y_1。

（3）上、下层层高变化时反弯点高度比的修正值 y_2 和 y_3

当与某柱相邻的上层或下层层高改变时，柱上端或下端的约束刚度发生变化，引起反弯点移动，其修正值为 $y_2 h$ 或 $y_3 h$。y_2、y_3 的分析方法也与 y_n 相仿，计算时可由附表 7-5 查取。

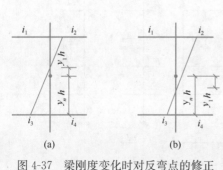

图 4-37　梁刚度变化时对反弯点的修正
(a) $i_1+i_2 < i_3+i_4$；(b) $i_3+i_4 < i_1+i_2$

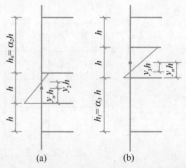

图 4-38　层高变化时对反弯点的修正
(a) 上层层高变化；(b) 下层层高变化

如与某柱相邻的上层层高较大（图 4-38a）时，其上端的约束刚度相对较小，所以反弯点向上移动，移动值为 y_2h。令 $\alpha_2=h_u/h>1.0$，则按 α_2 和 $\overline{K}$ 可由附表 7-5 查出 y_2，y_2 为正值。如上层层高 h_u 小于所计算层的层高 h，则 $\alpha_2<1.0$，y_2 为负值，反弯点向下移动。

当与某柱相邻的下层层高变化（图 4-38b）时，令 $\alpha_3=h_l/h$，若 $\alpha_3>1.0$ 时，则 y_3 为负值，反弯点向下移动；若 $\alpha_3<1.0$，则 y_3 为正值，反弯点向上移动。

对顶层柱不考虑修正值 y_2，对底层柱不考虑修正值 y_3。

4. 计算要点

（1）按式（4-17）计算框架结构各层层间剪力 V_i。

（2）按式（4-20）计算各柱的侧向刚度 D_{ij}，然后按式（4-18）求出第 i 层第 j 柱的剪力 V_{ij}。

（3）按式（4-25）及相应的表格（附表 7-1～附表 7-5）确定各柱的反弯点高度比 y，并按下式计算第 i 层第 j 柱的下端弯矩 M_{ij}^b 和上端弯矩 M_{ij}^u：

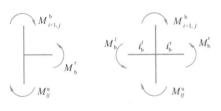

图 4-39 节点弯矩平衡

$$M_{ij}^b = V_{ij} \cdot y \, h \quad\quad M_{ij}^u = V_{ij} \cdot (1-y)h \right\} \tag{4-30}$$

（4）根据节点的弯矩平衡条件（图 4-39），将节点上、下柱端弯矩之和按左、右梁的线刚度（当各梁远端不都是刚接时，应取用梁的转动刚度）分配给梁端，即

$$M_b^l = (M_{i+1,j}^b + M_{ij}^u) \frac{i_b^l}{i_b^l + i_b^r} \quad\quad M_b^r = (M_{i+1,j}^b + M_{ij}^u) \frac{i_b^r}{i_b^l + i_b^r} \right\} \tag{4-31}$$

式中，i_b^l、i_b^r 分别表示节点左、右梁的线刚度。

（5）根据梁端弯矩计算梁端剪力，再由梁端剪力计算柱轴力，这些均可由静力平衡条件计算。

【例题 4-2】图 4-40（a）所示为两层两跨框架，图中括号内的数字表示杆件的相对线刚度值（$i/10^8$）。图 4-40（b）中弯矩的单位为 "kN·m"。试用 D 值法计算该框架结构的内力。

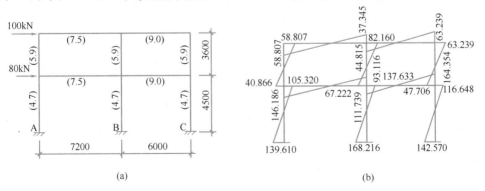

图 4-40 框架及其弯矩图

（a）计算简图；（b）弯矩图

【解】（1）按式（4-17）计算层间剪力

$$V_2 = 100 \text{kN}; \quad V_1 = 100 + 80 = 180 \text{kN}$$

（2）按式（4-20）计算各柱的侧向刚度，其中 α_c 按式（4-21）（对第 2 层柱）或式（4-22）（对第 1 层柱）计算，$\overline{K}$ 按表 4-4 所列的相应公式计算。计算过程及结果见表 4-5。

（3）根据表 4-5 所列的 D_{ij} 及 $\sum D_{ij}$ 值，按式（4-18）计算各柱的剪力值 V_{ij}。计算过程及结果见表 4-6。

（4）按式（4-25）确定各柱的反弯点高度比，然后按式（4-30）计算各柱上、下端的弯矩值。计算过程及结果见表 4-6。

柱侧向刚度计算表　　　表 4-5

层次	柱别	$\overline{K}$	α_c	D_{ij} （N/mm）	$\sum D_{ij}$ （N/mm）
2	A	$\dfrac{7.5+7.5}{2\times5.9}=1.271$	$\dfrac{1.271}{2+1.271}=0.389$	$0.389\times\dfrac{12\times5.9\times10^8}{3600^2}=212.509$	
	B	$\dfrac{2\times(7.5+9)}{2\times5.9}=2.797$	$\dfrac{2.797}{2+2.797}=0.583$	$0.583\times\dfrac{12\times5.9\times10^8}{3600^2}=318.491$	767.546
	C	$\dfrac{9.0+9.0}{2\times5.9}=1.525$	$\dfrac{1.525}{2+1.525}=0.433$	$0.433\times\dfrac{12\times5.9\times10^8}{3600^2}=236.546$	
1	A	$\dfrac{7.5}{4.7}=1.596$	$\dfrac{0.5+1.596}{2+1.596}=0.583$	$0.583\times\dfrac{12\times4.7\times10^8}{4500^2}=162.376$	
	B	$\dfrac{7.5+9.0}{4.7}=3.511$	$\dfrac{0.5+3.511}{2+3.511}=0.728$	$0.728\times\dfrac{12\times4.7\times10^8}{4500^2}=202.761$	536.983
	C	$\dfrac{9.0}{4.7}=1.915$	$\dfrac{0.5+1.915}{2+1.915}=0.617$	$0.617\times\dfrac{12\times4.7\times10^8}{4500^2}=171.846$	

柱端剪力及弯矩计算表　　　表 4-6

层次	柱别	$V_{ij}=\dfrac{D_{ij}}{\sum D_{ij}}V_i$	y	$M_{ij}^b=V_{ij}\cdot yh$	$M_{ij}^u=V_{ij}(1-y)h$
2	A	$\dfrac{212.509}{767.546}\times100=27.687$	0.41	$27.687\times0.41\times3.6=40.866$	$27.687\times0.59\times3.6=58.807$
	B	$\dfrac{318.491}{767.546}\times100=41.495$	0.45	$41.495\times0.45\times3.6=67.222$	$41.495\times0.55\times3.6=82.160$
	C	$\dfrac{236.546}{767.546}\times100=30.818$	0.43	$30.818\times0.43\times3.6=47.706$	$30.818\times0.57\times3.6=63.239$
1	A	$\dfrac{162.376}{536.983}\times180=54.429$	0.57	$54.429\times0.57\times4.5=139.610$	$54.429\times0.43\times4.5=105.320$
	B	$\dfrac{202.761}{536.983}\times180=67.967$	0.55	$67.967\times0.55\times4.5=168.218$	$67.967\times0.45\times4.5=137.633$
	C	$\dfrac{171.846}{536.983}\times180=57.604$	0.55	$57.604\times0.55\times4.5=142.570$	$57.604\times0.45\times4.5=116.648$

注：表中剪力的单位为"kN"；弯矩的单位为"kN·m"。

根据图 4-40（a）所示的水平力分布，确定 y_n 时可近似地按均布荷载考虑；本例中 $y_1=0$；对第 1 层柱，因 $\alpha_2=3.6/4.5=0.8$，所以 y_2 为负值，但由 α_2 及表 4-5 中的相应 $\overline{K}$ 值，查附表 7-5 得 $y_2=0$；对第 2 层柱，因 $\alpha_3=4.5/3.6=1.25>1.0$，所以 y_3 为负值，但由 α_3 及表 4-5 中的相应 $\overline{K}$ 值，查附表 7-5 得 $y_3=0$。由此可知，附表中根据数值大小及其影响，已作了一定简化。

（5）按式（4-31）计算梁端弯矩，再由梁端弯矩计算梁端剪力，最后由梁端剪力计算柱轴力。计算过程及结果见表 4-7。

框架弯矩图见图 4-40（b）。

梁端弯矩、剪力及柱轴力计算表 　　　　　　　　　　表 4-7

层次	梁别	$M_b^l(\mathrm{kN\cdot m})$	$M_b^r(\mathrm{kN\cdot m})$	$V_b(\mathrm{kN})$	$N_A(\mathrm{kN})$	$N_B(\mathrm{kN})$	$N_C(\mathrm{kN})$
2	AB	58.807	$\dfrac{7.5}{7.5+9.0}\times 82.16=37.345$	$-\dfrac{(58.807+37.345)}{7.2}=-13.354$	-13.354	$-(18.009-13.354)=-4.655$	18.009
	BC	$\dfrac{9.0}{7.5+9.0}\times 82.16=44.815$	63.239	$-\dfrac{44.815+63.239}{6.0}=-18.009$			
1	AB	$40.866+105.320=146.186$	$\dfrac{7.5}{7.5+9.0}\times(67.222+137.633)=93.116$	$-\dfrac{146.186+93.116}{7.2}=-33.236$	$-(13.354+33.236)=-46.590$	$-[(46.016-33.236)+4.655]=-17.435$	$18.009+46.016=64.025$
	BC	$\dfrac{9.0}{7.5+9.0}\times(67.222+137.633)=111.739$	$47.706+116.648=164.354$	$-\dfrac{111.739+164.354}{6.0}=-46.016$			

注：1. 表中梁端弯矩、剪力均以绕梁端截面顺时针方向旋转为正；柱轴力以受压为正；

　　2. 本表中的 M_b^l 及 M_b^r 系分别表示同一梁的左端弯矩及右端弯矩。

4.5.3 反弯点法

由上述分析可见，D 值法考虑了柱两端节点转动对其侧向刚度和反弯点位置的影响，因此，此法是一种合理且计算精度较高的近似计算方法，适用于一般多、高层框架结构在水平荷载作用下的内力和侧移计算。

当梁的线刚度比柱的线刚度大很多时（例如 $i_b/i_c>3$），梁柱节点的转角很小。如果忽略此转角的影响，则水平荷载作用下框架结构内力的计算方法尚可进一步简化，这种忽略梁柱节点转角影响的计算方法称为反弯点法。

在确定柱的侧向刚度时，反弯点法假定各柱上、下端都不产生转动，即认为梁柱线刚度比 $\overline{K}$ 为无限大。将 $\overline{K}$ 趋近于无限大代入 D 值法的 α_c 公式（4-21）和式（4-22），可得 $\alpha_c=1$。因此，由式（4-20）可得反弯点法的柱侧向刚度，并用 D_0 表示为

$$D_0=\frac{12i_c}{h^2} \qquad (4-32)$$

同样，因柱的上、下端都不转动，故除底层柱外，其他各层柱的反弯点均在柱中点（$h/2$）；底层柱由于实际是下端固定，柱上端的约束刚度相对较小，因此反弯点向上移

动，一般取离柱下端 2/3 柱高处为反弯点位置，即取 $yh=\dfrac{2}{3}h$。

用反弯点法计算框架结构内力的要点与 D 值法相同。

4.5.4 门架法

门架法假定：所有柱子的反弯点都在柱中点，所有梁的反弯点都在梁跨中；每根柱子所承担的层间剪力比例等于该柱支承框架梁的长度（取左、右梁跨长之和的 1/2）与框架总宽度之比。可见，用门架法计算水平荷载作用下框架结构内力时，只需给出框架各层的层高及各跨梁的跨长，不必给出构件截面尺寸。因而此法比反弯点法更简单，其精度更差一些。但是，在结构方案设计和初步设计阶段，为了比较不同方案的效果，门架法更简捷一些。

下面通过一个简单例子说明门架法的计算要点。

【例题 4-3】 用门架法计算图 4-40（a）所示框架结构在水平荷载作用下的内力。

【解】 仍按式（4-17）计算层间剪力，结果同例题 4-2。

（1）计算各柱的剪力及弯矩，计算过程及结果见表 4-8。

（2）计算梁端弯矩、剪力及柱轴力。计算梁端弯矩、剪力时，先从顶层边跨梁端开始，依次向内跨进行。计算过程及结果见表 4-9。

按门架法计算所得的框架弯矩图见图 4-41，图中弯矩的单位为"kN·m"。

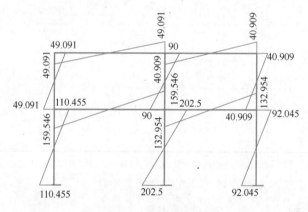

图 4-41　框架弯矩图

柱端剪力及弯矩计算表　　　　　　　　　　　　　表 4-8

层次	柱别	V_{ij}（kN）	yh	$M_{ij}^b=M_{ij}^u$（kN·m）
2	A	$\dfrac{7.2/2}{7.2+6.0}\times100=27.273$	0.5	$27.273\times0.5\times3.6=49.091$
	B	$\dfrac{(7.2+6.0)/2}{7.2+6.0}\times100=50.000$	0.5	$50.000\times0.5\times3.6=90.000$
	C	$\dfrac{6.0/2}{7.2+6.0}\times100=22.727$	0.5	$22.727\times0.5\times3.6=40.909$
1	A	$\dfrac{7.2/2}{7.2+6.0}\times180=49.091$	0.5	$49.091\times0.5\times4.5=110.455$
	B	$\dfrac{(7.2+6.0)/2}{7.2+6.0}\times180=90.000$	0.5	$90.000\times0.5\times4.5=202.500$
	C	$\dfrac{6.0/2}{7.2+6.0}\times180=40.909$	0.5	$40.909\times0.5\times4.5=92.045$

层次	梁别	$M_b^l = M_b^r$ (kN·m)	V_b (kN)	N_A (kN)	N_B	N_C (kN)
2	AB	49.091	$-\dfrac{49.091}{7.2/2}=-13.636$	-13.636	0	13.636
	BC	40.909	$-\dfrac{40.909}{6.0/2}=-13.636$			
1	AB	$49.091+110.455$ $=159.546$	$-\dfrac{159.546}{7.2/2}=-44.318$	$-(13.636+44.318)$ $=-57.954$	0	$13.636+44.318$ $=57.954$
	BC	$40.909+92.045$ $=132.954$	$-\dfrac{132.954}{6.0/2}=-44.318$			

注：表中轴力以受压为正；弯矩及剪力均以绕梁端截面顺时针方向旋转为正。

4.5.5 框架结构侧移的近似计算

水平荷载作用下框架结构的侧移（lateral displacement）如图 4-42 所示，它可以看作由梁、柱弯曲变形（flexural deformation）引起的侧移（图 4-42b）和由柱轴向变形（axial deformation）引起的侧移（图 4-42c）的叠加。前者是由水平荷载产生的层间剪力引起的，后者主要是由水平荷载产生的倾覆力矩引起的。

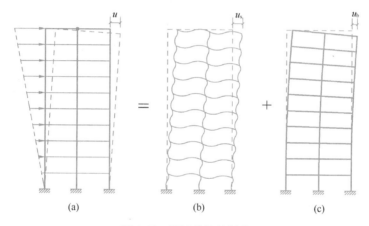

图 4-42 框架结构的侧移

(a) 框架结构的侧移；(b) 梁、柱弯曲变形引起的侧移；(c) 柱轴向变形引起的侧移

1. 梁、柱弯曲变形引起的侧移

层间剪力使框架层间的梁、柱产生弯曲变形并引起侧移，整个框架的整体侧移曲线与等截面剪切悬臂柱的剪切变形曲线相似，曲线凹向结构的竖轴，层间相对侧移（storey drift）是下大上小，故这种变形称为框架结构的总体剪切变形（图 4-43）。由于剪切型变形主要表现为层间构件的错动，楼盖仅产生平移，所以可用下述近似方法计算其侧移。

设 V_i 为第 i 层的层间剪力，$\sum\limits_{j=1}^{s} D_{ij}$ 为该层框架的总侧向刚度，则框架第 i 层的层间相对侧移 $(\Delta u)_i$ 可按下式计算：

$$(\Delta u)_i = V_i / \sum_{j=1}^{s} D_{ij} \tag{4-33}$$

式中，s 表示第 i 层的柱总数。第 i 层楼面标高处的侧移（floor displacement） u_i 为

$$u_i = \sum_{k=1}^{i} (\Delta u)_k \tag{4-34}$$

框架结构的顶点侧移（roof displaement）u_r 为

$$u_r = \sum_{k=1}^{m} (\Delta u)_k \qquad (4\text{-}35)$$

式中，m 表示框架结构的总层数。

2. 柱轴向变形引起的侧移

倾覆力矩（overturn moment）使框架结构一侧的柱产生轴向拉力并伸长，另一侧的柱产生轴向压力并缩短，从而引起侧移（图 4-44a）。这种侧移曲线凸向结构竖轴，其层间相对侧移下小上大，与等截面悬臂柱的弯曲变形曲线相似，故称为框架结构的总体弯曲变形（图 4-44b）。

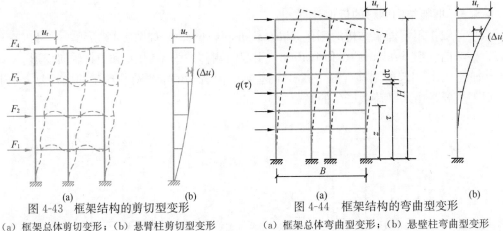

图 4-43　框架结构的剪切型变形
（a）框架总体剪切变形；（b）悬臂柱剪切型变形

图 4-44　框架结构的弯曲型变形
（a）框架总体弯曲型变形；（b）悬臂柱弯曲型变形

柱轴向变形引起的框架侧移，可借助计算机用矩阵位移法求得精确值，也可用近似方法得到近似值。近似算法较多，下面仅介绍连续积分法。

用连续积分法计算柱轴向变形引起的侧移时，假定水平荷载只在边柱中产生轴力及轴向变形。在任意分布的水平荷载作用下（图 4-44a），边柱的轴力可近似地按下式计算：

$$N = \pm M(z)/B = \pm \frac{1}{B}\int_z^H q(\tau)(\tau - z)\mathrm{d}\tau \qquad (4\text{-}36)$$

式中，$M(z)$ 表示水平荷载在 z 高度处产生的倾覆力矩；B 表示外柱轴线间的距离；H 表示结构总高度。

假定柱轴向刚度由结构底部的 $(EA)_b$ 线性地变化到顶部的 $(EA)_t$，并采用图 4-44（a）所示坐标系，则由几何关系可得 z 高度处的轴向刚度 EA 为

$$EA = (EA)_b\left(1 - \frac{b}{H}z\right) \qquad (4\text{-}37)$$

$$b = 1 - (EA)_t/(EA)_b \qquad (4\text{-}38)$$

用单位荷载法可求得结构顶点侧移 u_r 为

$$u_r = 2\int_0^H \frac{\overline{N}N}{EA}\mathrm{d}z \qquad (4\text{-}39)$$

式中，系数 2 表示两个边柱，其轴力大小相等，方向相反；$\overline{N}$ 表示在框架结构顶点作用单位水平力时，在 z 高度处产生的柱轴力，按下式计算：

$$\overline{N} = \pm \frac{\overline{M}(z)}{B} = \pm \frac{H - z}{B} \qquad (4\text{-}40)$$

将式（4-36）、式（4-37）及式（4-40）代入式（4-39），则得

$$u_r = \frac{1}{B^2 (EA)_b} \int_0^H \frac{H-z}{\left(1-\frac{b}{H}z\right)} \int_z^H q(\tau)(\tau-z)d\tau dz \tag{4-41}$$

对于不同形式的水平荷载，经对上式积分运算后，可将顶点位移 u_r 写成统一公式：

$$u_r = \frac{V_0 H^3}{B^2 (EA)_b} F(b) \tag{4-42}$$

式中，V_0 为结构底部总剪力；$F(b)$ 表示与 b 有关的函数，按下列公式计算。

（1）均布水平荷载作用

此时 $q(\tau) = q$，$V_0 = qH$，$F(b)$ 按下式确定：

$$F(b) = \frac{6b - 15b^2 + 11b^3 + 6(1-b)^3 \cdot \ln(1-b)}{6b^4}$$

（2）倒三角形水平分布荷载作用

此时 $q(\tau) = q \cdot \tau/H$，$V_0 = qH/2$，$F(b)$ 按下式确定：

$$F(b) = \frac{2}{3b^5} \left[(1-b-3b^2+5b^3-2b^4) \cdot \ln(1-b) + b - \frac{b^2}{2} - \frac{19}{6}b^3 + \frac{41}{12}b^4 \right]$$

（3）顶点水平集中荷载作用

此时 $V_0 = F$，$F(b)$ 按下式确定：

$$F(b) = \frac{-2b + 3b^2 - 2(1-b)^2 \cdot \ln(1-b)}{b^3}$$

由式（4-42）可见，H 越大（房屋高度越高），B 越小（房屋宽度越小），则柱轴向变形引起的侧移越大。因此，当房屋高度较高或高宽比（H/B）较大时，宜考虑柱轴向变形对框架结构侧移的影响。

4.5.6 框架结构的水平位移控制

框架结构的侧向刚度过小，水平位移过大，将影响正常使用；侧向刚度过大，水平位移过小，虽满足使用要求，但不满足经济性要求。因此，框架结构的侧向刚度宜合适，一般以使结构满足层间位移角限值以及满足其他构造要求等为宜。

我国《高层建筑混凝土结构技术规程》规定，按弹性方法计算的楼层层间最大位移与层高之比 $\Delta u/h$ 宜小于其限值 $[\Delta u/h]$，即

$$\Delta u/h \leqslant [\Delta u/h] \tag{4-43}$$

式中，$[\Delta u/h]$ 表示层间位移角限值，对框架结构取 $1/550$；h 为层高。

由于变形验算属正常使用极限状态的验算，所以计算 Δu 时，各作用分项系数均应采用 1.0，混凝土结构构件的截面刚度可采用弹性刚度。另外，楼层层间最大位移 Δu 以楼层最大的水平位移差计算，不扣除整体弯曲变形。

层间位移角(剪切变形角)限值 $[\Delta u/h]$ 是根据以下两条原则并综合考虑其他因素确定的。

（1）保证主体结构基本处于弹性受力状态。即避免混凝土墙、柱构件出现裂缝；同时，将混凝土梁等楼面构件的裂缝数量、宽度和高度限制在规范允许范围之内。

（2）保证填充墙、隔墙和幕墙等非结构构件的完好，避免产生明显损伤。

如果式（4-43）不满足，则可增大构件截面尺寸或提高混凝土强度等级。

4.5.7 高层建筑结构侧移二阶效应的近似计算

根据弹性稳定理论，考虑 $P\text{-}\Delta$ 效应后结构的弯矩 M 和侧移 Δ 可分别表示为

$$M = \frac{1}{1 - P/P_{\mathrm{cr}}} M_1 = \eta_{\mathrm{s}} M_1 \tag{4-44a}$$

$$\Delta = \frac{1}{1 - P/P_{\mathrm{cr}}} \Delta_1 = \eta_{\mathrm{s}} \Delta_1 \tag{4-44b}$$

$$\eta_{\mathrm{s}} = \frac{1}{1 - P/P_{\mathrm{cr}}} \tag{4-44c}$$

式中 M_1、Δ_1——由结构一阶分析所得的弯矩和侧移；

       P、P_{cr}——作用于结构上的重力荷载、临界重力荷载；

       η_{s}——$P\text{-}\Delta$ 效应增大系数。

由式（4-44c）可见，只要确定了结构的临界重力荷载，即可确定 $P\text{-}\Delta$ 效应增大系数。

1. 高层建筑结构的临界荷载

高层建筑结构的高宽比一般为 3~8，可视为具有中等长细比的悬臂杆。这种悬臂杆的整体失稳或整体楼层失稳形态有三种可能：剪切型、弯曲型和弯剪型。框架结构的失稳形态一般为剪切型；剪力墙结构的失稳形态为弯曲型或弯剪型，取决于结构体系中剪力墙的类型；框架-剪力墙、框架-筒体等含有剪力墙或筒体的抗侧力结构，其失稳形态一般为弯剪型。

（1）剪切型失稳的临界荷载。这种失稳通常表现为整体楼层的失稳，框架的梁、柱因双曲率弯曲产生层间侧移而使整个楼层屈曲。设第 i 层的层高为 h_i，该层上端作用重力荷载 P_i，使该层产生微小的层间侧移为 Δ_i，反作用层间剪力 $V_i = D_i \Delta_i$，使结构处于随遇平衡，即

$$P_i \Delta_i = V_i h_i$$

这时框架结构第 i 层达到失稳临界状态，$P_i = P_{\mathrm{cr}}$，则上式变换为

$$P_{\mathrm{cr}} = \frac{V_i}{\Delta_i} h_i = D_i h_i \tag{4-45a}$$

式中 D_i——第 i 层框架的侧向刚度。

（2）弯曲型和弯剪型失稳的临界荷载。弯曲型悬臂杆的临界荷载可由欧拉公式确定：

$$P_{\mathrm{cr}} = \pi^2 EJ / (4H^2) \tag{4-45b}$$

式中 P_{cr}——作用在悬臂杆顶部的竖向临界荷载；

       EJ——悬臂杆的弯曲刚度；

       H——悬臂杆的高度。

如用沿楼层均匀分布的重力荷载之和表示作用在房屋顶部的临界荷载，则可近似取

$$P_{\mathrm{cr}} = \frac{1}{3} \left(\sum_{i=1}^{n} G_i \right)_{\mathrm{cr}} \tag{4-45c}$$

由式（4-45b）及式（4-45c）可得

$$\left(\sum_{i=1}^{n} G_i \right)_{\mathrm{cr}} = \frac{3\pi^2 EJ}{4H^2} = 7.4 \frac{EJ}{H^2} \tag{4-45d}$$

对于弯剪型悬臂杆，可近似用其等效刚度 EJ_{d} 取代式（4-45d）的弯曲刚度 EJ。作为临界荷载的近似计算公式，对弯曲型和弯剪型悬臂杆可统一表示为

$$P_{\mathrm{cr}} = 7.4 \frac{EJ_{\mathrm{d}}}{H^2} \tag{4-45e}$$

2. $P\text{-}\Delta$ 效应增大系数

对于剪切型的框架结构，将式（4-45a）代入式（4-44c），并取第 i 层的重力荷载 $P_i = \sum\limits_{j=1}^{m} N_j$，则得

$$\eta_s = \frac{1}{1 - \dfrac{P_i}{P_{cr}}} = \frac{1}{1 - \sum\limits_{j=1}^{m} N_j / (D_i h_i)} \tag{4-46a}$$

式中　N_j——所计算楼层第 j 根柱轴力设计值；

　　　m——所计算楼层框架柱的根数。

对于剪力墙结构、框架-剪力墙结构和简体结构，将式（4-45e）代入式（4-44c），并取结构总重力荷载 $P = \sum\limits_{i=1}^{n} G_i$，则得

$$\eta_s = \frac{1}{1 - \dfrac{P}{P_{cr}}} = \frac{1}{1 - 0.14 \dfrac{H^2 \sum\limits_{i=1}^{n} G_i}{EJ_d}} \tag{4-46b}$$

式中　$\sum\limits_{i=1}^{n} G_i$——各楼层重力荷载设计值之和；

　　　H——结构总高度；

　　　EJ_d——与所设计结构等效的竖向等截面悬臂受弯构件的弯曲刚度，可按该悬臂受弯构件与所设计结构在倒三角形分布水平荷载作用下顶点位移相等的原则确定；

　　　n——结构总层数。

3.《混凝土结构设计规范》的建议

《混凝土结构设计规范》建议，在框架结构、剪力墙结构、框架-剪力墙结构和简体结构中，当采用增大系数法近似计算结构因侧移产生的二阶效应（P-Δ 效应）时，应对未考虑 P-Δ 效应的一阶弹性分析所得的柱、墙肢端弯矩和梁端弯矩以及层间位移分别按下列公式乘以增大系数 η_s：

$$M = M_{ns} + \eta_s M_s \tag{4-47a}$$
$$\Delta = \eta_s \Delta_1 \tag{4-47b}$$

式中　M_s——引起结构侧移的荷载或作用所产生的一阶弹性分析构件端弯矩设计值；

　　　M_{ns}——不引起结构侧移荷载产生的一阶弹性分析构件端弯矩设计值；

　　　Δ_1——一阶弹性分析的层间位移；

　　　η_s——P-Δ 效应增大系数，按式（4-46）计算。

研究表明，细长钢筋混凝土偏心压杆考虑二阶效应影响的受力状态大致对应于受拉钢筋屈服后不久的受力状态。因此，按式（4-46）计算各类结构的弯矩增大系数 η_s 时，宜对构件的弹性抗弯刚度 $E_c I$ 乘以折减系数：对梁，取 0.4；对柱，取 0.6；对剪力墙墙肢及核心筒壁墙肢，取 0.45。当验算表明剪力墙墙肢或核心筒壁墙肢各控制截面不开裂时，计算弯矩增大系数 η_s 时的刚度折减系数可取为 0.7。当计算各类结构中位移的增大系数 η_s 时，不对刚度进行折减。

应当指出，对于剪切型的框架结构，应按式（4-46a）分别计算各层框架柱的 η_s，各层梁端 η_s 取为相应节点处上、下柱端 η_s 的平均值；对于剪力墙结构、框架-剪力墙结构和

简体结构，仅需按式（4-46b）计算整个结构的 η_s。

4. 高层建筑结构不考虑重力二阶效应的条件

《高层建筑混凝土结构技术规程》规定，在水平荷载作用下，当高层建筑结构满足下列规定时，可不考虑重力二阶效应的不利影响。

剪力墙结构、框架-剪力墙结构、筒体结构：

$$EJ_d \geqslant 2.7H^2 \sum_{i=1}^{n} G_i \tag{4-48}$$

框架结构：

$$D_i \geqslant 20 \sum_{j=i}^{n} G_j / h_i \quad (i = 1, 2, \cdots, n) \tag{4-49}$$

4.6 荷载效应组合及构件设计

4.6.1 荷载效应组合

框架结构在各种荷载作用下的荷载效应（内力、位移等）确定之后，必须进行荷载效应组合，才能求得框架梁、柱各控制截面的最不利内力。

一般来说，对于构件某个截面的某种内力，并不一定是所有荷载同时作用时其内力最为不利（即绝对值最大），而可能是在一些荷载同时作用下产生最不利内力。因此，必须对构件的控制截面进行最不利内力组合。

1. 控制截面及最不利内力

构件内力一般沿其长度变化。为了便于施工，构件配筋通常不完全与内力一样变化，而是分段配筋。设计时可根据内力图的变化特点，选取内力较大或截面尺寸改变处的截面作为控制截面，并按控制截面内力进行配筋计算。

框架梁的控制截面通常是梁两端支座处和跨中这三个截面。竖向荷载作用下梁支座截面是最大负弯矩（弯矩绝对值）和最大剪力作用的截面，水平荷载作用下还可能出现正弯矩。因此，梁支座截面处的最不利内力有最大负弯矩（$-M_{max}$）、最大正弯矩（$+M_{max}$）和最大剪力（V_{max}）；跨中截面的最不利内力一般是最大正弯矩（$+M_{max}$），有时可能出现最大负弯矩（$-M_{max}$）。

根据竖向及水平荷载作用下框架的内力图，可知框架柱的弯矩在柱的上、下两端截面最大，剪力和轴力在同一层柱内通常无变化或变化很小。因此，柱的控制截面为柱上、下端截面。柱属于偏心受力构件，随着截面上所作用的弯矩和轴力的不同组合，构件可能发生不同形态的破坏，故组合的不利内力类型有若干组。此外，同一柱端截面在不同内力组合时可能出现正弯矩或负弯矩，但框架柱一般采用对称配筋，所以只需选择绝对值最大的弯矩即可。综上所述，框架柱控制截面最不利内力组合一般有以下几种：

（1）$|M|_{max}$ 及相应的 N 和 V；

（2）N_{max} 及相应的 M 和 V；

（3）N_{min} 及相应的 M 和 V；

（4）$|V|_{max}$ 及相应的 N。

这四组内力组合的前三组用来计算柱正截面偏压或偏拉承载力，以确定纵向受力钢筋数量；第四组用以计算斜截面受剪承载力，以确定箍筋数量。

应当指出，由结构分析所得内力是构件轴线处的内力值，而梁支座截面的最不利位置是

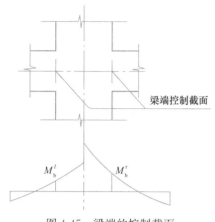

图 4-45　梁端的控制截面

柱边缘处，如图 4-45 所示。此外，不同荷载作用下构件内力的变化规律也不同。因此，内力组合前应将各种荷载作用下柱轴线处梁的弯矩值换算到柱边缘处梁的弯矩值（图4-45），然后进行内力组合。

2. 楼面活荷载的不利布置

永久荷载是长期作用于结构上的竖向荷载，结构内力分析时应按荷载的实际分布和数值作用于结构上，计算其效应。

楼面活荷载是随机作用的竖向荷载，对于框架房屋某层的某跨梁来说，它有时作用，有时不作用。如第 2 章所述，对于连续梁，应通过活荷载的不利布置确定其支座截面或跨中截面的最不利内力（弯矩或剪力）。对于多、高层框架结构，同样存在楼面活荷载不利布置问题，只是活荷载不利布置方式比连续梁更为复杂。一般来说，结构构件的不同截面或同一截面的不同种类的最不利内力，有不同的活荷载最不利布置。因此，活荷载的最不利布置需要根据截面位置及最不利内力种类分别确定。设计中，一般按下述方法确定框架结构楼面活荷载的最不利布置。

（1）分层分跨组合法

这种方法是将楼面活荷载逐层逐跨单独作用在框架结构上，分别计算出结构的内力。然后对结构上的各个控制截面上的不同内力，按照不利与可能的原则进行挑选与叠加，得到控制截面的最不利内力。这种方法的计算工作量很大，适用于计算机求解。

（2）最不利荷载布置法

对某一指定截面的某种最不利内力，可直接根据影响线原理确定产生此最不利内力的荷载位置，然后计算结构内力。图 4-46 表示一无侧移的多层多跨框架某跨有活载时各杆的变形曲线示意图，其中圆点表示受拉纤维的一边。

由图可见，如果某跨有活荷载作用，则该跨跨中产生正弯矩，并使沿横向隔跨、竖向隔层以及隔跨隔层的各跨跨中引起正弯矩，还使横向邻跨、竖向邻层然后隔跨隔层的各跨跨中产生负弯矩。由此可知，如果要求某跨跨中产生最大正弯矩，则应在该跨布置活荷载，然后沿横向隔跨、沿竖向隔层的各跨也布置活荷载；如果要求某跨跨中产生最大负弯矩(绝对值)，则活荷载布置恰与上述相反。图 4-47（a）表示 $B_1 C_1$、$D_1 E_1$、$A_2 B_2$、$C_2 D_2$、$B_3 C_3$、$D_3 E_3$、$A_4 B_4$ 和 $C_4 D_4$ 跨的各跨跨中产生最大正弯矩时活荷载的不利布置方式。

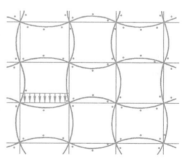

图 4-46　框架杆件的变形曲线

另由图 4-46 可见，如果某跨有活荷载作用，则使该跨梁端产生负弯矩，并引起上、下邻层梁端负弯矩然后逐层相反，还引起横向邻跨近端梁端负弯矩和远端梁端正弯矩，然后逐层逐跨相反。按此规律，如果要求图 4-47（b）中 BC 跨梁 $B_2 C_2$ 的左端 B_2 产生最大负弯矩（绝对值），则可按此图布置活荷载。按此图活荷载布置计算得到 B_2 截面的负弯矩，即为该截面的最大负弯矩（绝对值）。

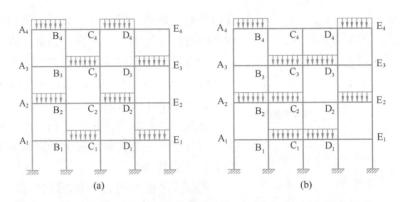

图 4-47　框架结构活荷载不利布置示例

(a) 某跨跨中截面正弯矩活荷载布置；(b) 某支座截面负弯矩活荷载布置

对于梁和柱的其他截面，也可根据图 4-46 的规律得到最不利荷载布置。一般来说，对应于一个截面的一种内力，就有一种最不利荷载布置，相应地须进行一次结构内力计算，这样计算工作量就很大。

目前，国内混凝土框架结构由恒载和楼面活荷载引起的单位面积重力荷载约为 12～14kN/m²，其中活荷载部分约为 2～3kN/m²，只占全部重力荷载的 15%～20%，活荷载不利分布的影响较小。因此，一般情况下，可以不考虑楼面活荷载不利布置的影响，而按活荷载满布各层各跨梁的一种情况计算内力。为了安全起见，实用上可将这样求得的梁跨中截面弯矩及支座截面弯矩乘以 1.1～1.3 的放大系数，活荷载大时可选用较大的数值。近似考虑活荷载不利分布影响时，梁正、负弯矩应同时予以放大。但是，当楼面活荷载标准值大于 4kN/m² 时，应考虑楼面活荷载不利布置引起的梁弯矩的增大。

风荷载和水平地震作用应考虑正、反两个方向的作用。如果结构对称，这两种作用均为反对称，只需要做一次内力计算，内力改变符号即可。

3. 荷载效应组合（load effect combination）

由于框架结构的侧移主要是由水平荷载引起的，通常不考虑竖向荷载对侧移的影响，所以荷载效应组合实际上是指内力组合。这是将各种荷载单独作用时所产生的内力，按照不利与可能的原则进行挑选与叠加，得到控制截面的最不利内力。内力组合时，既要分别考虑各种荷载单独作用时的不利分布情况，又要综合考虑它们同时作用的可能性。

持久设计状况和短暂设计状况下，当荷载效应与荷载按线性关系考虑时，荷载基本组合的效应设计值应按下式确定[8]：

$$S = \gamma_G S_{Gk} + \gamma_L \psi_Q \gamma_Q S_{Qk} + \psi_w \gamma_w S_{wk} \tag{4-50}$$

式中　S——荷载组合的效应设计值；

γ_G——永久荷载分项系数，当其效应对结构不利时，取 1.3；当其效应对结构有利时，应取 1.0；

γ_Q、γ_w——楼面活荷载分项系数、风荷载分项系数，当其效应对结构不利时取 1.5；对结构有利时取 0；

γ_L——考虑结构设计工作年限的荷载调整系数，设计工作年限为 50 年取 1.0，设计工作年限为 100 年时取 1.1；

S_{Gk}——永久荷载效应标准值；

S_{Qk}——楼面活荷载效应标准值；

S_{wk}——风荷载效应标准值；

ψ_Q、ψ_w——楼面活荷载组合值系数和风荷载组合值系数，分别取 1.0 和 0.6 或 0.7 和 1.0。

考虑到永久荷载和可变荷载对结构不利和有利两种情况，由式（4-50）一般可做出以下两种组合：

① 风荷载作为主要可变荷载，楼面活荷载作为次要可变荷载时，$\psi_w = 1.0$，$\psi_Q = 0.7$，即

$$S = \gamma_G S_{Gk} \pm 1.0 \times \gamma_w S_{wk} + \gamma_L \times 0.7 \times \gamma_Q S_{Qk} \qquad (4\text{-}51)$$

此处，γ_w 取 1.5；S_{Gk} 对结构不利时 γ_G 取 1.3，有利时取 1.0；S_{Qk} 对结构不利时 γ_Q 取 1.5，有利时取 0。应该指出，对书库、档案库、储藏室、通风机房和电梯机房等楼面活荷载较大且相对固定的情况，$\psi_Q = 0.9$。

② 楼面活荷载作为主要可变荷载，风荷载作为次要可变荷载时，$\psi_Q = 1.0$，$\psi_w = 0.6$，即

$$S = \gamma_G S_{Gk} + 1.0 \times \gamma_L \gamma_Q S_{Qk} \pm 0.6 \times \gamma_w S_{wk} \qquad (4\text{-}52)$$

此处，γ_Q 取 1.5；S_{Gk} 对结构不利时 γ_G 取 1.3，有利时取 1.0；S_{wk} 对结构不利时 γ_w 取 1.5，有利时取 0。

4.6.2 构件设计

1. 框架梁

框架梁属受弯构件，应按受弯构件正截面受弯承载力计算所需要的纵筋数量，按斜截面受剪承载力计算所需要的箍筋数量，并采取相应的构造措施。

为了避免梁支座处抵抗负弯矩的钢筋过分拥挤，以及在抗震结构中形成梁铰破坏机构增加结构的延性，可以考虑框架梁端塑性变形内力重分布，对竖向荷载作用下梁端负弯矩进行调整[8]。对现浇框架梁，调整后的梁端负弯矩可取（0.8~0.9）倍弹性弯矩；对于装配整体式框架梁，由于梁柱节点处钢筋焊接、锚固、接缝不密实等原因，受力后节点各杆件产生相对角变，其节点的整体性不如现浇框架，故调整后的梁端负弯矩可取（0.7~0.8）弹性弯矩。

框架梁端截面负弯矩调整后，梁跨中截面弯矩应按平衡条件相应增大。截面设计时，框架梁跨中截面正弯矩设计值不应小于竖向荷载作用下按简支梁计算的跨中截面弯矩设计值的 50%。

应先对竖向荷载作用下的框架梁弯矩进行调整，再与水平荷载产生的框架梁弯矩进行组合。

2. 框架柱

框架柱一般为偏心受压构件，通常采用对称配筋。柱中纵筋数量应按偏心受压构件的正截面受压承载力计算确定；箍筋数量应按偏心受压构件的斜截面受剪承载力计算确定。以上内容可参见与本书配套的《混凝土结构设计原理》（第五版）教材。下面对框架柱截

面设计中的两个问题作补充说明。

（1）柱截面最不利内力的选取

经内力组合后，每根柱上、下两端组合的内力设计值通常有 6～8 组，应从中挑选出一组最不利内力进行截面配筋计算。但是，由于 M 与 N 的相互影响，很难找出哪一组为最不利内力。此时可根据偏心受压构件的判别条件，将这几组内力分为大偏心受压组和小偏心受压组。对于大偏心受压组，按照"弯矩相差不多时，轴力越小越不利；轴力相差不多时，弯矩越大越不利"的原则进行比较，选出最不利内力。对于小偏心受压组，按照"弯矩相差不多时，轴力越大越不利；轴力相差不多时，弯矩越大越不利"的原则进行比较，选出最不利内力。

（2）框架柱的计算长度 l_0

在偏心受压构件承载力计算中，考虑构件自身挠曲二阶效应的影响时，构件的计算长度取其支撑长度。对于一般多层房屋中的梁、柱为刚接的框架结构，当计算轴心受压框架柱稳定系数，以及计算偏心受压构件裂缝宽度的偏心距增大系数时，各层柱的计算长度 l_0 可按表 4-10 取用。

框架结构各层柱的计算长度 　　　　　　　　　　　　表 4-10

楼盖类型	柱的类别	l_0
现浇楼盖	底 层 柱	$1.0H$
	其余各层柱	$1.25H$
装配式楼盖	底 层 柱	$1.25H$
	其余各层柱	$1.5H$

表 4-10 中的 H 为柱的高度，对底层柱取为从基础顶面到一层楼盖顶面的高度；对其余各层柱取为上、下两层楼盖顶面之间的距离。

4.7 叠 合 梁 设 计

在装配整体式框架中，为了节约模板，方便施工，增强结构的整体性，框架的横梁常采用二次浇捣混凝土。这种分两次浇捣混凝土的梁，即叠合梁。第一次在预制厂浇捣混凝土做成预制梁，并将其运往现场吊装；当预制板搁置在叠合梁上后，第二次浇捣梁上部的混凝土，如图 4-48 所示。预制梁之所以能和后浇混凝土连成整体、共同工作，主要依靠预制梁中伸出叠合面的箍筋与粗糙的叠合面上的黏结力。

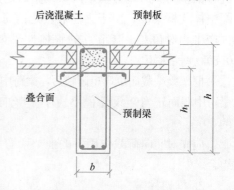

图 4-48 叠合梁示意图

若施工阶段预制梁下设有可靠支撑，施工阶段的荷载直接传给支撑，待叠合层后浇混凝土达到设计强度后再拆除支撑，这样整个截面承受全部荷载，称为"一阶段受力叠合梁"，其受力特点与一般钢筋混凝土梁相同。若施工阶段预制梁下不设支撑，由预制梁承受施工阶段作用的荷载，待叠合层后浇混凝土达到设计强度后形成的整个截面继续承担后加荷载，这种叠合梁称为"二阶段受力叠合梁"。本节主要讨论"二阶段受力叠合梁"的有关问题。

4.7.1 叠合梁的受力特点

二阶段受力叠合梁在不同阶段的内力不同。第一阶段指叠合层混凝土到达设计强度前的阶段，此时预制梁按简支梁考虑，梁的内力为 M_1、V_1。第二阶段指叠合层混凝土达到设计强度后的阶段，这时梁、柱已形成整体框架，应按整体框架结构分析内力，梁的内力为 M_2、V_2。

图 4-49 是简支叠合梁与条件完全相同的整浇梁试验结果的比较。由图 4-49（a）的跨中弯矩—挠度曲线可见，在第一阶段（叠合前），叠合梁跨中挠度的增长比整浇梁快得多，裂缝出现也较早。在第二阶段（叠合后），叠合梁的跨中挠度增长减慢，但在同级荷载作用下，叠合梁的挠度与裂缝宽度始终大于整浇梁。由图 4-49（b）所示的跨中弯矩—钢筋应力曲线可以看出，叠合梁的跨中受拉钢筋应力始终大于整浇梁，这种现象称为"钢筋应力超前"。另外由这两图还可以看出，叠合梁与整浇梁的极限承载力基本相同。

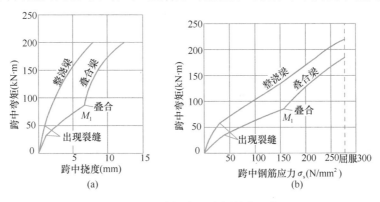

图 4-49 叠合梁与整浇梁性能比较

（a）跨中弯矩-挠度曲线；（b）跨中弯矩-钢筋应力曲线

图 4-50 是叠合梁在各阶段的截面应变与应力分布图。第一阶段预制梁在 M_1 作用下发生弯曲变形，截面中的应变与应力分布如图 4-50（a）所示，此时截面上部是压应变。叠合后在第二阶段 M_2 作用下引起的拉应变，将抵消由 M_1 引起的一部分混凝土压应变（如图 4-50b 中的影线部分），从而在第二阶段的截面受拉区中有仅是由于 M_2 作用而产生的附加拉应力，其合力用 T_c 表示。这一附加拉力将减小纵向钢筋在 M_2 作用下的应力增量，故受拉钢筋在 M_2 作用下产生的应力增量将比一般钢筋混凝土梁相应的应力增量小，同时其挠度增量也小于条件相同的一般钢筋混凝土梁的相应增量，如图 4-49 所示。

第一阶段受力时，由预制梁的压区混凝土承受压力，二次受力时主要由后浇混凝土承受压力。这种由两部分混凝土交替承压，使在 M_1+M_2 作用下，叠合层中的压应变小于条件相同的整浇梁的现象（图 4-50c），称为压区混凝土的"应变滞后现象"。

若在 M_1+M_2 基础上继续加载，叠合梁的受力钢筋一般比条件相同的梁更早屈服。钢筋屈服后，钢筋的拉应变迅速增加，裂缝不断上升，当裂缝穿过叠合面后，上述的受力特点将消失，使叠合梁破坏时的截面应力分布特征与整浇梁相似，如图 4-50（d）所示。

4.7.2 叠合梁的承载力计算

叠合梁设计中应分别对预制梁和叠合梁进行验算，以使其分别满足施工阶段和使用阶

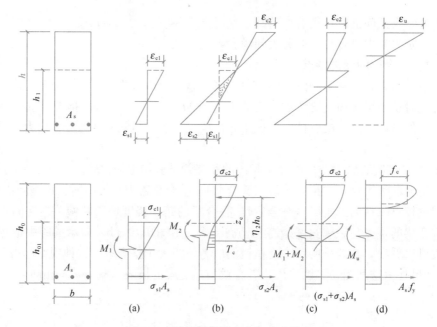

图 4-50　叠合梁截面应变与应力分布

（a）叠合梁；（b）预制梁；（c）应变滞后；（d）极限状态

段的承载力和正常使用要求。根据两个阶段的受力特点，应采用与各阶段相应的计算简图和有关的荷载。

1. 第一阶段预制梁的承载力计算

此阶段（叠合层混凝土未达到强度设计值前的阶段）作用于预制梁上的荷载，有预制梁、板自重、叠合层自重以及本阶段的施工活荷载。由于预制梁与柱未形成整体，所以预制梁按截面尺寸为 $b \times h_1$ 的简支梁计算受弯纵筋及受剪箍筋数量，其中弯矩和剪力设计值按下列规定取用：

$$M_1 = M_{1G} + M_{1Q}$$

$$V_1 = V_{1G} + V_{1Q}$$

式中　M_{1G}、V_{1G}——预制梁、板自重和叠合层自重在计算截面产生的弯矩设计值及剪力设计值；

　　　M_{1Q}、V_{1Q}——第一阶段施工活荷载在计算截面产生的弯矩设计值及剪力设计值。

2. 第二阶段叠合梁的承载力计算

本阶段（叠合层混凝土达到设计规定的强度值之后的阶段）作用于叠合梁上的荷载考虑下列两种情况，并取其较大值：

（1）施工阶段考虑叠合构件自重、预制楼板自重、面层、吊顶等自重以及本阶段的施工活荷载；

（2）使用阶段考虑叠合构件自重、预制楼板自重、面层、吊顶等自重以及使用阶段的可变荷载。

这阶段梁、柱已形成整体框架，应按框架结构分析内力，并按截面尺寸为 $b \times h$ 的梁计算所需的受弯纵筋及受剪箍筋数量，相应的弯矩设计值和剪力设计值按下列规定取用：

对叠合梁的正弯矩区段 $\qquad M = M_{1G} + M_{2G} + M_{2Q}$

对叠合梁的负弯矩区段 $\qquad M = M_{2G} + M_{2Q}$

叠合梁的剪力 $\qquad V = V_{1G} + V_{2G} + V_{2Q}$

式中 M_{2G}、V_{2G}——第二阶段面层、吊顶等自重在计算截面产生的弯矩设计值及剪力设计值；

$\qquad M_{2Q}$、V_{2Q}——第二阶段可变荷载在计算截面产生的弯矩设计值和剪力设计值；取本阶段施工活荷载和使用阶段可变荷载在计算截面产生的弯矩设计值和剪力设计值中的较大值。

叠合梁的负弯矩中不应计入 M_{1G}，因为 M_{1G} 是预制梁、板和叠合层自重产生的弯矩值，此时叠合层混凝土尚未参加受力，处于简支状态，不存在负弯矩的问题。

在计算中，正弯矩区段的混凝土强度等级，按叠合层取用；负弯矩区段的混凝土强度等级，按计算截面受压区的实际情况取用。对叠合梁的受剪承载力设计值，取叠合层和预制梁中较低的混凝土强度等级进行计算，且不低于预制梁的受剪承载力设计值。

叠合梁的受力纵筋数量，应取第一、二阶段正截面受弯承载力计算中的较大值。

3. 叠合面的受剪承载力验算

叠合梁中的混凝土叠合面，一般为自然粗糙面，其受剪承载力主要取决于自然粗糙面的黏结强度和穿越叠合面的箍筋数量。

试验表明，随着配箍量的增加，叠合面的受剪承载力增加（图4-51），其变化规律可用下式表示：

$$\tau / f_c = 0.14 + 1.0 \rho_{sv} \frac{f_{yv}}{f_c} \leqslant 0.3 \qquad (4\text{-}53)$$

式中，ρ_{sv} 表示配箍率，$\rho_{sv} = \dfrac{A_{sv}}{bs}$；其中 A_{sv} 为配置在同一截面内箍筋各肢的全部截面面积；s 为箍筋间距；b 为梁截面宽度。

作用在叠合面的剪应力 τ 和剪力 V 之间的关系可从图4-52所示的脱离体中得到，即

$$V \cdot a = D \cdot z = \tau \cdot ab \cdot z$$

式中，z 为内力臂，取 $z = 0.85 h_0$，τ 为叠合面的平均剪应力；a 为剪跨。

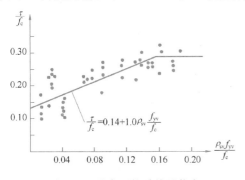

图4-51 叠合面的受剪承载力

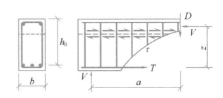

图4-52 叠合面的受力分析

由上式得

$$\tau = \frac{V}{bz} = \frac{V}{0.85 b h_0} \qquad (4\text{-}54)$$

将式 (4-54) 代入式 (4-53)，并近似取 $f_t = 0.1 f_c$，则得叠合面的受剪承载力设计表达式：

$$V \leqslant 1.2 f_t b h_0 + 0.85 f_{yv} \frac{A_{sv}}{s} h_0 \quad (4-55)$$

式中，V 为梁支座截面剪力设计值；f_t 为混凝土抗拉强度设计值，取叠合层和预制构件中的较低值。

叠合梁的箍筋数量，应取第一、二阶段斜截面受剪承载力及叠合面受剪承载力三者计算值中的最大值。

4.7.3 叠合梁的正常使用极限状态验算

1. 二阶段受力特征系数 β

在图 4-50 (b) 中，令 $\beta = T_c z_c / M_2$，β 是反映二阶段受力叠合梁在使用阶段受力特点的一个主要参数，它直接影响叠合梁第二阶段纵向受拉钢筋的应力大小，从而影响梁在使用阶段的裂缝宽度，还间接影响叠合梁第二阶段的刚度。

试验结果表明，在 M_2 作用下，β 值主要受预制梁与叠合梁的截面高度比 h_1/h 和 M_{1k}/M_{1u}（其中 M_{1k}，M_{1u} 分别为第一阶段预制梁所承受的弯矩标准值和受弯承载力）这两个因素的影响，其中 h_1/h 的影响较大。为简化计算，略去 M_{1k}/M_{1u} 的影响，并取试验结果的偏下限值，则 β 可表示为

$$\beta = 0.5 (1 - h_1/h) \quad (4-56)$$

由于 $h_1/h < 0.4$ 时，在使用阶段的变形和裂缝宽度较难满足要求，已不能采用二阶段受力叠合梁，故 $h_1/h < 0.4$ 时不能采用上式。此外，上式仅适用于 $M_{1k}/M_{1u} \geqslant 0.35$ 的情况，当 $M_{1k}/M_{1u} < 0.35$ 时，实际的 β 值比计算值要小，这时取 $\beta = 0$。

2. 纵向受拉钢筋应力的控制

由于二阶段受力叠合梁存在着应力超前现象，与整浇梁相比，其受拉钢筋应力将较早达到屈服强度。理论分析和试验结果表明，当 h_1/h 较小，而 M_{1Gk}/M_{2q}（此处，M_{1Gk} 为预制梁、板和叠合层自重标准值在计算截面产生的弯矩值，M_{2q} 为按第二阶段荷载准永久组合计算的弯矩值）又较大时，二阶段受力叠合梁的受拉钢筋应力甚至可能在使用阶段就接近或达到屈服强度，这种情况应予以防止。为此，在荷载准永久组合下，钢筋混凝土叠合梁的纵向受拉钢筋应力应符合下列要求：

$$\sigma_{sq} = \sigma_{s1k} + \sigma_{s2q} \leqslant 0.9 f_y \quad (4-57)$$

在弯矩 M_{1Gk} 作用下，预制梁中纵向受拉钢筋应力 σ_{s1k} 可按下列公式计算：

$$\sigma_{s1k} = \frac{M_{1Gk}}{0.87 A_s h_{01}} \quad (4-58)$$

式中，h_{01} 为预制梁截面的有效高度；A_s 为纵向受拉钢筋截面面积。

弯矩 M_{2q} 为按第二阶段荷载准永久组合计算的弯矩值，取 $M_{2q} = M_{2Gk} + M_{2Qq}$，其中 M_{2Gk} 为面层、吊顶等自重标准值在计算截面产生的弯矩值；M_{2Qq} 为使用阶段的可变荷载准永久值在计算截面产生的弯矩值。根据图 4-50 (b)，可得在 M_{2q} 作用下叠合梁截面上所产生的纵向受拉钢筋应力增量 σ_{s2q} 的计算公式，即

$$\sigma_{s2q} = \frac{M_{2q} - T_c z_c}{\eta_2 h_0 A_s} = \frac{M_{2q}(1 - \beta)}{\eta_2 h_0 A_s}$$

上式中 $\beta = T_c z_c / M_{2q}$，将 β 的近似式（4-56）代入并取 $\eta_2 = 0.87$，则得

$$\sigma_{s2q} = \frac{0.5(1 + h_1/h)M_{2q}}{0.87 A_s h_0} \tag{4-59}$$

当 $M_{1Gk}/M_{1u} < 0.35$ 时，取 $\beta = 0$，这时

$$\sigma_{s2q} = \frac{M_{2q}}{0.87 h_0 A_s} \tag{4-60}$$

3. 裂缝宽度计算

叠合梁的裂缝宽度计算公式，是按普通钢筋混凝土受弯构件裂缝宽度计算模式，结合二阶段受力叠合梁的特点确定的。

二次受力叠合梁的钢筋应力 σ_{sq} 按下式计算：

$$\sigma_{sq} = \sigma_{s1k} + \sigma_{s2q}$$

参照普通钢筋混凝土受弯构件钢筋应力不均匀系数 ψ 的计算模式，以预制梁和叠合后的整体全截面梁为两端点，可得叠合梁的 ψ 计算公式

$$\psi = 1.1 - \frac{0.65 f_{tk1}}{\rho_{te1}\sigma_{s1k} + \rho_{te}\sigma_{s2q}} \tag{4-61}$$

式中 ρ_{te1}、ρ_{te}——按预制梁、叠合梁的有效受拉混凝土截面面积计算的纵向受拉钢筋配筋率；

f_{tk1}——预制梁的混凝土抗拉强度标准值。

当 $\sigma_{s2q} = 0$ 时，上式即为预制梁 ψ 的计算公式；当 $\sigma_{s1k} = 0$ 时，即为高度等于 h 的整体全截面梁 ψ 的计算公式。

裂缝间距按预制梁计算，但要乘以 1.05 的扩大系数，即

$$l_m = 1.05 \left(1.9 c_s + 0.08 \frac{d_{eq}}{\rho_{te1}} \right)$$

正常情况下，预制梁在 M_{1k} 作用下裂缝已出齐，所以裂缝间距应由第一阶段预制梁来确定。对叠合梁继续施加 M_{2q} 时，由于叠合后的截面较大，已不可能再增加新的裂缝，但对叠合梁增加弯矩 M_{2q} 后，受拉纵筋应力会增加而伸长，从而裂缝间距也稍有增大，所以应乘以扩大系数 1.05。

将叠合梁的 σ_{sq}，ψ 以及 l_m 代入钢筋混凝土受弯构件的裂缝宽度计算公式，得钢筋混凝土叠合梁的最大裂缝宽度计算公式，即

$$w_{max} = 2.0 \frac{\psi(\sigma_{s1k} + \sigma_{s2q})}{E_s} \left(1.9 c_s + 0.08 \frac{d_{eq}}{\rho_{te1}} \right) \tag{4-62}$$

4. 挠度计算

（1）荷载准永久组合的截面刚度和挠度计算

二阶段受力钢筋混凝土叠合梁，荷载准永久组合的挠度 w_{fq}，可由第一阶段的挠度 w_{f1} 和第二阶段的挠度 w_{f2} 叠加而得，即

$$w_{fq} = w_{f1} + w_{f2} \tag{4-63}$$

式中 w_{f1}——按预制梁截面短期刚度 B_{s1} 计算的由 M_{1Gk} 所引起的挠度；

w_{f2}——按叠合梁截面短期刚度 B_{s2} 计算的由 M_{2q} 所引起的挠度。

预制梁的截面短期刚度 B_{s1} 按一般钢筋混凝土梁的相应公式计算。叠合梁正弯矩区段

内的截面短期刚度 B_{s2}，根据第二阶段受力特点，考虑受拉钢筋应力超前及受压混凝土应变滞后的影响，按与普通钢筋混凝土梁类似的原则确定。

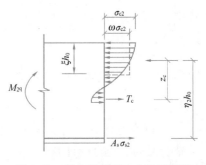

图 4-53 是叠合梁截面在弯矩 M_{2q} 作用下的应力增量图形，对受拉钢筋合力作用点取矩，得

$$M_{2q} = \omega \sigma_{c2} \cdot b\xi h_0 \cdot \eta_2 h_0 - T_c(\eta_2 h_0 - z_c)$$

图 4-53　叠合梁截面应力增量图形

式中　ω——矩形应力图形丰满程度系数；

　　　σ_{c2}——第二阶段受压区边缘混凝土的应力值；

　　　η_2——内力臂系数。

由上式得

$$\sigma_{c2} = \frac{M_{2q} + T_c z_c(\eta_2 h_0/z_c - 1)}{\omega \xi \eta_2 b h_0^2} = \frac{M_{2q}[1 + \beta(\eta_2 h_0/z_c - 1)]}{\omega \xi \eta_2 b h_0^2}$$

第二阶段受压边缘混凝土平均应变值为

$$\varepsilon_{cm2} = \frac{\psi_{c2}\sigma_{c2}}{\nu E_c} = \frac{\psi_{c2} M_{2q}[1 + \beta(\eta_2 h_0/z_c - 1)]}{\nu E_c \omega \xi \eta_2 b h_0^2} \tag{4-64}$$

式中　ψ_{c2}——第二阶段受压区边缘混凝土压应变的不均匀系数；

　　　ν——混凝土的弹性系数。

对压区混凝土合力作用点取矩，可得

$$\sigma_{s2} = \frac{M_{2q} - T_c z_c}{A_s \eta_2 h_0} = \frac{M_{2q}(1 - \beta)}{A_s \eta_2 h_0}$$

第二阶段纵向钢筋的平均应变 ε_{sm2} 为

$$\varepsilon_{sm2} = \frac{\psi_{s2}\sigma_{s2}}{E_s} = \frac{\psi_{s2} M_{2q}(1 - \beta)}{E_s A_s \eta_2 h_0} \tag{4-65}$$

根据平截面假定，叠合梁第二阶段的短期刚度 B_{s2} 可写为

$$B_{s2} = \frac{M_{2q} h_0}{\varepsilon_{sm2} + \varepsilon_{cm2}}$$

将式（4-64）、式（4-65）代入上式，再将式（4-56）代入，并经适当简化后得

$$B_{s2} = \frac{E_s A_s h_0^2}{0.7 + 0.6\dfrac{h_1}{h} + \dfrac{4.5\alpha_E \rho}{1 + 3.5\gamma_f'}} \tag{4-66}$$

式中　ρ——纵向受拉钢筋配筋率，$\rho = \dfrac{A_s}{bh_0}$；

　　　α_E——钢筋弹性模量与混凝土弹性模量的比值；

　　　γ_f'——受压翼缘面积与腹板有效面积的比值，$\gamma_f' = (b_f' - b) h_f'/bh_0$。

（2）长期刚度

为了简化，假定荷载对刚度的长期影响主要发生在叠合梁上。图 4-54 是荷载长期作用下的挠度图，其中 M_q 为叠合梁按荷载准永久组合计算的弯矩值，即

$$M_q = M_{1Gk} + M_{2Gk} + \psi_q M_{2Qk}$$

式中　M_{1Gk}——预制梁、板和叠合层自重标准值在计算截面产生的弯矩值；

　　　M_{2Gk}——面层、吊顶等自重标准值在计算截面产生的弯矩值；

M_{2Qk}—— 第二阶段活荷载标准值在计算截面
产生的弯矩值；

ψ_q—— 活荷载的准永久值系数。

从图 4-54 可见，叠合梁按荷载准永久组合并考虑荷载长期作用影响的总挠度 w_f 为

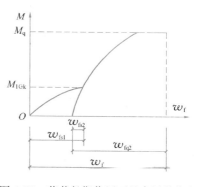

$$w_f = w_{fq2} + w_{fs1} - w_{fs2} \qquad (4\text{-}67)$$

式中 w_{fs1}—— M_{1Gk} 作用下预制梁的短期挠度；

w_{fs2}—— M_{1Gk} 作用下叠合梁的短期挠度；

w_{fq2}—— 第二阶段叠合梁在荷载准永久组合下的长期挠度。

图 4-54 荷载长期作用下叠合梁的挠度

如用考虑荷载长期作用的刚度 B 计算总挠度 w_f，则

$$w_f = \alpha \frac{M_q l_0^2}{B}$$

另由图 4-54 得

$$w_{fq2} = \alpha \theta \frac{M_q l_0^2}{B_{s2}}$$

$$w_{fs1} = \alpha \frac{M_{1Gk} l_0^2}{B_{s1}}$$

$$w_{fs2} = \alpha \frac{M_{1Gk} l_0^2}{B_{s2}}$$

式中 α—— 挠度系数；

θ—— 考虑荷载长期效应组合对挠度增大的影响系数；

l_0—— 构件计算长度；

M_q—— 叠合梁按荷载准永久组合计算的弯矩值，即

$$M_q = M_{1Gk} + M_{2q}$$

其余符号意义同前。

将上述的 w_f、w_{fq2}、w_{fs1}、w_{fs2} 代入式（4-67），得

$$\alpha \frac{M_q l_0^2}{B} = \alpha \theta \frac{M_q l_0^2}{B_{s2}} + \alpha \frac{M_{1Gk} l_0^2}{B_{s1}} - \alpha \frac{M_{1Gk} l_0^2}{B_{s2}}$$

由此可得

$$B = \frac{M_q}{\left(\dfrac{B_{s2}}{B_{s1}} - 1 \right) M_{1Gk} + \theta M_q} B_{s2} \qquad (4\text{-}68)$$

（3）叠合梁负弯矩区段内第二阶段的短期刚度 B_{s2}

荷载效应准永久组合下，叠合梁负弯矩区段内第二阶段的短期刚度 B_{s2}，与一般钢筋混凝土梁的短期刚度公式相同，但其中的弹性模量比取 $\alpha_E = E_s / E_{c1}$，此处 E_{c1} 为预制梁的弹性模量。

4.7.4 叠合梁的构造规定

叠合梁构造要求的关键是保证后浇混凝土与预制构件的混凝土相互黏结，使两部分能共同工作。因此，叠合梁除应符合普通梁的构造要求外，尚应符合下列规定：

（1）预制梁的箍筋应全部伸入叠合层，且各肢伸入叠合层的直线段长度不宜小于 $10d$

（d 为箍筋直径）；

（2）对承受静荷载为主的叠合梁，预制梁的叠合面应做成凹凸差不小于 6mm 的自然粗糙面；

（3）叠合层混凝土的厚度不宜小于 100mm，叠合层的混凝土强度等级不宜低于 C30。

此外，为了保证叠合梁在使用阶段具有良好的工作性能，叠合梁预制部分的高度 h_1 与总高度 h 之比应满足 $h_1/h \geqslant 0.4$，否则应在施工阶段设置可靠支撑。

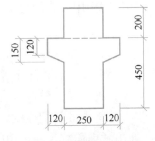

图 4-55　例题 4-4 附图

【例题 4-4】　　钢筋混凝土叠合梁的截面尺寸如图 4-55 所示。环境类别为一类。梁的计算跨度 $l_0 = 6.0\text{m}$。预制部分混凝土强度等级采用 C30，叠合层混凝土为 C30。纵筋采用 HRB400 级，箍筋采用 HPB300 级。施工阶段不加支撑。

经计算，第一阶段作用的荷载标准值在跨中截面产生的弯矩值和在支座截面产生的剪力值分别为

$$M_{1GK} = 41\text{kN} \cdot \text{m}, \quad M_{1QK} = 57\text{kN} \cdot \text{m}, \quad V_{1GK} = 35\text{kN}, \quad V_{1QK} = 49\text{kN}$$

第二阶段作用的荷载标准值在相应截面产生的弯矩值和剪力值分别为

$$M_{2GK} = 27\text{kN} \cdot \text{m}, \quad M_{2QK} = 95\text{kN} \cdot \text{m}, \quad V_{2GK} = 25\text{kN}, \quad V_{2QK} = 86\text{kN}$$

叠合前预制构件的最大裂缝宽度限值 $w_{\text{lim}} = 0.2\text{mm}$，最大挠度限值为 $l_0/300$；叠合构件裂缝宽度限值 $w_{\text{lim}} = 0.3\text{mm}$，最大挠度限值 $l_0/200$。可变荷载的组合值系数 $\psi_c = 0.7$，准永久值系数 $\psi_q = 0.5$。

【解】　1. 叠合梁第二阶段承载力计算

（1）正截面受弯承载力计算

跨中截面弯矩设计值

$$M = M_{1G} + M_{2G} + M_{2Q} = 1.3 \times (41 + 27) + 1.5 \times 95 = 230.90\text{kN} \cdot \text{m}$$

混凝土强度按叠合层取用，$f_c = 14.3 \text{ N/mm}^2$（C30），$f_y = 360 \text{ N/mm}^2$，$h_0 = 650 - 40 = 610\text{mm}$。

$$\alpha_s = \frac{M}{\alpha_1 f_c b h_0^2} = \frac{230.90 \times 10^6}{1.0 \times 14.3 \times 250 \times 610^2} = 0.174$$

$$\xi = 1 - \sqrt{1 - 2\alpha_s} = 1 - \sqrt{1 - 2 \times 0.174} = 0.193 < \xi_b = 0.518$$

$$A_s = \alpha_1 f_c b h_0 \xi / f_y = 1.0 \times 14.3 \times 250 \times 610 \times 0.193/360 = 1169\text{mm}^2$$

选用 4 Φ 20（$A_s = 1256\text{mm}^2$）。

$$A_{s,\text{min}} = 0.002bh = 0.002 \times 250 \times 650 = 325\text{mm}^2 < A_s\text{（满足要求）}$$

（2）斜截面受剪承载力计算

$$V = V_{1G} + V_{2G} + V_{2Q} = 1.3 \times (35 + 25) + 1.5 \times 86 = 207.00\text{kN}$$

$f_t = 1.43\text{N/mm}^2$，$f_c = 14.3\text{N/mm}^2$，$\beta_c = 1.0$；箍筋 $f_{yv} = 270 \text{ N/mm}^2$。$h_w = h_0 = 610\text{mm}$，$h_w/b = 610/250 = 2.44 < 4$，故

$$0.25\beta_c f_c b h_0 = 0.25 \times 1.0 \times 14.3 \times 250 \times 610 = 545.2\text{kN} > 207.00\text{kN}$$

截面尺寸满足要求。

由受剪承载力计算公式得

$$\frac{A_{sv}}{s} = \frac{V - 0.7 f_t b h_0}{f_{yv} h_0} = \frac{207000 - 0.7 \times 1.43 \times 250 \times 610}{270 \times 610} = 0.330$$

选用双肢 $\phi 6$ 箍筋，$A_{sv} = 57 mm^2$，则 $s = A_{sv}/0.330 = 57/0.330 = 173mm$，取 $s = 160mm$。最后箍筋配置为双肢 $\phi 6@160$。

（3）叠合面的受剪承载力验算

叠合层的混凝土强度等级为 C30，$f_t = 1.43 N/mm^2$，箍筋为双肢 $\phi 6@160$，则由式（4-55）得

$$1.2 f_t b h_0 + 0.85 f_{yv} \frac{A_{sv}}{s} h_0 = 1.2 \times 1.43 \times 250 \times 610 + 0.85 \times 270 \times \frac{57}{200} \times 610$$

$$= 301.6 kN > V = 207.00 kN (满足要求)$$

2. 叠合梁第一阶段承载力验算

（1）预制梁受弯承载力

弯矩设计值 $M_1 = M_{1G} + M_{1Q} = 1.3 \times 41 + 1.5 \times 57 = 138.80 kN \cdot m$

预制梁混凝土 C30，$f_c = 14.3 N/mm^2$，$A_s = 1256 mm^2$（4 Φ 20），因为 $\alpha_1 f_c b'_f h'_f = 1.0 \times 14.3 \times 490 \times 120 = 840.84 kN > f_y A_s = 360 \times 1256 = 452.16 kN$

所以预制梁属第一类 T 形截面，$h_{01} = 450 - 40 = 410mm$。

$$\xi = \frac{f_y A_s}{\alpha_1 f_c b'_f h_{01}} = \frac{360 \times 1256}{1.0 \times 14.3 \times 490 \times 410} = 0.157 < \xi_b = 0.518$$

$$M_{1u} = \alpha_1 f_c b'_f h_{01}^2 \xi (1 - 05\xi) = 1.0 \times 14.3 \times 490 \times 410^2 \times 0.157 \times (1 - 0.5 \times 0.157)$$

$$= 170.410 kN \cdot m > M_1 = 138.80 kN \cdot m (满足要求)$$

（2）预制梁受剪承载力

剪力设计值 $V_1 = V_{1G} + V_{1Q} = 1.3 \times 35 + 1.5 \times 49 = 119.0 kN$

预制梁混凝土为 C30，$f_t = 1.43 N/mm^2$，箍筋双肢 $\phi 6@160$，则受剪承载力为

$$V_{1u} = 0.7 f_t b h_{01} + f_{yv} \frac{A_{sv}}{s} h_{01}$$

$$= 0.7 \times 1.43 \times 250 \times 410 + 270 \times \frac{57}{160} \times 410 = 142.04 kN > V_1 = 119.0 kN$$

满足要求。

3. 叠合梁正常使用极限状态验算

（1）纵向受拉钢筋应力验算

由式（4-58）得

$$\sigma_{s1k} = \frac{M_{1Gk}}{0.87 A_s h_{01}} = \frac{41 \times 10^6}{0.87 \times 1256 \times 410} = 91.5 N/mm^2$$

因为 $M_{1Gk}/M_{1u} = 41/170.41 = 0.24 < 0.35$，所以 σ_{s2q} 应按式（4-60）计算，其中

$$M_{2q} = M_{2Gk} + \psi_q M_{2Qk} = 27 + 0.5 \times 95 = 74.5 kN \cdot m$$

$$\sigma_{s2q} = \frac{M_{2q}}{0.87 A_s h_0} = \frac{74.5 \times 10^6}{0.87 \times 1256 \times 610} = 111.8 N/mm^2$$

由式（4-57）得

$$\sigma_{sq} = \sigma_{s1k} + \sigma_{s2q} = 91.5 + 111.8 = 203.3 \text{ N/mm}^2 < 0.9f_y = 0.9 \times 360 = 324\text{N/mm}^2$$

满足要求。

（2）预制梁裂缝宽度验算

$$f_{tk1} = 2.01 \text{ N/mm}^2, E_s = 2.0 \times 10^5 \text{ N/mm}^2, d_{eq} = d = 20\text{mm}, c_s = 20 + 6 = 26\text{mm}$$

$$\rho_{te1} = \frac{A_s}{0.5bh_1} = \frac{1256}{0.5 \times 250 \times 450} = 0.022 > 0.01, \text{取} \rho_{te1} = 0.022$$

$$M_{1k} = M_{1Gk} + M_{1Qk} = 41 + 57 = 98\text{kN} \cdot \text{m}$$

$$\sigma_{s1k} = \frac{M_{1k}}{0.87A_s h_{01}} = \frac{98 \times 10^6}{0.87 \times 1256 \times 410} = 218.7 \text{ N/mm}^2$$

$$\psi_1 = 1.1 - \frac{0.65f_{tk1}}{\rho_{te1}\sigma_{s1k}} = 1.1 - \frac{0.65 \times 2.01}{0.022 \times 218.7} = 0.828$$

$$w_{max} = 2.0\psi_1 \frac{\sigma_{s1k}}{E_s}\left(1.9c_s + 0.08\frac{d_{eq}}{\rho_{te1}}\right)$$

$$= 2.0 \times 0.828 \times \frac{218.7}{2.0 \times 10^5} \times \left(1.9 \times 26 + 0.08 \times \frac{20}{0.022}\right) = 0.22\text{mm} > 0.2\text{mm}$$

裂缝宽度验算不满足要求。为此，将纵筋数量改为 4 ⊕ 22（$A_s = 1520\text{mm}^2$）。重新计算如下：

$$\rho_{te1} = 0.027, \sigma_{s1k} = 180.75 \text{ N/mm}^2, \psi_1 = 0.771, w_{max} = 0.16\text{mm} < 0.2\text{mm}$$

满足要求，故以下计算时取 $A_s = 1520\text{mm}^2$。

（3）叠合梁裂缝宽度验算

$$\rho_{te} = \frac{A_s}{0.5bh} = \frac{1520}{0.5 \times 250 \times 650} = 0.0187$$

$$\sigma_{s1k} = \frac{M_{1Gk}}{0.87A_s h_{01}} = \frac{41 \times 10^6}{0.87 \times 1520 \times 410} = 75.62 \text{ N/mm}^2$$

$$\sigma_{s2q} = \frac{M_{2q}}{0.87A_s h_0} = \frac{74.5 \times 10^6}{0.87 \times 1520 \times 610} = 92.36 \text{ N/mm}^2$$

$$\psi = 1.1 - \frac{0.65f_{tk1}}{\rho_{te1}\sigma_{s1k} + \rho_{te}\sigma_{s2q}} = 1.1 - \frac{0.65 \times 2.01}{0.027 \times 75.62 + 0.0187 \times 92.36} = 0.753$$

由式（4-62）得

$$w_{max} = 2.0\frac{\psi(\sigma_{s1k} + \sigma_{s2q})}{E_s}\left(1.9c_s + 0.08\frac{d_{eq}}{\rho_{te1}}\right)$$

$$= 2.0 \times \frac{0.753 \times (75.62 + 92.36)}{2.0 \times 10^5} \times \left(1.9 \times 26 + 0.08 \times \frac{22}{0.027}\right)$$

$$= 0.14\text{mm} < 0.3\text{mm}（满足要求）$$

（4）预制梁挠度验算

预制梁混凝土 C30，$E_{c1} = 3.0 \times 10^4 \text{ N/mm}^2$，$\alpha_E = 6.667$，受拉钢筋的配筋率

$$\rho_1 = A_s/(bh_{01}) = 1520/(250 \times 410) = 0.0148$$

$$\gamma_f' = \frac{(b_f' - b)h_f'}{bh_{01}} = \frac{(490 - 250) \times 120}{250 \times 410} = 0.281$$

$$\psi_1 = 1.1 - \frac{0.65f_{tk1}}{\rho_{te1}\sigma_{s1k}} = 1.1 - \frac{0.65 \times 2.01}{0.027 \times 180.75} = 0.832$$

预制梁的短期刚度 B_{s1} 为

$$B_{s1} = \frac{E_s A_s h_{01}^2}{1.15\psi_1 + 0.2 + \dfrac{6\alpha_E \rho_1}{1 + 3.5\gamma_f'}}$$

$$= \frac{2.0 \times 10^5 \times 1520 \times 410^2}{1.15 \times 0.832 + 0.2 + \dfrac{6 \times 6.667 \times 0.0148}{1 + 3.5 \times 0.281}} = 3.51152 \times 10^{13} \text{N} \cdot \text{mm}^2$$

跨中挠度为

$$w_f = \frac{5}{48} \frac{M_{1k} l_0^2}{B_{s1}} = \frac{5}{48} \times \frac{98 \times 10^6 \times 6000^2}{3.51152 \times 10^{13}} = 10.47\text{mm} < \frac{l_0}{300}$$

$$= 6000/300 = 20\text{mm}（满足要求）$$

（5）叠合梁挠度验算

叠合层混凝土为 C30，$E_{c2} = 3.0 \times 10^4 \text{N/mm}^2$，$\alpha_{E1} = 6.667$，$\gamma_f' = 0$，$\rho = 1520/$（$250 \times 610$）$= 0.00997$。叠合梁第二阶段的短期刚度按式(4-66)计算：

$$B_{s2} = \frac{E_s A_s h_0^2}{0.7 + 0.6\dfrac{h_1}{h} + \dfrac{4.5\alpha_E \rho}{1 + 3.5\gamma_f'}}$$

$$= \frac{2.0 \times 10^5 \times 1520 \times 610^2}{0.7 + 0.6 \times 450/650 + 4.5 \times 6.667 \times 0.00997} = 7.99706 \times 10^{13} \text{N} \cdot \text{mm}^2$$

$$M_q = M_{1GK} + M_{2GK} + \psi_q M_{2QK} = 41 + 27 + 0.5 \times 95 = 115.5\text{kN} \cdot \text{m}$$

因 $\rho' = 0$，所以 $\theta = 2.0$。由式（4-68）得

$$B = \frac{M_q}{\left(\dfrac{B_{s2}}{B_{s1}} - 1\right) M_{1Gk} + \theta M_q} B_{s2}$$

$$= \frac{115.5 \times 10^6 \times 7.99706 \times 10^{13}}{\left(\dfrac{7.99706}{3.51152} - 1\right) \times 41 \times 10^6 + 2 \times 115.5 \times 10^6}$$

$$= 3.25953 \times 10^{13} \text{N} \cdot \text{mm}^2$$

跨中最大挠度为

$$w_f = \frac{5}{48} \frac{M_q l_0^2}{B} = \frac{5}{48} \times \frac{115.5 \times 10^6 \times 6000^2}{3.25953 \times 10^{13}} = 13.3\text{mm} < \frac{l_0}{200} = 30\text{mm} \text{满足要求。}$$

4.8 框架结构的构造要求

4.8.1 框架梁

1. 梁纵向钢筋的构造要求

梁纵向受拉钢筋的数量除按计算确定外，还必须考虑温度、收缩应力所需要的钢筋数量，以防止梁发生脆性破坏和控制裂缝宽度。纵向受拉钢筋的最小配筋百分率 ρ_{min}（%）不应小于 0.2 和 $45f_t/f_y$ 二者的较大值。同时为防止超筋梁，当不考虑受压钢筋时，纵向受拉钢筋的最大配筋率不应超过 $\rho_{max} = \xi_b \alpha_1 f_c/f_y$。

沿梁全长顶面和底面应至少各配置两根纵向钢筋，钢筋的直径不应小于 12mm。框架梁的纵向钢筋不应与箍筋、拉筋及预埋件等焊接。

2. 梁箍筋的构造要求

应沿框架梁全长设置箍筋。箍筋的直径、间距及配筋率等要求与一般梁的相同，可参见与本书配套的《混凝土结构设计原理》（第五版）教材第 7 章中的有关内容。

4.8.2 框架柱

1. 柱纵向钢筋的构造要求

框架结构受到的水平荷载可能来自正反两个方向，故柱的纵向钢筋宜采用对称配筋。

为了改善框架柱的延性，使柱的屈服弯矩大于其开裂弯矩，保证柱屈服时具有较大的变形能力，要求柱全部纵向钢筋的配筋率应符合下列规定：对 500MPa 级钢筋不应小于 0.50%，对 400MPa 级钢筋不应小于 0.55%，对 300MPa 级钢筋不应小于 0.60%；当混凝土强度等级大于 C60 时，上述数值应分别增加 0.10%，且柱截面每一侧纵向钢筋配筋率不应小于 0.2%。同时，柱全部纵向钢筋的配筋率不宜大于 5%。

柱纵向钢筋的间距不宜大于 300mm，净距不应小于 50mm。柱的纵向钢筋不应与箍筋、拉筋及预埋件等焊接。

2. 柱箍筋的构造要求

柱内箍筋形式常用的有普通箍筋和复合箍筋两种（图 4-56a、b），当柱每边纵筋多于 3 根时，应设置复合箍筋。复合箍筋的周边箍筋应为封闭式，内部箍筋可为矩形封闭箍筋或拉筋。当柱为圆形截面或柱承受的轴向压力较大而其截面尺寸受到限制时，可采用螺旋箍、复合螺旋箍或连续复合螺旋箍，如图 4-56 （c）、（d）、（e）所示。

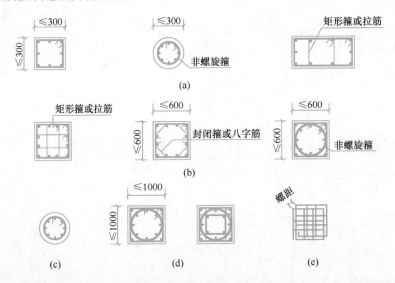

图 4-56 柱箍筋形式示例

（a）普通箍；（b）复合箍；（c）螺旋箍；（d）复合螺旋箍；（e）连续复合螺旋箍

柱箍筋间距不应大于 400mm，且不应大于构件截面的短边尺寸和最小纵向受力钢筋直径的 15 倍；箍筋直径不应小于最大纵向钢筋直径的 1/4，且不应小于 6mm。当柱中全部纵向受力钢筋的配筋率超过 3% 时，箍筋直径不应小于 8mm，间距不应大于最小纵向钢筋直径的 10 倍，且不应大于 200mm。箍筋末端应做成 135° 弯钩且弯钩末端平直段长度不应小于 10 倍箍筋直径。

柱内纵向钢筋采用搭接时，搭接长度范围内箍筋直径不应小于搭接钢筋较大直径的 1/4；在纵向受拉钢筋搭接长度范围内的箍筋间距不应大于搭接钢筋较小直径的 5 倍，且不应大于 100mm；在纵向受压钢筋搭接长度范围内的箍筋间距不应大于搭接钢筋直径的 10 倍，且不应大于 200mm。当受压钢筋直径大于 25mm 时，尚应在搭接接头端面外 100mm 的范围内各设两道箍筋。

4.8.3 梁柱节点

1. 现浇梁柱节点

梁柱节点（beam-column joints）处于剪压复合受力状态，为保证节点具有足够的受剪承载力，防止节点产生剪切脆性破坏，必须在节点内配置足够数量的水平箍筋。节点内的箍筋除应符合上述框架柱箍筋的构造要求外，其箍筋间距不宜大于 250mm；对四边有梁与之相连的节点，可仅沿节点周边设置矩形箍筋。

2. 装配整体式梁柱节点

装配整体式框架的节点设计是这种结构设计的关键环节。设计时应保证节点的整体性；应进行施工阶段和使用阶段的承载力计算；在保证结构整体受力性能的前提下，连接形式力求简单，传力直接，受力明确；应安装方便，误差易于调整，并且安装后能较早承受荷载，以便于上部结构的继续施工。

4.8.4 钢筋的连接和锚固

关于纵向受力钢筋锚固和连接的基本问题，已在《混凝土结构设计原理》课程中讲述过。本节仅对框架梁、柱的纵向钢筋在框架节点区的锚固和搭接问题作简要说明。

框架梁、柱的纵向钢筋在框架节点区的锚固和搭接，应符合下列要求（图 4-57）：

（1）顶层中节点柱纵向钢筋和边节点柱内侧纵向钢筋应伸至柱顶；当从梁底边计算的

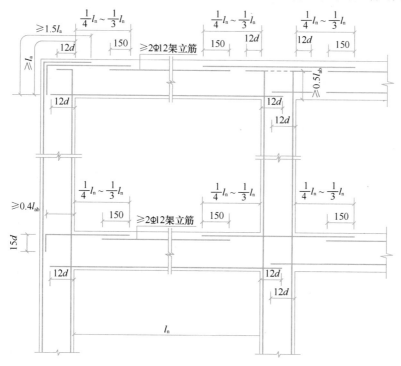

图 4-57　框架梁、柱纵向钢筋在节点区的锚固要求

直线锚固长度不小于l_a时，可不必水平弯折，否则应向柱内或梁、板内水平弯折，当充分利用柱纵向钢筋的抗拉强度时，其锚固段弯折前的竖向投影长度不应小于$0.5l_{ab}$，弯折后的水平投影长度不应小于12倍的柱纵向钢筋直径。此处，l_{ab}为受拉钢筋基本锚固长度。

（2）顶层端节点处，在梁宽范围以内的柱外侧纵向钢筋可与梁上部纵向钢筋搭接，搭接长度不应小于$1.5l_a$；在梁宽范围以外的柱外侧纵向钢筋可伸入现浇板内，其伸入长度与伸入梁内的相同。当柱外侧纵向钢筋的配筋率大于1.2%时，伸入梁内的柱纵向钢筋宜分批截断，其截断点之间的距离不宜小于20倍的柱纵向钢筋直径。

（3）梁上部纵向钢筋伸入端节点的锚固长度，直线锚固时不应小于l_a，且伸过柱中心线的长度不宜小于5倍的梁纵向钢筋直径；当柱截面尺寸不足时，梁上部纵向钢筋应伸至节点对边并向下弯折，锚固段弯折前的水平投影长度不应小于$0.4l_{ab}$，弯折后的竖直投影长度应取15倍的梁纵向钢筋直径。

（4）当计算中不利用梁下部纵向钢筋的强度时，其伸入节点内的锚固长度应取不小于12倍的梁纵向钢筋直径。当计算中充分利用梁下部钢筋的抗拉强度时，梁下部纵向钢筋可采用直线方式或向上90°弯折方式锚固于节点内，直线锚固时的锚固长度不应小于l_a；弯折锚固时，锚固段的水平投影长度不应小于$0.4l_{ab}$，竖直投影长度应取15倍的梁纵向钢筋直径。

另外，梁支座截面上部纵向受拉钢筋应向跨中延伸至（1/4～1/3）l_n（l_n为梁的净跨）处，并与跨中的架立筋（不少于2Φ12）搭接，搭接长度可取150mm，如图4-57所示。

4.9　框架结构房屋基础

4.9.1　基础类型及其选择

房屋建筑中常用的基础类型有柱下独立基础、条形基础、十字交叉条形基础、筏形基础、箱形基础和桩基础等，如图4-58所示。设计时应根据场地的工程地质和水文地质条件、上部结构的层数和荷载大小、上部结构对地基土不均匀沉降以及倾斜的敏感程度、施工条件等因素，选择合理的基础形式。

当上部结构荷载较小或地基土坚实均匀且柱距较大时，可选用柱下独立基础（individual spread foundation），其计算与构造要求与单层工业厂房的柱下独立基础相同。

当采用独立基础会造成基础之间比较靠近甚至基础底面积互相重叠时，可将基础在一方向或两个相互垂直的方向连接起来，形成条形基础（图4-58a）或十字交叉条形基础（图4-58b）。当上部结构的荷载比较均匀、地基土也比较均匀时，条形基础一般沿房屋纵向布置；但若上部结构的荷载沿横向分布不均匀或沿房屋横向地基土性质差别较大时，也可沿横向布置。为了增强基础的整体性，一般在垂直于条形基础的另一方向每隔一定距离设置拉梁，将条形基础连为整体。十字交叉条形基础将上部结构在纵、横两个方向都较好地联系起来，这种基础的整体性比单向条形基础好，适用于上部结构的荷载分布在纵、横两个方向都很不均匀或地基土不均匀的房屋。

当采用十字交叉条形基础会造成基础的底面积几乎覆盖甚至超过建筑物的全部底面积时，可将建筑结构下的全部基础连为整体形成筏形基础，如图4-58（c）、（d）所示。筏形基础可以做成平板式或肋梁式。平板式筏形基础（图4-58c）是一块等厚度的钢筋混凝土

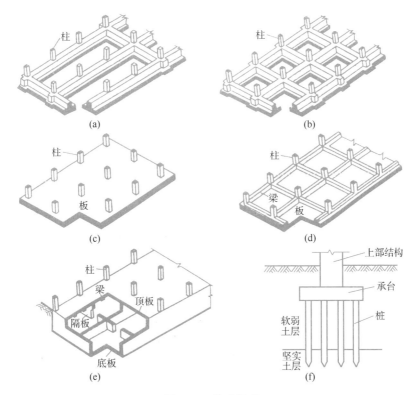

图 4-58　基础类型

（a）条形基础；（b）十字交叉条形基础；（c）平板式筏形基础；（d）肋梁式条形基础；（e）箱形基础；（f）桩基础

平板，其厚度通常在 $1\sim3m$ 之间，故混凝土用量较大，但施工方便快捷。肋梁式筏形基础（图 4-58d）的底板较薄，但在底板上沿纵、横柱列布置有肋梁，以增强底板的刚度，改善底板的受力性能。优点是可节约混凝土用量，但施工较复杂。

当上部结构传来的荷载很大，需进一步增大基础刚度以减小不均匀沉降时，可采用箱形基础（图 4-58e）。这种基础由钢筋混凝土底板、顶板和纵横交错的隔墙组成，其整体刚度很大，可使建筑物的不均匀沉降大大减小。箱形基础还可以作为人防、设备层以及贮藏室使用。由于这种基础不需回填土，所以相应地提高了地基的有效承载力。

当地基土质太差，或上部结构的荷载较大以及上部结构对地基不均匀沉降很敏感时，可采用桩基础（pile foundation）。桩基础由承台和桩两部分组成（图 4-58f）。承台作为上部结构与桩基之间的连接部件，其作用与基础类似。桩基础的承载力高，稳定性好，但造价较高。

对多层框架结构房屋，一般采用条形基础、十字交叉条形基础或筏形基础，本节仅介绍这三种基础的设计计算方法。

4.9.2　柱下条形基础设计

1. 构造要求

柱下条形基础的构造如图 4-59 所示，其横截面一般成倒 T 形，下部伸出部分称为翼板，中间部分称为肋梁。其构造要求如下：

（1）柱下条形基础的高度 h 宜为柱距的 $1/8\sim1/4$；翼板宽度 b_f 应按地基承载力计算确定。

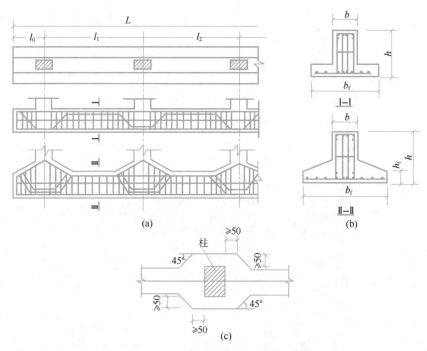

图 4-59 柱下条形基础的尺寸和构造

(a) 基础尺寸及配筋构造；(b) 剖面图；(c) 柱与基础交接处局部尺寸

（2）翼板厚度 h_f 不应小于 200mm，当 $h_f = 200 \sim 250$mm 时，翼板可做成等厚度板；当 $h_f > 250$mm 时，宜采用变厚度翼板，其坡度宜小于或等于 1：3。当柱荷载较大时，可在柱位处加腋，如图 4-59（a）所示。

（3）条形基础的端部宜向外伸出，其长度宜为第一跨距的 1/4。

（4）现浇柱与条形基础梁的交接处，其平面尺寸不应小于图 4-59(c) 的规定。

2. 基础底面积的确定

基础底面积应按地基承载力计算确定，即基础底面的压力应符合下列要求：

$$p_k \leqslant f_a \tag{4-69a}$$

$$p_{kmax} \leqslant 1.2f_a \tag{4-69b}$$

式中 p_k——相应于荷载标准组合时，基础底面处的平均压力值；

p_{kmax}——相应于荷载标准组合时，基础底面边缘的最大压力值；

f_a——修正后的地基承载力特征值（characteristic value of subgrade bearing capacity），按《建筑地基基础设计规范》确定。

按上式验算地基承载力时，须计算基底压力 p_k 和 p_{kmax}。为此，应先确定基底压力的分布。基底压力的分布，除与地基因素有关外，实际上还受基础刚度及上部结构刚度的制约。《建筑地基基础设计规范》规定：在比较均匀的地基上，上部结构刚度较好，荷载分布较均匀，且条形基础梁的截面高度不小于 1/6 柱距时，基底压力可按直线分布，条形基础梁的内力可按连续梁计算。当不满足上述要求时，宜按弹性地基梁计算。下面仅说明基底压力为直线分布时，p_k 和 p_{kmax} 的确定方法。

将条形基础看作长度为 L、宽度为 b_f 的刚性矩形基础。计算时先确定荷载合力的位置，然后调整基础两端的悬臂长度，使荷载合力的重心尽可能与基础底面形心重合，则基底压力为均匀分布（图 4-60a），并按下式计算：

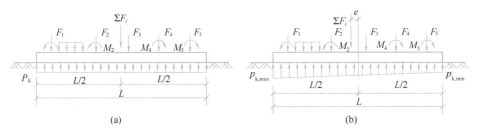

图 4-60　条形基础基底压力分布

（a）基底压力均匀分布；（b）基底压力梯形分布

$$p_k = \frac{\sum F_k + G_k}{b_f L} \tag{4-70}$$

式中　$\sum F_k$——相应于荷载标准组合时，上部结构传至基础顶面的竖向力值总和；

　　　　G_k——基础自重和基础上的土重。

如果荷载合力不可能调整到与基底形心重合，则基底压力为梯形分布（图 4-60b），并按下式计算：

$$\left. \begin{array}{c} p_{kmax} \\ p_{kmin} \end{array} \right\} = \frac{\sum F_k + G_k}{b_f L} \left(1 \pm \frac{6e}{L} \right) \tag{4-71}$$

式中　e——荷载合力在基础长度方向的偏心距。

当基底压力为均匀分布时，在基础长度 L 确定之后，由式（4-69a）和式（4-70）可直接确定翼板宽度 b_f，即

$$b_f \geqslant \frac{\sum F_k}{(f_a - \gamma_m d) L} \tag{4-72}$$

式中　γ_m——基础及填土的平均重度，一般取 20kN/m^3；

　　　　d——基础埋置深度，取自室内地坪至基础底面。

当基底压力为梯形分布时，可先按式（4-72）求出 b_f，将 b_f 乘以 $1.2 \sim 1.4$；然后将如此求出的 b_f 及其他参数代入式（4-71）计算基底压力，并须满足式（4-69），其中 $p_k = (p_{kmax} + p_{kmin})/2$。如不满足要求，则可调整 b_f，直至满足为止。

3. 基础内力分析

在实际工程中，柱下条形基础梁内力常采用静力平衡法或倒梁法等简化方法计算。下面简要介绍倒梁法的计算要点。

倒梁法假定上部结构是刚性的，各柱之间没有沉降差异，又因基础刚度颇大可将柱脚视为条形基础的铰支座，支座之间不产生相对竖向位移。如假定基底压力为直线分布，则在基底净反力 $p_n b_f$ 以及除去柱的竖向集中力所余下的各种作用（包括局部荷载、柱传来的力矩等）下，条形基础犹如一倒置的连续梁，其计算简图如图 4-61（a）所示。

考虑到按倒梁法计算时，基础及上部结构的刚度都较好，由上部结构、基础与地基共同工作所引起的架越作用较强，基础梁两端部的基底压力可能会比直线分布的压力有所增

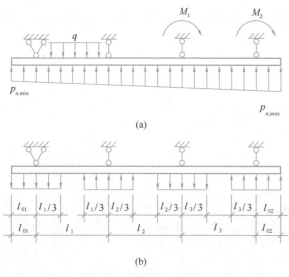

图 4-61 倒梁法计算简图

(a) 计算简图；(b) 基础梁内力调整

加。因此，按倒梁法所求得的条形基础梁边跨跨中弯矩及第一内支座的弯矩值宜乘以 1.2 的系数。

另外，用倒梁法计算所得的支座反力一般不等于原先用以计算基底净反力的竖向柱荷载。若二者相差超过工程容许范围，可做必要的调整。即将支座压力与竖向柱荷载的差值（支座处的不平衡力），均匀分布在相应支座两侧各 1/3 跨度范围内（图 4-61b），进行基础梁内力计算，并与第一次的计算结果叠加。可进行多次调整，直至支座反力接近柱荷载为止。调整后的基底反力呈台阶形分布。

当满足下列条件时，可以用倒梁法计算柱下条形基础的内力：①上部结构的整体刚度较好；②基础梁高度大于 1/6 的平均柱距；③地基压缩性、柱距和荷载分布都比较均匀。

在基底净压力作用下，倒 T 形截面的基础梁其翼板的最大弯矩和剪力发生在肋梁边缘截面，可沿基础梁长度方向取单位板宽，按倒置的悬臂板计算翼板的内力。

4. 配筋计算与构造

条形基础配筋包括肋梁和翼板两部分。肋梁中的纵向受力钢筋应采用 HRB400、HRBF400、HRB500、HRBF500 级钢筋；翼板中的受力钢筋宜采用 HRB400、HRBF400、HRB500、HRBF500、HPB300 级钢筋。箍筋可采用 HRB400、HRB500、HPB300 级钢筋。混凝土强度等级不应低于 C25。

肋梁应进行正截面受弯承载力计算。取跨中截面弯矩按 T 形截面计算梁顶部的纵向受力钢筋，将计算配筋全部贯通，或部分纵筋弯下以负担支座截面的负弯矩；取支座截面弯矩按矩形截面计算梁底部的纵向受力钢筋，并将不少于 1/3 底部受力钢筋总截面面积的钢筋通长布置，其余钢筋可在适当部位断断。纵向受力钢筋的直径不应小于 12mm，配筋率不应小于 0.2% 和 $0.45 f_t / f_y$ 中的较大值。当梁的腹板高度 h_w（$h_w = h_0 - h_f$，h_f 为翼板厚度，h_0 为梁截面有效高度）≥450mm 时，在梁的两个侧面应沿高度配置纵向构造钢筋，每侧纵向构造钢筋（不包括梁上、下部受力钢筋及架立钢筋）的截面面积不应小于腹板截面面积 bh_w 的 0.1%，其间距不宜大于 200mm。

肋梁还应进行斜截面受剪承载力计算。根据支座截面处的剪力设计值计算所需要的箍筋和弯筋数量。由于基础梁截面较大，所以通常须采用四肢箍筋，箍筋直径不宜小于 8mm，间距不应大于 15 倍的纵向受力钢筋直径，也不应大于 300mm。在梁跨度的中部，箍筋间距可适当放大。

翼板的受力钢筋按悬臂板根部弯矩计算。受力钢筋直径不宜小于 10mm，间距不宜大于 200mm，也不宜小于 100mm；纵向分布钢筋的直径不小于 8mm，间距不大于 300mm，每延米分布钢筋的面积不小于受力钢筋面积的 1/10。

4.9.3 柱下十字交叉条形基础设计

柱下十字交叉条形基础是由柱网下的纵、横两组条形基础组成的结构，柱网传来的集中荷载和力矩作用在条形基础的交叉点上。这种基础内力的精确计算比较复杂，目前工程设计中多采用简化方法，即对于力矩不予分配，由力矩所在平面的单向条形基础负担；对于竖向荷载则按一定原则分配到纵、横两个方向的条形基础上，然后分别按单向条形基础进行内力计算和配筋。

1. 节点荷载的分配

节点荷载按下列原则进行分配：①满足静力平衡条件，即各节点分配到纵、横基础梁上的荷载之和应等于作用在该节点上的荷载；②满足变形协调条件，即纵、横基础梁在交叉节点处的沉降相等。

根据上述原则，对图 4-62 所示的各种节点，可按下列方法进行节点荷载分配。

（1）内柱节点（图 4-62a）

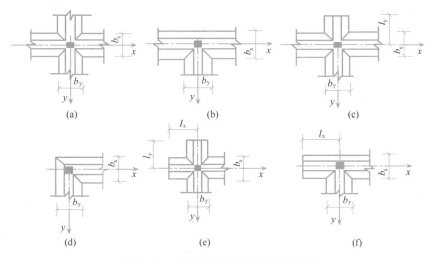

图 4-62　十字交叉条形基础节点类型

（a）内柱节点；（b）、（c）边柱节点；（d）、（e）、（f）角柱节点

$$F_{xi} = \frac{b_x S_x}{b_x S_x + b_y S_y} F_i \left.\right\}$$
$$F_{yi} = \frac{b_y S_y}{b_x S_x + b_y S_y} F_i \left.\right\} \tag{4-73}$$

$$S_x = \sqrt[4]{\frac{4EI_x}{k\, b_x}},\ S_y = \sqrt[4]{\frac{4EI_y}{k\, b_y}} \tag{4-74}$$

式中　　F_i——作用在节点 i 由上部结构传来的竖向集中力；

F_{xi}、F_{yi}——节点 i 上 x、y 方向条形基础所承担的荷载；

b_x、b_y——x、y 方向的基础梁的底面宽度；

S_x、S_y——x、y 方向的基础梁弹性特征长度；

I_x、I_y——x、y 方向的基础梁截面惯性矩；

k——地基的基床系数；

E——基础材料的弹性模量。

（2）边柱节点（图 4-62b）

$$F_{xi} = \frac{4b_x S_x}{4b_x S_x + b_y S_y} F_i \left.\begin{matrix} \\ \\ \\ \\ \end{matrix}\right\}$$
$$F_{yi} = \frac{b_y S_y}{4b_x S_x + b_y S_y} F_i$$

（4-75）

当边柱有伸出悬臂长度时（图 4-62c），则荷载分配为

$$F_{xi} = \frac{\alpha\, b_x S_x}{\alpha\, b_x S_x + b_y S_y} F_i \left.\begin{matrix} \\ \\ \\ \\ \end{matrix}\right\}$$
$$F_{yi} = \frac{b_y S_y}{\alpha\, b_x S_x + b_y S_y} F_i$$

（4-76）

当悬臂长度 $l_y = (0.6 \sim 0.75) S_y$ 时，系数 α 可由表 4-11 查得。

（3）角柱节点

对图 4-62(d)所示的角柱节点，节点荷载可按式(4-73)分配。为了减缓角柱节点处基底反力过于集中，纵、横两个方向的条形基础常有伸出悬臂（图 4-62e），当 $l_x = (0.6 \sim 0.75) S_x$，$l_y = (0.6 \sim 0.75) S_y$ 时，节点荷载的分配公式亦同式(4-73)。

当角柱节点仅有一个方向伸出悬臂时（图 4-62f），则荷载分配为

$$F_{xi} = \frac{\beta\, b_x S_x}{\beta\, b_x S_x + b_y S_y} F_i \left.\begin{matrix} \\ \\ \\ \\ \end{matrix}\right\}$$
$$F_{yi} = \frac{b_y S_y}{\beta\, b_x S_x + b_y S_y} F_i$$

（4-77）

当悬臂长度 $l_x = (0.6 \sim 0.75) S_x$ 时，系数 β 可查表 4-11。表中 l 表示 l_x 或 l_y，S 相应地为 S_x 或 S_y。

α 和 β 值表 表 4-11

l/S	0.60	0.62	0.64	0.65	0.66	0.67	0.68	0.69	0.70	0.71	0.73	0.75
α	1.43	1.41	1.38	1.36	1.35	1.34	1.32	1.31	1.30	1.29	1.26	1.24
β	2.80	2.84	2.91	2.94	2.97	3.00	3.03	3.05	3.08	3.10	3.18	3.23

2. 节点分配荷载的调整

按以上方法进行柱荷载分配后，可分别按纵、横两个方向的条形基础计算。在交叉点处，这样计算将会使基底重叠部分面积重复计算了一次，结果使基底反力减小，计算结果偏于不安全，故在节点荷载分配后还需按下述方法进行调整。

（1）调整前的基底平均反力

$$p = \frac{\sum F}{\sum A + \sum \Delta A}$$

（4-78）

式中 $\sum F$——十字交叉基础上竖向荷载的总和；

$\sum A$——十字交叉基础的基底总面积；

$\sum \Delta A$——十字交叉基础节点处重叠面积之和。

（2）基底反力增量

$$\Delta p = \frac{\sum \Delta A}{\sum A} p$$

（4-79）

（3）节点 i 在 x、y 方向的分配荷载增量

256

$$\Delta F_{xi} = \frac{F_{xi}}{F_i} \Delta A_i \cdot \Delta p \Bigg\}$$

$$\Delta F_{yi} = \frac{F_{yi}}{F_i} \Delta A_i \cdot \Delta p \Bigg\}$$

(4-80)

（4）调整后节点 i 在 x、y 方向的分配荷载

$$F'_{xi} = F_{xi} + \Delta F_{xi} \Bigg\}$$
$$F'_{yi} = F_{yi} + \Delta F_{yi} \Bigg\}$$

(4-81)

3. 方法的适用范围

在推导式（4-73）～式（4-77）时，忽略了相邻柱荷载的影响，这只有在相邻柱距大于 πS_x 或 πS_y 时才是合理的。因此，当相邻柱距（或相邻节点之间的距离）大于 πS_x 或 πS_y 时，才可用上述公式进行节点荷载的分配。

4.9.4 筏形基础

1. 筏形基础尺寸的初步拟定

筏形基础的平面尺寸应根据地基承载力、上部结构的布置及其荷载的分布等因素确定。为避免基础发生过大的倾斜和改善基础受力状况，宜使基础平面形心与上部结构在永久作用下的重力荷载重心重合。如不重合，可通过改变基础底板在四边的外伸长度来调整基底的形心位置，或采取减小柱荷载差的措施，调整上部结构竖向荷载的重心，尽可能使上部结构竖向荷载的重心与基础平面的形心相重合。当满足地基承载力时，筏形基础的周边不宜向外有较大的伸挑扩大。当需要外挑时，其外挑长度一般不宜大于同一方向边跨柱距的 1/4～1/3，同时宜将肋梁伸至筏板边缘；周边有墙的筏形基础，其外挑长度一般为 1m 左右，也可不外伸。

梁板式筏形基础的底板除计算正截面受弯承载力外，其厚度尚应满足受冲切承载力和受剪承载力的要求。对 12 层以上建筑的梁板式筏形基础，其底板厚度与最大双向板格的短边净跨之比不应小于 1/14，且板厚不得小于 400mm。肋梁截面应满足正截面受弯及斜截面受剪承载力要求，并应验算底层柱下的肋梁顶面局部受压承载力。肋梁高度取值应包括底板厚度在内，梁高不宜小于平均柱距的 1/6；肋梁的宽度不宜过大，在设计剪力满足 $V \leqslant 0.25\beta_c f_c b h_0$ 的条件下，当梁宽小于柱宽时，可将肋梁在柱边加腋以满足构造要求（图 4-63a、b）；当柱荷载较大时，可在柱侧肋梁加腋。底层柱、墙的边缘至肋梁边缘的距离不应小于 50mm（图 4-63c、d）。

2. 筏形基础的基底反力及内力计算

筏形基础的设计方法可分为刚性板方法和弹性板方法两大类。简化计算时多采用刚性板方法，也称为倒楼盖法。该法假定基础为绝对刚性，基底反力呈直线分布。

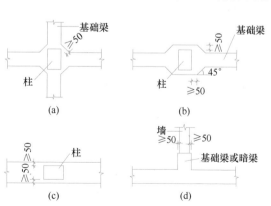

图 4-63　柱、墙与肋梁连接的构造要求

（a）、（b）肋梁加腋；（c）、（d）肋梁宽度与柱宽度的关系

当地基土比较均匀，上部结构刚度较好，平板式筏形基础的厚跨比或梁板式筏形基础的肋梁高跨比不小于 1/6，柱间距及柱荷载的变化不超过 20% 时，筏形基础可仅考虑局部弯曲作用，按倒楼盖法（即刚性板方法）进行计算。

将坐标原点置于筏形基础的形心处（图 4-64），则基底反力可按下式计算：

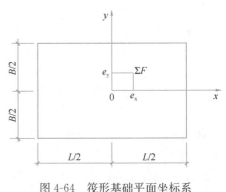

图 4-64　筏形基础平面坐标系

$$p(x, y) = \frac{\sum F + G}{A} + \frac{M_x}{I_x} y + \frac{M_y}{I_y} x \quad (4\text{-}82)$$

式中：$\sum F$——作用于筏形基础上竖向荷载总和（kN）；

$\quad\quad G$——筏形基础及其上填土自重（kN）；

$\quad\quad A$——筏形基础的底面积（m²）；

$\quad M_x、M_y$——竖向荷载 $\sum F$ 对 x 轴和 y 轴的力矩（kN·m）；

$\quad I_x、I_y$——筏形基础底面积对 x 轴和 y 轴的惯性矩（m⁴）；

$\quad\quad x、y$——计算点的 x 轴和 y 轴坐标（m）。

由式（4-82）求得基底反力后，可按式（4-69）进行地基承载力验算。

基础内力计算时采用基底净反力，即按式（4-82）计算时应扣除底板自重及其上填土自重，将基底净反力视为荷载，按倒楼盖法进行筏形基础内力的计算。

对平板式筏形基础，当相邻柱荷载和柱距变化不大时，可将筏板在纵、横两个方向划分为柱上板带和跨中板带，近似取基底净反力为板带上的荷载，按无梁楼盖进行内力和配筋计算（详见 2.4.2 小节）。平板式筏形基础的板厚应满足受冲切承载力的要求，可按《建筑地基基础设计规范》GB 50007—2012 第 8.4.7 条的规定进行受冲切承载力验算。

对于梁板式筏形基础，筏板可根据板区格大小按双向连续板或单向连续板计算，肋梁按多跨连续梁计算。由于基础与上部结构的共同作用，致使基础端部的基底反力增加，因此，按此法所得边跨跨中弯矩以及第一内支座的弯矩值宜乘以 1.2 的系数。梁板式筏形基础的底板除应计算正截面受弯承载力外，其厚度尚应满足受冲切承载力和受剪承载力的要求，可按《建筑地基基础设计规范》GB 50007—2012 第 8.4.12 条的规定进行受冲切承载力和受剪承载力验算。

3. 构造要求

筏形基础的混凝土强度等级不宜低于 C30，垫层厚度通常取 100mm。当有防水要求时，混凝土的抗渗等级应满足《高层建筑混凝土结构技术规程》JGJ 3—2010 中表 12.1.10 的要求。对平板式筏形基础，按柱上板带的正弯矩配置板内底部钢筋，按跨中板带的负弯矩配置板内上部钢筋。钢筋间距不应小于 150mm，宜为 200~300mm，受力钢筋直径不宜小于 12mm。采用双向钢筋网片配置在板的顶面和底面。梁式筏形基础的底板和基础梁的配筋除满足计算要求外，纵、横方向的底部钢筋尚应有 1/3~1/2 贯通全跨，且其配筋率不应小于 0.15%，顶部钢筋按计算配筋全部连通。

采用筏形基础的地下室，其混凝土外墙厚度不应小于 250mm，内墙厚度不应小于 200mm。墙的截面除满足承载力要求外，尚应考虑变形、抗裂及防渗等要求。墙体内应设置双面钢筋，竖向和水平钢筋直径不应小于 12mm，间距不应大于 300mm。

4.10 混凝土结构的防连续倒塌设计

4.10.1 一般说明

混凝土结构除可能承受永久荷载和可变荷载外，还可能遭受偶然作用，如爆炸、撞击、火灾和超设防烈度的特大地震等。

偶然作用属于极小概率事件，具有量值很大、作用时间极短的特点，给结构设计带来很大的困难。由于偶然作用的难以估计性和其作用特征的复杂性，以及结构设计经济性的考虑，所以对一般结构不进行偶然作用的计算设计。一旦结构遭受偶然作用，则因其量值过大而导致直接遭受偶然作用部位的结构构件破坏。因此，针对偶然作用，应容许结构局部发生严重破坏和失效，未破坏的剩余结构能有效地承受因局部破坏后产生的荷载和内力重分布，不至于短时间内造成结构的破坏范围迅速扩散而导致大范围、甚至整个结构的坍塌。如果结构因局部破坏引发连锁反应，导致破坏向其他部位扩散，最终使整个结构丧失承载力，造成结构大范围坍塌，这种破坏现象称为连续性倒塌。

结构连续倒塌事故在国内外并不罕见，英国 Ronan Point 公寓煤气爆炸倒塌，美国 Alfred P. Murrah 联邦大楼、WTC 世贸大楼倒塌，我国湖南衡阳大厦特大火灾后倒塌，法国戴高乐机场候机厅倒塌等，都是比较典型的结构连续倒塌事故。每一次事故都造成了重大人员伤亡和财产损失，给地区乃至整个国家都造成了严重的负面影响。随着我国经济建设的发展，一些地位重要、较高安全等级要求的或者比较容易受到恐怖袭击的建筑结构防连续倒塌问题显得更为突出。因此，对建筑结构除应对承载力、刚度、稳定性等进行设计验算外，还应对其进行防连续倒塌设计。

4.10.2 防连续倒塌设计的基本思想

关于建筑结构防连续倒塌设计的基本思想可归纳为下述几点：

（1）突发事件是难以预测的，其发生的概率小但危险大，且事件发生的可能性正逐渐增加。因此，结构设计应减小结构遭受突发事件的影响。

（2）加强局部构件或连接对减小结构遭受突发事件的影响是有益的，但更重要的是提高结构整体抵抗连续倒塌的能力，从而减少或避免结构因初始的局部破坏引发连续性倒塌，而一般情况下要求结构在突发事件下不发生局部破坏是不可取的。

（3）提高结构抵抗连续倒塌的能力应着眼于结构的整体性能，即最低强度、冗余特性和延性等能力特征。

结构在初始局部破坏后为达到新的稳定平衡而发生内力重分布，可能导致框架梁的弯矩反向，甚至在极限状态下形成悬链线效应。这种内力需求在通常的结构设计中是不予考虑的，而一旦出现这种内力需求，构件或连接往往因为承载力过低而发生破坏，从而导致连续性破坏的扩展甚至倒塌。为此，有必要保证构件和连接在不同受力状态下的最低强度，使得结构各部分在极限状态下仍能保持整体稳定性。

结构冗余特性是指结构在初始的局部破坏下改变原有的传力路径，并达到新的稳定平衡状态的能力特征。充分的结构冗余特性允许结构"跨越"初始的局部破坏而不向外扩展，从而避免连续性破坏或倒塌的发生。

具有良好延性能力的构件或连接可显著耗散能量，因此是减少结构发生连续性破坏的重要能力特征。值得注意的是，局部构件在承载力不过多丧失的情况下，其塑性大变形将允许内力传递逐步转移到其他构件上，从而实现内部冗余特性的充分发挥。适当的延性对提高结构的整体承载力具有显著的影响，必要的延性是充分发挥结构内部冗余潜力的重要条件。

4.10.3 防连续倒塌设计的主要方法

结构抵抗连续倒塌的设计方法可归为三类，即事件控制、间接设计和直接设计。事件控制要求突发事件在发生前即予以阻止，或通过设置防护栅栏将爆炸等危险源隔离在建筑物之外，是结构设计以外的一类措施。间接设计是指不直接体现突发事件的具体影响，而采用拉结构件法进行结构设计，以提高结构的最低承载力、冗余特性和延性能力。直接设计又分为拆除构件法（或称为备用荷载路径分析）和局部加强法，前者通过假定主要承重构件的初始失效来研究或评价结构的冗余性能及抵抗连续倒塌的能力，后者则是对主要承重构件进行防爆或防撞设计，避免在突发事件下发生局部破坏。

1. 局部加强法

对于可能直接遭受意外荷载作用的结构构件，如易遭受车辆撞击和人为破坏的结构外围柱、危险源周边的结构构件、备用荷载传递路径上的构件等，应作为整体结构系统中的关键构件，使其具有足够的安全储备。此法称为局部加强法。

可采用两种方法：一是提高可能遭受偶然作用而发生局部破坏的竖向重要构件（如柱、承重墙等）和关键传力部位的安全储备，即对这些构件取用较一般构件更高的可靠指标进行承载力设计；二是对这些构件直接采用偶然作用进行设计，即采用爆炸荷载、撞击荷载等计算结构构件的内力和变形，并与相应的重力荷载效应组合后进行构件承载力设计。

2. 拉结构件法

该法是对结构构件间的连接承载力进行验算，使其满足一定的要求，以保证结构的整体性和备用荷载传递路径的承载能力。其基本原则是：在某一根竖向构件失效后，跨越该竖向构件的框架梁应具有足够的极限承载能力，避免发生连续破坏，如图 4-65 所示。

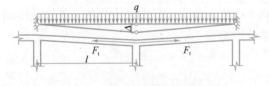

图 4-65 柱失效后梁的跨越能力

竖向构件失效后，跨越该竖向构件的框架梁的极限承载力可按两种模型确定。在小变形阶段，框架梁的极限承载力由梁端塑性铰的受弯承载力提供，称为"梁-拉结模型"。在大变形阶段，梁端塑性铰的受弯承载力丧失，框架梁的极限承载力由梁内连续纵筋轴向极限拉力的竖向分力提供，称为"悬索-拉结模型"。一般情况下，"梁-拉结模型"和"悬索-拉结模型"不同时出现，因此框架梁的跨越能力可取"梁-拉结模型"和"悬索-拉结模型"两者中的较大值。

除按上述方法对梁进行拉结设计外，对于每一根柱或墙，均需从基础到结构顶部进行连续的竖向拉结，拉结力必须大于该柱或墙从属面积上最大楼层荷载标准值。

3. 拆除构件法

此法亦称为"备用荷载路径分析"，是将初始的失效构件"删除"，分析结构在原有荷

载作用下发生内力重分布，并向新的稳定平衡状态逐步趋近的方法。其中，构件单元的
"删除"是指让相应的构件退出计算，但不影响相连构件之间的连接，如图 4-66 所示。

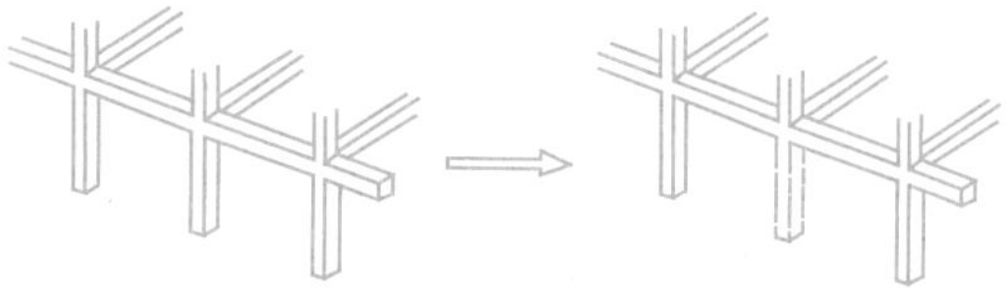

图 4-66 拆除构件示意图

拆除构件法的具体步骤如下：

（1）逐个分别拆除结构周边的竖向构件、底层内部竖向构件以及重要传力部位的关键构件等重要构件。

（2）采用弹性静力方法或弹塑性动力分析方法分析剩余结构的内力与变形。剩余结构构件的效应设计值 S_d 可按下式计算：

$$S_d = \eta_d (S_{Gk} + \Sigma \psi_{qi} S_{Qik}) + \psi_w S_{wk} \tag{4-83}$$

式中　S_{Gk}——永久荷载标准值产生的效应；
　　　　S_{Qik}——第 i 个竖向可变荷载标准值产生的效应；
　　　　S_{wk}——风荷载标准值产生的效应；
　　　　ψ_{qi}——第 i 个可变荷载的准永久值系数；
　　　　ψ_w——风荷载组合值系数，取 0.2；
　　　　η_d——竖向荷载动力放大系数，当构件直接与被拆除竖向构件相连时取 2.0，其他构件取 1.0。

从结构初始局部破坏发生，到剩余结构达到一个新的平衡状态是一个动力过程。如果按静力法计算剩余结构的内力，需乘以动力放大系数以考虑拆除构件后的动力效应。如果采用弹塑性动力分析方法分析剩余结构的内力，则竖向荷载动力放大系数取 1.0。

（3）剩余结构构件承载力应满足下式要求：

$$R_d \geqslant \beta S_d \tag{4-84}$$

式中　S_d——剩余结构构件的效应设计值，可按式（4-83）计算；
　　　　R_d——剩余结构构件的承载力设计值；
　　　　β——效应折减系数，对中部水平构件取 0.67，对角部和悬挑水平构件取 1.0，其他构件取 1.0。

由于连续倒塌属于结构破坏的极端情况，其可靠度可适当降低。防连续倒塌的目标是剩余结构的水平构件不发生断裂破坏而落下，因此跨越被拆除构件的水平构件容许最大限度地发挥其受弯承载能力和变形能力，故计算其正截面受弯承载力时，混凝土强度取用强度标准值 f_{ck}，普通钢筋强度取极限强度标准值 f_{stk}，预应力筋强度取极限强度标准值 f_{ptk} 并考虑锚具的影响；构件斜截面承载力计算时，钢筋强度仍用标准值，以考虑剪切破坏的脆性特征。其他构件及其他受力情况的承载力计算时，混凝土和钢筋的强度均可采用标准值。宜考虑偶然作用下结构倒塌对结构几何参数 a_k 的影响。必要时尚应考虑材料性能在动力作用下的强化和脆性，并取相应的强度特征值。

（4）当拆除某构件不能满足结构抗连续倒塌要求时，在该构件表面附加 $80kN/m^2$ 侧向偶然作用设计值，此时其承载力应满足下式要求：

$$R_d \geqslant S_d \tag{4-85}$$

$$S_\mathrm{d} = S_\mathrm{Gk} + 0.6 S_\mathrm{Qk} + S_\mathrm{Ad} \qquad\qquad (4\text{-}86)$$

式中 S_d——作用组合的效应设计值;

　　R_d——构件承载力设计值,计算时材料强度取设计值;

　S_Gk——永久荷载标准值的效应;

　S_Qk——竖向可变荷载标准值的效应;

　S_Ad——侧向偶然作用设计值的效应。

4.10.4　防连续倒塌的概念设计

对于可能遭受偶然作用且倒塌可能引起严重后果的安全等级为一级的重要结构,以及为抵御灾害作用而必须增强抗灾能力的重要结构,可采用上述方法进行结构的防连续倒塌设计。如前所述,由于防连续倒塌设计的难度和代价很大,所以一般结构只需进行防连续倒塌的概念设计。概念设计主要从结构体系的备用传力路径、整体性、延性、连接构造和关键构件的判别等方面进行结构方案和结构布置设计,避免存在易导致结构连续倒塌的薄弱环节。

(1) 增加结构的冗余度,使结构体系具有足够的备用荷载传递路径。具有足够的备用荷载传递路径是结构不发生连续倒塌的基本要求。采用合理的结构方案和结构布置,增加结构的冗余度,形成具有多个和多向荷载传递路径传力的结构体系,可避免存在引发连续性倒塌的薄弱部位。可通过拆除构件法判定结构是否具有备用荷载传递路径,即在结构方案确定后,拆除某一构件,检查剩余结构是否具有备用荷载传递路径,并估计备用荷载传递路径是否具有相应的承载能力。

(2) 加强结构构件的连接构造,保证结构的整体性。加强结构构件的有效连接,对于增强结构的整体性、提高防连续倒塌能力至关重要。如对于框架结构,当某根柱发生破坏失去承载力,其直接支承的梁应能跨越两个开间而不致塌落。这就要求跨越柱上梁中的钢筋贯通并具有足够的抗拉强度,通过贯通钢筋的悬链线传递机制,将梁上的荷载传递到相邻的柱。一般要求在结构体系外围周边的纵向、横向和竖向构件中的纵向受力钢筋应拉通布置,结构的内部拉结应沿互相垂直的两个方向分布在各个楼层,并与外部拉结有效连接。

(3) 加强结构的延性构造措施,保证剩余结构的延性。结构在局部破坏发生后,剩余结构中的部分构件会进入塑性。因此,应选择延性较好的材料,采用延性构造措施,提高结构的塑性变形能力,增强剩余结构的内力重分布能力,可避免发生连续倒塌。可采用拆除构件后的结构失效模式概念判别来确认需要加强延性的部位。

(4) 设置整体性加强构件或设结构缝。局部构件破坏后,控制由此引起的破坏范围。可设置整体型加强构件或设置结构缝,对整个结构进行分区。一旦发生局部构件破坏,可将破坏控制在一个分区内,防止连续倒塌的蔓延。整体型加强构件是结构中的关键构件,其安全储备应高于一般构件。

(5) 对可能出现的意外荷载和作用有所估计。如果能够对可能出现的意外荷载和作用有所估计,则可有针对性地对可能遭遇意外荷载直接作用的结构构件进行局部加强。如对居民楼应着重考虑燃气爆炸可能产生的破坏作用,对易燃易爆危险品、化工反应装置厂房等,应考虑可能发生的爆炸对结构产生的破坏作用,同时采取措施降低意外事故发生的概率。

4.11 设 计 实 例

4.11.1 设计资料

某办公楼为9层现浇钢筋混凝土框架结构，柱网布置见图4-67，各层层高均为3.6m。拟建房屋所在地的基本雪压 $s_0=0.35\text{kN/m}^2$，基本风压 $w_0=0.8\text{kN/m}^2$，地面粗糙度为B类，不考虑抗震设防。设计工作年限为50年。

年降雨量为650mm，常年地下水位于地表下6m，水质对混凝土无侵蚀性。地基承载力特征值 $f_{ak}=160\text{kN/m}^2$。

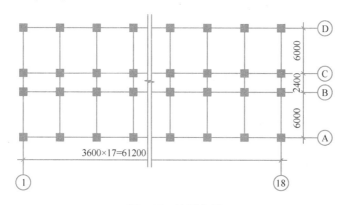

图 4-67 柱网布置

4.11.2 梁、柱截面尺寸及计算简图

楼盖及屋盖均采用现浇混凝土结构，楼板厚度取 100mm＞3600/40＝90mm。梁截面高度按梁跨度的1/18～1/10估算，由此估算的梁截面尺寸见表4-12，表中还给出了各层梁、柱和板的混凝土强度等级。其强度设计值为：C30（$f_c=14.3\text{kN/m}^2$，$f_t=1.43\text{kN/m}^2$）；C25（$f_c=11.9\text{kN/m}^2$，$f_t=1.27\text{kN/m}^2$）。

梁截面尺寸（mm）及各层混凝土强度等级 表 4-12

层次	混凝土强度等级	横梁（$b \times h$）		纵梁（$b \times h$）
		AB跨、CD跨	BC跨	
1，2	C30	300×600	300×450	300×450
3～9	C25	300×600	300×450	300×450

柱截面尺寸可根据式（4-5）估算。各层的重力荷载可近似取14kN/m²，由图4-67可知边柱及中柱的负载面积分别 3.6m×3.0m 和 3.6m×4.2m。由式（4-5）式（4-6）可得第1层柱截面面积为

边柱 $A_c \geqslant 1.2\dfrac{N}{f_c} = \dfrac{1.2 \times (1.35 \times 3.6 \times 3.0 \times 14 \times 10^3 \times 9)}{14.3} = 154161\text{mm}^2$

中柱　　　$A_c \geqslant 1.2 \dfrac{N}{f_c}$

$$= \frac{1.2 \times (1.35 \times 3.6 \times 4.2 \times 14 \times 10^3 \times 9)}{14.3}$$

$$= 215825 \mathrm{mm}^2$$

如取柱截面为正方形，则边柱和中柱截面尺寸分别为 393mm 和 465mm。

根据上述估算结果并综合考虑其他因素，本设计柱截面尺寸取值为：1 层 500mm×500mm；2 至 9 层 450mm×450mm。

基础选用条形基础，基础埋深取 2.2m（自室外地坪算起），肋梁高度取 1.3m，室内、外地坪高度差为 0.5m。

本例仅取一榀横向中框架进行分析，其计算简图如图 4-68 所示。取顶层柱的形心线作为框架柱的轴线，各层柱轴线重合；梁轴线取在板底处，2～9 层柱计算高度即为层高，取 3.6m；底层柱计算高度从基础梁顶面取至一层板底（楼板厚度 0.1m），即 $h_1 = 3.6 + 0.5 + 2.2 - 1.3 - 0.1 = 4.9$m。

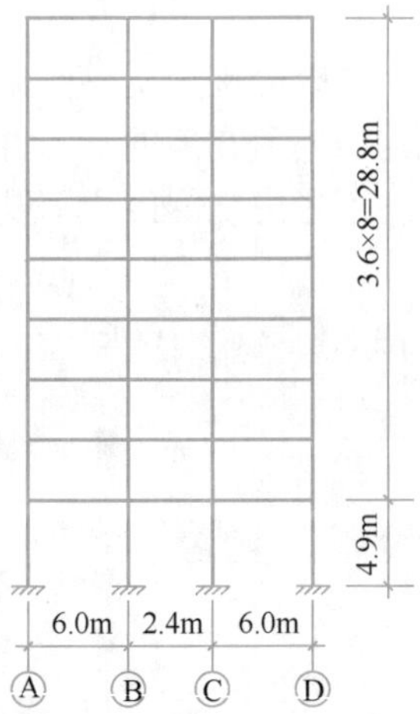

图 4-68　横向框架计算

4.11.3　重力荷载和水平荷载计算

1. 重力荷载计算

（1）屋面及楼面的永久荷载标准值

屋面（上人）：

30mm 厚细石混凝土保护层	$24 \times 0.03 = 0.72 \mathrm{kN/m}^2$
三毡四油防水层	$0.40 \mathrm{kN/m}^2$
20mm 厚水泥砂浆找平层	$20 \times 0.02 = 0.40 \mathrm{kN/m}^2$
150mm 水泥蛭石保温层	$5 \times 0.15 = 0.75 \mathrm{kN/m}^2$
100mm 厚钢筋混凝土板	$25 \times 0.10 = 2.50 \mathrm{kN/m}^2$
V 形轻钢龙骨吊顶	$0.20 \mathrm{kN/m}^2$
	$4.97 \mathrm{kN/m}^2$

1～8 层楼面：

瓷砖地面（包括水泥粗砂打底）	$0.55 \mathrm{kN/m}^2$
100mm 厚钢筋混凝土板	$25 \times 0.10 = 2.50 \mathrm{kN/m}^2$
V 形轻钢龙骨吊顶	$0.20 \mathrm{kN/m}^2$
	$3.25 \mathrm{kN/m}^2$

（2）屋面及楼面的可变荷载标准值

上人屋面均布活荷载标准值	$2.0 \mathrm{kN/m}^2$
楼面活荷载标准值（房间）	$2.0 \mathrm{kN/m}^2$
楼面活荷载标准值（走廊）	$2.5 \mathrm{kN/m}^2$
屋面雪荷载标准值	$s_k = \mu_r \cdot s_0 = 1.0 \times 0.35 = 0.35 \mathrm{kN/m}^2$

式中 μ_r——屋面积雪分布系数，取 $\mu_r = 1.0$。

（3）梁、柱、墙、门、窗等重力荷载计算

梁、柱可根据截面尺寸、材料重度等计算出单位长度的重力荷载，因计算楼、屋面的永久荷载时，已考虑了板的自重，故在计算梁的自重时，应从梁截面高度中减去板的厚度。

内墙为 250mm 厚水泥空心砖（9.6kN/m³），两侧均为 20mm 厚抹灰，则墙面单位面积重力荷载为

$$9.6 \times 0.25 + 17 \times 0.02 \times 2 = 3.08 \text{ kN/m}^2$$

外墙亦为 250mm 水泥空心砖，外墙面贴瓷砖（0.5kN/m²），内墙面为 20mm 厚抹灰（0.34kN/m²），则外墙墙面单位面积重力荷载为

$$9.6 \times 0.25 + 0.5 + 0.34 = 3.24 \text{ kN/m}^2$$

外墙窗尺寸为 1.5m×1.8m，单位面积自重为 0.4kN/m²。

2. 风荷载计算

风荷载标准值按式（3-9）计算。基本风压 $w_0 = 0.8 \text{kN/m}^2$，风载体型系数 $\mu_s = 0.8$（迎风面）和 $\mu_s = -0.5$（背风面）。因 $H = 33.7\text{m} > 30\text{m}$ 且 $H/B = 33.7/14.4 = 2.35 > 1.5$，所以应考虑风振系数。

房屋总高度 $H = 33.7\text{m}$，迎风面宽度 $B = 61.2\text{m}$，则框架结构的横向自振周期为

$$T_1 = 0.25 + 0.53 \times 10^{-3} \frac{H^2}{\sqrt[3]{B}} = 0.25 + 0.53 \times 10^{-3} \times \frac{33.7^2}{\sqrt[3]{14.4}} = 0.50\text{s}$$

风振系数由式（4-9）计算，其中，$g = 2.5$，$I_{10} = 0.14$，$f_1 = 1/T_1 = 1/0.5 = 2.0\text{Hz}$。由式（4-11）和式（4-10）分别计算 x_1、R，其中 $k_w = 1.0$，$\zeta_1 = 0.05$，则

$$x_1 = \frac{30 f_1}{\sqrt{k_w w_0}} = \frac{30 \times 2.0}{\sqrt{1.0 \times 0.8}} = 67.08 > 5$$

$$R = \sqrt{\frac{\pi}{6\zeta_1} \frac{x_1^2}{(1+x_1^2)^{4/3}}} = \sqrt{\frac{3.14}{6 \times 0.05} \times \frac{(67.08)^2}{(1+67.08^2)^{1/3}}} = 0.796$$

竖直方向的相关系数 ρ_z 和水平方向的相关系数 ρ_x 分别按式（4-13a）、式（4-13b）计算如下：

$$\rho_z = \frac{10\sqrt{H + 60e^{-H/60} - 60}}{H} = \frac{10\sqrt{33.7 + 60e^{-33.7/60} - 60}}{33.7} = 0.835$$

$$B = 61.2\text{m} < 2H = 2 \times 33.7 = 67.4\text{m}$$

$$\rho_x = \frac{10\sqrt{B + 50e^{-B/50} - 50}}{B} = \frac{10\sqrt{61.2 + 50e^{-61.2/50} - 50}}{61.2} = 0.832$$

由表 4-2 得 $k = 0.670$，$a_1 = 0.187$，代入式（4-12）得脉动风荷载的背景分量因子 B_z：

$$B_z = kH^{a_1} \rho_x \rho_z \frac{\phi_1(z)}{\mu_z(z)} = 0.670 \times 33.7^{0.187} \times 0.832 \times 0.835 \frac{\phi_1(z)}{\mu_z(z)} = 0.899 \frac{\phi_1(z)}{\mu_z(z)}$$

将上述数据代入式（4-9）得

$$\beta_z = 1 + 2g I_{10} B_z \sqrt{1 + R^2}$$

$$= 1 + 2 \times 2.5 \times 0.14 \times 0.899 \frac{\phi_1(z)}{\mu_z} \sqrt{1 + 0.796^2}$$

$$= 1 + 0.804 \frac{\phi_1(z)}{\mu_z}$$

其中 $$\phi_1(z) = \frac{z}{H}\left(2 - \frac{z}{H}\right)$$

在图 4-67 中，取其中一榀横向框架计算，则沿房屋高度的分布风荷载标准值为
$$q(z) = 3.6 \times 0.8\mu_s\mu_z\beta_z$$

$q(z)$ 的计算结果见表 4-13，沿框架结构高度的分布见图 4-69(a)。内力及侧移计算时，可按静力等效原理将分布风荷载转换为节点集中荷载，如图 4-69（b）所示。例如，第 8 层的集中荷载 F_8（每层层高范围内的水平荷载视为沿高度的均布荷载与三角形荷载之和，计算 F_8 时，将各层的框架梁视为水平支座，按简支梁求在第 8、9 层水平分布荷载作用下第 8 层框架梁的水平支座反力）计算如下：

$$F_8 = (4.841 + 3.026 + 5.038 + 3.149) \times 3.6 \times \frac{1}{2}$$
$$+ [(5.165 - 5.038) + (3.228 - 3.149)] \times 3.6 \times \frac{1}{2} \times \frac{1}{3}$$
$$+ [(5.038 - 4.841) + (3.149 - 3.026)] \times 3.6 \times \frac{1}{2} \times \frac{2}{3}$$
$$= 29.405\text{kN}$$

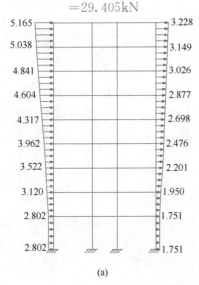

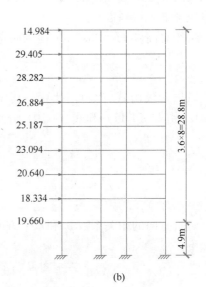

(a) (b)

图 4-69 框架结构上的风荷载

（a）框架分布风荷载；（b）框架等效集中风荷载

沿房屋高度风荷载标准值（kN/m） 表 4-13

层次	z (m)	z/H_i	$\phi_1(z)$	μ_z	β_z	$q_1(z)$	$q_2(z)$
9	33.7	1.00	1.000	1.438	1.559	5.165	3.228
8	30.1	0.893	0.989	1.391	1.572	5.038	3.149
7	26.5	0.786	0.954	1.334	1.575	4.841	3.026
6	22.9	0.680	0.898	1.276	1.566	4.604	2.877
5	19.3	0.573	0.818	1.216	1.541	4.317	2.698
4	15.7	0.466	0.715	1.144	1.503	3.962	2.476
3	12.1	0.359	0.589	1.055	1.449	3.522	2.201
2	8.5	0.252	0.440	1.000	1.354	3.120	1.950
1	4.9	0.145	0.269	1.000	1.216	2.802	1.751

4.11.4 竖向荷载作用下框架结构内力分析

1. 计算单元及计算简图

仍取中间框架进行计算。由于楼面荷载均匀分布，所以可取两轴线中线之间的长度为计算单元宽度，如图 4-70 所示。

因梁板为整体现浇，且各区格为双向板，故直接传给横梁的楼面荷载为梯形分布荷载（边梁）或三角形分布荷载（走道梁），计算单元范围内的其余荷载通过纵梁以集中荷载的形式传给框架柱。另外，本例中纵梁轴线与柱轴线不重合，以及悬臂构件在柱轴线上产生力矩等，所以作用在框架上的荷载还有集中力矩。框架横梁自重以及直接作用在横梁上的填充墙体自重则按均布荷载考虑。竖向荷载作用下框架结构计算简图如图 4-71 所示。

2. 荷载计算

下面以 2~8 层的恒荷载计算为例，说明荷载计算方法，其余荷载计算过程从略，计算结果见表 4-14。

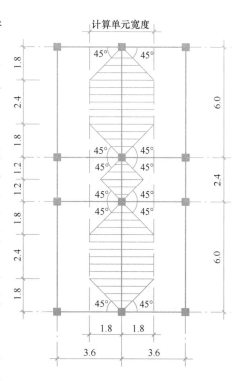

图 4-70 框架的计算单元

在图 4-71(a) 中，q_0 及 q_0' 包括梁自重（扣除板自重）和填充墙自重，由 4.11.3 小节的有关数据得

$$q_0 = 0.3 \times (0.6 - 0.1) \times 25 + 3.08 \times (3.6 - 0.6) = 13.00 \text{kN/m}$$

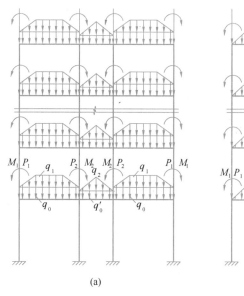

(a)

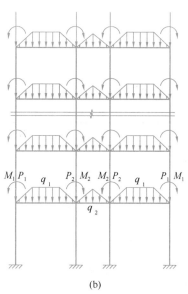

(b)

图 4-71 竖向荷载作用下框架结构计算简图

(a) 恒荷载作用下；(b) 活荷载作用下

$$q_0' = 0.3 \times (0.45 - 0.1) \times 25 = 2.63 \text{kN/m}$$

q_1、q_2 为板自重传给横梁的梯形和三角形分布荷载峰值，由图 4-70 所示的计算单元可得

$$q_1 = 3.25 \times 3.6 = 11.70 \text{kN/m}, \quad q_2 = 3.25 \times 2.4 = 7.80 \text{kN/m}$$

P_1、M_1、P_2、M_2 分别为通过纵梁传给柱的板自重、纵梁自重、纵墙自重、外挑阳台自重所产生的集中荷载和集中力矩。外纵梁外侧与柱外侧齐平，内纵梁一侧与柱的走道侧齐平。外挑阳台（包括栏杆）自重为 7.1kN，其合力点距柱轴线的距离为 0.917m，则

$$P_1 = 3.25 \times \frac{1.8^2}{2} \times 2 + 0.3 \times (0.45 - 0.1) \times 25 \times 3.6$$
$$+ 3.24 \times [(3.6 - 0.45) \times (3.6 - 0.6) - 1.5 \times 1.8]$$
$$+ 1.5 \times 1.8 \times 0.4 + 7.10$$
$$= 42.93 + 7.10 = 50.03 \text{kN}$$

$$M_1 = 42.93 \times \left(\frac{0.45 - 0.3}{2} \right) + 7.10 \times 0.917 = 9.73 \text{kN} \cdot \text{m}$$

同理，亦可计算出 P_2、M_2，见表 4-14。

各层梁上的竖向荷载标准值 表 4-14

层次	恒 荷								活 载					
	q_0	q_0'	q_1	q_2	P_1	P_2	M_1	M_2	q_1	q_2	P_1	P_2	M_1	M_2
9	3.75	2.63	17.89	11.93	50.00	50.00	6.58	2.90	7.2	4.8	23.57	25.71	0.48	0.92
2~8	13.00	2.63	11.70	7.80	50.03	70.00	9.73	5.32	7.2	6.0	14.00	17.76	0.48	0.92
1	13.00	2.63	11.70	7.80	51.00	71.00	11.67	6.01	7.2	6.0	16.08	18.88	0.65	1.23

注：表中 q_0，q_0'，q_1，q_2 的单位为 kN/m；P_1，P_2 的单位为 kN；M_1，M_2 的单位为 kN·m。

3. 梁、柱线刚度计算

框架梁线刚度 $i_b = EI_b / l$，因取中框架计算，故 $i_b = 2E_c I_0 / l$，其中 I_0 为按 $b \times h$ 的矩形截面梁计算所得的梁截面惯性矩，计算结果见表 4-15。柱线刚度 $i_c = E_c I_c / h_c$，计算结果见表 4-16。

梁线刚度（N·mm） 表 4-15

类别	层次	E_c (N/mm²)	$b \times h$ (mm)	I_0 (mm⁴)	l (mm)	$i_b = \dfrac{2E_c I_0}{l}$
边梁	3~9	2.80×10^4	300×600	5.400×10^9	6000	5.040×10^{10}
	1, 2	3.00×10^4	300×600	5.400×10^9	6000	5.400×10^{10}
走道梁	3~9	2.80×10^4	300×450	2.278×10^9	2400	5.316×10^{10}
	1, 2	3.00×10^4	300×450	2.278×10^9	2400	5.695×10^{10}

柱线刚度（N·mm） 表 4-16

层 次	层高 (mm)	$b \times h$ (mm)	E_c (N/mm²)	I_c (mm⁴)	$i_c = \dfrac{E_c I_c}{h_c}$
3~9	3600	450×450	2.80×10^4	3.417×10^9	2.658×10^{10}
2	3600	450×450	3.00×10^4	3.417×10^9	2.848×10^{10}
1	4900	500×500	3.00×10^4	5.208×10^9	3.189×10^{10}

4. 竖向荷载作用下框架内力计算

本例中，因结构和荷载均对称，故取对称轴一侧的框架为计算对象，且中间跨梁取为竖向滑动支座。另外，除底层和顶层的荷载数值略有不同外，其余各层荷载的分布和数值相同。为简化计算，沿竖向取 5 层框架计算，其中 1、2 层代表原结构的底部两层，第 3 层代表原结构的 3～7 层，4、5 层代表原结构的顶部两层，如图 4-72 所示。

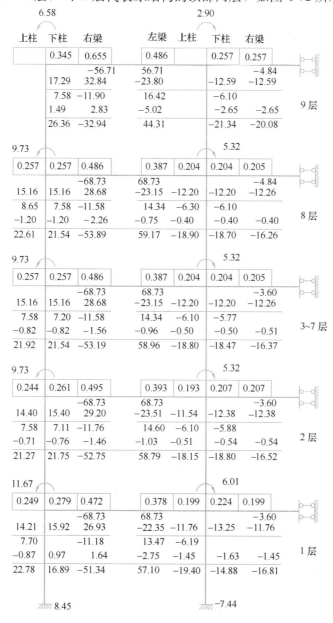

图 4-72　恒载作用下框架结构的弯矩二次分配

用 4.4.2 小节所述的弯矩二次分配法计算杆端弯矩。首先计算杆端弯矩分配系数。由于计算简图中的中间跨梁跨长为原梁跨长的一半，故其线刚度应取表 4-15 所列值的 2 倍。下面以第 1 层两个框架节点的杆端弯矩分配系数计算为例，说明计算方法，其中 S_A、S_B

分别表示边节点和中节点各杆端的转动刚度之和。

$$S_A = 4 \times (2.848 + 3.189 + 5.4) \times 10^{10} = 4 \times 11.437 \times 10^{10} \text{N} \cdot \text{mm/rad}$$

$$S_B = 4 \times (5.4 + 2.848 + 3.189) \times 10^{10} + 2 \times 5.695 \times 10^{10}$$

$$= 57.138 \times 10^{10} \text{N} \cdot \text{mm/rad}$$

$$\mu_{\text{上柱}}^A = \frac{2.848}{11.437} = 0.249, \quad \mu_{\text{下柱}}^A = \frac{3.189}{11.437} = 0.279$$

$$\mu_{\text{右梁}}^A = \frac{5.4}{11.437} = 0.472$$

$$\mu_{\text{上柱}}^B = \frac{4 \times 2.848}{57.138} = 0.199, \quad \mu_{\text{下柱}}^B = \frac{4 \times 3.189}{57.138} = 0.224$$

$$\mu_{\text{左梁}}^B = \frac{4 \times 5.4}{57.138} = 0.378, \quad \mu_{\text{右梁}}^B = \frac{2 \times 5.695}{57.138} = 0.199$$

其余各节点的杆端弯矩分配系数计算过程从略,计算结果见图 4-72。

其次计算杆件固端弯矩。兹以在恒载作用下第 1 层的边跨梁和中间跨梁为例说明计算方法。边跨梁(视为两端固定梁)的固端弯矩为

$$M_A = -\frac{1}{12}q_0 l^2 - \frac{1}{12}q_1 l^2(1 - 2\alpha^2 + \alpha^3)$$

$$= -\frac{1}{12} \times 13.00 \times 6^2 - \frac{1}{12} \times 11.7 \times 6^2 \times \left[1 - 2 \times \left(\frac{1.8}{6}\right)^2 + \left(\frac{1.8}{6}\right)^3\right]$$

$$= -68.73 \text{kN} \cdot \text{m}$$

中间跨梁(视为一端固定、另一端滑动支座梁)的固端弯矩为

$$M_B = -\frac{1}{3}q_0' l^2 - \frac{5}{24}q_2 l^2 = -\frac{1}{3} \times 2.63 \times 1.2^2 - \frac{5}{24} \times 7.8 \times 1.2^2$$

$$= -3.60 \text{kN} \cdot \text{m}$$

恒载作用下框架各节点的弯矩分配以及杆端分配弯矩的传递过程在图 4-72 中进行,最后所得的杆端弯矩应为固端弯矩、分配弯矩和传递弯矩的代数和,不得计入节点力矩(因为节点力矩是外部作用,不是截面内力)。梁跨间最大弯矩根据梁两端的杆端弯矩及作用于梁上的荷载,用平衡条件求得。图 4-73(a)是恒载作用下的框架弯矩图。活荷载作用下框架结构的弯矩分配与传递过程从略,其弯矩图见图 4-73(b)。

根据作用于梁上的荷载及梁端弯矩,用平衡条件可求得梁端剪力及梁跨中截面弯矩。将柱两侧的梁端剪力、节点集中力及上层柱轴力叠加,即得本层柱轴力。例如,在恒载作用下,第 9 层 B 柱上端的轴力为

$$N_B^u = 50.71 + 10.31 + 50.00 = 111.02 \text{kN}$$

该层柱下端的轴力应计入柱的自重,即

$$N_B^b = 111.02 + 0.45 \times 0.45 \times 3.6 \times 25 = 129.25 \text{kN}$$

梁端剪力及柱轴力的计算结果见表 4-17。

层次	恒荷载内力							活荷载内力				
	梁端剪力			A柱轴力		B柱轴力		梁端剪力			柱轴力	
	V_A	V_B^l	$V_B^r = V_C^l$	N_A^u	N_A^b	N_B^u	N_B^b	V_A	V_B^l	$V_B^r = V_C^l$	N_A	N_B
9	46.92	50.71	10.31	96.92	115.15	111.02	129.25	14.22	16.02	2.88	37.80	44.6
8	62.69	64.45	7.84	227.84	246.07	271.54	289.77	14.62	15.62	3.60	62.29	76.69
7	62.61	64.53	7.84	358.68	376.91	432.14	450.37	14.62	15.62	3.60	89.14	111.56
6	62.61	64.53	7.84	489.52	507.75	592.74	610.97	14.62	15.62	3.60	115.99	146.44
5	62.61	64.53	7.84	620.36	638.59	753.34	771.57	14.62	15.62	3.60	142.84	181.31
4	62.61	64.53	7.84	751.20	769.43	913.94	932.17	14.62	15.62	3.60	169.69	216.19
3	62.61	64.53	7.84	882.04	900.27	1074.54	1092.77	14.62	15.62	3.60	196.54	251.06
2	62.56	64.58	7.84	1012.83	1031.06	1235.19	1253.42	14.62	15.62	3.60	223.39	285.94
1	62.61	64.53	7.84	1144.67	1175.30	1396.79	1427.42	14.58	15.66	3.60	252.13	321.93

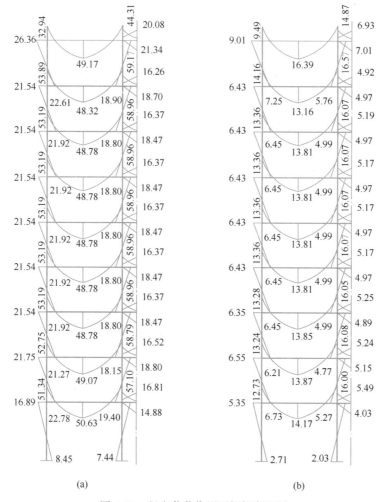

(a)　　　　　　　　　　　　　　　　(b)

图 4-73　竖向荷载作用下框架弯矩图

（a）恒荷载作用下框架弯矩图（单位：kN·m）；（b）活载作用下框架弯矩图（单位：kN·m）

4.11.5 风荷载作用下框架结构分析

1. 框架结构侧向刚度计算

柱侧向刚度按式（4-20）计算，其中 α_c 按表 4-4 所列公式计算，梁、柱线刚度分别见表 4-15、表 4-16。例如，第 2 层边柱和中柱的侧向刚度计算如下：

$$\overline{K} = \frac{\sum i_b}{2i_c} = \frac{5.4 \times 2}{2 \times 2.848} = 1.896, \quad \alpha_c = \frac{\overline{K}}{2 + \overline{K}} = \frac{1.896}{2 + 1.896} = 0.487$$

$$D_{21} = \alpha_c \frac{12i_c}{h^2} = 0.487 \times \frac{12 \times 2.848 \times 10^{10}}{3600^2} = 12842 \text{N/mm}$$

$$\overline{K} = \frac{\sum i_b}{2i_c} = \frac{(5.4 + 5.695) \times 2}{2 \times 2.848} = 3.896, \quad \alpha_c = \frac{\overline{K}}{2 + \overline{K}} = \frac{3.896}{2 + 3.896} = 0.661$$

$$D_{22} = \alpha_c \frac{12i_c}{h^2} = 0.661 \times \frac{12 \times 2.848 \times 10^{10}}{3600^2} = 17431 \text{N/mm}$$

该层一榀横向框架的总侧向刚度为

$$D_2 = (12842 + 17431) \times 2 = 60546 \text{N/mm}$$

其余各层柱侧向刚度计算过程从略，计算结果见表 4-18。

各层柱侧向刚度 *D* 值（N/mm）　　　　　　　表 4-18

层次	边柱			中柱			$\sum D$
	$\overline{K}$	α_c	D_{i1}	$\overline{K}$	α_c	D_{i2}	
4～9	1.896	0.487	11986	3.896	0.661	16268	56508
3	1.964	0.495	12183	4.035	0.669	16465	57296
2	1.896	0.487	12842	3.896	0.661	17431	60546
1	1.693	0.594	9467	3.479	0.726	11571	42076

2. 侧移二阶效应的考虑

首先需按式（4-49）验算是否须考虑侧移二阶效应的影响，式中的 $\sum_{j=i}^{n} G_j$ 可根据表 4-17 中各层柱下端截面的轴力计算，且应转换为设计值，计算结果见表 4-19。

各楼层重力荷载设计值计算　　　　　　　　表 4-19

层次	层高	恒荷载轴力标准值（kN）		活荷载轴力标准值（kN）		G_i(kN)	G_i/h_i(kN/m)
		A 柱	B 柱	A 柱	B 柱		
9	3.6	115.15	129.25	37.8	44.6	817.28	227.02
8	3.6	246.07	289.77	62.29	76.69	1675.16	465.32
7	3.6	376.91	450.37	89.14	111.56	2547.432	707.62
6	3.6	507.75	610.97	115.99	146.44	3419.732	949.93
5	3.6	638.59	771.57	142.84	181.31	4292.004	1192.22
4	3.6	769.43	932.17	169.69	216.19	5164.304	1434.53
3	3.6	900.27	1092.77	196.54	251.06	6036.576	1676.83
2	3.6	1031.06	1253.42	223.39	285.94	6908.876	1919.13
1	4.9	1175.3	1427.42	252.13	321.93	7853.896	1602.84

比较表 4-18 与表 4-19 中的相应数值可见，各层均满足上式的要求，即本例的框架结构不需要考虑侧移二阶效应的影响。

3. 框架结构侧移验算

根据图 4-69（b）所示的水平荷载，由式（4-17）计算层间剪力 V_i，然后依据表 4-18 所列的层间侧向刚度，按式（4-33）计算各层的相对侧移，计算过程见表 4-20。由于该房屋的高宽比（$H/B=33.7/14.4=2.34$）较小，故可以不考虑柱轴向变形产生的侧移。

按式（4-43）进行侧移验算，验算结果亦列于表 4-20。可见，各层的层间侧移角均小于 1/550，满足要求。

层间剪力及侧移计算　　　　　　　　　表 4-20

层　次	9	8	7	6	5	4	3	2	1
F_i(kN)	14.984	29.405	28.282	26.884	25.187	23.094	20.640	18.334	19.660
V_i(kN)	14.984	44.389	72.671	99.555	124.742	147.836	168.476	186.810	206.470
ΣD(N/mm)	56508	56508	56508	56508	56508	56508	57296	60546	42076
$(\Delta u)_i$(mm)	0.27	0.79	1.29	1.76	2.21	2.62	2.94	3.09	4.91
$(\Delta u)_i/h_i$	1/13333	1/4557	1/2791	1/2045	1/1629	1/1374	1/1224	1/1165	1/998

4. 框架结构内力计算

按式（4-18）计算各柱的分配剪力，然后按式（4-30）计算柱端弯矩。由于结构对称，故只需计算一根边柱和一根中柱的内力，计算过程见表 4-21。表中的反弯点高度比 y 是按式（4-25）确定的，其中标准反弯点高度比 y_n 查均布荷载作用下的相应值（附表 7-1）；第 3 层柱考虑了修正值 y_1，第 2 层柱考虑了修正值 y_3，底层柱考虑了修正值 y_2，其余柱均无修正。

风荷载作用下各层框架柱端弯矩计算　　　　　　表 4-21

层次	层高 (m)	V_i (kN)	D_i (N/mm)	边　柱						中　柱					
				D_{i1}	V_{i1}	$\overline{K}$	y	M_{i1}^h	M_{i1}^u	D_{i2}	V_{i2}	$\overline{K}$	y	M_{i2}^h	M_{i2}^u
9	3.6	14.984	56508	11986	3.178	1.896	0.440	5.034	6.407	16268	4.314	3.896	0.450	6.989	8.542
8	3.6	44.389	56508	11986	9.415	1.896	0.445	15.083	18.811	16268	12.779	3.896	0.495	22.772	23.232
7	3.6	72.671	56508	11986	15.414	1.896	0.450	24.971	30.520	16268	20.921	3.896	0.500	37.658	37.658
6	3.6	99.555	56508	11986	21.117	1.896	0.495	37.630	38.391	16268	28.661	3.896	0.500	51.590	51.590
5	3.6	124.742	56508	11986	26.459	1.896	0.495	47.150	48.102	16268	35.912	3.896	0.500	64.642	64.642
4	3.6	147.836	56508	11986	31.358	1.896	0.495	55.880	57.009	16268	42.560	3.896	0.500	76.608	76.608
3	3.6	168.476	57296	12183	35.823	1.964	0.500	64.481	64.481	16465	48.415	4.035	0.500	87.147	87.147
2	3.6	186.810	60546	12842	39.623	1.896	0.500	71.321	71.321	17431	53.782	3.896	0.500	96.808	96.808
1	4.9	206.470	42076	9467	46.455	1.693	0.581	132.253	95.377	11571	56.780	3.479	0.550	153.022	125.200

注：表中剪力 V 的单位为 kN；弯矩 M 的单位为 kN·m。

梁端弯矩按式（4-31）计算，然后由平衡条件求出梁端剪力及柱轴力，计算过程见表 4-22。在图 4-69（b）所示的风荷载作用下，框架左侧的边柱轴力和中柱轴力均为拉力（用负号表示），右侧的两根柱轴力应为压力，总拉力与总压力数值相等，符号相反。

层 次	边 梁				走 道 梁				柱轴力	
	M_b^l	M_b^r	l	V_b	M_b^l	M_b^r	l	V_b	边柱	中柱
9	6.407	4.157	6	1.761	4.385	4.385	2.4	3.654	−1.761	−1.893
8	23.845	14.708	6	6.426	15.513	15.513	2.4	12.928	−8.187	−8.395
7	45.603	29.410	6	12.502	31.020	31.020	2.4	25.850	−20.689	−21.743
6	63.362	43.435	6	17.800	45.813	45.813	2.4	38.178	−38.489	−42.121
5	85.732	56.567	6	23.717	59.665	59.665	2.4	49.721	−62.206	−68.125
4	104.159	68.743	6	28.817	72.507	72.507	2.4	60.423	−91.023	−99.731
3	120.361	79.695	6	33.343	84.060	84.060	2.4	70.050	−124.366	−136.438
2	135.802	89.532	6	37.556	94.423	94.423	2.4	78.686	−161.922	−177.568
1	166.698	108.053	6	45.792	113.955	113.955	2.4	94.963	−207.714	−226.739

注：表中剪力和轴力的单位为 kN；弯矩的单位为 kN·m；梁跨度 l 的单位为 m。

框架弯矩图见图 4-74，图中弯矩的单位为 kN·m。

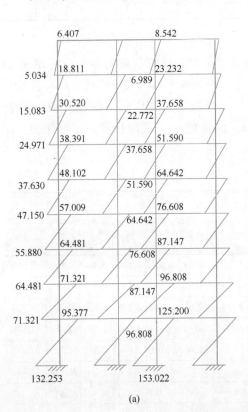

(a)

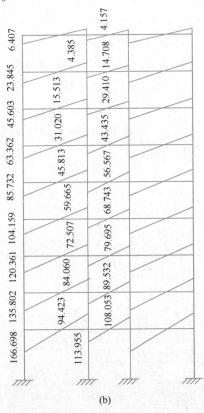

(b)

图 4-74　风荷载作用下框架弯矩图
(a) 框架柱弯矩图；(b) 框架梁弯矩图

4.11.6　内力组合

本例仅以第 1 层的梁、柱内力组合和截面设计为例，说明设计方法，其他层的从略。

1. 梁端控制截面内力标准值

表 4-23 是第 1 层梁在恒载、活载和风荷载标准值作用下，柱轴线处及柱边缘处（控制截面）的梁端弯矩值和剪力值，其中柱轴线处的梁端弯矩值和剪力值取自表 4-17、表 4-22 和图 4-73；柱边缘处的梁端弯矩值和剪力值按下述方法计算。

在竖向荷载作用下：$M_b = M - V \cdot b/2$，$V_b = V - q \cdot b/2$

例如，恒载作用下 A 支座边缘处的 M_b 和 V_b 分别为

$$M_b = M - V \cdot b/2 = 51.34 - 62.61 \times 0.5/2 = 35.69 \text{kN} \cdot \text{m}$$

$$V_b = V - q \cdot b/2 = 62.61 - 13.00 \times 0.5/2 = 59.36 \text{kN}$$

在风荷载作用下：$M_b = M - V \cdot b/2$，$V_b = V$

例如，风荷载作用下 A 支座边缘处的弯矩值和剪力值分别为

$$M_b = M - V \cdot b/2 = 166.70 - 45.79 \times 0.5/2 = 155.25 \text{kN}$$

$$V_b = V = 45.79 \text{kN}$$

第 1 层梁端控制截面内力标准值 表 4-23

截面	恒载内力				活载内力				风载内力			
	柱轴线处		柱边缘处		柱轴线处		柱边缘处		柱轴线处		柱边缘处	
	M	V	M	V	M	V	M	V	M	V	M	V
A	51.34	62.61	35.69	59.36	12.73	14.58	9.09	14.58	166.70	45.79	155.25	45.79
B_l	57.10	64.53	40.97	61.28	16.00	15.66	12.09	15.66	108.05	45.79	96.60	45.79
B_r	16.81	7.84	14.85	7.18	5.49	3.60	4.59	3.60	113.96	94.96	90.22	94.96

注：表中弯矩 M 的单位为 kN·m；剪力 V 的单位为 kN。

2. 梁控制截面内力组合值

梁内力组合按 4.6.1 小节所述方法进行，第 1 层梁控制截面内力组合值见表 4-24，相应截面的内力标准值取自表 4-23。组合时，竖向荷载作用下的梁支座截面负弯矩乘了系数 0.8，以考虑塑性内力重分布，跨中截面弯矩相应增大（由平衡条件确定）；当风荷载作用下支座截面为正弯矩且与永久荷载和竖向可变荷载效应组合时，永久荷载分项系数取 1.0，可变荷载分项系数取 0。

第 1 层梁控制截面组合的内力设计值 表 4-24

截面		$S = \gamma_G S_{Gk} \pm 1.0 \times \gamma_w S_{wk} + \gamma_L \times 0.7 \times \gamma_Q S_{Qk}$						$S = \gamma_G S_{Gk} + 1.0 \times \gamma_L \gamma_Q S_{Qk} \pm 0.6 \times \gamma_w S_{wk}$			
		→		←		→		→		←	
		M	V	M	V	M	V	M	V	M	V
支座	A	204.32	18.36	−269.06	160.71	−48.03	73.99	−187.75	115.20		
	B_l	−197.66	164.54	112.12	22.14	−144.06	108.91	−57.12	67.70		
	B_r	123.45	−132.88	−154.63	135.30	−20.95	−31.68	−102.15	53.80		
跨中	AB	212.35		123.44		41.63		25.57			
	BC	123.45		123.45		−55.06		−55.06			

注：弯矩 M 的单位为 kN·m；剪力 V 的单位为 kN；支座截面上部受拉时为负弯矩（−M），下部受拉时为正弯矩（M）。

下面以第 1 层 AB 跨梁为例，说明在 $\gamma_G S_{Gk} \pm 1.0 \times \gamma_w S_{wk} + \gamma_L \times 0.7 \times \gamma_Q S_{Qk}$ 组合项中，

各内力组合值的确定方法。

在左风荷载（→）作用下，由表 4-23 的有关数据，并对竖向荷载作用下的梁端负弹性弯矩乘以系数 0.8，可得 A 端及 B_l 端的弯矩组合值：

$$M_A = \gamma_G M_{Gk} \pm 1.0 \times \gamma_w M_{wk} + \gamma_L \times 0.7 \times \gamma_Q M_{Qk}$$
$$= 1.0 \times 0.8 \times (-35.69) + 1.0 \times 1.5 \times 155.25$$
$$= 204.32 \text{kN} \cdot \text{m}$$

$$M_{Bl} = \gamma_G M_{Gk} \pm 1.0 \times \gamma_w M_{wk} + \gamma_L \times 0.7 \times \gamma_Q M_{Qk}$$
$$= 1.3 \times 0.8 \times (-40.97) + 1.0 \times 1.5 \times (-96.60) + 0.7 \times 1.5 \times 0.8 \times (-12.09)$$
$$= -197.66 \text{kN} \cdot \text{m}$$

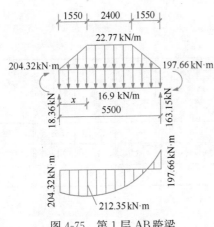

图 4-75　第 1 层 AB 跨梁

梁两端截面的剪力及跨间弯矩可根据梁的平衡条件求得（图 4-75）。其中作用于梁上的恒荷载和活荷载设计值分别为

$$q_0 = 1.3 \times 13.00 = 16.90 \text{kN/m}$$
$$q_1 = 1.3 \times 11.70 + 0.7 \times 1.5 \times 7.2$$
$$= 22.77 \text{kN/m}$$

由于梁端弯矩系支座边缘处的弯矩值，故计算时应取净跨：

$$l_n = 6.0 - 0.5 = 5.5 \text{m}$$

由图 4-75，可得梁两端的剪力值：

$$V_A = \left(\frac{16.9 \times 5.5}{2} + \frac{22.77 \times 1.55}{2} + \frac{22.77 \times 2.4}{2} \right) - \left(\frac{204.32 + 197.66}{5.5} \right)$$
$$= 91.45 - 73.09$$
$$= 18.36 \text{kN}$$

$$V_{Bl} = 91.45 + 73.09 = 164.54 \text{kN}$$

假定梁跨中最大弯矩至 A 端的距离为 x，且 $x < 1.55$m，则最大弯矩处的剪力应满足

$$V(x) = 18.36 - 16.9x - \left(\frac{22.77}{1.55} x \right) \frac{x}{2} = 0$$

由此得 $x = 0.81$m < 1.55m，与初始假定相符，所得 x 有效。梁跨中最大弯矩为

$$M = 204.32 + 18.36 \times 0.81 - \frac{1}{2} \times 16.9 \times 0.81^2 - \frac{1}{2} \times \left(\frac{22.77}{1.55} \times 0.81 \right) \times \frac{0.81^2}{3}$$
$$= 212.35 \text{kN} \cdot \text{m}$$

同样，可求出有右风荷载（←）作用时，梁端截面弯矩、剪力及跨中截面弯矩。在考虑风荷载效应的组合项中，BC 跨梁跨中无最大正弯矩，此时取相应的支座正弯矩作为跨中截面下部纵向受力钢筋配筋计算的依据。

3. 柱控制截面内力组合值

柱控制截面为其上、下端截面，其内力组合值见表 4-25。表中的柱端弯矩，以绕柱

端截面反时针方向旋转为正；柱端剪力以绕柱端截面顺时针方向旋转为正。图 4-76 是第 1 层左侧 A、B 两柱在恒载、活荷载、左风及右风作用下的弯矩图以及相应的轴力和剪力的实际方向，组合时应根据此图确定内力值的正负号。

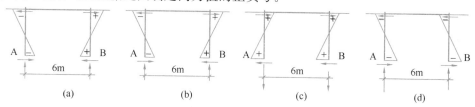

图 4-76　第 1 层左侧 AB 跨柱内力及方向示意图

(a) 恒载内力；(b) 活载内力；(c) 左风载内力；(d) 右风载内力

下面以第 1 层 A 柱上端截面在 $\gamma_G S_{Gk} \pm 1.0 \times \gamma_w S_{wk} + \gamma_L \times 0.7 \times \gamma_Q S_{Qk}$ 组合项时的内力组合为例，说明组合方法。

在左风荷载（→）作用下

$$M = 1.0 \times (-16.89) + 1.0 \times 1.5 \times 95.38 = 126.18 \text{kN} \cdot \text{m}$$
$$N = 1.0 \times 1144.67 + 1.0 \times 1.5 \times (-207.71) = 833.11 \text{kN}$$
$$V = 1.0 \times (-5.17) + 1.0 \times 1.5 \times 46.46 = 64.52 \text{kN}$$

在右风荷载（←）作用下

$$M = 1.3 \times (-16.89) + 1.0 \times 1.5 \times (-95.38) + 0.7 \times 1.5 \times (-5.35)$$
$$= -170.64 \text{kN} \cdot \text{m}$$
$$N = 1.3 \times 1144.67 + 1.0 \times 1.5 \times 207.71 + 0.7 \times 1.5 \times 252.13 = 2064.37 \text{kN}$$
$$V = 1.3 \times (-5.17) + 1.0 \times 1.5 \times (-46.46) + 0.7 \times 1.5 \times (-1.64)$$
$$= -78.13 \text{kN}$$

4.11.7　梁、柱截面设计

1. 梁截面设计

材料强度：C30（$f_c = 14.3 \text{N/mm}^2$，$f_t = 1.43 \text{N/mm}^2$）；HRB400 级钢筋（$f_y = 360 \text{N/mm}^2$）；HPB300 级钢筋（$f_y = 270 \text{N/mm}^2$）。

从表 4-24 中，找出第 1 层梁的跨中及支座截面的最不利内力，即

AB 跨　跨中截面：$M = 212.35 \text{kN} \cdot \text{m}$
　　　　支座截面：$M_A = -269.06 \text{kN} \cdot \text{m}$；$M_{B左} = -197.66 \text{kN} \cdot \text{m}$
　　　　　　　　$V_A = 160.71 \text{kN}$；　　　　$V_{B左} = 164.54 \text{kN}$

BC 跨　跨中截面：$M = 123.45 \text{kN} \cdot \text{m}$
　　　　支座截面：$M = -154.63 \text{kN} \cdot \text{m}$；　$V = 135.30 \text{kN}$

（1）梁正截面受弯承载力计算

AB 跨梁：先计算跨中截面。因梁板现浇，故跨中按 T 形截面计算。$h_f' = 100 \text{mm}$，$h_0 = 560 \text{mm}$，$h_f'/h_0 = 100/560 = 0.18 > 0.1$，$b_f'$ 不受此限制；$b + s_n = 3600 \text{mm}$；$l_0/3 = 6000/3 = 2000 \text{mm}$，故取 $b_f' = 2000 \text{mm}$。

$$\alpha_1 f_c b_f' h_f' (h_0 - h_f'/2) = 1.0 \times 14.3 \times 2000 \times 100 \times (560 - 100/2)$$
$$= 1458.60 \times 10^6 \text{N} \cdot \text{mm} = 1458.60 \text{kN} \cdot \text{m} > 212.35 \text{kN} \cdot \text{m}$$

故属第一类 T 形截面。

第 1 层柱控制截面内力组合值表

表 4-25

截面	分类	S_{Gk}	S_{Qk}	S_{wk}	$S=\gamma_G S_{Gk}\pm1.0\times\gamma_w S_{wk}+\gamma_L\times0.7\times\gamma_Q S_{Qk}$ $\rightarrow$	$\leftarrow$	$S=\gamma_G S_{Gk}+1.0\times\gamma_L\gamma_Q S_{Qk}\pm0.6\times\gamma_w S_{wk}$ $\rightarrow$	$\leftarrow$	$\lvert M\rvert_{max}$ N V	N_{max} M V	N_{min} M V
A 柱 上端	M	−16.89	−5.35	±95.38	126.18	−170.64	−29.98	−115.82	−170.64	−170.64	126.18
	N	1144.67	252.13	±207.71	833.11	2064.37	1866.27	2053.21	2064.37	2064.37	833.11
	V	−5.17	−1.64	±46.46	64.52	−78.13	−9.18	−51.00	−78.13	−78.13	64.52
A 柱 下端	M	−8.45	−2.71	±132.25	189.93	−212.21	−15.05	−134.08	−212.21	−212.21	189.93
	N	1175.30	252.13	±207.71	967.57	2104.19	1906.09	2093.02	2104.19	2104.19	967.57
	V	−5.17	−1.64	±46.46	64.52	−78.13	−9.18	−51.00	−78.13	−78.13	62.52
B 柱 上端	M	14.88	4.03	±125.20	211.38	−172.92	138.07	25.39	211.38	211.38	172.92
	N	1396.79	321.93	±226.74	2493.96	1736.90	2411.40	2298.72	2493.96	2493.96	1736.90
	V	4.56	1.24	±56.78	92.40	−80.61	58.89	7.79	92.40	92.40	80.61
B 柱 下端	M	7.44	2.03	±153.02	241.33	−220.09	150.44	12.72	241.33	150.44	220.09
	N	1427.42	321.93	±226.74	2533.78	1767.53	2542.61	2338.54	2533.78	2542.61	1767.53
	V	4.56	1.24	±56.78	92.40	−80.61	58.89	7.79	92.40	58.89	80.61

注：1. 表中 M 的单位为 kN·m；N、V 的单位为 kN；
2. 弯矩以绕柱端截面反时针方向旋转为正，剪力方向针方向为正。轴力以受压为正。

$$\alpha_s = \frac{M}{\alpha_1 f_c b'_f h_0^2} = \frac{212.35 \times 10^6}{1.0 \times 14.3 \times 2000 \times 560^2} = 0.0237$$

$$\xi = 1 - \sqrt{1 - 2\alpha_s} = 1 - \sqrt{1 - 2 \times 0.0237} = 0.0242$$

$$A_s = \alpha_1 f_c b'_f h_0 \xi / f_y = 1.0 \times 14.3 \times 2000 \times 560 \times 0.0242 / 360 = 1076 \text{mm}^2$$

因 $0.45 f_t / f_y = 0.45 \times 1.43/360 = 0.0018 < 0.002$，$0.002bh = 0.002 \times 300 \times 600 = 360\text{mm}^2 < A_s$，故满足要求，实配钢筋 3 Φ 22（$A_s = 1140\text{mm}^2$）。

将跨中截面的 3 Φ 22 全部伸入支座，作为支座负弯矩作用下的受压钢筋（$A'_s = 1140\text{mm}^2$），据此计算支座上部纵向受拉钢筋的数量。

支座 A $\quad M = -269.06\text{kN} \cdot \text{m}$，$A'_s = 1140\text{mm}^2$

$$\alpha_s = \frac{|M| - f'_y A'_s (h_0 - a'_s)}{\alpha_1 f_c b h_0^2} = \frac{269.06 \times 10^6 - 360 \times 1140 \times (560 - 40)}{1.0 \times 14.3 \times 300 \times 560^2} = 0.0414$$

$$\xi = 1 - \sqrt{1 - 2\alpha_s} = 1 - \sqrt{1 - 2 \times 0.0414} = 0.0422 < \xi_b = 0.518 \text{ 且} < \frac{2a'_s}{h_0} = 0.1429$$

$$A_s = \frac{|M|}{f_y(h_0 - a'_s)} = \frac{269.06 \times 10^6}{360 \times (560 - 40)} = 1437\text{mm}^2$$

实配钢筋 4 Φ 22（$A_s = 1520\text{mm}^2$）。

支座 B_l $\quad M = -197.66\text{kN} \cdot \text{m}$，$A'_s = 1140\text{mm}^2$

$$A_s = \frac{|M|}{f_y(h_0 - a'_s)} = \frac{197.66 \times 10^6}{360 \times (560 - 40)} = 1056\text{mm}^2$$

实配钢筋 1 Φ 20 + 2 Φ 22（$A_s = 1074\text{mm}^2$）。

BC 跨梁　计算方法与上述相同，计算结果为

跨中截面　3 Φ 20（$A_s = 942\text{mm}^2$）

支座截面　1 Φ 20 + 2 Φ 22（$A_s = 1074\text{mm}^2$）

且 BC 跨梁支座截面上部钢筋不截断，全部拉通布置，以抵抗跨中截面的负弯矩。

（2）梁斜截面受剪承载力计算

AB 跨梁两端支座截面剪力值相差较小，所以两端支座截面均按 $V = 164.54\text{kN}$ 确定箍筋数量。因 $h_w / b = 560/300 = 1.867 < 4$，故

$$0.25\beta_c f_c b h_0 = 0.25 \times 1.0 \times 14.3 \times 300 \times 560 = 600.600\text{kN} > V$$

截面尺寸满足要求。

$$0.7 f_t b h_0 = 0.7 \times 1.43 \times 300 \times 560 = 168.168\text{kN} > V$$

所以此梁可按构造要求配置箍筋，取 Φ 8@200。

经计算，BC 跨梁也是按构造要求配置箍筋，取 Φ 8@200。

2. 柱截面设计

下面以第 1 层 B 轴柱为例说明计算方法。

纵筋选用 HRB400 级钢筋（$f_y = f'_y = 360\text{N/mm}^2$），箍筋选用 HPB300 级钢筋（$f_y = 270\text{N/mm}^2$），第 1 层混凝土强度等级为 C30（$f_c = 14.3\text{N/mm}^2$，$f_t = 1.43\text{N/mm}^2$）。取 $h_0 = 455\text{mm}$。

从 B 轴柱的 6 组内力中（表 4-25）选取下列两组内力进行截面配筋计算：

第 1 组：$M_2 = 241.33\text{kN} \cdot \text{m}$，$N = 2533.78\text{kN}$；$M_1 = 211.38\text{kN} \cdot \text{m}$

第 2 组：$M_2 = 220.09\text{kN} \cdot \text{m}$，$N = 1767.53\text{kN}$；$M_1 = 172.92\text{kN} \cdot \text{m}$

（1）第 1 组内力的柱截面配筋计算

1）判断构件是否需要考虑附加弯矩

取 $a_s = a'_s = 45\text{mm}$，$h_0 = h - a_s = 500 - 45 = 455\text{mm}$。由于柱两端弯矩值不相等且为双曲率弯曲，故计算杆端弯矩比时 M_1/M_2 为负值，即

杆端弯矩比 $\qquad \dfrac{M_1}{M_2} = -\dfrac{211.38}{241.33} = -0.88 < 0.9$

轴压比 $\qquad \dfrac{N}{Af_c} = \dfrac{2533.78 \times 10^3}{500 \times 500 \times 14.3} = 0.709 < 0.9$

截面回转半径 $\qquad i = \dfrac{h}{2\sqrt{3}} = \dfrac{500}{2\sqrt{3}} = 144.3\text{mm}$

长细比 $\quad \dfrac{l_c}{i} = \dfrac{4900}{144.3} = 34 < 34 - 12\left(\dfrac{M_1}{M_2}\right) = 34 - 12 \times \left(-\dfrac{211.38}{241.33}\right) = 44.51$

故不需考虑杆件自身挠曲变形的影响。

2）计算弯矩设计值

$$M = C_m \eta_{ns} M_2 = 1.0 \times 241.33 = 241.33\text{kN} \cdot \text{m}$$

3）判别偏压类型

$$e_0 = \frac{M}{N} = \frac{241.33 \times 10^6}{2533.78 \times 10^3} = 95.2\text{mm}$$

$$\frac{h}{30} = \frac{500}{30} = 16.7\text{mm} < 20\text{mm}，取\ e_a = 20\text{mm}$$

$$e_i = e_0 + e_a = 95.2 + 20 = 115.2\text{mm} < 0.3h_0 = 0.3 \times 455 = 137\text{mm}$$

故初步判断为小偏心受压构件。

4）计算 A_s

$$e = e_i + \frac{h}{2} - a_s = 115.2 + \frac{500}{2} - 45 = 320.2\text{mm}$$

按下式计算相对受压区高度 ξ：

$$\xi = \frac{N - \alpha_1 f_c b h_0 \xi_b}{\dfrac{Ne - 0.43\alpha_1 f_c b h_0^2}{(\beta_1 - \xi_b)(h_0 - a'_s)} + \alpha_1 f_c b h_0} + \xi_b$$

上式应满足 $N > \xi_b \alpha_1 f_c b h_0$ 和 $Ne > 0.43\alpha_1 f_c b h_0^2$，否则为构造配筋。对本例而言，$\beta_1 = 0.8$，$\alpha_1 = 1.0$，$\xi_b = 0.518$，$e = 320.2\text{mm}$，则

$\xi_b \alpha_1 f_c b h_0 = 0.518 \times 1.0 \times 14.3 \times 500 \times 455 = 1685.18\text{kN} < N = 2533.78\text{kN}$

$0.43\alpha_1 f_c b h_0^2 = 0.43 \times 1.0 \times 14.3 \times 500 \times 455^2$

$\qquad\qquad = 636.498\text{kN} \cdot \text{m} < Ne = 2533.78 \times 0.3202 = 754.32\text{kN} \cdot \text{m}$

所以应按计算配置纵向受力钢筋。将相关数据代入后可得

$$\begin{aligned}
\xi &= \frac{N - \alpha_1 f_c b h_0 \xi_b}{\dfrac{Ne - 0.43\alpha_1 f_c b h_0^2}{(\beta_1 - \xi_b)(h_0 - a'_s)} + \alpha_1 f_c b h_0} + \xi_b \\
&= \frac{2533.78 \times 10^3 - 1685.18 \times 10^3}{\dfrac{754.32 \times 10^6 - 636.498 \times 10^6}{(0.8 - 0.518)(455 - 45)} + 1.0 \times 14.3 \times 500 \times 455} + 0.518 \\
&= 0.717
\end{aligned}$$

受拉纵向钢筋应力为

$$\sigma_s = \frac{\xi - \beta_1}{\xi_b - \beta_1} f_y = \frac{0.717 - 0.8}{0.518 - 0.8} \times 360 = 106.0 \text{ N/mm}^2 \quad \begin{matrix} < f_y = 360 \text{ N/mm}^2 \\ > -f'_y = -360 \text{ N/mm}^2 \end{matrix}$$

表明纵向钢筋受拉且未达到屈服强度,故按下式计算钢筋面积:

$$A_s = A'_s = \frac{Ne - \alpha_1 f_c b h_0^2 \xi (1 - 0.5\xi)}{f'_y (h_0 - a'_s)}$$

$$= \frac{2533.78 \times 10^3 \times 320.2 - 1 \times 14.3 \times 500 \times 455^2 \times 0.717 \times (1 - 0.5 \times 0.717)}{360 \times (455 - 45)}$$

$$= 884 \text{mm}^2$$

选 3 Φ 20 ($A_s = 942 \text{ mm}^2$) 满足要求。截面总配筋率 $\rho = \dfrac{A_s + A'_s}{bh} = \dfrac{942 + 942}{500 \times 500} = 0.0075 >$

0.0055 满足要求。

5) 验算垂直于弯矩作用平面的受压承载力

$$\frac{l_0}{b} = \frac{4900}{500} = 9.8, \varphi = 0.982, 则$$

$$N_u = 0.9\varphi(f_c A + f'_y A'_s)$$

$$= 0.9 \times 0.982 \times [14.3 \times 500 \times 500 + 360 \times (942 + 942)]$$

$$= 3759.104 \times 10^3 \text{ N}$$

$$= 3759.104 \text{kN} > N = 2533.78 \text{kN}$$

满足要求。

(2) 第 2 组内力的柱截面配筋计算

1) 判断构件是否需要考虑附加弯矩

由于柱两端弯矩值不相等且为双曲率弯曲,故计算杆端弯矩比时 M_1/M_2 为负值,即

杆端弯矩比 $\qquad \dfrac{M_1}{M_2} = -\dfrac{172.92}{220.09} = -0.79 < 0.9$

轴压比 $\qquad \dfrac{N}{Af_c} = \dfrac{1767.53 \times 10^3}{500 \times 500 \times 14.3} = 0.469 < 0.9$

截面回转半径 $\qquad i = \dfrac{h}{2\sqrt{3}} = \dfrac{500}{2\sqrt{3}} = 144.3 \text{mm}$

长细比 $\quad \dfrac{l_c}{i} = \dfrac{4900}{144.3} = 34 < 34 - 12\left(\dfrac{M_1}{M_2}\right) = 34 + 12 \times 0.79 = 43.5$

故不需考虑杆件自身挠曲变形的影响。

2) 计算弯矩设计值

$$M = C_m \eta_{ns} M_2 = 1.0 \times 220.09 = 220.09 \text{kN} \cdot \text{m}$$

3) 判别偏压类型

$$e_0 = \frac{M}{N} = \frac{220.09 \times 10^6}{1767.53 \times 10^3} = 124.5 \text{mm}$$

$$e_i = e_0 + e_a = 124.5 + 20 = 144.5 \text{mm} > 0.3h_0 (= 0.3 \times 455 = 137 \text{mm})$$

故为大偏心受压构件。

4) 计算 A_s

$$\xi = \frac{N}{\alpha_1 f_c b h_0} = \frac{1767.53 \times 10^3}{1.0 \times 14.3 \times 500 \times 455} = 0.543 > \xi_b = 0.518$$

应按下式重新计算 ξ：

$$\xi = \frac{N - \alpha_1 f_c b h_0 \xi_b}{\dfrac{Ne - 0.43 \alpha_1 f_c b h_0^2}{(\beta_1 - \xi_b)(h_0 - a_s')} + \alpha_1 f_c b h_0} + \xi_b$$

上式应满足 $N > \xi_b \alpha_1 f_c b h_0$ 和 $Ne > 0.43 \alpha_1 f_c b h_0^2$，否则为构造配筋。对本例而言，$\beta_1 = 0.8$，$\alpha_1 = 1.0$，$\xi_b = 0.518$，$e$ 按下式计算：

$$e = e_i + \frac{h}{2} - a_s = 144.5 + \frac{500}{2} - 45 = 349.5\text{mm}$$

$$\xi_b \alpha_1 f_c b h_0 = 0.518 \times 1.0 \times 14.3 \times 500 \times 455 = 1685.18\text{kN} < N = 1767.53\text{kN}$$

$$0.43 \alpha_1 f_c b h_0^2 = 0.43 \times 1.0 \times 14.3 \times 500 \times 455^2$$
$$= 636.498\text{kN} \cdot \text{m} > Ne = 1767.53 \times 0.3495 = 617.752\text{kN} \cdot \text{m}$$

因后一式不满足要求，所以应按构造要求配置纵向受力钢筋。

$$A_{s\min} = 0.002bh = 0.002 \times 500 \times 500 = 500\text{mm}^2 > A_s$$

所以应按构造要求配置纵向受力钢筋，选 3 Φ 18（$A_s = 763\text{mm}^2$）。

（3）斜截面受剪承载力验算

由表 4-25 可见，B 轴柱的最大剪力 $V = 92.4\text{kN}$，相应的轴力取 $N = 2493.96\text{kN}$。

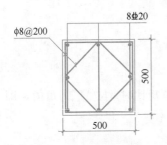

图 4-77　柱截面配筋图

$$\lambda = \frac{H_n}{2h_0} = \frac{4900 - (600 + 450)/2}{2 \times 455}$$
$$= 4.81 > 3 (取 \lambda = 3)$$
$$\frac{1.75}{\lambda + 1} f_t b h_0 = \frac{1.75}{3 + 1} \times 1.43 \times 500 \times 455$$
$$= 142.33\text{kN} > V$$
$$= 92.4\text{kN}$$

所以可按构造要求配置箍筋，选 ϕ8@200。柱截面配筋图如图 4-77 所示。

小　结

4.1　多、高层建筑混凝土结构类型主要有钢筋混凝土结构、型钢混凝土结构、钢管混凝土结构和混合结构等。其中钢筋混凝土结构是目前多、高层建筑的主要形式，而混合结构则主要用于超高层建筑结构。

4.2　多、高层建筑结构的基本抗侧力单元有框架、剪力墙和筒体，由它们可以组成各种抗侧力结构体系。其中框架结构、剪力墙结构和框架－剪力墙结构体系一般用于多、高层建筑，而各种筒体结构则主要用于超高层建筑。

4.3　在水平荷载作用下，多、高层建筑结构的内力和侧移分析方法可分为精细分析方法和简化分析方法。前者主要有空间杆计算模型和空间组合结构计算模型，两者的主要区别在于剪力墙单元的模拟方法，此法只能借助计算机进行计算；后者主要有平面协同计算模型和空间协同计算模型，可用手算或计算机进行计算。

4.4　框架结构是多、高层建筑的一种主要结构形式。结构设计时，需首先进行结构布置和拟定梁、柱截面尺寸，确定结构计算简图，然后进行作用计算及作用效应分析、作用效应组合和截面设计，并绘制结构施工图。

4.5　设计多、高层建筑结构房屋的梁、柱、墙和基础时，应将楼面活荷载乘以折减系数，以考虑活荷载满布在各层楼面上的可能性程度。计算作用在结构上的风荷载时，对主要承重结构和围护结构应分别计算。对高度大于30m且高宽比大于1.5的结构，采用风振系数考虑脉动风压对主要承重结构的不利影响；而计算围护结构的风荷载时，采用阵风系数近似考虑脉动风瞬间的增大因素；另外，两种情况下的风载体型系数取值也不完全相同。

4.6　竖向荷载作用下框架结构的内力可用分层法、弯矩二次分配法和系数法等近似方法计算。分层法在分层计算时，将上、下柱远端的弹性支承改为固定端，同时将除底层外的其他各层柱的线刚度乘以系数0.9，相应地柱的弯矩传递系数由1/2改为1/3，底层柱和各层梁的线刚度不变且其弯矩传递系数仍为1/2。

弯矩二次分配法是先对各节点的不平衡弯矩分别进行分配（其间不传递），然后对各杆件的远端进行传递。一次传递后，再进行第二次弯矩分配。

系数法是一种更简单的方法，只需给出荷载、框架梁的计算跨度和支承条件，就可计算出框架梁、柱各控制截面内力。

分层法和弯矩二次分配法的计算精度较高，可用于工程设计；而系数法的计算精度较低，可用于初步设计阶段。

4.7　水平荷载作用下框架结构内力可用 D 值法、反弯点法和门架法等简化方法计算。其中 D 值法的计算精度较高，当梁、柱线刚度比大于3时，反弯点法也有较好的计算精度，此二法可用于工程设计；而门架法的计算精度较差，可用于初步设计阶段。

4.8　D 值是框架结构层间柱产生单位相对侧移所需施加的水平剪力，可用于框架结构的侧移计算和各柱间的剪力分配。D 值是在考虑框架梁为有限刚度、梁柱节点有转动的前提下得到的，故比较接近实际情况。

影响柱反弯点高度的主要因素是柱上、下端的约束条件。柱两端的约束刚度不同，相应的柱端转角也不相等，反弯点向转角较大的一端移动，即向约束刚度较小的一端移动。D 值法中柱的反弯点位置就是根据这种规律确定的。

4.9　在水平荷载作用下，框架结构各层产生层间剪力和倾覆力矩。层间剪力使梁、柱产生弯曲变形，引起的框架结构侧移曲线具有整体剪切型变形特点；倾覆力矩使框架柱（尤其是边柱）产生轴向拉、压变形，引起的框架结构侧移曲线具有整体弯曲型变形特点。当框架结构房屋较高或其高宽比较大时，宜考虑柱轴向变形对框架结构侧移的影响。

4.10　施工阶段不加支撑的钢筋混凝土叠合梁是两阶段受力构件。梁在叠合前所受的应力实际上是一初应力，其初始压应力抵消了第二阶段中和轴附近的部分拉应力，使该部分受拉区混凝土在使用阶段承担一部分弯矩。叠合梁存在"受拉区钢筋应力超前"及"受压区混凝土应变滞后"现象，这对叠合梁在使用阶段的变形和裂缝宽度计算均有影响。

4.11　多、高层建筑结构房屋的基础类型有柱下独立基础、条形基础、十字交叉条形基础、筏形基础、箱形基础和桩基础等。设计时，应综合考虑上部结构的层数、荷载大小和分布、使用要求、地基土的物理力学性质、地下水位以及施工条件等因素，选择合理的基础形式。

4.12　用简化方法计算柱下条形基础和十字交叉条形基础的内力时，假定基底反力为线性分布，按倒梁法计算基础梁内力。其适用条件为：地基比较均匀；上部结构刚度较大，荷载分布较均匀；条形基础梁的高度不于小1/6柱距。

对于柱下十字交叉条形基础，当相邻柱距大于 πS（S 为基础梁的弹性特征长度）时，可按式（4-73）～式（4-77）将作用于节点上的竖向集中荷载分配到纵、横向条形基础梁上。

思　考　题

4.1　多、高层建筑混凝土结构有哪些结构类型和抗侧力结构体系？

4.2 在水平荷载作用下，多、高层建筑结构的内力和侧移分析方法有哪些？简述这些分析方法的特点和适用范围。

4.3 设计多、高层建筑混凝土结构时，应满足哪些要求？

4.4 框架结构的承重方案有几种？各有何特点？

4.5 框架结构的梁、柱截面尺寸如何确定？应考虑哪些因素？

4.6 怎样确定框架结构的计算简图？当各层柱截面尺寸不同且轴线不重合时应如何考虑？

4.7 框架结构设计中应考虑哪些荷载或作用？风荷载如何计算？风振系数和阵风系数各表达何种物理意义？

4.8 简述分层法和弯矩二次分配法的计算要点及步骤。

4.9 D 值的物理意义是什么？影响因素有哪些？具有相同截面的边柱和中柱的 D 值是否相同？具有相同截面及柱高的上层柱与底层柱的 D 值是否相同（假定混凝土弹性模量相同）？

4.10 有一空间框架结构，假定楼盖的平面内刚度无穷大，且结构在水平荷载作用下不产生扭转，用 D 值法分配层间剪力。先将层间剪力分配给每一榀平面框架，再分配到各平面框架的每根柱；或者用每根柱的 D 值与层间全部柱的 $\sum D$ 的比值将层间剪力直接分配给每根柱。这两种方法的计算结果是否相同？为什么？

4.11 水平荷载作用下框架柱的反弯点位置与哪些因素有关？试分析反弯点位置的变化规律与这些因素的关系。如果与某层柱相邻的上层柱的混凝土弹性模量降低了，该层柱的反弯点位置如何变化？此时如何利用现有表格对标准反弯点位置进行修正？

4.12 水平荷载作用下框架结构的侧移由哪两部分组成？各有何特点？为什么需要进行侧移验算？如何验算？

4.13 如何确定框架结构梁、柱组合的内力设计值？

4.14 叠合梁与一次整浇梁的受力特点有何不同？叠合梁设计时应考虑哪些问题？

4.15 框架梁、柱及节点各有哪些构造要求？

4.16 基础类型有哪些？如何选择基础类型？

4.17 试述柱下条形基础、十字交叉条形基础和筏形基础设计的主要步骤。如何用倒梁法进行基础梁的内力分析？十字交叉条形基础上的节点竖向集中荷载如何分配到纵、横向条形基础梁上？

习　题

4.1 图 4-78 所示框架结构，各跨梁跨中均作用竖向集中荷载 $P=100$kN。各层柱截面均为 400mm×400mm；各层梁截面相同：左跨梁 300mm×700mm，右跨梁 300mm×500mm。各层梁、柱混凝土强度等级均为 C30。试分别用分层法和弯矩二次分配法计算该框架梁、柱的弯矩，并与矩阵位移法的计算结果进行比较。用矩阵位移法计算的弯矩值（kN·m）标注在该图中各杆上，均标注在各截面受拉纤维一侧。

4.2 已知条件同习题 4.1，试用 D 值法计算该框架在图 4-79 所示水平荷载作用下的内力及侧移，并与矩阵位移法的计算结果进行比较。矩阵位移法的计算结果标注在截面受拉纤维一侧，柱左、右侧的弯矩值（kN·m）分别表示该层柱下、上端的弯矩值。

4.3 图 4-80 所示为一柱下钢筋混凝土条形基础，所受外荷载值及位置已知。地基为均匀黏性土，地基承载力特征值 $f_{ak}=160$kPa，土的重度 19kN/m³，基础埋深 2.4m（由室内地坪算起）。要求确定基础梁高度、基础底面尺寸及翼缘板的厚度；用倒梁法计算基础梁的内力，并按受弯和受剪承载力进行配筋计算（提示：混凝土强度等级、钢筋种类以及图中的 l_1、l_2 由读者自定）。

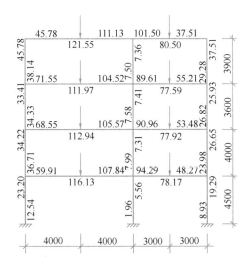

图 4-78　习题 4.1 图

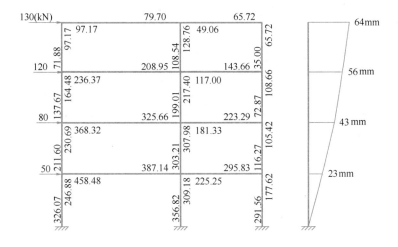

图 4-79　习题 4.2 图

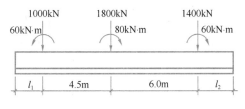

图 4-80　习题 4.3 图

附　　录

附表 1　等截面等跨连续梁在常用荷载作用下的内力系数表

1. 在均布及三角形荷载作用下

$$M=表中系数\times ql^2 \qquad V=表中系数\times ql$$

2. 在集中荷载作用下

$$M=表中系数\times Pl \qquad V=表中系数\times P$$

3. 内力正负号规定

M——使截面上部受压、下部受拉为正；

V——对邻近截面所产生的力矩沿顺时针方向者为正。

两　跨　梁

附表 1-1

荷　载　图	跨内最大弯矩		支座弯矩	剪力		
	M_1	M_2	M_B	V_A	$V_{B左}$ $V_{B右}$	V_C
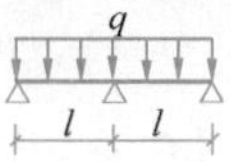	0.070	0.070	−0.125	0.375	−0.625 0.625	−0.375
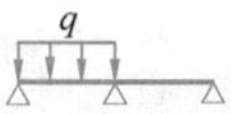	0.096	—	−0.063	0.437	−0.563 0.063	0.063
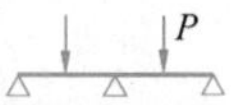	0.156	0.156	−0.188	0.312	−0.688 0.688	−0.312
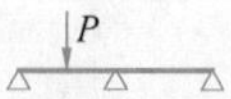	0.203	—	−0.094	0.406	−0.594 0.094	0.094
	0.222	0.222	−0.333	0.667	−1.333 1.333	−0.667
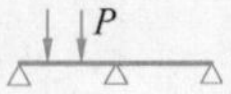	0.278	—	−0.167	0.833	−1.167 0.167	0.167

荷 载 图	跨内最大弯矩		支座弯矩		剪　　力			
	M_1	M_2	M_B	M_C	V_A	$V_{B左}$ $V_{B右}$	$V_{C左}$ $V_{C右}$	V_D
q / l l l	0.080	0.025	−0.100	−0.100	0.400	−0.600 0.500	−0.500 0.600	−0.400
q　　q	0.101	—	−0.050	−0.050	0.450	−0.550 0	0 0.550	−0.450
q	—	0.075	−0.050	−0.050	−0.050	−0.050 0.500	−0.500 0.050	0.050
q	0.073	0.054	−0.117	−0.033	0.383	−0.617 0.583	−0.417 0.033	0.033
q	0.094	—	−0.067	0.017	0.433	−0.567 0.083	−0.083 −0.017	−0.017
P	0.175	0.100	−0.150	−0.150	0.350	−0.650 0.500	−0.500 0.650	−0.350
P	0.213	—	−0.075	−0.075	0.425	−0.575 0	0 0.575	−0.425
P	—	0.175	−0.075	−0.075	−0.075	−0.075 0.500	−0.500 0.075	0.075
P	0.162	0.137	−0.175	−0.050	0.325	−0.675 0.625	−0.375 0.050	0.050
P	0.200	—	−0.100	0.025	0.400	−0.600 0.125	0.125 −0.025	−0.025
P	0.244	0.067	−0.267	−0.267	0.733	−1.267 1.000	−1.000 1.267	−0.733
P	0.289	—	−0.133	−0.133	0.866	−1.134 0	0 1.134	−0.866
P	—	0.200	−0.133	−0.133	−0.133	−0.133 1.000	−1.000 0.133	0.133
P	0.229	0.170	−0.311	−0.089	0.689	−1.311 1.222	−0.778 0.089	0.089
P	0.274	—	−0.178	0.044	0.822	−1.178 0.222	0.222 −0.044	−0.044

四跨梁

荷载图	跨内最大弯矩				支座弯矩			剪力				
	M_1	M_2	M_3	M_4	M_B	M_C	M_D	V_A	$V_{B左}$ / $V_{B右}$	$V_{C左}$ / $V_{C右}$	$V_{D左}$ / $V_{D右}$	V_E
	0.077	0.036	0.036	0.077	−0.107	−0.071	−0.107	0.393	−0.607 / 0.536	−0.464 / 0.464	−0.536 / 0.607	−0.393
	0.100	—	0.081	—	−0.054	−0.036	−0.054	0.446	−0.554 / 0.018	0.018 / 0.482	−0.518 / 0.054	0.054
	0.072	0.061	—	0.098	−0.121	−0.018	−0.058	0.380	−0.620 / 0.603	−0.397 / −0.040	−0.040 / 0.558	−0.442
	—	0.056	0.056	—	−0.036	−0.107	−0.036	−0.036	−0.036 / 0.429	−0.571 / 0.571	−0.429 / 0.036	0.036
	0.094	—	—	—	−0.067	0.018	−0.004	0.433	−0.567 / 0.085	0.085 / −0.022	−0.022 / 0.004	0.004
	—	0.074	—	—	−0.049	−0.054	0.013	−0.049	−0.049 / 0.496	−0.504 / 0.067	0.067 / −0.013	−0.013
	0.169	0.116	0.116	0.169	−0.161	−0.107	−0.161	0.339	−0.661 / 0.554	−0.446 / 0.446	−0.554 / 0.661	−0.339
	0.210	—	0.183	—	−0.080	−0.054	−0.080	0.420	−0.580 / 0.027	0.027 / 0.473	−0.527 / 0.080	0.080
	0.159	0.146	—	0.206	−0.181	−0.027	−0.087	0.319	−0.681 / 0.654	−0.346 / −0.060	−0.060 / 0.587	−0.413
	—	0.142	0.142	—	−0.054	−0.161	−0.054	−0.054	−0.054 / 0.393	−0.607 / −0.607	−0.393 / 0.054	0.054

续表

荷载图	跨内最大弯矩				支座弯矩			剪力				
	M_1	M_2	M_3	M_4	M_B	M_C	M_D	V_A	$V_{B左}$ / $V_{B右}$	$V_{C左}$ / $V_{C右}$	$V_{D左}$ / $V_{D右}$	V_E
(荷载图)	0.200	—	—	—	−0.100	0.027	−0.007	0.400	−0.600 / 0.127	0.127 / −0.033	−0.033 / 0.007	0.007
(荷载图)	—	0.173	—	—	−0.074	−0.080	0.020	−0.074	−0.074 / 0.493	−0.507 / 0.100	0.100 / −0.020	−0.020
(荷载图)	0.238	0.111	0.111	0.238	−0.286	−0.191	−0.286	0.714	−1.286 / 1.095	−0.905 / 0.905	−1.095 / 1.286	−0.714
(荷载图)	0.286	—	0.222	—	−0.143	−0.095	−0.143	0.857	−1.143 / 0.048	0.048 / 0.952	−1.048 / 0.143	0.143
(荷载图)	0.226	0.194	—	0.282	−0.321	−0.048	−0.155	0.679	−1.321 / 1.274	−0.726 / −0.107	−0.107 / 1.155	−0.845
(荷载图)	—	0.175	0.175	—	−0.095	−0.286	−0.095	−0.095	−0.095 / 0.810	−1.190 / 1.190	−0.810 / 0.095	0.095
(荷载图)	0.274	—	—	—	−0.178	0.048	−0.012	0.822	−1.178 / 0.226	0.226 / −0.060	−0.060 / 0.012	0.012
(荷载图)	—	0.198	—	—	−0.131	−0.143	0.036	−0.131	−0.131 / 0.988	−1.012 / 0.178	0.178 / −0.036	−0.036

五 跨 梁

荷载图	跨内最大弯矩 M₁	M₂	M₃	支座弯矩 M_B	M_C	M_D	M_E	剪力 V_A	$V_{B左}$ / $V_{B右}$	$V_{C左}$ / $V_{C右}$	$V_{D左}$ / $V_{D右}$	$V_{E左}$ / $V_{E右}$	V_F
q	0.078	0.033	0.046	−0.105	−0.079	−0.079	−0.105	0.394	−0.606 / 0.526	−0.474 / 0.500	−0.500 / 0.474	−0.526 / 0.606	−0.394
q	0.100	—	0.085	−0.053	−0.040	−0.040	−0.053	0.447	−0.553 / 0.013	0.013 / 0.500	−0.500 / −0.013	−0.013 / 0.553	−0.447
q	—	0.079	—	−0.053	−0.040	−0.040	−0.053	−0.053	−0.053 / 0.513	−0.487 / 0	0 / 0.487	−0.513 / 0.053	0.053
q	0.073	② 0.059 / 0.078	0.064	−0.119	−0.022	−0.044	−0.051	0.380	−0.620 / 0.598	−0.402 / −0.023	−0.023 / 0.493	−0.507 / 0.052	0.052
q	① — / 0.098	0.055	—	−0.035	−0.111	−0.020	−0.057	−0.035	−0.035 / 0.424	−0.576 / 0.591	−0.409 / −0.037	−0.037 / 0.557	−0.443
q	0.094	—	—	−0.067	0.018	−0.005	0.001	0.433	−0.567 / 0.085	0.085 / −0.023	−0.023 / 0.006	0.006 / −0.001	−0.001
q	—	0.074	—	−0.049	−0.054	0.014	−0.004	−0.049	−0.049 / 0.495	−0.505 / 0.068	0.068 / −0.018	−0.018 / 0.004	0.004
q	—	—	0.072	0.013	−0.053	−0.053	0.013	0.013	0.013 / −0.066	−0.066 / 0.500	−0.500 / 0.066	0.066 / −0.013	−0.013

荷载图	跨内最大弯矩			支座弯矩				剪力					
	M_1	M_2	M_3	M_B	M_C	M_D	M_E	V_A	$V_{B左}$ / $V_{B右}$	$V_{C左}$ / $V_{C右}$	$V_{D左}$ / $V_{D右}$	$V_{E左}$ / $V_{E右}$	V_F
(荷载图)	0.171	0.112	0.132	−0.158	−0.118	−0.118	−0.158	0.342	−0.658 / 0.540	−0.460 / 0.500	−0.500 / 0.460	−0.540 / 0.658	−0.342
(荷载图)	0.211	—	0.191	−0.079	−0.059	−0.059	−0.079	0.421	−0.579 / 0.020	0.020 / 0.500	−0.500 / −0.020	−0.020 / 0.579	−0.421
(荷载图)	—	0.181	—	−0.079	−0.059	−0.059	−0.079	−0.079	−0.079 / 0.520	−0.480 / 0	0 / 0.480	−0.520 / 0.079	0.079
(荷载图)	0.160	$\frac{②0.144}{0.178}$	0.151	−0.179	−0.032	−0.066	−0.077	0.321	−0.679 / 0.647	−0.353 / −0.034	−0.034 / 0.489	−0.511 / 0.077	0.077
(荷载图)	$\frac{①}{0.207}$	0.140	—	−0.052	−0.167	−0.031	−0.086	−0.052	−0.052 / 0.385	−0.615 / 0.637	−0.363 / −0.056	−0.056 / 0.586	−0.414
(荷载图)	0.200	—	—	−0.100	0.027	−0.007	0.002	0.400	−0.600 / 0.127	0.127 / −0.034	−0.034 / 0.009	0.009 / −0.002	−0.002
(荷载图)	—	0.173	—	−0.073	−0.081	0.022	−0.005	−0.073	−0.073 / 0.493	−0.507 / 0.102	0.102 / −0.027	−0.027 / 0.005	0.005
(荷载图)	—	—	0.171	0.020	−0.079	−0.079	0.020	0.020	0.020 / −0.099	−0.099 / 0.500	−0.500 / 0.099	0.099 / −0.020	−0.020

荷载图	跨内最大弯矩			支座弯矩				剪　力					
	M_1	M_2	M_3	M_B	M_C	M_D	M_E	V_A	$V_{B左}$ / $V_{B右}$	$V_{C左}$ / $V_{C右}$	$V_{D左}$ / $V_{D右}$	$V_{E左}$ / $V_{E右}$	V_F
	0.240	0.100	0.122	−0.281	−0.211	−0.211	−0.281	0.719	−1.281 / 1.070	−0.930 / 1.000	−1.000 / 0.930	−1.070 / 1.281	−0.719
	0.287	—	0.228	−0.140	−0.105	−0.105	−0.140	0.860	−1.140 / 0.035	0.035 / 1.000	−1.000 / −0.035	−0.035 / 1.140	−0.860
	—	0.216	—	−0.140	−0.105	−0.105	−0.140	−0.140	−0.140 / 1.035	−0.965 / 0	0.000 / 0.965	−1.035 / 0.140	0.140
	0.227	②0.189 / 0.209	—	−0.319	−0.057	−0.118	−0.137	0.681	−1.319 / 1.262	−0.738 / −0.061	−0.061 / 0.981	−1.019 / 0.137	0.137
	①— / 0.282	0.172	0.198	−0.093	−0.297	−0.054	−0.153	−0.093	−0.093 / 0.796	−1.204 / 1.243	−0.757 / −0.099	−0.099 / 1.153	−0.847
	0.274	—	—	−0.179	0.048	−0.013	0.003	0.821	−1.179 / 0.227	0.227 / −0.061	−0.061 / 0.016	0.016 / −0.003	−0.003
	—	0.198	—	−0.131	−0.144	0.038	−0.010	−0.131	−0.131 / 0.987	−1.013 / 0.182	0.182 / −0.048	−0.048 / 0.010	0.010
	—	—	0.193	0.035	−0.140	−0.140	0.035	0.035	0.035 / −0.175	−0.175 / 1.000	−1.000 / 0.175	0.175 / −0.035	−0.035

①分子及分母分别为 M_1 及 M_5 的弯矩系数；②分子及分母分别为 M_2 及 M_4 的弯矩系数。

附表 2　双向板计算系数表

符号说明:

B_c——板的抗弯刚度,$B_c = \dfrac{Eh^3}{12\,(1-\nu_c^2)}$;

E——混凝土弹性模量;

h——板厚;

ν_c——混凝土泊松比。

f、f_{max}——板中心点的挠度和最大挠度;

m_x、m_{xmax}——平行于 l_x 方向板中心点单位板宽内的弯矩和板跨内最大弯矩;

m'_x——固定边中点沿 l_x 方向单位板宽内的弯矩;

m'_y——固定边中点沿 l_y 方向单位板宽内的弯矩;

-------代表简支边;ⅬⅬⅬⅬⅬ代表固定边。

正负号的规定:

弯矩——使板的受荷面受压者为正;

挠度——变位与荷载方向相同者为正。

附表 2-1

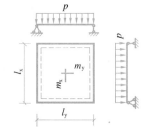

挠度=表中系数$\times\dfrac{pl^4}{B_c}$

$\nu_c = 0$,弯矩=表中系数$\times pl^2$

式中 l 取用 l_x 和 l_y 中之较小者。

l_x/l_y	f	m_x	m_y	l_x/l_y	f	m_x	m_y
0.50	0.01013	0.0965	0.0174	0.80	0.00603	0.0561	0.0334
0.55	0.00940	0.0892	0.0210	0.85	0.00547	0.0506	0.0348
0.60	0.00867	0.0820	0.0242	0.90	0.00496	0.0456	0.0353
0.65	0.00796	0.0750	0.0271	0.95	0.00449	0.0410	0.0364
0.70	0.00727	0.0683	0.0296	1.00	0.00406	0.0368	0.0368
0.75	0.00663	0.0620	0.0317				

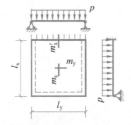

挠度＝表中系数 $\times \dfrac{pl^4}{B_c}$

$\nu_c=0$，弯矩＝表中系数 $\times pl^2$

式中 l 取用 l_x 和 l_y 中之较小者。

l_x/l_y	l_y/l_x	f	f_{max}	m_x	m_{xmax}	m_y	m_{ymax}	m'_x
0.50		0.00488	0.00504	0.0583	0.0646	0.0060	0.0063	−0.1212
0.55		0.00471	0.00492	0.0563	0.0618	0.0081	0.0087	−0.1187
0.60		0.00453	0.00472	0.0539	0.0589	0.0104	0.0111	−0.1158
0.65		0.00432	0.00448	0.0513	0.0559	0.0126	0.0133	−0.1124
0.70		0.00410	0.00422	0.0485	0.0529	0.0148	0.0154	−0.1087
0.75		0.00388	0.00399	0.0457	0.0496	0.0168	0.0174	−0.1048
0.80		0.00365	0.00376	0.0428	0.0463	0.0187	0.0193	−0.1007
0.85		0.00343	0.00352	0.0400	0.0431	0.0204	0.0211	−0.0965
0.90		0.00321	0.00329	0.0372	0.0400	0.0219	0.0226	−0.0922
0.95		0.00299	0.00306	0.0345	0.0369	0.0232	0.0239	−0.0880
1.00	1.00	0.00279	0.00285	0.0319	0.0340	0.0243	0.0249	−0.0839
	0.95	0.00316	0.00324	0.0324	0.0345	0.0280	0.0287	−0.0882
	0.90	0.00360	0.00368	0.0328	0.0347	0.0322	0.0330	−0.0926
	0.85	0.00409	0.00417	0.0329	0.0347	0.0370	0.0378	−0.0970
	0.80	0.00464	0.00473	0.0326	0.0343	0.0424	0.0433	−0.1014
	0.75	0.00526	0.00536	0.0319	0.0335	0.0485	0.0494	−0.1056
	0.70	0.00595	0.00605	0.0308	0.0323	0.0553	0.0562	−0.1096
	0.65	0.00670	0.00680	0.0291	0.0306	0.0627	0.0637	−0.1133
	0.60	0.00752	0.00762	0.0268	0.0289	0.0707	0.0717	−0.1166
	0.55	0.00838	0.00848	0.0239	0.0271	0.0792	0.0801	−0.1193
	0.50	0.00927	0.00935	0.0205	0.0249	0.0880	0.0888	−0.1215

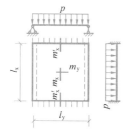

挠度 = 表中系数 × $\dfrac{pl^4}{B_c}$

$\nu_c = 0$，弯矩 = 表中系数 × pl^2

式中 l 取用 l_x 和 l_y 中之较小者。

l_x/l_y	l_y/l_x	f	m_x	m_y	m_x'
0.50		0.00261	0.0416	0.0017	−0.0843
0.55		0.00259	0.0410	0.0028	−0.0840
0.60		0.00255	0.0402	0.0042	−0.0834
0.65		0.00250	0.0392	0.0057	−0.0826
0.70		0.00243	0.0379	0.0072	−0.0814
0.75		0.00236	0.0366	0.0088	−0.0799
0.80		0.00228	0.0351	0.0103	−0.0782
0.85		0.00220	0.0335	0.0118	−0.0763
0.90		0.00211	0.0319	0.0133	−0.0743
0.95		0.00201	0.0302	0.0146	−0.0721
1.00	1.00	0.00192	0.0285	0.0158	−0.0698
	0.95	0.00223	0.0296	0.0189	−0.0746
	0.90	0.00260	0.0306	0.0224	−0.0797
	0.85	0.00303	0.0314	0.0266	−0.0850
	0.80	0.00354	0.0319	0.0316	−0.0904
	0.75	0.00413	0.0321	0.0374	−0.0959
	0.70	0.00482	0.0318	0.0441	−0.1013
	0.65	0.00560	0.0308	0.0518	−0.1066
	0.60	0.00647	0.0292	0.0604	−0.1114
	0.55	0.00743	0.0267	0.0698	−0.1156
	0.50	0.00844	0.0234	0.0798	−0.1191

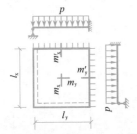

挠度＝表中系数$\times\dfrac{pl^4}{B_c}$

$\nu_c=0$，弯矩＝表中系数$\times pl^2$

式中l取用l_x和l_y中之较小者。

l_x/l_y	f	f_{max}	m_x	m_{xmax}	m_y	m_{ymax}	m_x'	m_y'
0.50	0.00468	0.00471	0.0559	0.0562	0.0079	0.0135	−0.1179	−0.0786
0.55	0.00445	0.00454	0.0529	0.0530	0.0104	0.0153	−0.1140	−0.0785
0.60	0.00419	0.00429	0.0496	0.0498	0.0129	0.0169	−0.1095	−0.0782
0.65	0.00391	0.00399	0.0461	0.0465	0.0151	0.0183	−0.1045	−0.0777
0.70	0.00363	0.00368	0.0426	0.0432	0.0172	0.0195	−0.0992	−0.0770
0.75	0.00335	0.00340	0.0390	0.0396	0.0189	0.0206	−0.0938	−0.0760
0.80	0.00308	0.00313	0.0356	0.0361	0.0204	0.0218	−0.0883	−0.0748
0.85	0.00281	0.00286	0.0322	0.0328	0.0215	0.0229	−0.0829	−0.0733
0.90	0.00256	0.00261	0.0291	0.0297	0.0224	0.0238	−0.0776	−0.0716
0.95	0.00232	0.00237	0.0261	0.0267	0.0230	0.0244	−0.0726	−0.0698
1.00	0.00210	0.00215	0.0234	0.0240	0.0234	0.0249	−0.0667	−0.0677

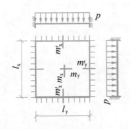

挠度＝表中系数$\times\dfrac{pl^4}{B_c}$

$\nu_c=0$，弯矩＝表中系数$\times pl^2$

式中l取用l_x和l_y中之较小者。

l_x/l_y	f	m_x	m_y	m_x'	m_y'
0.50	0.00253	0.0400	0.0038	−0.0829	−0.0570
0.55	0.00246	0.0385	0.0056	−0.0814	−0.0571
0.60	0.00236	0.0367	0.0076	−0.0793	−0.0571
0.65	0.00224	0.0345	0.0095	−0.0766	−0.0571
0.70	0.00211	0.0321	0.0113	−0.0735	−0.0569
0.75	0.00197	0.0296	0.0130	−0.0701	−0.0565
0.80	0.00182	0.0271	0.0144	−0.0664	−0.0559
0.85	0.00168	0.0246	0.0156	−0.0626	−0.0551
0.90	0.00153	0.0221	0.0165	−0.0588	−0.0541
0.95	0.00140	0.0198	0.0172	−0.0550	−0.0528
1.00	0.00127	0.0176	0.0176	−0.0513	−0.0513

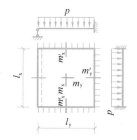

挠度 = 表中系数 $\times \dfrac{pl^4}{B_c}$

$\nu_c = 0$，弯矩 = 表中系数 $\times pl^2$

式中 l 取用 l_x 和 l_y 中之较小者。

l_x/l_y	l_y/l_x	f	f_{max}	m_x	$m_{x\,max}$	m_y	$m_{y\,max}$	m'_x	m'_y
0.50		0.00257	0.00258	0.0408	0.0409	0.0028	0.0089	−0.0836	−0.0569
0.55		0.00252	0.00255	0.0398	0.0399	0.0042	0.0093	−0.0827	−0.0570
0.60		0.00245	0.00249	0.0384	0.0386	0.0059	0.0105	−0.0814	−0.0571
0.65		0.00237	0.00240	0.0368	0.0371	0.0076	0.0116	−0.0796	−0.0572
0.70		0.00227	0.00229	0.0350	0.0354	0.0093	0.0127	−0.0774	−0.0572
0.75		0.00216	0.00219	0.0331	0.0335	0.0109	0.0137	−0.0750	−0.0572
0.80		0.00205	0.00208	0.0310	0.0314	0.0124	0.0147	−0.0722	−0.0570
0.85		0.00193	0.00196	0.0289	0.0293	0.0138	0.0155	−0.0693	−0.0567
0.90		0.00181	0.00184	0.0268	0.0273	0.0159	0.0163	−0.0663	−0.0563
0.95		0.00169	0.00172	0.0247	0.0252	0.0160	0.0172	−0.0631	−0.0558
1.00	1.00	0.00157	0.00160	0.0227	0.0231	0.0168	0.0180	−0.0600	−0.0550
	0.95	0.00178	0.00182	0.0229	0.0234	0.0194	0.0207	−0.0629	−0.0599
	0.90	0.00201	0.00206	0.0228	0.0234	0.0223	0.0238	−0.0656	−0.0653
	0.85	0.00227	0.00233	0.0225	0.0231	0.0255	0.0273	−0.0683	−0.0711
	0.80	0.00256	0.00262	0.0219	0.0224	0.0290	0.0311	−0.0707	−0.0772
	0.75	0.00286	0.00294	0.0208	0.0214	0.0329	0.0354	−0.0729	−0.0837
	0.70	0.00319	0.00327	0.0194	0.0200	0.0370	0.0400	−0.0748	−0.0903
	0.65	0.00352	0.00365	0.0175	0.0182	0.0412	0.0446	−0.0762	−0.0970
	0.60	0.00386	0.00403	0.0153	0.0160	0.0454	0.0493	−0.0773	−0.1033
	0.55	0.00419	0.00437	0.0127	0.0133	0.0496	0.0541	−0.0780	−0.1093
	0.50	0.00449	0.00463	0.0099	0.0103	0.0534	0.0588	−0.0784	−0.1146

附表3 风荷载特征值

位于平坦或稍有起伏地形的高层建筑，其风压高度变化系数应根据地面粗糙度类别按附表3-1确定。地面粗糙度应分为四类：A类指近海海面和海岛、海岸、湖岸及沙漠地区；B类指田野、乡村、丛林、丘陵以及房屋比较稀疏的乡镇；C类指有密集建筑群的城市市区；D类指有密集建筑群且房屋较高的城市市区。

附表 3-1

风压高度变化系数 μ_z

离地面或海平面高度	地面粗糙度类别			
(m)	A	B	C	D
5	1.09	1.00	0.65	0.51
10	1.28	1.00	0.65	0.51
15	1.42	1.13	0.65	0.51
20	1.52	1.23	0.74	0.51
30	1.67	1.39	0.88	0.51
40	1.79	1.52	1.00	0.60
50	1.89	1.62	1.10	0.69
60	1.97	1.71	1.20	0.77
70	2.05	1.79	1.28	0.84
80	2.12	1.87	1.36	0.91
90	2.18	1.93	1.43	0.98
100	2.23	2.00	1.50	1.04
150	2.46	2.25	1.79	1.33
200	2.64	2.46	2.03	1.58
250	2.78	2.63	2.24	1.81
300	2.91	2.77	2.43	2.02
350	2.91	2.91	2.60	2.22
400	2.91	2.91	2.76	2.40
450	2.91	2.91	2.91	2.58
500	2.91	2.91	2.91	2.74
≥550	2.91	2.91	2.91	2.91

附表 3-2

部分建筑的风荷载体型系数

项 次	类 别	体型及体型系数 μ_s
1	封闭式 双坡屋面	
2	封闭式 带天窗 双坡屋面	

项 次	类 别	体型及体型系数 μ_s
3	封闭式 双跨 双坡屋面	 迎风坡面的 μ_s 按第1项采用
4	封闭式 不等高不等跨的 双跨双坡屋面	 迎风坡面的 μ_s 按第1项采用
5	封闭式房屋 和构筑物	 正多边形(包括矩形)平面 Y形平面 L形平面　　　　　　　　Π形平面 十字形平面　　　　　　截角三角形平面

高层建筑的振型系数 附表 3-3

相对高度 / z/H	振型序号			
	1	2	3	4
0.1	0.02	−0.09	0.22	−0.38
0.2	0.08	−0.30	0.58	−0.73
0.3	0.17	−0.50	0.70	−0.40
0.4	0.27	−0.68	0.46	0.33
0.5	0.38	−0.63	−0.03	0.68
0.6	0.45	−0.48	−0.49	0.29
0.7	0.67	−0.18	−0.63	−0.47
0.8	0.74	0.17	−0.34	−0.62
0.9	0.86	0.58	0.27	−0.02
1.0	1.00	1.00	1.00	1.00

注：迎风面宽度较大的高层建筑，当剪力墙和框架均起主要作用时，其振型系数可按本表采用。

阵风系数 β_{gz} 附表 3-4

离地面高度 (m)	地面粗糙度类别			
	A	B	C	D
5	1.65	1.70	2.05	2.40
10	1.60	1.70	2.05	2.40
15	1.57	1.66	2.05	2.40
20	1.55	1.63	1.99	2.40
30	1.53	1.59	1.90	2.40
40	1.51	1.57	1.85	2.29
50	1.49	1.55	1.81	2.20
60	1.48	1.54	1.78	2.14
70	1.48	1.52	1.75	2.09
80	1.47	1.51	1.73	2.04
90	1.46	1.50	1.71	2.01
100	1.46	1.50	1.69	1.98
150	1.43	1.47	1.63	1.87
200	1.42	1.45	1.59	1.79
250	1.41	1.43	1.57	1.74
300	1.40	1.42	1.54	1.70
350	1.40	1.41	1.53	1.67
400	1.40	1.41	1.51	1.64
450	1.40	1.41	1.50	1.62
500	1.40	1.41	1.50	1.60
550	1.40	1.41	1.50	1.59

附表4 5～50/5t 一般用途电动桥式起重机基本参数和尺寸系列（ZQ1-62）

5～50/5t 一般用途电动桥式起重机基本参数和尺寸系列（ZQ1-62）　　　　　附表4

起重量 Q	跨度 L_k	尺　寸				$A_4\sim A_5$			小车总重 Q_1
		宽度 B	轮距 K	轨顶以上高度 H	轨道中心至端部距离 B_1	最大轮压 P_{max}	最小轮压 P_{min}	起重机总重 G	
t	m	mm	mm	mm	mm	t	t	t	t
5	16.5	4650	3500	1870	230	7.6	3.1	16.4	2.0（单闸）2.1（双闸）
	19.5	5150	4000			8.5	3.5	19.0	
	22.5					9.0	4.2	21.4	
	25.5	6400	5250			10.0	4.7	24.4	
	28.5					10.0	6.3	28.5	
10	16.5	5550	4400	2140	230	11.5	2.5	18.0	3.8（单闸）3.9（双闸）
	19.5	5550	4400			12.0	3.2	20.3	
	22.5					12.5	4.7	22.4	
	25.5	6400	5250	2190		13.5	5.0	27.0	
	28.5					14.0	6.6	31.5	
15	16.5	5650		2050	230	16.5	3.4	24.1	5.3（单闸）5.5（双闸）
	19.5	5550	4400			17.0	4.8	25.5	
	22.5			2140	260	18.5	5.8	31.6	
	25.5	6400	5250			19.5	6.0	38.0	
	28.5					21.0	6.8	40.0	
15/3	16.5	5650		2050	230	16.5	3.5	25.0	6.9（单闸）7.4（双闸）
	19.5	5550	4400			17.5	4.3	28.5	
	22.5			2150	260	18.5	5.0	32.1	
	25.5	6400	5250			19.5	6.0	36.0	
	28.5					21.0	6.8	40.5	
20/5	16.5	5650		2200	230	19.5	3.0	25.0	7.5（单闸）7.8（双闸）
	19.5	5550	4400			20.5	3.5	28.0	
	22.5			2300	260	21.5	4.5	32.0	
	25.5	6400	5250			23.0	5.3	30.5	
	28.5					24.0	6.5	41.0	
30/5	16.5	6050	4600		260	27.0	5.0	34.0	11.7（单闸）11.8（双闸）
	19.5	6150	4800			28.0	6.5	36.5	
	22.5			2600	300	29.0	7.0	42.0	
	25.5	6650	5250			31.0	7.8	47.5	
	28.5					32.0	8.8	51.5	

起重量 Q	跨度 L_k	尺　寸				$A_4 \sim A_5$			
		宽度 B	轮距 K	轨顶以上高度 H	轨道中心至端部距离 B_1	最大轮压 P_{max}	最小轮压 P_{min}	起重机总重 G	小车总重 Q_1
t	m	mm	mm	mm	mm	t	t	t	t
50/5	16.5	6350	4800	2700	300	39.5	7.5	44.0	14.0(单闸) 14.5(双闸)
	19.5			2750		41.5	7.5	48.0	
	22.5					42.5	8.5	52.0	
	25.5	6800	5250			44.5	8.5	56.0	
	28.5					46.0	9.5	61.0	

注：1. 表列尺寸和重量均为该标准制造的最大限值；
2. 起重机总重量根据带双闸小车和封闭式操纵室重量求得；
3. 本表未包括重级工作制吊车，需要时可查（ZQ1-62）系列；
4. 本表质量单位为吨（t），使用时需要折算成法定重力计量单位千牛（kN）。理应将表中值乘以 9.81；为简化，近似以表中值乘以 10.0。

附表5　钢筋混凝土结构伸缩缝最大间距（m）

钢筋混凝土结构伸缩缝最大间距（m）			附表5
结　构　类　别		室内或土中	露　天
排架结构	装配式	100	70
框架结构	装配式	75	50
	现浇式	55	35
剪力墙结构	装配式	65	40
	现浇式	45	30
挡土墙、地下室墙壁等类结构	装配式	40	30
	现浇式	30	20

注：1. 装配整体式结构房屋的伸缩缝间距，可根据结构的具体情况取表中装配式结构与现浇式结构之间的数值；

2. 框架-剪力墙结构或框架-核心筒结构房屋的伸缩缝间距，可根据结构的具体布置情况取表中框架结构与剪力墙结构之间的数值；

3. 当屋面无保温或隔热措施时，框架结构、剪力墙结构的伸缩缝间距宜按表中露天栏的数值取用；

4. 现浇挑檐、雨罩等外露结构的伸缩缝间距不宜大于12m。

附表6 Ⅰ形截面柱的力学特性

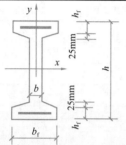

A——截面面积（mm^2）；

I_x——对 x 轴的惯性矩（mm^4）；

I_y——对 y 轴的惯性矩（mm^4）；

g——每米长的自重（kN/m）。

截面尺寸	A （$\times 10^2 mm^2$）	I_x （$\times 10^8 mm^4$）	I_y （$\times 10^8 mm^4$）	g （kN/m）
Ⅰ 300×400×60×60	588	12.68	3.31	1.47
Ⅰ 300×400×60×80	684	14.01	4.20	1.71
Ⅰ 300×500×60×60	648	22.30	3.33	1.62
Ⅰ 300×500×60×80	744	25.00	4.22	1.86
Ⅰ 300×600×60×60	708	35.16	3.35	1.77
Ⅰ 300×600×60×80	804	39.71	4.24	2.01
Ⅰ 300×600×80×80	887	40.90	4.34	2.22
Ⅰ 350×400×60×60	660	14.66	5.23	1.65
Ⅰ 350×400×60×80	776	16.27	6.65	1.94
Ⅰ 350×400×80×80	819	16.43	6.70	2.05
Ⅰ 350×500×60×60	720	25.64	5.25	1.80
Ⅰ 350×500×60×80	836	28.91	6.67	2.09
Ⅰ 350×500×80×80	899	29.43	6.74	2.25
Ⅰ 350×600×60×60	780	40.24	5.26	1.95
Ⅰ 350×600×60×80	896	45.73	6.69	2.24
Ⅰ 350×600×80×80	979	46.92	6.79	2.45
Ⅰ 350×700×80×80	1059	69.31	6.83	2.65
Ⅰ 350×800×80×80	1139	97.00	6.87	2.85
Ⅰ 400×400×60×60	733	16.64	7.79	1.83
Ⅰ 400×400×60×80	869	18.52	9.91	2.17
Ⅰ 400×400×80×80	912	18.68	9.96	2.28
Ⅰ 400×400×100×100	1075	19.99	12.15	2.69
Ⅰ 400×500×60×60	793	28.99	7.80	1.98
Ⅰ 400×500×60×80	929	32.81	9.92	2.32
Ⅰ 400×500×80×80	992	33.33	10.00	2.48
Ⅰ 400×500×100×100	1175	36.47	12.23	2.94
Ⅰ 400×600×60×60	853	45.31	7.82	2.13

截面尺寸	A ($\times 10^2$mm^2)	I_x ($\times 10^8$mm^4)	I_y ($\times 10^8$mm^4)	g (kN/m)
I 400×600×60×80	989	51.75	9.94	2.47
I 400×600×80×80	1072	52.94	10.04	2.68
I 400×600×100×100	1275	58.76	11.84	3.19
I 400×700×60×80	1049	77.11	9.38	2.62
I 400×700×80×80	1152	77.91	10.09	2.88
I 400×700×100×100	1375	87.47	11.93	3.44
I 400×800×80×80	1232	108.64	10.13	3.08
I 400×800×100×100	1475	123.14	12.48	3.69
I 400×800×100×150	1775	143.80	17.26	4.44
I 400×900×100×150	1875	195.38	17.34	4.69
I 400×1100×100×150	1975	256.34	17.43	4.94
I 400×1100×120×150	2230	334.94	18.03	5.58
I 500×400×120×100	1335	24.97	23.69	3.34
I 500×500×120×100	1455	45.50	23.83	3.64
I 500×600×120×100	1575	73.30	23.98	3.94
I 500×1000×120×200	2815	356.37	44.17	7.04
I 500×1200×120×200	3055	572.45	44.45	7.64
I 500×1300×120×200	3175	703.10	44.60	7.94
I 500×1400×120×200	3295	849.64	44.74	8.24
I 500×1500×120×200	3415	1012.65	44.89	8.54
I 500×1600×120×200	3535	1192.73	45.03	8.84
I 600×1800×150×250	5063	2127.91	96.50	12.66
I 600×2000×150×250	5363	2785.72	97.07	13.41

注：I 为工形截面 $b_f \times h \times b \times h_f$（$h_f$ 为翼缘高度）。

附表 7 框架柱反弯点高度比

均布水平荷载下各层柱标准反弯点高度比 y_n 附表 7-1

m	n	$\overline{K}$													
		0.1	0.2	0.3	0.4	0.5	0.6	0.7	0.8	0.9	1.0	2.0	3.0	4.0	5.0
1	1	0.80	0.75	0.70	0.65	0.65	0.60	0.60	0.60	0.60	0.55	0.55	0.55	0.55	0.55
2	2	0.45	0.40	0.35	0.35	0.35	0.35	0.40	0.40	0.40	0.40	0.45	0.45	0.45	0.45
	1	0.95	0.80	0.75	0.70	0.65	0.65	0.65	0.60	0.60	0.60	0.55	0.55	0.55	0.50
3	3	0.15	0.20	0.20	0.25	0.30	0.30	0.30	0.35	0.35	0.35	0.40	0.45	0.45	0.45
	2	0.55	0.50	0.45	0.45	0.45	0.45	0.45	0.45	0.45	0.45	0.45	0.50	0.50	0.50
	1	1.00	0.85	0.80	0.75	0.70	0.70	0.65	0.65	0.65	0.60	0.55	0.55	0.55	0.55
4	4	−0.05	0.05	0.15	0.20	0.25	0.30	0.30	0.35	0.35	0.35	0.40	0.45	0.45	0.45
	3	0.25	0.30	0.30	0.35	0.35	0.40	0.40	0.40	0.40	0.45	0.45	0.50	0.50	0.50
	2	0.65	0.55	0.50	0.50	0.45	0.45	0.45	0.45	0.45	0.45	0.50	0.50	0.50	0.50
	1	1.10	0.90	0.80	0.75	0.70	0.70	0.65	0.65	0.65	0.60	0.55	0.55	0.55	0.55
5	5	−0.20	0.00	0.15	0.20	0.25	0.30	0.30	0.30	0.35	0.35	0.40	0.45	0.45	0.45
	4	0.10	0.20	0.25	0.30	0.35	0.35	0.40	0.40	0.40	0.40	0.45	0.45	0.50	0.50
	3	0.40	0.40	0.40	0.40	0.40	0.45	0.45	0.45	0.45	0.45	0.50	0.50	0.50	0.50
	2	0.65	0.55	0.50	0.50	0.50	0.50	0.50	0.50	0.50	0.50	0.50	0.50	0.50	0.50
	1	1.20	0.95	0.80	0.75	0.75	0.70	0.70	0.65	0.65	0.65	0.55	0.55	0.55	0.55
6	6	−0.30	0.00	0.10	0.20	0.25	0.25	0.30	0.30	0.35	0.35	0.40	0.45	0.45	0.45
	5	0.00	0.20	0.25	0.30	0.35	0.35	0.40	0.40	0.40	0.40	0.45	0.45	0.50	0.50
	4	0.20	0.30	0.35	0.35	0.40	0.40	0.40	0.45	0.45	0.45	0.45	0.50	0.50	0.50
	3	0.40	0.40	0.40	0.45	0.45	0.45	0.45	0.45	0.45	0.45	0.50	0.50	0.50	0.50
	2	0.70	0.60	0.55	0.50	0.50	0.50	0.50	0.50	0.50	0.50	0.50	0.50	0.50	0.50
	1	1.20	0.95	0.85	0.80	0.75	0.70	0.70	0.65	0.65	0.65	0.55	0.55	0.55	0.55
7	7	−0.35	−0.05	0.10	0.20	0.20	0.25	0.30	0.30	0.35	0.35	0.40	0.45	0.45	0.45
	6	−0.10	0.15	0.25	0.30	0.35	0.35	0.35	0.40	0.40	0.40	0.45	0.45	0.50	0.50
	5	0.10	0.25	0.30	0.35	0.40	0.40	0.40	0.45	0.45	0.45	0.50	0.50	0.50	0.50
	4	0.30	0.35	0.40	0.40	0.40	0.45	0.45	0.45	0.45	0.45	0.50	0.50	0.50	0.50
	3	0.50	0.45	0.45	0.45	0.45	0.45	0.45	0.45	0.45	0.45	0.50	0.50	0.50	0.50
	2	0.75	0.60	0.55	0.50	0.50	0.50	0.50	0.50	0.50	0.50	0.50	0.50	0.50	0.50
	1	1.20	0.95	0.85	0.80	0.75	0.70	0.70	0.65	0.65	0.65	0.55	0.55	0.55	0.55
8	8	−0.35	−0.15	0.10	0.10	0.25	0.25	0.30	0.30	0.35	0.35	0.40	0.45	0.45	0.45
	7	−0.10	0.15	0.25	0.30	0.35	0.35	0.40	0.40	0.40	0.40	0.45	0.50	0.50	0.50
	6	0.05	0.25	0.30	0.35	0.40	0.40	0.40	0.45	0.45	0.45	0.45	0.50	0.50	0.50
	5	0.20	0.30	0.35	0.40	0.40	0.45	0.45	0.45	0.45	0.45	0.50	0.50	0.50	0.50

m	n	$\overline{K}$													
		0.1	0.2	0.3	0.4	0.5	0.6	0.7	0.8	0.9	1.0	2.0	3.0	4.0	5.0
8	4	0.35	0.40	0.40	0.45	0.45	0.45	0.45	0.45	0.45	0.45	0.50	0.50	0.50	0.50
	3	0.50	0.45	0.45	0.45	0.45	0.45	0.45	0.45	0.50	0.50	0.50	0.50	0.50	0.50
	2	0.75	0.60	0.55	0.55	0.50	0.50	0.50	0.50	0.50	0.50	0.50	0.50	0.50	0.50
	1	1.20	1.00	0.85	0.80	0.75	0.70	0.70	0.65	0.65	0.65	0.55	0.55	0.55	0.55
9	9	−0.40	−0.05	0.10	0.20	0.25	0.25	0.30	0.30	0.35	0.35	0.45	0.45	0.45	0.45
	8	−0.15	0.15	0.25	0.30	0.35	0.35	0.35	0.40	0.40	0.40	0.45	0.45	0.50	0.50
	7	0.05	0.25	0.30	0.35	0.40	0.40	0.40	0.45	0.45	0.45	0.45	0.50	0.50	0.50
	6	0.15	0.30	0.35	0.40	0.40	0.45	0.45	0.45	0.45	0.45	0.50	0.50	0.50	0.50
	5	0.25	0.35	0.40	0.40	0.45	0.45	0.45	0.45	0.45	0.45	0.50	0.50	0.50	0.50
	4	0.40	0.40	0.40	0.45	0.45	0.45	0.45	0.45	0.45	0.45	0.50	0.50	0.50	0.50
	3	0.55	0.45	0.45	0.45	0.45	0.45	0.45	0.45	050	0.50	0.50	0.50	0.50	0.50
	2	0.80	0.65	0.55	0.55	0.50	0.50	0.50	0.50	0.50	0.50	0.50	0.50	0.50	0.50
	1	1.20	1.00	0.85	0.80	0.75	0.70	0.70	0.65	0.65	0.65	0.55	0.55	0.55	0.55
10	10	−0.40	−0.05	0.10	0.20	0.25	0.30	0.30	0.30	0.30	0.35	0.40	0.45	0.45	0.45
	9	−0.15	0.15	0.25	0.30	0.35	0.35	0.40	0.40	0.40	0.40	0.45	0.45	0.50	0.50
	8	−0.00	0.25	0.30	0.35	0.40	0.40	0.40	0.45	0.45	0.45	0.45	0.50	0.50	0.50
	7	−0.10	0.30	0.35	0.40	0.40	0.40	0.45	0.45	0.45	0.45	0.50	0.50	0.50	0.50
	6	0.20	0.35	0.40	0.40	0.45	0.45	0.45	0.45	0.45	0.45	0.50	0.50	0.50	0.50
	5	0.30	0.40	0.40	0.45	0.45	0.45	0.45	0.45	0.45	0.50	0.50	0.50	0.50	0.50
	4	0.40	0.40	0.45	0.45	0.45	0.45	0.45	0.45	0.45	0.50	0.50	0.50	0.50	0.50
	3	0.55	0.50	0.45	0.45	0.45	0.50	0.50	0.50	0.50	0.50	0.50	0.50	0.50	0.50
	2	0.80	0.65	0.55	0.55	0.55	0.50	0.50	0.50	0.50	0.50	0.50	0.50	0.50	0.50
	1	1.30	1.00	0.85	0.80	0.75	0.70	0.70	0.65	0.65	0.65	0.60	0.55	0.55	0.55
11	11	−0.40	0.05	0.10	0.20	0.25	0.30	0.30	0.30	0.35	0.35	0.40	0.45	0.45	0.45
	10	−0.15	0.15	0.25	0.30	0.35	0.35	0.40	0.40	0.40	0.40	0.45	0.45	0.50	0.50
	9	0.00	0.25	0.30	0.35	0.40	0.40	0.40	0.45	0.45	0.45	0.45	0.50	0.50	0.50
	8	0.10	0.30	0.35	0.40	0.40	0.45	0.45	0.45	0.45	0.45	0.50	0.50	0.50	0.50
	7	0.20	0.35	0.40	0.45	0.45	0.45	0.45	0.45	0.45	0.45	0.50	0.50	0.50	0.50
	6	0.25	0.35	0.40	0.45	0.45	0.45	0.45	0.45	0.45	0.45	0.50	0.50	0.50	0.50
	5	0.35	0.40	0.40	0.45	0.45	0.45	0.45	0.45	0.45	0.50	0.50	0.50	0.50	0.50
	4	0.40	0.45	0.45	0.45	0.45	0.45	0.45	0.50	0.50	0.50	0.50	0.50	0.50	0.50
	3	0.55	0.50	0.50	0.50	0.50	0.50	0.50	0.50	0.50	0.50	0.50	0.50	0.50	0.50
	2	0.80	0.65	0.60	0.55	0.55	0.50	0.50	0.50	0.50	0.50	0.50	0.50	0.50	0.50
	1	1.30	1.00	0.85	0.80	0.75	0.70	0.70	0.65	0.65	0.65	0.60	0.55	0.55	0.55

m	n	$\overline{K}$													
		0.1	0.2	0.3	0.4	0.5	0.6	0.7	0.8	0.9	1.0	2.0	3.0	4.0	5.0
12以上	自上1	-0.40	-0.05	0.10	0.20	0.25	0.30	0.30	0.30	0.35	0.35	0.40	0.45	0.45	0.45
	2	-0.15	0.15	0.25	0.30	0.35	0.35	0.40	0.40	0.40	0.40	0.45	0.45	0.50	0.50
	3	0.00	0.25	0.30	0.35	0.40	0.40	0.40	0.45	0.45	0.45	0.50	0.50	0.50	0.50
	4	0.10	0.30	0.35	0.40	0.40	0.45	0.45	0.45	0.45	0.45	0.50	0.50	0.50	0.50
	5	0.20	0.35	0.40	0.40	0.45	0.45	0.45	0.45	0.45	0.45	0.50	0.50	0.50	0.50
	6	0.25	0.35	0.40	0.45	0.45	0.45	0.45	0.45	0.45	0.45	0.50	0.50	0.50	0.50
	7	0.30	0.40	0.40	0.45	0.45	0.45	0.45	0.45	0.50	0.50	0.50	0.50	0.50	0.50
	8	0.35	0.40	0.45	0.45	0.45	0.45	0.45	0.50	0.50	0.50	0.50	0.50	0.50	0.50
	中间	0.40	0.40	0.45	0.45	0.45	0.45	0.50	0.50	0.50	0.50	0.50	0.50	0.50	0.50
	4	0.45	0.45	0.45	0.45	0.50	0.50	0.50	0.50	0.50	0.50	0.50	0.50	0.50	0.50
	3	0.60	0.50	0.50	0.50	0.50	0.50	0.50	0.50	0.50	0.50	0.50	0.50	0.50	0.50
	2	0.80	0.65	0.60	0.55	0.55	0.50	0.50	0.50	0.50	0.50	0.50	0.50	0.50	0.50
	自下1	1.30	1.00	0.85	0.80	0.75	0.70	0.70	0.65	0.65	0.55	0.55	0.55	0.55	0.55

倒三角形分布水平荷载下各层柱标准反弯点高度比 y_n　　　　附表7-2

m	n	$\overline{K}$													
		0.1	0.2	0.3	0.4	0.5	0.6	0.7	0.8	0.9	1.0	2.0	3.0	4.0	5.0
1	1	0.80	0.75	0.70	0.65	0.65	0.60	0.60	0.60	0.60	0.55	0.55	0.55	0.55	0.55
2	2	0.50	0.45	0.40	0.40	0.40	0.40	0.40	0.40	0.40	0.45	0.45	0.45	0.45	0.50
	1	1.00	0.85	0.75	0.70	0.70	0.65	0.65	0.65	0.60	0.60	0.55	0.55	0.55	0.55
3	3	0.25	0.25	0.25	0.30	0.30	0.35	0.35	0.35	0.40	0.40	0.45	0.45	0.45	0.50
	2	0.60	0.50	0.50	0.50	0.50	0.45	0.45	0.45	0.45	0.45	0.50	0.50	0.50	0.50
	1	1.15	0.90	0.80	0.75	0.75	0.70	0.70	0.65	0.65	0.65	0.60	0.55	0.55	0.55
4	4	0.10	0.15	0.20	0.25	0.30	0.30	0.35	0.35	0.35	0.40	0.45	0.45	0.45	0.45
	3	0.35	0.35	0.35	0.40	0.40	0.40	0.40	0.45	0.45	0.45	0.45	0.50	0.50	0.50
	2	0.70	0.60	0.55	0.50	0.50	0.50	0.50	0.50	0.50	0.50	0.50	0.50	0.50	0.50
	1	1.20	0.95	0.85	0.80	0.75	0.70	0.70	0.70	0.65	0.65	0.55	0.55	0.55	0.50
5	5	-0.05	0.10	0.20	0.25	0.30	0.30	0.35	0.35	0.35	0.35	0.40	0.45	0.45	0.45
	4	0.20	0.25	0.35	0.35	0.40	0.40	0.40	0.40	0.40	0.45	0.45	0.50	0.50	0.50
	3	0.45	0.40	0.45	0.45	0.45	0.45	0.45	0.45	0.45	0.45	0.50	0.50	0.50	0.50
	2	0.75	0.60	0.55	0.55	0.50	0.50	0.50	0.60	0.50	0.50	0.50	0.50	0.50	0.50
	1	1.30	1.00	0.85	0.80	0.75	0.70	0.70	0.65	0.65	0.65	0.65	0.55	0.55	0.55
6	6	-0.15	0.05	0.15	0.20	0.25	0.30	0.30	0.35	0.35	0.35	0.40	0.45	0.45	0.45
	5	0.10	0.25	0.30	0.35	0.35	0.40	0.40	0.40	0.45	0.45	0.45	0.50	0.50	0.50
	4	0.30	0.35	0.40	0.40	0.45	0.45	0.45	0.45	0.45	0.45	0.50	0.50	0.50	0.50
	3	0.50	0.45	0.45	0.45	0.45	0.45	0.45	0.45	0.45	0.50	0.50	0.50	0.50	0.50
	2	0.80	0.65	0.55	0.55	0.55	0.55	0.50	0.50	0.50	0.50	0.50	0.50	0.50	0.50
	1	1.30	1.00	0.85	0.80	0.75	0.70	0.70	0.65	0.65	0.65	0.60	0.55	0.55	0.55

m	n	$\overline{K}$													
		0.1	0.2	0.3	0.4	0.5	0.6	0.7	0.8	0.9	1.0	2.0	3.0	4.0	5.0
7	7	−0.20	0.05	0.15	0.20	0.25	0.30	0.30	0.35	0.35	0.35	0.45	0.45	0.45	0.45
	6	0.05	0.20	0.30	0.35	0.35	0.40	0.40	0.40	0.40	0.45	0.45	0.50	0.50	0.50
	5	0.20	0.30	0.35	0.40	0.40	0.45	0.45	0.45	0.45	0.45	0.50	0.50	0.50	0.50
	4	0.35	0.40	0.40	0.45	0.45	0.45	0.45	0.45	0.45	0.45	0.50	0.50	0.50	0.50
	3	0.55	0.50	0.50	0.50	0.50	0.50	0.50	0.50	0.50	0.50	0.50	0.50	0.50	0.50
	2	0.80	0.65	0.60	0.55	0.55	0.55	0.50	0.50	0.50	0.50	0.50	0.50	0.50	0.50
	1	1.30	1.00	0.90	0.80	0.75	0.70	0.70	0.70	0.65	0.65	0.60	0.55	0.55	0.55
8	8	−0.20	0.05	0.15	0.20	0.25	0.30	0.30	0.35	0.35	0.35	0.45	0.45	0.45	0.45
	7	0.00	0.20	0.30	0.35	0.35	0.40	0.40	0.40	0.40	0.45	0.45	0.50	0.50	0.50
	6	0.15	0.30	0.35	0.40	0.40	0.45	0.45	0.45	0.45	0.45	0.50	0.50	0.50	0.50
	5	0.30	0.45	0.40	0.45	0.45	0.45	0.45	0.45	0.45	0.45	0.50	0.50	0.50	0.50
	4	0.40	0.45	0.45	0.45	0.45	0.45	0.45	0.50	0.50	0.50	0.50	0.50	0.50	0.50
	3	0.60	0.50	0.50	0.50	0.50	0.50	0.50	0.50	0.50	0.50	0.50	0.50	0.50	0.50
	2	0.85	0.65	0.60	0.55	0.55	0.55	0.50	0.50	0.50	0.50	0.50	0.50	0.50	0.50
	1	1.30	1.00	0.90	0.80	0.75	0.70	0.70	0.70	0.65	0.65	0.60	0.55	0.55	0.55
9	9	−0.25	0.00	0.15	0.20	0.25	0.30	0.30	0.35	0.35	0.40	0.45	0.45	0.45	0.45
	8	0.00	0.20	0.30	0.35	0.35	0.40	0.40	0.40	0.40	0.45	0.45	0.50	0.50	0.50
	7	0.15	0.30	0.35	0.40	0.40	0.45	0.45	0.45	0.45	0.45	0.50	0.50	0.50	0.50
	6	0.25	0.35	0.40	0.40	0.45	0.45	0.45	0.45	0.45	0.50	0.50	0.50	0.50	0.50
	5	0.35	0.40	0.45	0.45	0.45	0.45	0.45	0.45	0.50	0.50	0.50	0.50	0.50	0.50
	4	0.45	0.45	0.45	0.45	0.45	0.50	0.50	0.50	0.50	0.50	0.50	0.50	0.50	0.50
	3	0.65	0.50	0.50	0.50	0.50	0.50	0.50	0.50	0.50	0.50	0.50	0.50	0.50	0.50
	2	0.80	0.65	0.65	0.55	0.55	0.55	0.55	0.50	0.50	0.50	0.50	0.50	0.50	0.50
	1	1.35	1.00	1.00	0.80	0.75	0.75	0.70	0.70	0.65	0.65	0.60	0.55	0.55	0.55
10	10	−0.25	0.00	0.15	0.20	0.25	0.30	0.30	0.35	0.35	0.40	0.45	0.45	0.45	0.45
	9	−0.05	0.20	0.30	0.35	0.35	0.40	0.40	0.40	0.40	0.45	0.45	0.50	0.50	0.50
	8	0.10	0.30	0.35	0.40	0.40	0.40	0.45	0.45	0.45	0.45	0.50	0.50	0.50	0.50
	7	0.20	0.35	0.40	0.40	0.45	0.45	0.45	0.45	0.45	0.50	0.50	0.50	0.50	0.50
	6	0.30	0.40	0.40	0.45	0.45	0.45	0.45	0.45	0.45	0.50	0.50	0.50	0.50	0.50
	5	0.40	0.45	0.45	0.45	0.45	0.45	0.45	0.50	0.50	0.50	0.50	0.50	0.50	0.50
	4	0.50	0.45	0.45	0.45	0.50	0.50	0.50	0.50	0.50	0.50	0.50	0.50	0.50	0.50
	3	0.60	0.55	0.50	0.50	0.50	0.50	0.50	0.50	0.50	0.50	0.50	0.50	0.50	0.50
	2	0.85	0.65	0.60	0.55	0.55	0.55	0.55	0.50	0.50	0.50	0.50	0.50	0.50	0.50
	1	1.35	1.00	0.90	0.80	0.75	0.75	0.70	0.70	0.65	0.65	0.60	0.55	0.55	0.55

m	n	$\overline{K}$													
		0.1	0.2	0.3	0.4	0.5	0.6	0.7	0.8	0.9	1.0	2.0	3.0	4.0	5.0
11	11	−0.25	0.00	0.15	0.20	0.25	0.30	0.30	0.30	0.35	0.35	0.45	0.45	0.45	0.45
	10	−0.05	0.20	0.25	0.30	0.35	0.40	0.40	0.40	0.40	0.45	0.45	0.50	0.50	0.50
	9	0.10	0.30	0.35	0.40	0.40	0.40	0.45	0.45	0.45	0.45	0.50	0.50	0.50	0.50
	8	0.20	0.35	0.40	0.40	0.45	0.45	0.45	0.45	0.45	0.45	050	0.50	0.50	0.50
	7	0.25	0.40	0.40	0.45	0.45	0.45	0.45	0.45	0.45	0.50	0.50	0.50	0.50	0.50
	6	0.35	0.40	0.45	0.45	0.45	0.45	0.45	0.50	0.50	0.50	0.50	0.50	0.50	0.50
	5	0.40	0.44	0.45	0.45	0.45	0.50	0.50	0.50	0.50	0.50	0.50	0.50	0.50	0.50
	4	0.50	0.50	0.50	0.50	0.50	0.50	0.50	0.50	0.50	0.50	0.50	0.50	0.50	0.50
	3	0.65	0.55	0.50	0.50	0.50	0.50	0.50	0.50	0.50	0.50	0.50	0.50	0.50	0.50
	2	0.85	0.65	0.60	0.55	0.55	0.55	0.55	0.50	0.50	0.50	0.50	0.50	0.50	0.50
	1	1.35	1.00	0.90	0.80	0.75	0.75	0.70	0.70	0.65	0.65	0.60	0.55	0.55	0.55
12以上	自上1	−0.30	0.00	0.15	0.20	0.25	0.30	0.30	0.30	0.35	0.35	0.40	0.45	0.45	0.45
	2	−0.10	0.20	0.25	0.30	0.35	0.40	0.40	0.40	0.40	0.40	0.45	0.45	0.45	0.45
	3	0.05	0.25	0.35	0.40	0.40	0.40	0.45	0.45	0.45	0.45	0.45	0.50	0.50	0.50
	4	0.15	0.30	0.40	0.40	0.45	0.45	0.45	0.45	0.45	0.45	0.50	0.50	0.50	0.50
	5	0.25	0.30	0.40	0.45	0.45	0.45	0.45	0.45	0.45	0.45	0.50	0.50	0.50	0.50
	6	0.30	0.40	0.40	0.45	0.45	0.45	0.45	0.50	0.50	0.50	0.50	0.50	0.50	0.50
	7	0.35	0.40	0.40	0.45	0.45	0.45	0.50	0.50	0.50	0.50	0.50	0.50	0.50	0.50
	8	0.35	0.45	0.45	0.45	0.50	0.50	0.50	0.50	0.50	0.50	0.50	0.50	0.50	0.50
	中间	0.45	0.45	0.45	0.50	0.50	0.50	0.50	0.50	0.50	0.50	0.50	0.50	0.50	0.50
	4	0.55	0.50	0.50	0.50	0.50	0.50	0.50	0.50	0.50	0.50	0.50	0.50	0.50	0.50
	3	0.65	0.55	0.50	0.50	0.50	0.50	0.50	0.50	0.50	0.50	0.50	0.50	0.50	0.50
	2	0.70	0.70	0.60	0.55	0.55	0.55	0.55	0.50	0.50	0.50	0.50	0.50	0.50	0.50
	自下1	1.35	1.05	0.90	0.80	0.75	0.70	0.70	0.70	0.65	0.65	0.60	0.55	0.55	0.55

顶点集中水平荷载作用下各层柱标准反弯点高度比 y_n 附表7-3

m	n	$\overline{K}$													
		0.1	0.2	0.3	0.4	0.5	0.6	0.7	0.8	0.9	1.0	2.0	3.0	4.0	5.0
1	1	0.80	0.75	0.70	0.65	0.65	0.60	0.60	0.60	0.60	0.60	0.55	0.55	0.55	0.55
2	2	0.55	0.50	0.45	0.45	0.45	0.45	0.45	0.45	0.45	0.45	0.45	0.50	0.50	0.50
	1	1.15	0.95	0.85	0.80	0.75	0.70	0.70	0.65	0.65	0.65	0.60	0.55	0.55	0.55
3	3	0.40	0.40	0.40	0.40	0.40	0.40	0.40	0.45	0.45	0.45	0.45	0.50	0.50	0.50
	2	0.75	0.60	0.55	0.55	0.55	0.50	0.50	0.50	0.50	0.50	0.50	0.50	0.50	0.50
	1	1.30	1.00	0.90	0.80	0.75	0.70	0.70	0.70	0.65	0.65	0.60	0.55	0.55	0.55

m	n	$\overline{K}$													
		0.1	0.2	0.3	0.4	0.5	0.6	0.7	0.8	0.9	1.0	2.0	3.0	4.0	5.0
4	4	0.35	0.35	0.35	0.40	0.40	0.40	0.40	0.45	0.45	0.45	0.45	0.50	0.50	0.50
	3	0.60	0.50	0.50	0.50	0.50	0.50	0.50	0.50	0.50	0.50	0.50	0.50	0.50	0.50
	2	0.85	0.65	0.60	0.55	0.55	0.55	0.55	0.55	0.50	0.50	0.50	0.50	0.50	0.50
	1	1.35	1.05	0.90	0.80	0.75	0.75	0.70	0.70	0.65	0.65	0.60	0.55	0.55	0.55
5	5	0.30	0.35	0.35	0.40	0.40	0.40	0.40	0.45	0.45	0.45	0.45	0.50	0.50	0.50
	4	0.50	0.45	0.45	0.50	0.50	0.50	0.50	0.50	0.50	0.50	0.50	0.50	0.50	0.50
	3	0.65	0.55	0.50	0.50	0.50	0.50	0.50	0.50	0.50	0.50	0.50	0.50	0.50	0.50
	2	0.90	0.70	0.60	0.55	0.55	0.55	0.55	0.55	0.50	0.50	0.50	0.50	0.50	0.50
	1	1.40	1.05	0.90	0.80	0.75	0.75	0.70	0.70	0.65	0.65	0.60	0.55	0.55	0.55
6	6	0.30	0.35	0.35	0.40	0.40	0.40	0.40	0.45	0.45	0.45	0.45	0.50	0.50	0.50
	5	0.45	0.45	0.45	0.45	0.50	0.50	0.50	0.50	0.50	0.50	0.50	0.50	0.50	0.50
	4	0.55	0.50	0.50	0.50	0.50	0.50	0.50	0.50	0.50	0.50	0.50	0.50	0.50	0.50
	3	0.65	0.55	0.55	0.50	0.50	0.50	0.50	0.50	0.50	0.50	0.50	0.50	0.50	0.50
	2	0.90	0.70	0.60	0.60	0.55	0.55	0.55	0.55	0.50	0.50	0.50	0.50	0.50	0.50
	1	1.40	1.05	0.90	0.80	0.75	0.75	0.70	0.70	0.65	0.65	0.60	0.55	0.55	0.55
7	7	0.30	0.35	0.35	0.40	0.40	0.40	0.40	0.45	0.45	0.45	0.45	0.50	0.50	0.50
	6	0.40	0.45	0.45	0.45	0.50	0.50	0.50	0.50	0.50	0.50	0.50	0.50	0.50	0.50
	5	0.50	0.50	0.50	0.50	0.50	0.50	0.50	0.50	0.50	0.50	0.50	0.50	0.50	0.50
	4	0.55	0.50	0.50	0.50	0.50	0.50	0.50	0.50	0.50	0.50	0.50	0.50	0.50	0.50
	3	0.70	0.55	0.55	0.50	0.50	0.50	0.50	0.50	0.50	0.50	0.50	0.50	0.50	0.50
	2	0.90	0.70	0.60	0.60	0.55	0.55	0.55	0.55	0.50	0.50	0.50	0.50	0.50	0.50
	1	1.40	1.05	0.90	0.80	0.75	0.75	0.70	0.70	0.65	0.65	0.60	0.55	0.55	0.55
8	8	0.30	0.35	0.35	0.40	0.40	0.40	0.40	0.45	0.45	0.45	0.45	0.50	0.50	0.50
	7	0.40	0.40	0.45	0.45	0.50	0.50	0.50	0.50	0.50	0.50	0.50	0.50	0.50	0.50
	6	0.45	0.50	0.50	0.50	0.50	0.50	0.50	0.50	0.50	0.50	0.50	0.50	0.50	0.50
	5	0.50	0.50	0.50	0.50	0.50	0.50	0.50	0.50	0.50	0.50	0.50	0.50	0.50	0.50
	4	0.60	0.50	0.50	0.50	0.50	0.50	0.50	0.50	0.50	0.50	0.50	0.50	0.50	0.50
	3	0.70	0.55	0.55	0.50	0.50	0.50	0.50	0.50	0.50	0.50	0.50	0.50	0.50	0.50
	2	0.90	0.70	0.60	0.60	0.55	0.55	0.55	0.55	0.50	0.50	0.50	0.50	0.50	0.50
	1	1.40	1.05	0.90	0.80	0.75	0.75	0.70	0.70	0.65	0.65	0.60	0.55	0.55	0.55
9	9	0.25	0.35	0.35	0.40	0.40	0.40	0.40	0.45	0.45	0.45	0.45	0.50	0.50	0.50
	8	0.40	0.45	0.45	0.45	0.50	0.50	0.50	0.50	0.50	0.50	0.50	0.50	0.50	0.50
	7	0.45	0.50	0.50	0.50	0.50	0.50	0.50	0.50	0.50	0.50	0.50	0.50	0.50	0.50
	6	0.50	0.50	0.50	0.50	0.50	0.50	0.50	0.50	0.50	0.50	0.50	0.50	0.50	0.50
	5	0.55	0.50	0.50	0.50	0.50	0.50	0.50	0.50	0.50	0.50	0.50	0.50	0.50	0.50

m	n	$\overline{K}$													
		0.1	0.2	0.3	0.4	0.5	0.6	0.7	0.8	0.9	1.0	2.0	3.0	4.0	5.0
9	4	0.60	0.50	0.50	0.50	0.50	0.50	0.50	0.50	0.50	0.50	0.50	0.50	0.50	0.50
	3	0.70	0.55	0.50	0.50	0.50	0.50	0.50	0.50	0.50	0.50	0.50	0.50	0.50	0.50
	2	0.90	0.70	0.60	0.60	0.50	0.50	0.50	0.50	0.50	0.50	0.50	0.50	0.50	0.50
	1	1.40	1.05	0.90	0.80	0.75	0.75	0.70	0.70	0.65	0.60	0.60	0.55	0.55	0.55
10	10	0.25	0.35	0.35	0.40	0.40	0.40	0.40	0.45	0.45	0.45	0.45	0.50	0.50	0.50
	9	0.40	0.45	0.45	0.45	0.50	0.50	0.50	0.50	0.50	0.50	0.50	0.50	0.50	0.50
	8	0.45	0.50	0.50	0.50	0.50	0.50	0.50	0.50	0.50	0.50	0.50	0.50	0.50	0.50
	7	0.50	0.55	0.50	0.50	0.50	0.50	0.50	0.50	0.50	0.50	0.50	0.50	0.50	0.50
	6	0.50	0.50	0.50	0.50	0.50	0.50	0.50	0.50	0.50	0.50	0.50	0.50	0.50	0.50
	5	0.55	0.50	0.50	0.50	0.50	0.50	0.50	0.50	0.50	0.50	0.50	0.50	0.50	0.50
	4	0.60	0.50	0.50	0.50	0.50	0.50	0.50	0.50	0.50	0.50	0.50	0.50	0.50	0.50
	3	0.70	0.55	0.55	0.50	0.50	0.50	0.50	0.50	0.50	0.50	0.50	0.50	0.50	0.50
	2	0.90	0.70	0.60	0.60	0.55	0.55	0.55	0.55	0.50	0.50	0.50	0.50	0.50	0.50
	1	1.40	1.05	0.90	0.80	0.75	0.75	0.70	0.70	0.65	0.65	0.60	0.55	0.55	0.50
11	11	0.25	0.35	0.35	0.40	0.40	0.40	0.40	0.45	0.45	0.45	0.45	0.50	0.50	0.50
	10	0.40	0.45	0.45	0.45	0.50	0.50	0.50	0.50	0.50	0.50	0.50	0.50	0.50	0.50
	9	0.45	0.50	0.50	0.50	0.50	0.50	0.50	0.50	0.50	0.50	0.50	0.50	0.50	0.50
	8	0.50	0.50	0.50	0.50	0.50	0.50	0.50	0.50	0.50	0.50	0.50	0.50	0.50	0.50
	7	0.50	0.50	0.50	0.50	0.50	0.50	0.50	0.50	0.50	0.50	0.50	0.50	0.50	0.50
	6	0.50	0.50	0.50	0.50	0.50	0.50	0.50	0.50	0.50	0.50	0.50	0.50	0.50	0.50
	5	0.55	0.50	0.50	0.50	0.50	0.50	0.50	0.50	0.50	0.50	0.50	0.50	0.50	0.50
	4	0.60	0.50	0.50	0.50	0.50	0.50	0.50	0.50	0.50	0.50	0.50	0.50	0.50	0.50
	3	0.70	0.55	0.55	0.50	0.50	0.50	0.50	0.50	0.50	0.50	0.50	0.50	0.50	0.50
	2	0.90	0.70	0.60	0.60	0.55	0.55	0.55	0.55	0.50	0.50	0.50	0.50	0.50	0.50
	1	1.40	1.05	0.90	0.80	0.75	0.75	0.70	0.70	0.65	0.65	0.60	0.55	0.55	0.60
12	12	0.25	0.35	0.35	0.40	0.40	0.40	0.40	0.45	0.45	0.45	0.45	0.50	0.50	0.50
	11	0.40	0.45	0.45	0.45	0.50	0.50	0.50	0.50	0.50	0.50	0.50	0.50	0.50	0.50
	10	0.45	0.50	0.50	0.50	0.50	0.50	0.50	0.50	0.50	0.50	0.50	0.50	0.50	0.50
	9	0.50	0.50	0.50	0.50	0.50	0.50	0.50	0.50	0.50	0.50	0.50	0.50	0.50	0.50
	8	0.50	0.50	0.50	0.50	0.50	0.50	0.50	0.50	0.50	0.50	0.50	0.50	0.50	0.50
	7	0.50	0.50	0.50	0.50	0.50	0.50	0.50	0.50	0.50	0.50	0.50	0.50	0.50	0.50
	6	0.50	0.50	0.50	0.50	0.50	0.50	0.50	0.50	0.50	0.50	0.50	0.50	0.50	0.50
	5	0.55	0.50	0.50	0.50	0.50	0.50	0.50	0.50	0.50	0.50	0.50	0.50	0.50	0.50
	4	0.60	0.50	0.50	0.50	0.50	0.50	0.50	0.50	0.50	0.50	0.50	0.50	0.50	0.50
	3	0.70	0.55	0.50	0.50	0.50	0.50	0.50	0.50	0.50	0.50	0.50	0.50	0.50	0.50
	2	0.90	0.70	0.60	0.60	0.55	0.55	0.50	0.50	0.50	0.50	0.50	0.50	0.50	0.50
	1	1.40	1.05	0.90	0.80	0.75	0.75	0.70	0.65	0.65	0.65	0.60	0.55	0.55	0.55

上、下层梁相对线刚度变化的修正值 y₁ 附表 7-4

α_1	$\overline{K}$													
	0.1	0.2	0.3	0.4	0.5	0.6	0.7	0.8	0.9	1.0	2.0	3.0	4.0	5.0
0.4	0.55	0.40	0.30	0.25	0.20	0.20	0.20	0.15	0.15	0.15	0.05	0.05	0.05	0.05
0.5	0.45	0.30	0.20	0.20	0.20	0.15	0.15	0.10	0.10	0.10	0.05	0.05	0.05	0.05
0.6	0.30	0.20	0.15	0.15	0.10	0.10	0.10	0.10	0.05	0.05	0.05	0.05	0.00	0.00
0.7	0.20	0.15	0.10	0.10	0.10	0.05	0.05	0.05	0.05	0.05	0.05	0.00	0.00	0.00
0.8	0.15	0.10	0.05	0.05	0.05	0.05	0.05	0.05	0.00	0.00	0.00	0.00	0.00	0.00
0.9	0.05	0.05	0.05	0.05	0.00	0.00	0.00	0.00	0.00	0.00	0.00	0.00	0.00	0.00

注：对底层柱不考虑 α 值，不作此项修正。

上、下层层高不同的修正值 y₂ 和 y₃ 附表 7-5

α_2	α_3	$\overline{K}$													
		0.1	0.2	0.3	0.4	0.5	0.6	0.7	0.8	0.9	1.0	2.0	3.0	4.0	5.0
2.0		0.25	0.15	0.15	0.10	0.10	0.10	0.10	0.10	0.05	0.05	0.05	0.05	0.0	0.0
1.8		0.20	0.15	0.10	0.10	0.10	0.05	0.05	0.05	0.05	0.05	0.05	0.0	0.0	0.0
1.6	0.4	0.15	0.10	0.10	0.05	0.05	0.05	0.05	0.05	0.05	0.05	0.0	0.0	0.0	0.0
1.4	0.6	0.10	0.05	0.05	0.05	0.05	0.05	0.05	0.05	0.0	0.0	0.0	0.0	0.0	0.0
1.2	0.8	0.05	0.05	0.05	0.0	0.0	0.0	0.0	0.0	0.0	0.0	0.0	0.0	0.0	0.0
1.0	1.0	0.0	0.0	0.0	0.0	0.0	0.0	0.0	0.0	0.0	0.0	0.0	0.0	0.0	0.0
0.8	1.2	−0.05	−0.05	−0.05	0.0	0.0	0.0	0.0	0.0	0.0	0.0	0.0	0.0	0.0	0.0
0.6	1.4	−0.10	−0.05	−0.05	−0.05	−0.05	−0.05	−0.05	−0.05	−0.05	0.0	0.0	0.0	0.0	0.0
0.4	1.6	−0.15	−0.10	−0.10	−0.05	−0.05	−0.05	−0.05	−0.05	−0.05	0.0	0.0	0.0	0.0	0.0
	1.8	−0.20	−0.15	−0.10	−0.10	−0.10	−0.05	−0.05	−0.05	−0.05	−0.05	−0.05	0.0	0.0	0.0
	2.0	−0.25	−0.15	−0.15	−0.10	−0.10	−0.10	−0.10	−0.10	−0.05	−0.05	−0.05	−0.05	0.0	0.0

注：y_2——上层层高变化的修正值，按照 α_2 求得，上层较高时为正值，但对于最上层 y_2 可不考虑；

y_3——下层层高变化的修正值，按照 α_3 求得，对于最下层 y_3 可不考虑。

参 考 文 献

[1] 中华人民共和国住房和城乡建设部. 工程结构通用规范：GB 55001—2021[S]. 北京：中国建筑工业出版社，2021.

[2] 中华人民共和国住房和城乡建设部. 混凝土结构通用规范：GB 55008—2021[S]. 北京：中国建筑工业出版社，2021.

[3] 中国建筑科学研究院. 混凝土结构设计规范：GB 50010—2010(2015 年版)[S]. 北京：中国建筑工业出版社，2016.

[4] 中国建筑科学研究院有限公司. 建筑结构可靠性设计统一标准：GB 50068—2018[S]. 北京：中国建筑工业出版社，2018.

[5] 中国建筑科学研究院. 建筑结构荷载规范：GB 50009—2012[S]. 北京：中国建筑工业出版社，2012.

[6] 中国建筑科学研究院有限公司. 建筑抗震设计规范：GB 50011—2010(2016 年版)[S]. 北京：中国建筑工业出版社，2016.

[7] 中国建筑科学研究院. 建筑地基基础设计规范：GB 50007—2011[S]. 北京：中国建筑工业出版社，2011.

[8] 中国建筑科学研究院. 高层建筑混凝土结构技术规程：JGJ 3—2010[S]. 北京：中国建筑工业出版社，2010.

[9] 重庆建筑大学. 钢筋混凝土连续梁和框架考虑内力重分布设计规程：CECS 51：93 [S]. 北京：中国计划出版社，1993.

[10] 梁兴文，史庆轩，童岳生. 钢筋混凝土结构设计[M]. 北京：科学技术文献出版社，1999.

[11] 梁兴文，史庆轩. 混凝土结构设计[M]. 4 版. 北京：中国建筑工业出版社，2019.

[12] 周克荣，顾祥林，苏小卒. 混凝土结构设计[M]. 上海：同济大学出版社，2001.

[13] 罗福午. 单层工业厂房设计[M]. 2 版. 北京：清华大学出版社，1990.

[14] 丁大钧. 现代混凝土结构学[M]. 北京：中国建筑工业出版社，2000.

[15] R. Park, T. Pauley. Reinforced Concrete Structures[M]. John Wiley & Son. New York，1975.

[16] Kenneth Leet. Reinforced Concrete Design[M] . McGraw-Hill Book Company. 1982.

[17] Stuart S. J. Moy. Plastic Methods for Steel and Concrete Structures[M]. The Macmillan Press LTD. 1981.

[18] 吕志涛，孟少平. 现代预应力设计[M]. 北京：中国建筑工业出版社，1998.

[19] 程文瀼，李爱群. 混凝土楼盖设计[M]. 北京：中国建筑工业出版社，1998.

[20] 滕智明. 钢筋混凝土基本构件[M]. 北京：清华大学出版社，1987.

[21] 滕智明. 混凝土结构及砌体结构学习指导[M]. 北京：清华大学出版社，1994.

[22] B. Stafford Smith, A. Coull. Tall Building Structures Analysis and Design[M]，1991.

[23] 张相庭. 工程抗风设计计算手册[M]. 北京：中国建筑工业出版社，1998.

[24] Building Code Requirements for Structural Concrete and Commentary (ACI 318M-08)[S]. Detroit：American Concrete Institute，2008.

[25] H. Nilson. Design of Concrete structures[M]. The McGraw-Hill Companies，Inc. 1997.